中国轻工业“十三五”规划教材

革制品材料学

（第二版）

丁绍兰　马　飞　编著

中国轻工业出版社

图书在版编目（CIP）数据

革制品材料学/丁绍兰，马飞编著．—2 版．—北京：中国轻工业出版社，2022.8
中国轻工业“十三五”规划教材
ISBN 978-7-5184-2108-4

Ⅰ．①革…　Ⅱ．①丁…②马…　Ⅲ．①皮革制品—材料科学—高等学校—教材　Ⅳ．①TS52

中国版本图书馆 CIP 数据核字（2018）第 216610 号

责任编辑：李建华　杜宇芳　　责任终审：滕炎福　　整体设计：锋尚设计
策划编辑：李建华　　责任校对：晋　洁　　责任监印：张　可

出版发行：中国轻工业出版社（北京东长安街 6 号，邮编：100740）
印　　刷：河北鑫兆源印刷有限公司
经　　销：各地新华书店
版　　次：2022 年 8 月第 2 版第 2 次印刷
开　　本：787×1092　1/16　印张：19.5
字　　数：450 千字
书　　号：ISBN 978-7-5184-2108-4　定价：58.00 元
邮购电话：010-65241695
发行电话：010-85119835　传真：85113293
网　　址：http://www.chlip.com.cn
Email：club@chlip.com.cn
如发现图书残缺请与我社邮购联系调换
221095J1C202ZBW

再版前言

《革制品材料学》（高等学校专业教材）是根据1996年12月高等院校皮革工程专业教材编审委员会审定的教材编写大纲的要求而编写的，于2001年9月由中国轻工业出版社作为特色教材正式出版发行，全书约29.5万字。本书是高等院校革制品专业的首本教学用书。重点论述了天然皮革、代用革、橡胶、塑料、橡塑并用材料及胶粘剂、纤维与织物等材料。由于皮鞋材料与皮革服装、箱包材料相比，其所占比重更大、种类更多、组合更为复杂，所以在本书中皮鞋所用材料的论述占了绝大部分篇幅，从而使本书更适宜作为高等院校革制品专业的教材并供相关行业的人员使用，这也是本书的一个突出特点。本书既有理论方法，又有实践内容，非常注重理论与实践的结合。

作为一本特色教材，本书着眼于行业最新材料，兼顾行业基础。其内容详实全面、重点突出；内容体系完整、实用性强；突出专业特色，全面反映了现代皮革制品材料的发展现状，反映了行业技术发展的最新水平，具有一定的理论意义及推广价值。

《革制品材料学》自出版以来，已经在我校皮革制品专业（现改为服装设计与工程）本科、高职等多个班级使用，并已成为四川大学、陕西科技大学、温州大学、浙江工贸职业技术学院、扬州大学广陵学院、邢台职业技术学院、温州职业技术学院、广州白云学院、湖南省第二轻工业学校、江西服装学院、福建三明学院、山东省轻工业经济管理学校、福建第二轻工业学校、常州工学院延陵学院等院校皮革制品专业的专用教材，在福建、广东、山东、浙江、湖南、江西、河北、四川等地的皮革制品企业中也同样受到普遍欢迎。经过近17年来的教学实践，得到了各院校及行业的一致好评，并且获得了陕西省2005年度优秀教材二等奖。

但革制品材料变化迅速，日新月异，为了适应这种变化，特此修订，以满足教学和皮革制品企业的需要。本书被列为中国轻工业“十三五”规划教材。修订内容主要有皮鞋、皮革服装、皮箱包等革制品所用天然皮革、代用革，橡胶、塑料及胶粘剂等近几年的一些新品种。

第一章增加了常用的毛皮、皮革清洁生产技术、成品革（包括天然皮革、人造革、再生革等）鉴定等内容。第二章增加了常用的人造革基布、新型助剂、新的生产工艺、合成革清洁生产技术及发展趋势和新型产品等内容。第三章增加了乙丙橡胶、硅橡胶、热塑性聚氨酯弹性体等内容。第四章增加了聚四氟乙烯和聚烯烃弹性体塑料新内容。第五章增加了新型硫化剂、环保型抗氧剂、环保型增塑剂等内容。第七章增加了水性聚氨酯和环氧树脂胶粘剂等内容。增加的内容主要由陕西科技大学马飞博士编著完成。

本书的修订，第一章增加的内容“常用的毛皮”主要取材于程风侠教授主编的《现代毛皮工艺学》（中国轻工业出版社，2013）和郑超斌主编的《现代毛皮加工技术》（中国轻工业出版社，2012）；第二章有关合成革的部分内容取材于范浩军等编著的

《人造革/合成革材料及工艺学（第二版）》（中国轻工业出版社，2017 年）。研究生樊琼、白明皓、李锦辉等提供了大量资料，在此一并表示深深的谢意！

由于革制品所用原材料及革制品的种类比较多，致使革制品材料所涉及的面很广，加上编者水平有限，书中难免有疏漏和不妥之处，敬请读者批评指正。

编者　于西安，陕西科技大学

2018 年 7 月

前　言

随着生活水平的提高，人们对皮鞋、皮革服装、皮箱包等革制品的需求量越来越大，要求也越来越高。革制品集牢固耐用、高雅舒适、卫生性能好为一体，深受广大消费者的青睐。就像人们所说的，革制品已经不是原来意义上的简单日用品，而是一种高档的功能型的艺术品。为了适应新形势的发展，1985 年在西北轻工业学院皮革工程系成立了革制品专业。实践证明，这种开创性的尝试，推进了我国革制品行业的发展。经过十几年的艰辛创业、探索，革制品专业由大专二年制改为大专三年制，进而很快升为四年制本科。编者作为《革制品材料学》的教学任务承担者之一，和本专业一样，走过了风风雨雨的十几年。《革制品材料学》讲义，经过多年的试用、充实、修改，终于编纂成书。

本书为高等院校革制品专业的主要教材之一，主要讲述皮鞋、皮革服装、皮箱包等革制品所用材料的来源、制造、性能、用途等。革制品所用材料比较多，但由于学时所限，本书只讲述主要的材料，如天然皮革、代用革、橡胶、塑料、橡塑材料及胶粘剂等。与皮革服装、皮箱包相比，皮鞋在革制品行业中占的比重更大，所用的材料品种更多，组合更复杂，所以本教材中皮鞋所用材料的讲述占绝大篇幅。

本书在编写过程中，西北轻工业学院常新华教授、李景梅教授提供了大量资料，并得到西北轻工业学院弓太生副教授、万蓬勃老师、周永香老师以及西北轻工业学院皮革工程系领导的大力支持和帮助，借本书出版之际，一并表示深深的感谢。

由于革制品材料所涉及的面较广，加上编者水平有限，书中难免有疏漏和不妥之处，敬请读者批评指正。

编者　于西北轻工业学院皮革工程系

2001 年 5 月

目　录

绪　论

一、革制品材料的地位与作用

（一）我国皮鞋等革制品的产生与发展

在我国，制鞋等材料先是以草、棉布、牛羊毛、原始的烟熏皮革、油鞣皮革、植鞣皮革等各种皮革和天然纤维织物材料为主，以手工制成草鞋、布鞋、毡靴及皮底布面鞋等。19世纪末，现代化的制革技术传入中国，皮鞋也传入中国。以前皮鞋仅供军需和少数城市居民穿用，能穿皮鞋者一般为上层人物，皮鞋在中国不为一般劳动人民穿用。随着我国国民经济的发展和人民生活水平的提高，以皮革为原料的皮鞋不仅成为军需和城市人民的生活日用必需品，工业劳保鞋需求量也很大，而且皮鞋具有许多其他鞋类所不能及的优点。随着科学技术的发展，制鞋工业广泛采用了天然和高分子合成材料，由于采用原材料的不同，在我国分为布鞋、胶鞋、皮鞋和塑料鞋四种鞋类。这四种鞋类都已形成了工业化生产，皮鞋在四类鞋中居于高档消费品地位。

随着人们生活水平的提高，尤其是改革开放以来，制革行业更是有了长足的进步，各种新品种日新月异，变色革、毛革两用、油变革、擦色革、漆革、磨砂革、梦幻革等品种也使皮鞋的种类随之更新并增多。加之制革技术的提高，皮革服装、皮箱包、皮沙发等也成为普通消费者的消费品，使革制品成为一个包括皮鞋、皮革服装、皮箱包及家具在内的广阔的工业领域。尤其在一片回归大自然的呼声中，人们越来越青睐于皮革制品。我们可以毫不夸张地说，现代社会生活中人类几乎离不开皮革制品。也可以这样认为，社会越发达，皮革制品越高贵，对皮革制品的需求量就越大。

（二）我国革制品材料的发展

从皮鞋材料的发展来看：20世纪50年代，我国皮鞋工业工艺中，三大部分即制楦、制帮和制底都是天然材料作为原料，以木制楦，以皮革、棉布制帮，以皮革制底，也有用废旧轮胎和成型橡胶底代替皮革制底者。所用各种辅助材料如线材不外丝、麻、棉。手工或机制皮鞋制底有用木、铁、铜等各种钉。胶粘剂为糯米、小麦面粉制成水溶性浆糊。由于原材料及设备等限制，当时工艺局限于手工和机械缝制。60年代以后随着科学技术的发展，高分子聚合材料进入皮鞋生产领域，推动着皮鞋生产技术的不断发展。全世界皮鞋生产每年递增4%，在这新形势之下，皮鞋不仅用皮革及天然材料制作，鞋楦不仅用木材制作，而铝合金及高分子材料塑料鞋楦也不断出现，天津、上海先后成功研制合成底、面革。目前我国生产的合成革已经源源不断地代替天然皮革应用于皮鞋、皮革服装等。大量合成革的出现扩大了皮鞋、皮革服装材料的范围，解决了有限的天然皮革资源不能满足日益增长的皮鞋发展需要的问题，并且由于合成材料在整双皮鞋材料中的所占比重日益增大，使皮鞋结构和工艺都发生了很大的变化。新材料、新工艺、新设备、新品种不断出现，为皮鞋工业的发展开辟了广阔的道路。例如，合成高分子聚合物的各种胶粘剂应用于制鞋工业以来，发生了显著的变化。采用聚乙烯醇缩甲醛代替粮食制备的浆糊用于制帮；采用氯丁橡胶使制底由线缝进入黏合的工艺革命。胶粘工艺设备简单，劳动强度低，劳动生产率高，皮鞋美观轻便。因此促使皮鞋生产技术得到了长足的发展。据有关资料统计，全世界胶粘鞋产量已达到40亿~50亿双，占皮鞋产量的80%以上。20世纪70年代出现了热熔胶，由于热熔胶具有无毒、黏合速度快等优点，因而逐渐被采用，由捷克引进的热熔胶流水生产线在天津制鞋厂应用较好，生产正常，改善了车间卫生，提高了效率。我国80年代又引进了热溶胶制帮设备。

由于皮革材料的特殊性，使得皮革服装具有御寒、舒适、高雅等特点，深受消费者特别是年轻消费者的青睐。随着人们生活水平的不断提高，我国的皮革服装有了广阔的销售市场。过去穿不了的，现在能穿了，而且越穿越讲究，越穿越高档，近几年，皮革服装改变了以往颜色和款式都单一的局面，走向时装化、个性化。不仅皮革品种增加，如毛革两用、鸵鸟皮革、布纹革、印染革等，而且也增加了花色品种，有多姿多彩的单一彩色皮革，也有各种各样的色彩组合以及与其他颜色的搭配。如宁静而漂亮的前卫派色彩反射出不同的紫色和淡紫色，光与影交错，面料细嫩、摩登，金属和玻璃纤维的纱线具有涂层和闪光效果，在运动中会产生千变万化的反光效果；略闪微光的金属灰色，柔和、精美，可以单独使用，也可以在纱线和编织上混色，产生丰富的变化效果，半透明、轻薄的、质地仿佛缥缈的烟雾、云彩、蒸汽；白色精神饱满，巧克力色和墨蓝色有浓郁的现代气息；丰富的色彩用于传统的装饰时装或现代派的、运动装感的时装，展现一族新颖的表演型面料；舒适、深沉、锃亮的金色和自然的绿色含着陶瓷和树木天然、丰满的特色，用于纹理清晰的高档皮革面料，具有丝绸般的手感，色彩风格摩登，加上极精美的图案和斑纹产生柔和、淳朴的效果。

除了皮鞋和皮革服装以外，还有迅速发展的皮箱包，尤其是高贵、优雅的包袋。高档的真皮材料如鳄鱼皮、柔软的皮革和牛脊背部皮革，普遍被用于不同款式的包袋产品中。质地上乘、做工精细的经典包袋在经历了数不清的服饰风潮的“洗礼”之后，仍以稳健地步伐迈进了新时代，用料的范围更为广阔。如除了高档的鳄鱼皮、蜥蜴皮、蛇皮、小马毛皮、珍珠鱼皮外，还有各色精纺棉、麻布和塑料，再配上金属饰扣，使包袋显得富贵而又高雅。

（三）革制品材料的地位

革制品材料学是研究革制品所用各类材料使用价值的一门科学。要正确合理地使用各种原材料，开辟新的原料，必须首先研究和掌握各种原材料的特性和有关的知识，特别是高分子化学材料知识。革制品材料学、革制品设备与工艺学紧密联系。众所周知，有了胶粘剂的出现，才有了帮底结合胶粘鞋工艺，才生产出胶粘皮鞋；有了模压机、注塑机、硫化设备，才有了不用成型底的模压、注塑皮鞋、硫化皮鞋；有了高频发生器、鞋橡胶印压模具及各类型合成材料，才有高频鞋的诞生；有了发泡剂和橡胶、塑料的发泡工艺，才有可能生产轻软皮鞋。由此可见，皮鞋不再是20世纪50年代帮底的缝合体，而是高分子材料的组合体，结束了皮鞋局限于以木制楦，以皮革、棉布制帮的时代，在皮鞋材料结构方面发生了根本的变化。皮鞋帮面除了采用天然动物皮革之外，使用合成革日益增多。很多国家利用合成革而达制鞋材料的50%，日本达80%左右。至于鞋里材料，使用皮革的更少，大部分使用合成革代用材料，用泡沫塑料层与织物层结合而成的合成革以及涂覆织物材料和无涂覆织物材料。皮鞋外底料很少用真正的皮革，90%以上用橡胶及其他高分子合成材料，如各种合成橡胶、天然橡胶、聚氨酯材料的实体或微孔外底，聚氯乙烯、尼龙、乙烯醋酸乙烯共聚物、乙烯丙烯二烯系共聚物，橡塑结合物等。中底和内底用天然皮革较外底为多，但用各种化学纤维制成的合成材料代用革也日益增多。制帮胶粘剂多用聚乙烯醇缩甲醛，帮底结合使用的胶粘剂有氯丁橡胶、异氰酸酯和聚氨基甲酸酯、丁腈胶及热熔型聚酯、聚氨酯、聚酰胺等。新型的皮鞋工业除涉及各种机械设备以外，主要涉及皮鞋产品质量的是皮鞋用材料。皮鞋是人民生活的必需品，不仅要穿着舒适，而且要美观、典雅大方。有的还要求医治足病。所以皮鞋近年来种类繁多。皮鞋的种类、款式随年龄、性别、职业、穿用方式、爱好而异。因而对皮鞋材料的要求也因鞋而异。

近年来有人提出皮鞋生产化学化，这种说法虽不全面，却说明了皮鞋在当今是一个高分子化学材料的组合体。这更加阐明制鞋材料在皮鞋工业中的重要地位。

同样，新材料的出现，加上设计的巧妙构思，才有了皮革时装和千变万化的包袋。所以革制品的材料直接影响着革制品工业的发展，在革制品工业中占有重要的地位。

（四）革制品材料的格局

虽然天然皮革有着比合成革等材料所不可比拟的优越性，但由于其原料来源的局限，天然皮革的存在曾不断地受到挑战，特别是20世纪以来更是如此。但合成材料由于其致命的弱点——卫生性能差而败下阵来，天然皮革以其优异的卫生性能而立于不败之地。特别是随着社会的不断发展，人们生活水平的不断提高，天然皮革的优越性越为人们所接受。不可避免的是由于世界人口的急剧膨胀，天然平衡的不断破坏，天然皮革的来源受到严峻的挑战，人类需求量又加大，加上合成材料也有着它自身的优点，因此，当今世界在革制品行业的广泛领域内，已经形成了以天然皮革为主，合成材料占相当比重的综合性材料市场。特别是近60年，合成材料发展很快，除了箱包已大部分为合成材料所取代外，在皮鞋部件、辅助材料中占有很大比重。可见，革制品所需材料，仅天然皮革已不能满足革制品行业的需求。而且合成材料由于取材广泛，价格便宜，适于自动化、连续化生产，因此，天然皮革与合成材料已形成一个相辅相成的局面，能互补不足，为革制品工业提供了丰富的原料基础。

二、革制品材料学研究的内容

革制品材料学主要研究皮鞋、皮革服装、皮箱包、家具用皮革、人造革、合成革、橡胶、塑料、橡塑材料及其制品、织物和纤维性材料、金属材料、胶粘剂、修饰材料等革制品材料。因其性质、特征直接影响制品的性能，材料的选择与制品设计、工艺加工、设备等生产条件密切关联，因此研究各类材料的化学组成、结构特征、理化性质、穿用性能，直接与革制品生产相关，而且为实现革制品工业现代化，进一步发展革制品工业起着重要的作用。

革制品材料的种类繁多，本教材选择主要的材料分章叙述。对其生产方法、理化性质、特征、产品名称、系列、规格、型号、包装、保管、运输用途、使用方法等予以介绍。革制品材料学与高分子化学紧密关联，并应用数理化、人体结构、生理卫生、美术等综合科学规律来进行研究。

虽然目前合成材料、人造革充斥国际市场，但在革制品领域天然皮革仍占主导地位，因此我们的革制品材料学研究的重点首先是天然皮革。为了对天然皮革的性能理解得比较透彻，以便更好地合理使用天然皮革，我们将对构成生皮的蛋白质进行较为系统的介绍。诸如蛋白质的构成、性质等。同时对革的化学成分、组织结构、革的分类等加以详细介绍。

前已述及，在天然皮革资源不足的情况下，尽量利用一些合成材料，诸如再生革、合成革、人造革等，不仅能弥补天然皮革资源上的不足，同时能够改变制品的一些性能，降低制品的成本，延长制品的使用寿命。因此要求我们掌握它们的基本知识，包括所用原料、制造方法以及性能等。

在革制品中处于主导地位的是皮鞋，与皮革服装等制品比较，皮鞋所用的材料更为复杂，品种更多，而且这些材料的性能直接影响着皮鞋的性能、档次和质量，所以本书用较大篇幅讲述除鞋面革以外的其他制鞋材料。如果鞋面革主要是皮革，那么鞋底则主要是橡胶、塑料及橡塑材料。故此，我们将学习天然橡胶、合成橡胶的性能、种类及加工等。随着高分子科学的不断发展，新的鞋底材料层出不穷，它的更新速度甚至超过鞋面革，尤其是橡塑材料，更是日新月异。以天然橡胶和丁苯橡胶为主的黑大底已不再多用，取而代之的是轻便舒适、品种繁多的橡塑鞋底。黑一色的局面已经成为历史，呈现在人们眼前的是五彩缤纷的世界，彩色、透明鞋底多种多样。为了适应新的发展，在本书中对橡塑材料进行了较为详细的讲述。塑料鞋底对于皮鞋本不相宜，一定篇幅的讲述主要为了较好地学习橡塑材料。

随着化学结合方法的采用，胶粘剂在制鞋中的作用越来越显得重要，我们将专章学习革制品生产中常用胶粘剂的种类、性能以及胶粘剂的结合机理和胶粘剂的使用等知识。

三、学习本课程的方法

革制品所涉及的材料种类很多，范围很广，也有一定的知识深度，这就要求学生能够在掌握有关基础知识（尤其是有机化学、高分子化学）的基础上，更进一步学好本门课程。

该课程属于专业基础课。要求学生能够在老师系统讲授的基础上，全面了解革制品生产所涉及的主要材料的性能及使用方法。对一些主要材料还要求掌握制造工艺过程。

观念的转变非常重要。高分子材料进入古老的制鞋传统领域，给制鞋工业带来新的生机，为了能够适应这种变化，我们应该加强化学系统课程的学习，使学生具备坚实的化学基础知识，从而能适应工作的需要，为发展我国的革制品工业做出自己的贡献。

第一章 天然皮革

皮革，是动物身上剥下来的皮（即生皮）经过一系列物理机械和化学的处理后，变成耐化学作用（即耐酸、碱、盐、溶剂等），耐细菌作用，耐一定的机械作用，即固定的不易腐烂，不易损坏的物质，简称为革。

皮革的用途难以尽数，总的分为国防用革，工业用革和民用革。其中最主要的用途是制鞋。

皮革用于制鞋的历史悠久。早在远古时期，人类的祖先就曾用兽皮裹足，以保护足部皮肤在劳动中不受伤害，使得人类的活动更加敏捷和自由。随着人类的发展，制革技术的逐步完善，皮革制品质量的提高，促进了革制品（尤其是皮鞋）工业的发展和质量的提高。皮鞋是鞋类中的佼佼者，它的造型美，花色多，经久耐穿，是人们接触最早、最多的革制品。

最近几十年，由于皮革原料皮供应的增长速度远远赶不上制鞋需要的趋势，再加之新工艺和新材料的出现，皮鞋的部件有的已被其他材料所代替。如外底已多采用橡胶底及其他合成材料。主跟、内包头及内底也有的采用了合成材料。但为了保持皮鞋的特性，鞋面材料基本上使用天然皮革。较高档的皮鞋其他部件仍全部使用天然皮革。所以，皮革是皮鞋工业的主要原材料。

皮革用于做鞋和制衣，具有很多优越性。它具有吸汗、透气、柔软、舒适的优良性能；而且坚韧，能保护足部皮肤免受外界接触的伤害；同时也是抵御寒冷大风的比较理想的好材料。所以这样说，是因为当动物存活时，其皮中所有各种腺管都具有排泄和分泌作用，例如将汗、油脂、碳酸气排泄到体外，同时，也有一部分氧气被吸收到体内来，似与呼吸作用一样。由于皮革的多孔性，所以皮革就能吸收汗水，而同时也可将已吸收的水分很快地蒸发出去。虽然皮革具有多孔性能，但由于这些孔道不像纺织品那样是直通的，所以大风就不能直接穿过皮革与皮肤接触，因而皮革具有防寒性。动物皮主要是由天然蛋白纤维所编织而形成的，它的编织形式并没有一定的经纬纵横配合，而是错综复杂，繁乱编织所形成的。因此，经过加工鞣制而成的皮革产品，就继承了这些固有性能：坚固、耐穿，除具有较高的抗张强度外，针眼和撕裂强度也较大。

皮革在外观及性能上有很大差别，主要是由于以下两个因素：一是所采用的原料皮；二是制革时的工艺过程。不同的原料皮采用相同的工艺过程所得到的产品性质各异，同一种原料皮经过不同的工艺过程，所得到的产品也具有不同的特性。由于皮革的外观及性能上的差别，会给皮革制品的设计和制造工艺带来一定的影响。因此，必须从本质上了解各种皮革原材料的组织结构和特性，制革的简要工艺过程、各种鞣制的原理和成革独特的物理性能，才能根据各种皮革的特性，合理地使用皮革，设计出能够达到预期效果的品种，制订合理的工艺过程和管理措施；才能正确地解决由于皮革材料的原因导致的皮革制品工艺上的质量问题。

第一节　生皮的组织构造

生皮是一种很复杂的生物组织，在动物存活时期，起着保护机体，调节体温，排泄分泌物和感觉的作用。尽管各种生皮在外貌、大小、重量等方面因动物种类不同而有显著的差别，但除了鱼类、爬虫类和飞禽类的皮外，哺乳动物皮的组织结构基本上是一样的。

生皮在外观上可分为毛层（毛被）和皮层（皮板）两大部分。毛皮生产用的生皮首先注意毛被的质量，其次是皮层的质量，而制革生产用的生皮则主要注意皮层的质量。因为毛在生产过程中要被除掉。

若把皮层放在显微镜下观察它的纵切面，便可清楚地看到，生皮可分为3层：上层最薄，叫作表皮层；中层最厚、最紧密，叫作真皮层；下层最松软，叫作皮下组织层。

在切片上，除了这3层之外，还可看见附属于皮的一些其他组织，如毛、毛囊、竖毛肌、脂腺、汗腺等（图1－1）。在制革过程中，表皮、毛和皮下组织层都被除去，成品革中只保留真皮层。

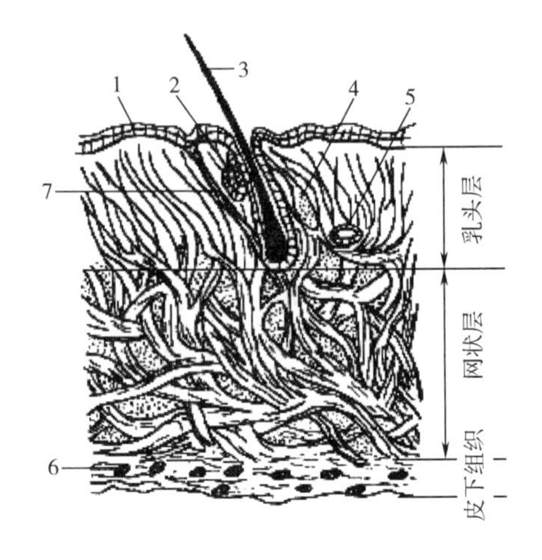

图1－1　生皮的垂直切面示意图
1—表皮　2—脂腺　3—毛　4—汗腺　5—血管　6—脂肪细胞　7—竖毛肌

一、表　　皮

表皮位于毛被之下，紧贴于真皮层的上面。表皮的厚度随动物种类和部位的不同而异。毛被发达稠密的动物或不经常承重，受摩擦的部位，如腹部，表皮较薄；毛被不发达的动物或经常承重，受摩擦的部位，如背部，表皮就厚些。猪皮的表皮较厚，一般占皮厚度的2%～5%；绵羊皮和山羊皮表皮占皮厚度的2%～3%；而牛皮表皮最薄，占皮厚度的0.5%～1.5%。

表皮根据其发达程度，可以分为2～5层。薄的表皮只能区分出2层：上层叫作角质层，下层叫作黏液层（又称生发层、马尔基比氏层）。厚的表皮可以区分出5层：由内向外分别叫作基底层、棘状层、粒状层、透明层、真角质层。

表皮由不同形状的细胞排列而成。事实上，各层的细胞是根据同一类细胞由于新陈代谢的不同阶段——分裂、成长、衰老及死亡所表现出来的形态改变来区分的。

紧贴于真皮层的基底层细胞可以通过微血管和淋巴腺获取营养和水分，细胞发育健壮，具有繁殖力，这些细胞以分裂法不停地分裂、繁殖，新生细胞逐渐取代老细胞的位置而向上推进。随着基底层细胞距离结缔组织越远，细胞则因接受营养困难而其形态越趋平片状。并因逐渐失去水分而干燥，导致最上层的逐渐角质化，直至最上面的真角质层，则变成了一种完全硬化了的片状细胞层。这层细胞继续向上推移，失去联系，就形成了皮屑而脱落（图1－2）。

角质层对于酶、酸、碱等化学药品的侵蚀有一定的抵抗能力，所以，尽管表皮比较薄，在制革过程中又要和毛一起被除去，但它还是很重要的，因为生皮在生产之前若是表皮受了损伤，细菌就容易渗入真皮，引起脱毛，甚至造成生皮腐烂，从而影响皮革及制品的质量。所以，无论在动物存活期间或者在生皮初步加工、贮存及运输过程中都必须注意保护表皮。

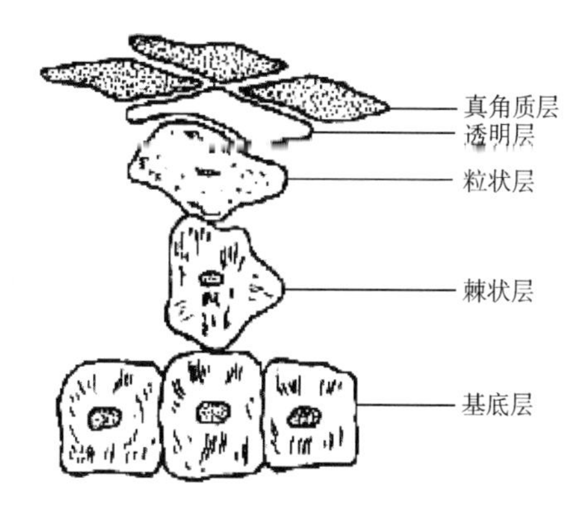

图1－2　表皮各层细胞演变示意图

二、真　　皮

真皮位于表皮之下，介于表皮与皮下组织之间，是生皮的主要部分。成品革就是由真皮加工制成的。成品革的许多特征都是由这真皮层的结构决定的。真皮的质量或厚度均占生皮的90%以上。

真皮主要由胶原纤维、弹性纤维和网状纤维编织而成，称为纤维成分。其中胶原纤维占95%～98%，是组成真皮的基本物质。真皮中还含有血管、汗腺、脂腺、毛囊、肌肉、淋巴管、神经、纤维间质和脂肪细胞等非纤维型成分，此外，真皮还可以分为乳头层和网状层，其纤维编织情况也各不相同。

（一）纤维成分

1. 胶原纤维

胶原纤维是真皮中主要的纤维，由胶原（生胶蛋白质）所组成。这种纤维在水中长期熬煮后，分子降解，生成一种胶状物（即皮胶或明胶），所以称为胶原纤维，意思就是“胶之来源”。

胶原纤维通常概念是指胶原纤维束而言，它是由胶原的分子链（肽链）形成的极微小的初原纤维（直径1.2～1.7nm），然后逐级形成的纤维束（直径20～150μm）。

根据微观研究的结果，可将胶原纤维的细致结构作如下排列：肽链→初原纤维→纤维丝→原纤维→微纤维→纤维→纤维束。

胶原纤维束在真皮中相互穿插，交织成不同形式的编织物。较粗的纤维束有时分成几股较细的纤维束，这些较细的纤维束有时又和其他纤维束合并成另一较大的纤维束。如此不断地分而又合，合而又分，纵横交错，不知起讫地编织成一种特殊的立体网状结构，使得生皮及其成品革具有很高的力学强度。胶原纤维能够形成束这是它的特性之一。

2. 弹性纤维

这种纤维在真皮中很少，仅为皮质量的0.1%～1%，弹性纤维很细，直径不超过8.0μm，是由弹性硬蛋白构成。在形态上，弹性纤维与胶原纤维不同之处在于弹性纤维呈分枝而不形成纤维束，有点像没有树叶的树枝。在性质上的区别在于弹性纤维有很大的弹性。

弹性纤维主要分布在真皮上层——粒面层（乳头层），位于毛囊、脂腺、汗腺、血管和竖毛肌的周围，弹性纤维在真皮中起着支撑和骨架作用，很像建筑物内的钢筋，支撑着皮内各种组织，如竖毛肌、脂腺、汗腺、毛囊、血管、神经等，使它们的地位保持固定。因而，普遍认为它对成革的柔软度有一定的影响。

3. 网状纤维

这种纤维分布在表皮与真皮交界的地方，形成非常稠密的网膜，并且还在胶原纤维束的表面形成一个疏松的网套，把纤维束套住，并把它们保护起来。

在形态上，网状纤维呈分枝并联合，但它在性质上有许多地方和胶原纤维很相似，故有人认为网状纤维是一种“变异”的胶原纤维。

（二）非纤维成分

1. 纤维间质

在真皮的纤维之间，填充着一种凝胶状物质，称为纤维间质。它主要由许多带黏性的蛋白质（白蛋白、球蛋白、黏蛋白和类黏蛋白等）和糖类物质所组成。纤维间质具有将皮中各个构造成分彼此黏结在一起和润滑作用。生皮干燥后，纤维间质失水而变硬。在制革准备工段中大部分被除去，以免阻碍鞣剂和其他化学药剂向皮内渗透。

2. 汗腺

汗腺是能分泌汗液的组织，是简单的不分枝管状腺。分为分泌部分和排出部分（导管部分）。其导管穿过真皮和表皮，伸至皮面形成汗腺出口，排泄汗液。

3. 脂腺

脂腺是一种像一簇葡萄状的小泡腺，紧贴在毛囊上，以一个细管与毛囊相通（图 1－3）。脂腺能分泌出一种类脂物质，先储藏在脂腺内，然后沿着导管流入毛囊，并从那里流到皮的表面，润滑毛干和表皮。

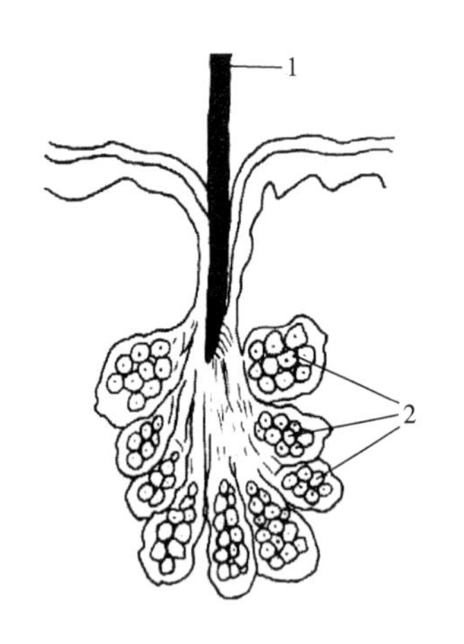

图 1－3　脂腺示意图

1—在毛根鞘中的毛　2—皮脂腺的油囊

一个毛囊周围的脂腺多少不等，有的多达 2 ~ 5 个。脂腺的发达程度也随动物品种而异。

脂腺和汗腺的发达程度对成革质量的影响较大，由于它们多分布在乳头层，占据不少空间，因此当它们在加工过程中被除去之后，乳头层与网状层之间的联系就变得松弛，能够产生成革的“松面”现象。但它也有正面影响，腺体越发达，成革孔率也就越大，能够提高革的卫生性能。

4. 脂肪细胞

真皮内的脂肪细胞大多数为圆形或椭圆形，细胞内充满脂肪，把核挤在一边。脂肪细胞多集中在皮下组织层，但也有少量分散在真皮的胶原纤维束之间和毛囊周围。

5. 肌肉组织

真皮中含有少量肌肉组织，这就是竖毛肌。它位于脂腺之下，是一条狭长的平滑肌纤维束。它的一端附着于毛囊，另一端终止在真皮的乳头层处。当动物受到突然的刺激，如骤冷和惊恐时，它们就要收缩，这样会改变毛囊的角度，使毛竖立，而在皮肤上呈现“鸡皮疙瘩”，故称竖毛肌。竖毛肌的收缩程度，直接影响粒面的粗细度。

6. 毛囊

表皮层沿着真皮凹凸不平的表面在有毛生长的地方陷入真皮内形成的一个管状鞘囊。毛囊倾斜地长在皮内，与真皮表面形成一定的角度。毛根位于毛囊之中。毛根底部膨大部分像葱头，称为毛球。

7. 血管和淋巴管

生皮内有许多枝状血管。真皮内的血管是动物血液循环的分支，其功能是向动物全身各个部分输送营养物质。生皮中还含有大量的淋巴管，在乳头层中构成扁平的稠密网，并从那里向深处延伸，及至真皮和皮下组织之间，形成更大的淋巴网。

（三）真皮的乳头层和网状层

真皮主要由胶原纤维编织而成，其编织方式随生皮的层次和部位不同而异。根据纤维的编织形式，可将真皮分为上下两层：乳头层和网状层。两层以毛球和汗腺所在的水平面为分界线（但这种分界不适用于猪皮，猪毛是贯穿整个真皮的）。由于原料皮种类不同，毛根和汗腺透入真皮的深度也不同。所以，不同的原料皮，这两层的相对厚度是不相同的。

1. 乳头层

乳头层的表面与表皮的下层相互嵌合，表皮除去后，乳头层的表面便出现乳头状的突起，所以称乳头层。又因乳头层中含有汗腺、脂腺、竖毛肌等，能调节动物的体温，又称为恒温层。制成革后，乳头层又是成革的粒面层。

各种生皮乳头层的厚度，以占全皮厚度的比例表示：牛皮为25%～35%，马皮约为40%，山羊皮为40%～65%，绵羊皮为50%～70%，猪皮因为毛囊贯穿整个真皮层，难以明确区分粒面层和网状层，但通常仍以粒面下纤维细小部分作为粒面层。

乳头层中胶原纤维束比较细小，而且编织疏松，这种疏松的程度又由于有毛囊及各种腺管的存在而加剧。因此，乳头层结构比较脆弱，容易受到伤害。

2. 网状层

网状层较乳头层厚，是皮革的主要部分。网状层中胶原纤维束比较粗壮，编织比较紧密，有如网状，因此得名为网状层。网状层的弹性纤维和脂肪细胞很少，一般不含汗腺和脂腺、毛囊等组织。故网状层是真皮中最紧密和最结实的一层。成革的物理力学强度，除取决于生产方法外，也取决于网状层的发达程度及其胶原纤维的编织情况。网状层越发达、编织得越紧密的生皮，物理力学性能越好。例如：牛皮的物理力学性能就比羊皮好；猪皮也由于它的纤维束编织得特别紧密，编织的角度较大，其耐磨性往往胜过牛皮。

（四）真皮内胶原纤维的构型

胶原纤维构成真皮的编织形态是无规律的，并因动物皮的种类、部位和结构层次的不同而异。但是，这并不意味着在生皮组织学概念范围内，各类皮的组织结构不存在共性。通常，真皮内胶原纤维的构型在相应层次和部位上呈现明显的共性。

1. 乳头层与网状层中胶原纤维的构型

乳头层中，胶原纤维束纤细、量小，编织无定型，纤维束之间的倾角小，且交错、纠缠在一起。越靠近表皮层，则纤维束越纤细，编织角度越小，逐渐与水平方向平行，但纤维束间的紧密度却由疏松趋于紧密，最终就形成了致密的皮革粒面部分。

网状层中胶原纤维束粗壮、量多，编织虽无规则，但纤维束之间的倾角大（有的接近90°角，呈“十”字状），编织均匀、紧密，纤维束分枝结合，纵横交错，相互扭结，形成不知起讫而又浑然一体的特殊立体网。在网状层中，又以它中间的纤维束最粗大，编织最紧密、最结实，有一定的编织构型。而它的上层纤维束（与乳头层紧连）和下层纤维束（与皮下组织紧连）逐渐变得细小起来。

胶原纤维这种特殊立体网的构型，赋予成革力学强度，各种常用原料皮的网状层具有大致相近的网状构型。不同的是胶原纤维束的粗壮程度和编织的紧密度存在差别。

2. 背臀部与腹肷部中胶原纤维的构型

背臀部中胶原纤维束粗壮、量多，编织紧密、均匀，纤维束的走向很陡，趋向于直角交错。因此，背臀部组织紧密，手感坚实。

腹肷部中胶原纤维束纤细、量少，编织疏松、不均匀，纤维束的织角小，趋向于同水平方向平行。因此，腹肷部组织疏松，手感松软。

颈肩部中胶原纤维束及其构型一般介于背臀部与腹肷部之间。

胶原纤维在生皮不同部位的基本构型是常用原料皮所共有的特征。其中，尤以猪皮最为突出。在制革过程中，虽然采取一定措施进行弥补，以减小部位间的差别，但成革仍或多或少地存在部位差。

三、皮下组织层

这一层主要是由与生皮表面平行且编织疏松的胶原纤维和部分弹性纤维所组成。此外，还有血管、淋巴管、神经组织和大量的脂肪组织。皮下组织是动物皮与动物体之间相互联系的疏松组织，皮就是由这一层从动物身上剥下来的。

第二节　生皮的化学成分

生皮的组分很复杂，主要成分是蛋白质，其他还有水分、脂类、矿物质和碳水化合物等。表1－1中列出了生皮各组分的含量范围。这些组分的含量随动物的种类、性别、年龄和生活条件的不同而变动。

表1－1　生皮的组分（新鲜） 单位：%

成分	含量
蛋白质	30～35
水　分	60～75
脂　类	2.5～3.0
无　机　盐	0.3～0.5
碳水化合物	<2

一、生皮的蛋白质组分

蛋白质是生命的基础，凡是有生命的物质都在不同程度上含有蛋白质，它和水分、类脂物、矿物质等非蛋白质共同组成一切生物细胞的原生质。在自然界中，蛋白质表现出来的形式是多种多样的。动物体上的皮、毛、角、蹄、肉、乳、蛋、血，都是由蛋白质形成的。蛋白质是天然高分子化合物，相对分子质量由几千到几百万，结构复杂，种类很多，每种蛋白质都有它的特定功能。生物界蛋白质有100亿种结构，人体有10万种。皮革、羊毛、蚕丝等都是由蛋白质组成的，以它们为原料可以生产皮革制品、丝绸、毛呢、照相用软片、电影胶卷、胶粘剂、医药用材料、化妆品和食品的辅料。

生皮的蛋白质有很多种。表皮和毛主要由角蛋白组成；真皮的纤维绝大部分是由胶原蛋白构成的胶原纤维，另外还有弹性蛋白、网硬蛋白等；纤维间质中则含有白蛋白、球蛋白、黏蛋白和类黏蛋白等。制革生产中，理论上只留下真皮层中的胶原蛋白，其中的纤维间质和角蛋白等都应通过化学和机械方法除去。

（一）蛋白质的元素组成

蛋白质是复杂的含氮高分子化合物。它的组成元素及各种元素所占的百分比大致为：碳（C）50%～55%，氢（H）6.5%～7.3%，氧（O）19%～24%，氮（N）15%～19%，硫（S）0.23%～2.4%，磷（P）仅存在于某些蛋白质中。

蛋白质主要含C、H、O、N、S五种元素，某些蛋白质中还含有P、卤族元素和金属元素（如铁、铜、锌、镉等）。这些元素的含量随着材料的来源不同而不同。成革的化学分析有一项指标是皮质，就是检测皮革的蛋白质含量。

（二）蛋白质的分类

蛋白质的种类很多，结构复杂，大多数结构均没有研究清楚，因此不可能按它们的结构加以分类，当前普遍接受的分类法是按照蛋白质的物理、化学性质（主要是它们的溶解度）将蛋白质分成简单蛋白质和结合蛋白质两大类。

1. 简单蛋白质

简单蛋白质是指蛋白质水解后只产生α-氨基酸及其衍生物。这类蛋白质又可按其在水或盐溶液中的溶解度分成若干类。

①白蛋白：存在于动植物细胞内，如卵清、血清、乳清等的蛋白质。

②球蛋白：广泛分布于动植物中，是一大类重要的蛋白质。

③硬蛋白：是一大类重要的蛋白质，分布于动物的胚层和中胚层组织中。

简单蛋白质还有精蛋白、组蛋白、谷蛋白和麦蛋白等类。

2. 结合蛋白质

结合蛋白质系指一简单蛋白质分子与非蛋白质分子（辅基）结合。属于这一类的蛋白质有：

①磷蛋白：这类蛋白质很少见，其代表物为酪蛋白与卵磷蛋白，存在于奶类、蛋白类以及某些组织（如肝脏）中。它们含有1%的磷元素。胃蛋白酶也是一种磷蛋白。

②色蛋白：它们的辅基是很复杂的有色物质，因此而得名。属于这类的蛋白质有血

红蛋白、血蓝蛋白、肌红蛋白和色素细胞等。

③黏蛋白：这类蛋白质是由糖和简单蛋白质以共价键结合的结合蛋白质。它们在自然界分布很广，性质与结构差别很大。

④核蛋白：这是一类很重要的蛋白质。是组成细胞核和原生质的主要物质，是细胞不可缺少的部分。

⑤脂蛋白：蛋白质与脂肪以次级键结合而成脂蛋白。

⑥金属蛋白：是蛋白质直接与金属结合而成。如胰岛素分子上结合了两个锌原子，铁蛋白含23%的铁元素。

（三）构成蛋白质的基本单位——氨基酸

借助于酸、碱或酶的作用，可使复杂的蛋白质逐渐发生水解，其水解最终产物——蛋白质分子的基本单位是α-氨基酸。氨基酸的结构是在α-碳原子上分别结合着一个氨基、一个羧基、一个氢原子和一个侧链R基团。其化学式如下：

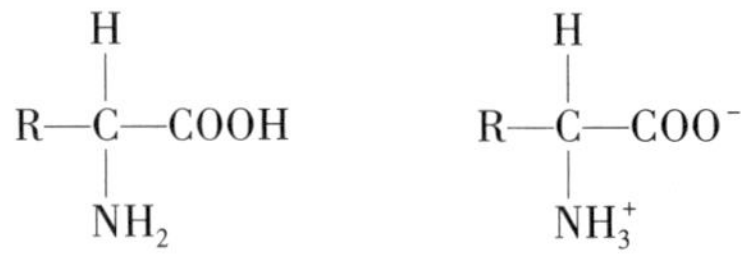

$$\begin{array}{ccc} \text{H} & & \text{H} \\ | & & | \\ \text{R—C—COOH} & \qquad & \text{R—C—COO}^- \\ | & & | \\ \text{NH}_2 & & \text{NH}_3^+ \end{array}$$

非离子型　　两性离子型

分子中含有氨基和羧基的化合物叫作氨基酸；氨基和羧基在一个碳上的氨基酸叫作α-氨基酸。

氨基酸几乎都是无色晶体，熔点高（200~300℃），加热至熔点则分解成胺，放出CO_2气体。大多数氨基酸溶于水而难溶于无水乙醇、醚等有机溶剂。α-氨基酸一般具有甜味。

氨基酸是两性离子化合物，能形成两性游离状态，它不仅与酸或碱作用生成盐，而且同一个分子内的氨基与羧基之间也能形成“内盐”。

常见的氨基酸有20余种，彼此之间的区别仅在于侧链R基团不一样。根据R基团的不同，氨基酸分为三大类：

①中性氨基酸：氨基的数量与羧基的数量相等。

②碱性氨基酸：氨基的数量大于羧基的数量。

③酸性氨基酸：氨基的数量小于羧基的数量。

这20余种氨基酸构成了各种各样的蛋白质。但并不是每种蛋白质都包含这20余种氨基酸，而是有的含得多些，有的含得少些，有的缺这几种，有的缺那几种。同样的氨基酸，如果它们的排列次序不同，则构成的蛋白质及其性质也不一样。总之，蛋白质之所以表现为各种各样形式，其主要原因在于：

①它所含的氨基酸的种类及数量不同。

②氨基酸的排列次序不同。

③空间结构不同。

（四）蛋白质的结构

蛋白质是具有高级结构的高分子，一般都有四级结构。

蛋白质由许多种氨基酸组成，氨基酸之间彼此以肽键（—CO—NH—）形式连接，即一个氨基酸的羧基和另一个氨基酸的氨基脱水缩合，形成肽键。肽键的继续形成，得到多肽键。

许多氨基酸以肽键形成多肽长链，这就是蛋白质的简单结构，即一级结构（初级结构或化学结构）。蛋白质多肽链常称为主链；而与主链相连接的支链则称为侧链。有的蛋白质分子由一条多肽链组成，有的蛋白质则由二条、三条或多条肽链组成。在主链之间（即侧链上）还有不同形式的链互相连接，将蛋白质主链与主链“桥合”起来。

蛋白质的二至四级结构是指蛋白质的空间构象、构型。

所谓二级结构，一般是指氢键结合起主要作用的那些蛋白质结构。

至于三级结构，一般是指肽链上各种官能团之间除氢键以外的相互作用（其中包括电价键以及分子间范德华力），使蛋白质分子结构得以稳定和牢固。

简单的四级结构是蛋白质分子间通过非共价键的结合形成聚合体。

（五）蛋白质的性质

1. 蛋白质的两性电离和等电点

像氨基酸一样，蛋白质也有两性电离和等电点。蛋白质肽链的两端有 α－氨基和 α－羧基，侧链上则带有若干酸性基和碱性基，这些基团都有接受和给出质子（H^+）的性质，所以蛋白质同氨基酸一样，是一种两性电解质，在溶液中，随着介质的 pH 不同，蛋白质即成为带正电荷或负电荷的离子：

$$(R)P\begin{matrix}COOH\\NH_3^+\end{matrix} \rightleftharpoons (R)P\begin{matrix}COO^-\\NH_3^+\end{matrix} \rightleftharpoons (R)P\begin{matrix}COO^-\\NH_2\end{matrix}$$

（－）←正离子　　两性离子　　负离子 →（＋）

$pH < pI$　　$pH = pI$　　$pH > pI$

蛋白质的等电点偏酸或偏碱，与它们的侧链基团有关。因为肽链末端只有一个 α－氨基和羧基，而许多肽链的侧链却有较多的酸性基和碱性基，所以，侧链极性基对等电点的影响较大。例如：胃蛋白酶、酪蛋白等肽链中酸性氨基酸多，它们的等电点偏酸性；而胶原肽链中碱性氨基酸比酸性氨基酸略多一些，所以胶原的等电点略偏碱性。

在等电点时，蛋白质的物理化学性质都有很大的变化，它的溶解度、黏度、渗透压、导电率和膨胀作用等都达到最低值。人们往往利用蛋白质溶液在等电点时沉淀这一性质来分离、提纯蛋白质，也可以利用这一性质测定蛋白质的等电点。

2. 蛋白质的胶体性质

蛋白质的分子很大，相对分子质量一般都在 10000 以上，其颗粒大小为 1～100nm，在水溶液中具有胶体的性质：不能透过半透膜，产生电泳现象、扩散现象、丁达尔现象。

蛋白质分子表面有较多极性侧链，水分子与这些极性基以氢键结合，形成水分子膜包围着蛋白质分子，即为蛋白质的水合作用，可见蛋白质是亲水胶体。蛋白质分子中与水分子形成氢键结合的极性基有下面五种：

```
     H                   O  H                    O···H—O—H
     |                   ‖  |                    ‖
 \                   \                       \
  CH—N—H              CH—C—N—H                CH—C—O—H
 /   ⋮               /      ⋮                /       ⋮
     H                      H                        H—O—H
     |                      |
     O                      O
     |                      |
     H                      H
    氨基                   酰胺基                    羧基

 \                   R     O···H—O—H
  CH—O—H             |     ‖
 /    ⋮            —CH—C—NH—CH
      H                   ⋮     |
      |                   H     R
      O                   |
      |                   O
      H                   |
                          H
     羟基                肽基
```

蛋白质在水溶液中，由于带电荷和水化层的稳定作用，不会互相凝集而沉淀。如果调节溶液的 pH 至蛋白质的等电点和加入脱水剂，蛋白质便凝集而析出，如图 1 -4 所示。

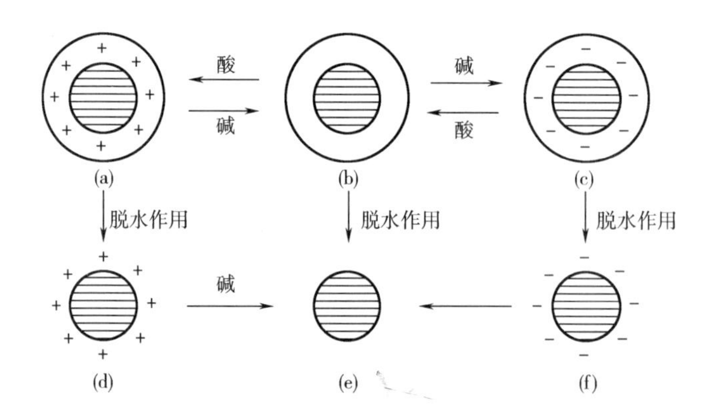

图 1 -4　蛋白质胶体颗粒的沉淀

（a）带正电荷的蛋白质（亲水胶体）　（b）等电点的蛋白质（亲水胶体）　（c）带负电荷的蛋白质（亲水胶体）
（d）带正电荷的蛋白质（疏水胶体）　（e）不稳定的蛋白质颗粒（沉淀）　（f）带负电荷的蛋白质（疏水胶体）

注：颗粒外的空圈代表水化层，“ + ” 及 “ - ” 分别代表正、负电荷。

3. 蛋白质的变性

蛋白质在加热、冷冻、机械力（如声波振动、机械振动、搅拌和研磨、加压等）、紫外线照射、辐射、酶处理及有机试剂（如酒精、丙酮、尿素、苯酚及其衍生物）、无机试剂（如酸——硝酸、三氯醋酸、苦味酸、单宁酸；碱——重金属盐、碘化物、硫氰化物等）作用下物理化学或生物性质与原来不一样，原性质部分或全部丧失的现象，叫作蛋白质的变性。

蛋白质变性后，首先表现为溶解度大大降低，黏度成倍增大。其次是失去生物活性，化学反应能力增强以及分子的大小和形状改变，结晶性能被破坏，容易被蛋白酶分解。

蛋白质变性有其优缺点，如鸡蛋、肉煮熟了吃，有利于消化；血凝固；皮革的加工过程等都是利用蛋白质的变性。但汞中毒能致命。

蛋白质变性分可逆和不可逆。去掉变性的条件蛋白质又能恢复原来的性质，这种变性即为可逆变性，如酶的催化作用；否则为不可逆变性。

（六）生皮蛋白质

1. 生皮蛋白质的种类

制革上，按照蛋白质在动物体内的生理功能，可划分为纤维结构蛋白质和非纤维结构蛋白质。前者在动物体内起着支撑和保护作用，后者是动物胚胎发育以及皮层纤维结构再生的基础物质。

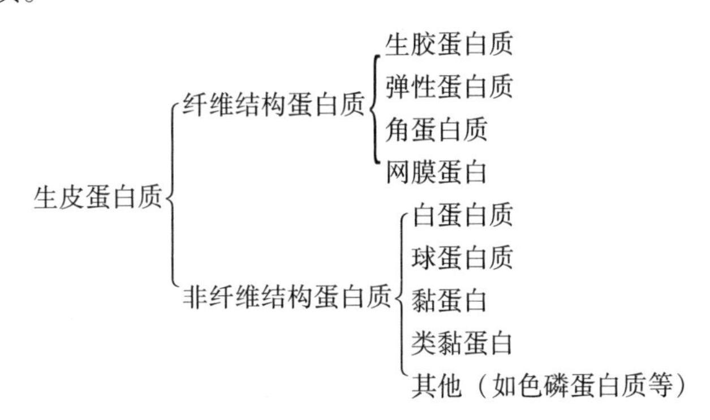

角蛋白构成表皮及毛，真皮层的纤维绝大部分是由胶原蛋白构成的胶原纤维。纤维间质主要由白蛋白质、球蛋白质、黏蛋白和类黏蛋白组成。

2. 胶原的结构

成革是由真皮加工而成的。而真皮中保留下来的只有生胶蛋白质——胶原。胶原和其他蛋白质一样，是由不同氨基酸组成的高分子化合物。形成胶原的主要氨基酸是甘氨酸、脯氨酸、羟脯氨酸、丙氨酸和谷氨酸等，相对分子质量约为365000，具有四级结构，即：

①一级结构：胶原分子是多肽链的三重螺旋体；系由3条各有1052个氨基酸的肽链组成。

②二级结构：胶原分子的每条肽链都是自身向左扭旋的。这种扭旋靠氢键维持和固定。

③三级结构：自身向左扭旋的肽链，两条组合。彼此再向右扭旋围绕，形成一个复合的大螺旋体。

④四级结构：胶原分子通过首尾衔接（主要是黏多糖的作用）聚集成一条不知起讫的聚集体，即胶原的初原纤维，然后再逐级组成纤维束。

胶原纤维的形成过程：氨基酸→肽链→四级结构→聚集体→初原纤维→纤维丝→原纤维→微纤维→纤维→纤维束→生皮胶原纤维。

3. 胶原的性质

胶原是无色的蛋白质，在绝干状态下硬而脆，相对密度为1.4，等电点（p*I*）为7.5~7.8。

（1）酸、碱对胶原的作用

胶原在酸或碱的溶液中，其分子侧链上的氨基和羧基以及肽链的 α - 羧基和氨基等都能与酸或碱作用。

胶原与酸或碱的结合可以用酸容量或碱容量来表示，即1g干胶原与酸或碱结合的最大量，以 H^+ 或 OH^- 的物质的量（mmol）表示。胶原的酸容量为0.82~0.9mmol/g，碱容量则为0.4~0.5mmol/g。这时，胶原内的极性侧链与酸或碱结合，打开了胶原分子内和分子间的电价键。酸和碱进一步作用，也要打开多肽链间的氢键。甚至还能打开肽链间的交联键。胶原肽链间的交联键打开后，胶原就能溶于水中而变成明胶，这种作用称为胶解。酸、碱的胶解能力不一样，以氢氧化钡和氢氧化钙的胶解能力最大；强酸的胶解力又比强碱大。这里应当注意，如果强酸、强碱处理时间过长、浓度过大时，胶原分子主链也要被水解，肽键断开，则胶原的酸容量和碱容量均增加，此时若胶原分子主链被水解过度，肽链断开过多，就要影响胶原纤维的强度和明胶的黏合能力。

（2）盐类对胶原的作用

各种中性盐与胶原的作用都不同。有的盐使胶原脱水，有的盐则引起胶原膨胀（充水），根据这些作用可将盐分成三类。

第一类为充水盐，胶原在这些盐的任意浓度中都会引起剧烈膨胀，纤维束缩短、变粗，收缩温度也显著地降低。这一类盐有硫氰酸盐、碘化物、钡盐、钙盐、镁盐和锂盐等。

第二类为充水脱水盐，如氯化钠，胶原在这类盐的稀溶液中只微微膨胀，当盐的浓度较大时会引起脱水作用，此时，胶原的收缩温度也略为提高。

第三类为脱水盐，如硫酸盐、硫代硫酸盐和碳酸盐等。

（3）酶对胶原的作用

很多蛋白酶能够水解胶原，它们作用于肽链，使胶原先分解成一些大肽的碎片，再进一步分解成小肽或氨基酸。胰蛋白酶对天然胶原没有作用，只能水解变性的胶原。天然的胶原纤维束用0.1%胰蛋白酶处理，在温度35℃、pH 7.8时作用24h，胶原纤维束均无变化，如将此纤维束经化学处理（如酸、碱或盐处理）或加热而变性后，就很容易被胰蛋白酶水解。天然胶原即使遭受轻微变性作用（如风干、粉碎、酒精脱水），也能被胰蛋白酶水解。

胃蛋白酶与胰蛋白酶不同，它可以水解天然胶原。它不仅可以水解肽键，也可以破坏肽链间的酰胺键。

胰凝乳蛋白酶和木瓜蛋白酶也可以水解胶原。除此之外，还有一种只能水解胶原的酶——从微生物中分离出来的胶原酶。

（4）胶原的耐湿热作用

胶原纤维在水中受热到一定的温度就要自行卷曲和收缩，此时水溶液的温度称为收缩温度。胶原的收缩温度随来源不同而不同。一般为60~65℃。表1-2列出各种生皮的收缩温度。

表 1－2　　各种生皮收缩温度表

生皮名称	收缩温度/℃	生皮名称	收缩温度/℃
猪　皮	66	兔皮（家兔、野兔）	59～62
大牛皮	65～67	狗　皮	60～62
犊　皮	63～65	家猫皮	60～62
马　皮	62～64	鳄鱼皮	44
山羊皮	64～66	鲨鱼皮	40～42
绵羊皮	58～62	江猪皮	34～38
鹿　皮	60～62		

胶原纤维受热收缩时，急剧缩短而变粗，显得有弹性，但纤维的强度则大减，它在 X 射线衍射图谱中显示出无定形结构。说明胶原的化学组成虽未改变，可是结构发生了改变。受热前，胶原分子链定向排列，链间交联键处于伸张状态。受热后，由于分子链移动，使不牢固的交联链破裂，破坏了螺旋结构的稳定，分子链随之卷曲成为较稳定的弯链结构。

氢键的键能虽然较盐键为弱，但氢键的数量却很多，因此它对收缩温度有较大的作用。实验证明，胶原纤维经 β－奈磺酸处理后，盐键破坏，收缩温度只降低 10～12℃，但如用尿素处理，破坏其氢键，则收缩温度降低约 40℃。

二、生皮的非蛋白质组分

（一）水分

生皮的水分是动物生存时所必需的。其含水量随动物的种属、性别、年龄、皮的部位和脂肪含量的不同而异。皮内的水分一部分是由蛋白质结合的，称为蛋白质的水合水（化合水），它的性质与一般水不同，失去了溶解其他物质的性能，且它的蒸汽压、凝固点和介电常数等都比一般的水低，这种水合水不能用一般干燥方法脱除。另一部分水是游离的，叫作吸附水，或称膨胀水、自由水，其性质与一般的水一样，这部分水对蛋白质的体积有很大影响。

（二）脂类

脂类是脂肪和类脂的总称。动物或植物组织能够被乙醚、丙酮、氯仿、苯、石油醚等溶剂溶解的物质，叫作脂类。

皮内脂肪的主要成分是三羧酸甘油酯，即高级脂肪酸甘油酯。其化学式如下：

$$\begin{array}{l} CH_2-O-\overset{\overset{\displaystyle O}{\|}}{C}-R_1 \\ | \\ CH-O-\overset{\overset{\displaystyle O}{\|}}{C}-R_2 \\ | \\ CH_2-O-\overset{\overset{\displaystyle O}{\|}}{C}-R_3 \end{array}$$

油是高级不饱和脂肪酸甘油酯，一般为液态；脂是高级饱和脂肪酸甘油酯，一般为固态。类脂则是蜡、磷脂和胆固醇。

蜡是偶数碳的高级脂肪酸和高级一元羧酸的酯，如中国蜡——二十六酸二十六酯，即蜡酸蜡酯。

（三）矿物质

生皮中的矿物质是适应动物在生活中的生理需要而存在的，其含量甚微，约为鲜皮质量的0.35%～0.5%。矿物质主要是钠、钾、钙、镁的氯化物，还有磷酸盐、碳酸盐、硫酸盐以及微量的铁、硅等。矿物质来源于动物的血液和淋巴液，钾、磷多分布在表皮中，钠、钙多分布在真皮中。

（四）碳水化合物

碳水化合物在生皮中的含量不多，一般为鲜皮质量的0.5%～1.0%，其中包括葡萄糖、半乳糖、甘露蜜糖、岩藻糖等单糖和黏多糖。黏多糖在皮中含量虽不多（一般为干皮质量的2%以下）但却起着重要的作用。黏多糖具有黏滞性，附着于纤维表面，能缓冲纤维间的机械摩擦，因而具有润滑、保护作用，它也参与纤维的增长与再生。

第三节　毛被组成及性质

一、毛

毛在动物皮上的纵断面如图1－5所示。

在电子显微镜下观察成熟毛的切面，可以看到毛是由2～3个同心圆构成的，由外向内的同心圆分别是毛的鳞片层、皮质层和髓质层。不同种类的动物和不同种类的毛，各层所占比例不同。鳞片层很薄，占毛径的1%～2%，皮质层与髓质层占毛径比例差异较大。一些种类的毛没有髓质层，如图1－6所示。

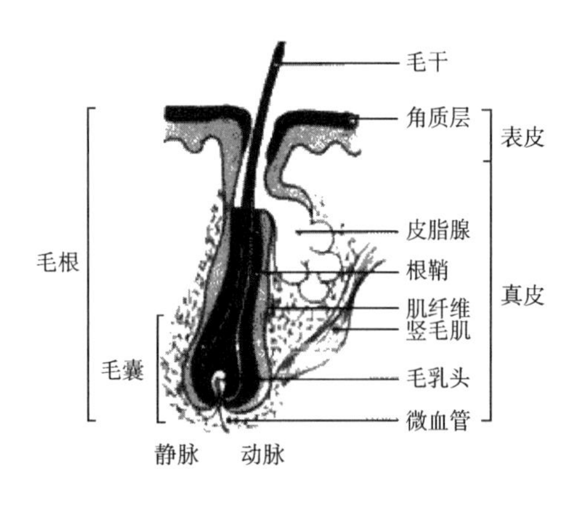

图1－5　毛纵切面

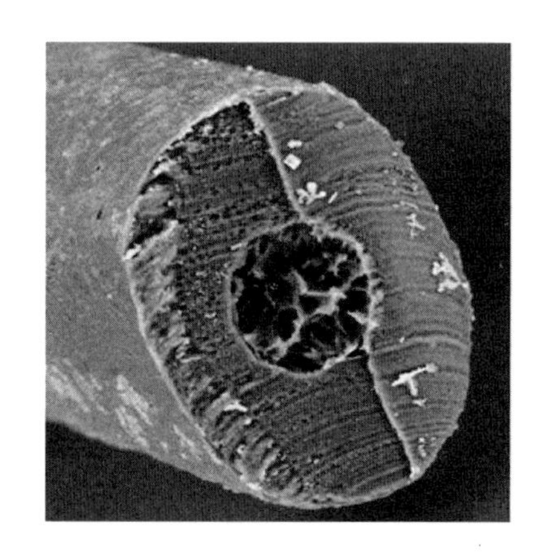

图1－6　显微镜下的北极熊毛

（一）鳞片层

鳞片层覆于毛的表面，是片状胶质细胞组织，鳞片的根部附着于皮质层，游离端指向毛尖，像鱼鳞般重叠覆盖于毛表面，故称鳞片层，如图1－7和图1－8所示。鳞片层很薄，厚度为0.5～3μm，约占毛纤维质量的10%。不同类型的毛或同一根毛不同位置上的鳞片大小、厚薄、形状、排列紧密程度不同，例如水貂皮、银狐皮针毛根部的鳞片呈披针形，向上端逐步过渡为倒三角形、菱形，至毛尖段，呈波浪形。鳞片在毛表面排列有环形、非环形以及砌形。其中环形鳞片绕毛干一周，鳞片自上而下彼此套在一起，毛尖和细绒毛如山羊绒毛多呈这种形态。环形鳞片层对光线的吸收和反射比较均匀，毛纤维的光泽比较柔和。非环形鳞片较小，一个鳞片不能将毛干包围起来，而是以鱼鳞或竹笋壳状相互交错，包绕毛干表面，一般针毛及部分粗毛的鳞片多属此种情况。非环形鳞片对光线的反射能力较强。

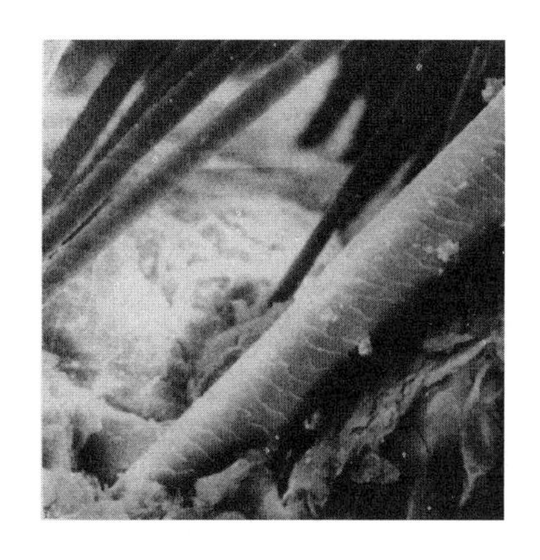

图1－7　针毛鳞片

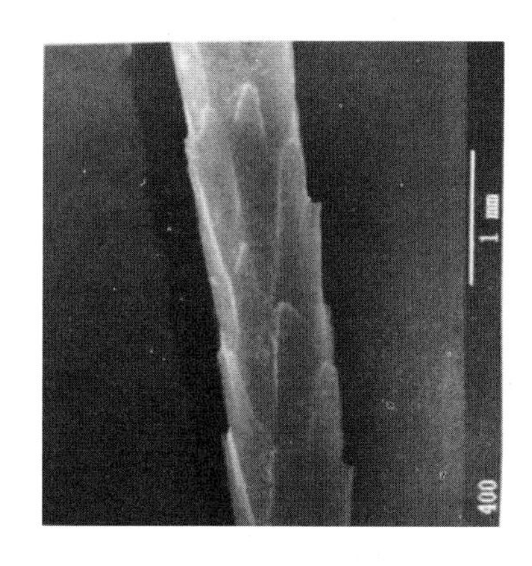

图1－8　绒毛鳞片

鳞片是毛纤维独有的表面结构，它赋予毛特殊的摩擦性能、毡缩性能、吸湿性以及不同于其他纤维表面的光泽和手感。同时鳞片层也是阻碍化学试剂如染料向毛纤维内渗透的天然“障壁”。通常鳞片间排列越紧密，鳞片层越厚，鳞片表面越光滑，其毛也就越坚挺，光泽也越强，化学试剂向毛内的渗透就越难。如果鳞片排列不紧密，乃至自由端相互翘离，如绒毛根部的鳞片，则翘起的鳞片很容易相互交错钩挂，造成毛纤维黏结，在加工过程中应注意防止。采用羊毛仿羊绒、粗毛细化等工艺操作时，需要进行脱鳞片处理，以消除鳞片层对毛纤维手感等诸多方面的影响。

制定毛皮染色等毛被处理工艺时，要考虑不同毛纤维的鳞片结构特征，通过控制染色条件来达到不同的染色效果，例如染色时，绒毛在较低的温度下就可着色，而针毛着色就需要较高的温度。在较低pH条件下利于绒毛上色，在较高pH条件下则利于针毛上色。

（二）皮质层

皮质层是毛的主要组成部分，它是由稍扁平而长的纺锤状皮质细胞胶合组成的。皮质细胞沿着毛的中心纵轴，环绕髓质层紧密排列。皮质细胞由很多平行排列着的巨纤丝（粗纤维）组成，巨纤丝由几百根微纤丝（小纤丝）组成，而微纤丝是由基本原纤丝组成的，11个基本原纤丝组成1根微纤丝。基本原纤丝即角蛋白分子，富含胱氨酸，所以说毛纤维的主要成分是角蛋白，角蛋白的化学性质较稳定。在皮质细胞外面包有细胞膜，中心有细胞核残余，细胞间有一种有多肽链和其他物质组成的无定形细胞间质，起黏结细胞的作用，它使细胞得以有限移动，从而使毛具有挠性。细胞间质为非角蛋白质，含少量胱氨酸，化学性质不及角蛋白稳定，易被化学药剂和酶降解，所以皮质层必须由外面的鳞片层加以保护。在有色毛的皮质层中，还含有黑色素颗粒，有时也有红色的含铁色素。

皮质层的发达程度决定毛纤维的机械强度、弹性强弱、抗拉作能力、纺纱性能及容纳染料的能力。如海豹毛的皮质层厚度为毛直径的96%~98%，强度很高，鹿毛和有些皮上的干死毛皮质层很不发达，强度很差，在加工过程中容易成片地折断，也很难被染色。

（三）髓质层

髓质层也称毛髓，存在于毛的中心部分，由结构疏松、充满空气的薄壁细胞组成。细胞内和细胞间有空气腔，毛的保暖性由这层决定，在髓质层中也含有色素颗粒，如图1－9所示。

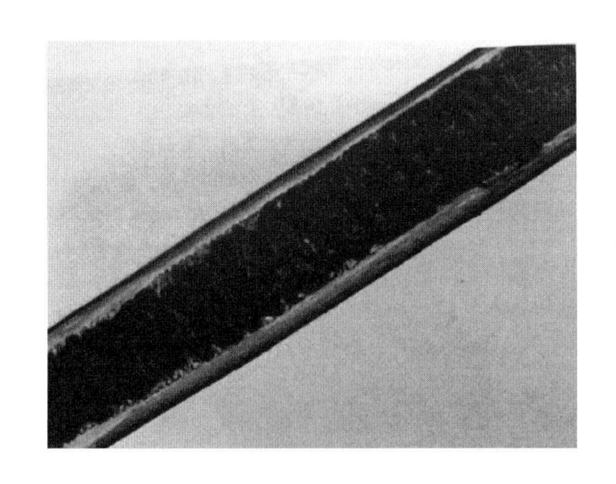

图1－9　髓质层

毛分为有髓毛、无髓毛。有髓毛中的髓质层有线状、点状和间断状等。针毛都是有髓毛，细毛羊皮的毛为无髓毛，粗羊毛是有髓毛，两型毛一段有髓、一段无髓。在光学显微镜下可以看到髓质细胞有单柱组型、多柱组型和网型三类。

髓质层过于发达的毛粗直、僵硬，脆而易断，不易着色，如老羊皮上的粗毛、干死毛，生长在高原地带老旱獭皮上的针毛等。

二、毛根与毛囊

（一）毛根

毛露在皮板外面的部分叫作毛干，就是人们通常所说的毛，毛干在皮内的延伸部分叫作毛根；毛根最下面的膨大部分叫作毛球，毛球的形状像葱头，里面包着毛乳头。毛乳头与皮连为一体，其中有丰富的微血管和淋巴管，它们将养料输送给毛球底部的细胞，维持其生命，并进行繁殖。随着这些细胞的繁殖和衍生，就逐渐形成毛根及其以上的部分。毛球表面细胞硬化后变成毛的鳞片层，内层细胞逐渐伸长和硬化变成皮质层的纺锤状细胞，而附在毛乳头上端的毛球上部细胞则皱缩、干燥形成毛髓。由毛球底部到毛球，再到毛根和毛干，其组织成分由前角蛋白逐渐衍化为软角蛋白，进而发展成为硬角蛋白。由毛的质层到皮质层再到鳞片层的角蛋白为硬角蛋白。前角蛋白分子中不含双硫键交联，结构稳定性差，最易受化学试剂、酶等作用而破坏；软角蛋白含少量的双硫键交联，但含硫量低于3%，含脂类物质较多，耐热性差，组织疏松而柔软；硬角蛋白含大量的双硫键交联，含硫量高于3%，含脂类物质较少，结构牢固，组织紧密有序，化学性质较软角蛋白和前角蛋白稳定得多。

正在成长的毛是通过毛球与毛乳头紧密相嵌而连接的，比较牢固，不容易脱落。毛成长结束，进入换毛期时，毛乳头萎缩，毛球组织则发生深刻变化，毛球上部和中部的细胞逐渐硬化，迅速与附着在毛乳头上的毛球基部的活细胞分离，此时毛囊收缩，使毛根逐渐上升，停留在毛囊上部，直到脱落。旧毛脱落之前，毛乳头细胞又开始繁殖，长出新毛。处于换毛期间，毛囊中有新毛和旧毛，新毛的毛根长入皮内更深处，与皮结合牢固，不易掉下，旧毛毛根浅，易脱落。

（二）毛囊

1. 构造

毛囊由毛袋和毛根鞘两部分组成。外层叫作毛袋，由胶原纤维和弹性纤维构成；内层叫作毛根鞘，由表皮细胞组成，它是由皮板的表皮在有毛生长处凹入真皮内所形成的凹陷部分。毛根位于其中，毛的发生和成长都在毛囊内进行，毛囊和毛根倾斜地长在皮内，与真皮表面成一定的角度，毛囊上有导管与脂腺连接。

毛袋上的胶原纤维非常细小，但编织紧密。构成毛袋的胶原纤维一部分呈环状包围整个毛囊，另一部分则顺毛囊生长方向排列，弹性纤维和网状纤维分布于其间支撑着这个胶原纤维编织成的网络。

毛根鞘可分为外毛根鞘和内毛根鞘。其中外毛根鞘的上部包括表皮角质层在内的各层，下部则与表皮的黏液层相似，主要由活细胞组成；内毛根鞘的组成与表皮的角质层根相似，毛根鞘上部的角蛋白属软角蛋白，毛根鞘的最下部属前角蛋白区。

2. 形态

毛囊的大小、形态、深入皮内程度、倾斜角度和密度、排列方式等与动物的种类、年龄、生长阶段有关。有的动物皮如猪皮、牛皮等只有一种简单毛囊，一个毛囊中只生长一根毛。而有些动动物皮如貂皮、狐皮、狗皮、猫皮等的毛囊属于复合毛囊。一个复合毛囊中生长着数根至数十根毛。复合毛囊又有针毛囊（初级毛囊）和绒毛囊（次级毛囊）之分。针毛囊中生长着一根针毛和一组绒毛；绒毛囊中只生长一组绒毛。复合毛囊中组成毛组的毛根数因动物种类不同可由几根到几十根不等，如蓝狐皮高达50根之多，水貂皮也有10～20根之多，猫皮和狗皮有数根至十余根。每组毛撮在一起呈倾斜状从同一毛囊口长出皮面，在皮囊出口处形成瓶颈，从皮面向下，毛囊逐渐变大，毛根散开并有了各自的毛根鞘，整个毛囊呈上小下大状，所以当复合毛囊中有一根毛尤其是针毛掉了以后，毛组变松，其他毛容易掉下。毛皮动物皮的毛囊在皮上绝大部分成群分布，且分布形状较有规律。如猪皮3个毛囊成一群，山羊皮3～5个毛囊成一群，细毛羊皮的十几个毛囊成一群。

毛囊和毛根长入皮内的深度也因动物种类、年龄不同，差异很大。如牛毛长入皮内深度1/5～1/3处；一般绵羊皮长入皮内约2/3处；水貂皮、狗皮、猪皮的毛根几乎贯穿整个真皮层，到达皮下组织长入皮内的脂肪锥上。针毛较绒毛长长入皮内更深处，对于这种皮，加工时去肉、削匀要特别小心，以防削去毛乳头和毛球引起掉毛、溜针、透毛。有些皮的毛囊在皮内还弯曲成钩形、拐杖形和镰刀形等。

从毛根和毛囊的形状以及在皮内生长情况看，毛之所以能牢固地长在皮上，一是由于毛囊把毛根紧紧地包围着；二是通过毛球把与皮相连的毛乳头紧紧地嵌住，所以在加工过程中只要破坏或削弱了毛根与皮的这种联系就会引起毛根松动，导致掉毛或达到脱毛的目的。尤其是毛球和毛根鞘底部的前角蛋白质，性质不稳定，是化学试剂、酶等作用的主要对象。

三、毛　　被

（一）组成

所有生长在皮板上的毛总称毛被。构成毛被的毛有绒毛、针毛和锋毛。

绒毛细、短、柔软，数量最多，整根毛粗细基本相同，并带有不同的弯曲，色调较一致。绒毛的鳞片结构不如针毛和锋毛的致密，因而光泽较柔和，易被染色和褪色。由于绒毛数量占毛被的95%以上，从而在动物体与空气之间形成了一个使体温不易散失、外界空气不易侵入的隔热层，这是毛皮御寒的重要原因，追求绒毛丰厚是饲养毛皮动物的要求之一。毛皮制品中绒毛的丰足程度也是其品质优劣的重要判定标准。

针毛一般呈直形，其上段呈纺锤形或柳叶形。针毛比锋毛短、细，比绒毛粗、长，上段鳞片层结构致密，有较好的弹性，盖在绒毛层上起着防湿和保护绒毛不被磨损、不易黏结的作用，因此也称为盖毛。针毛不易被染色和褪色。针毛有明显的颜色和较强的光泽，有的还有明显的色节，使毛被形成特殊的美丽颜色，有的针毛也有一定的弯曲，形成毛被的特殊花弯。针毛的质量和数量、分布状况直接决定毛被的美观和耐磨性，是影响毛皮质量的重要因素。针毛数量占毛被的2%～4%。

锋毛也称箭毛、定向毛，呈锥形或圆柱形，是毛被中最粗、长、直、硬的毛。锋毛弹性好，在动物体上起着传导感觉及定向的作用。锋毛数量甚少，仅占毛被的0.1%～0.5%，但对于某些头、腿、尾巴、胡须有特殊要求的皮张，锋毛的多少及分布状况对毛被质量起着重要作用。

（二）形态

毛被有3种形态。

①具有锋毛、针毛和绒毛的毛被：具有这类毛被的动物很少，已知的有草兔和麝鼠等。

②具有针毛和线毛的毛被：这类皮最多，如貂皮、狐皮、狗皮、猫皮等。

③只具有一种毛型的毛被：这类皮也不多，已知的有鼹鼠皮，纯种细毛羊皮的毛被仅具有绒毛；孢子、獐子、麝、鹿等的毛被仅具有针毛。

（三）毛在皮上的分布

毛在皮上的分布有4种情况。

①单毛分布型：毛呈单根分布，每根毛有各自的毛囊，如牛皮、马皮、狍子皮、獐子皮的毛。

②简单组分布型：毛按一定的形式排列成组或群，每组中有一至数根针毛。每根毛具有各自的毛囊，如猪皮、山羊皮的毛被。

③簇状分布型：若干线毛或若干绒毛与针毛，组成一个毛组，长在一个复合的毛囊

中，数个毛组又紧靠在一起组成一簇毛。这类皮很多，如貂皮、黄狼皮、狐皮等。

④复杂组分布型：若干绒毛或若干绒毛与针毛形成毛组，长在复合毛囊中，几个毛组组成一簇毛，若干个毛簇又围绕着一个锋毛或粗针毛组成一个更复杂的毛组。草兔皮、麝鼠皮的毛被属于这种情况，有些皮的个别部位如银狐皮的背、脊、臀部也有这种情况。

总之，在大千世界，毛皮动物种类繁多，其毛被千姿百态，而且随着养殖业的逐步发展和毛皮加工技术的不断进步，毛皮制品的普及率会越来越高，花色品种也会越来越多。

四、毛被更换和原料皮季节特征

动物的毛都有一定的生长期和更换期，在一定气候条件下，动物的毛陆续脱落，在脱落的同时或脱落一段时间后，又长出新毛，组成新的毛被，这个过程称为毛被更换。

动物毛被在更换过程中所呈现的特征，是鉴别原料皮质量的主要依据。因此，了解和掌握动物毛被的更换规律，对毛皮加工很重要。

（一）毛被的更换过程

当毛的成长期结束，进入换毛期，毛乳头萎缩，毛球组织则发生深刻变化，毛球上部和中部细胞逐渐硬化，迅速与附着在毛乳头上的毛球基底部的活细胞分离，此时毛囊收缩，使毛根逐渐上升，停留在毛囊的上部，直到脱落，旧毛脱落之前，毛乳头细胞又开始繁殖，形成新毛。

（二）毛被的更换规律

毛被更换分为生理更换、季节更换和病理更换三种类型。季节更换是研究的重点。多数野生动物的更换速度较快，家畜较慢，冬眠动物和水陆两栖动物则更慢。动物毛被的季节更换有以下几种情况：

①一年更换两次：大多数非冬眠动物的毛被每年更换两次，春季更换冬毛，生长夏毛；秋季更换夏毛，生长冬毛。冬毛一般在立春后开始脱落，夏毛一般在立秋前后开始脱落。

②一年更换一次：冬眠动物如熊、旱獭等的毛被更换比较特殊，一年只更换一次，更换时间较长，一般是在冬眠醒来后一个时期就开始逐渐脱去较丰厚的毛绒，同时缓慢长出新毛绒，新毛绒要到下次冬眠前才能完全成熟。

当年出生的幼畜、幼兽，有些在出生时无毛，经过一段时间，才开始生长毛被；有些出生时毛被已覆盖很好。不论是胎毛被还是后生毛被，均称为胎毛。胎毛一般只在秋季更换一次，当年幼畜、幼兽毛被的更换时间要比正常更换期迟。

③长年零星更换：两栖动物和长毛兔等，没有明显的毛被更换期，而是经常零星脱落，经常零星补充生长。

两栖动物如水獭、鼹鼠等，穴居于陆地，活动于水中，因洞穴很深，冬暖夏凉，常年温度变化不大，所以，毛被脱落不很明显，换毛期特别长，几乎终年不断。在春季，毛绒开始从颈部或其他部位不断地零星脱落，随之，在毛绒脱落的毛囊内又长出新的毛绒，直到晚冬才成熟。春季毛绒比秋季脱落得多，补充生长得少；老弱动物比壮年动物脱落得多，补充生长得少。

④一年更换三次：有资料报道有的动物毛一年更换三次，例如家猫。

⑤不脱换：指毛绒生长期很长，一般超过一年以上，多达十几年不脱换，目前在野生动物中还未曾发现，只是经过人工定向培养的少数毛皮动物如细毛绵羊、半细毛绵羊、高代改良羊等有此情况。美奴利细毛羊10年不进行剪毛，未发现脱毛，只是毛绒生长速度减慢。

（三）毛被更换顺序

因季节不同毛被更换的先后顺序及部位也有差异。

①春季：春季毛绒一般是从前向后脱落，最先是颈部、头部和前腿，其次是两肋和腹部，然后进一步扩展到背部，最后是臀部和尾部。夏毛也按此顺序生长。

②秋季：秋季换毛是脱去夏毛、生长冬毛，夏毛一般是从后向前脱落，即先从尾部、臀部开始，然后是背部和两肋，再逐渐扩展到腹部和颈部，最后是头部和腿部。冬毛也按此顺序生长。

（四）毛被成熟期

按动物品种、生活习性及气候等因素，毛被成熟期分为四类：

①早期成熟类：是指毛被在霜降前后至立冬前（即农历9月上旬至下旬）成熟的动物。例如灰鼠、银鼠等。

②中期成熟类：是指毛被在立冬至小雪（即农历9月中旬至10月中旬）成熟的动物。例如紫貂、扫雪等。

③晚期成熟类：是指毛被在小雪至大雪以后（即农历9月中旬至10月下旬）成熟的动物。例如狐狸、虎、狗、雪兔、紫貂、扫雪等。

④最晚期成熟类：是指毛被在大雪以后（即农历10月下旬以后）成熟的动物。例如麝鼠、水獭等。

了解毛被成熟期，利于掌握猎取屠宰最佳时间，以便取得优良原料皮。

（五）原料皮季节特征

动物宰杀季节不同，质量就不同，一般分为冬季皮、秋季皮、春季皮和夏季皮。

①冬季皮：由立冬至立春所产的皮。此期间气候寒冷，家畜、野兽为抵御寒冷的侵袭，全部换成冬季毛绒，特征是针毛稠密、整齐，底绒丰厚、灵活，色泽光亮，皮板细致，质量最好。

②秋季皮：由立秋至立冬所产的皮。此期间气候逐渐转冷，畜、兽的夏毛逐渐脱落，开始长出短的冬季毛绒。特征是早秋皮针毛粗短，夏毛未脱净，皮板硬厚；中秋皮针毛较短，底线丰厚，光泽较好，皮板较厚，质量较好。

③春季皮：由立春至立夏所产的皮。这时候气候逐渐转暖，畜、兽丰厚的冬季毛绒逐渐脱落，换成稀短的夏毛。特征是早春皮的底绒稍欠灵活，皮板稍厚；正春皮的针毛略显弯曲，底绒已显黏结，干涩无光，皮板较厚。晚春皮的针毛枯燥、弯曲、凌乱，底绒黏结，皮板硬厚。

④夏季皮：由立夏至立秋所产的皮。特征是仅有针毛而无底绒，或底绒较少且稀短而干燥，皮板枯薄，大部分没有制裘价值。

上述原料皮的皮板与毛被随季节变化而呈现的特征，仅是一般规律，由于动物生长地区的气候、生活条件以及动物体质的不同，又有所差别，故应区别对待。

五、角蛋白及毛的形成

角蛋白是动物毛被、表皮、趾甲、羽毛以及蹄、角等的基本蛋白质。它的特点是含半胱氨酸较多，两个半胱氨酸反应后生成一个含双硫键的胱氨酸。由于角蛋白中有较多的双硫键，使其显示出特殊的坚固性，在动物体中起保护和防寒作用。羽毛、毛的鳞片层及皮质层的角蛋白属硬角蛋白，含硫量高（>3%），含脂类物质少，结构牢固，组织紧密有序，较为坚硬。表皮角质层、毛髓和毛根鞘上部的角蛋白属软角蛋白，含硫量低于3%，含脂类物质多，耐热性差，组织疏松而柔软。

角蛋白属纤维状蛋白质，与其他蛋白质一样，许许多多的氨基酸通过肽键连接起来形成长肽链。形成角蛋白长肽链的氨基酸中，有较多胱氨酸，约占11%，它对角蛋白的结构和性能起决定性作用；有大量侧链上带羟基的氨基酸，约占18%，其中以丝氨酸和苏氨酸最多；有大量极性氨基酸，约占25%，其中酸性氨基酸比碱性氨基酸多，所以毛的等电点偏酸性范围。侧链上极性基团多，使分子结构更稳定，同时也决定了角蛋白的物理学和化学性能；没有羟脯氨酸，羟赖氨酸也没有或很少。角蛋白结构复杂，其中胱氨酸上的双硫键可能在不同的长肽链间形成交联，也可能在一条肽链中代替肽键，将两个肽段连起来，还可能在一条肽链内存在。示意如下：

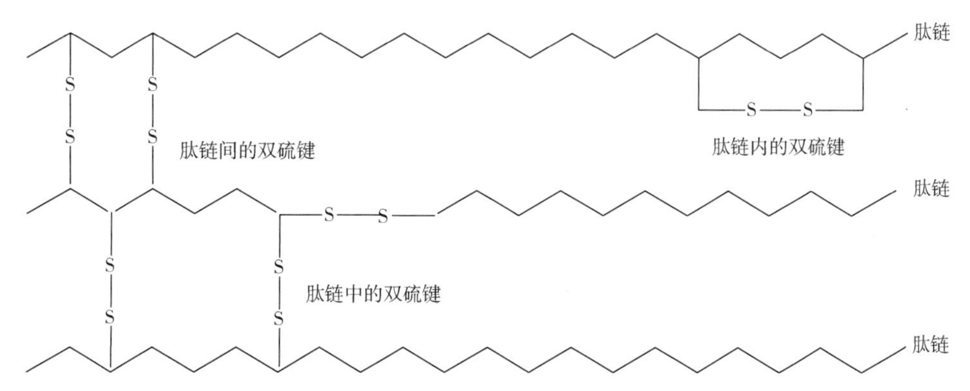

毛发角蛋白是典型的α－角蛋白，X－衍射法研究发现其长肽链在空间各自形成像弹簧一样的右手α－螺旋，3根这样具有右手α－螺旋结构的长肽链向左缠绕再拧成一个直径约2nm的绳状左手超螺旋（三股螺旋），该复合螺旋即角蛋白分子。螺旋之间有许多双键和氢键等，使角蛋白分子结构得以稳定。角蛋白分子中的螺旋链有非常好的延伸性，当拉伸时，螺旋被撑开，当外力消除后，螺旋间的双硫键、氢键等使分子结构复原。

角蛋白分子连接成直径约2nm的基本原纤丝（也称原纤丝、原纤维），9根原纤丝围绕2根原纤丝构成直径约8nm的微纤丝（微纤维），几百根微纤丝平行排列聚集成直径约为200nm的巨纤丝（也称粗纤维），在微纤丝间的空隙内充满着有很高硫含量的无定形基质。许多巨纤丝平行束缚生成皮质细胞。呈纺锤状的皮质细胞顺毛轴方向堆积成毛纤维的皮质层。一根典型的羊毛纤维直径约为20μm，它由大约2000nm横截面的细胞堆积而成。在这些细胞中，粗纤维沿轴向排列，所以毛纤维具有高度有序的结构：α－螺旋 → 三股螺旋（角蛋白分子）→ 基本原纤丝（原纤丝、原纤维）→ 微纤丝

（微纤维）→ 巨纤丝（粗纤维）→ 皮质细胞 → 毛纤维。

六、角蛋白及毛的性质

构成毛纤维的角蛋白具有蛋白质的基本化学、物理性质。因分子中有大量双硫键存在，又使其具有某些特殊性质。毛纤维的性质与角蛋白的性质密切相关。

（一）角蛋白的两性及等电点

角蛋白与其他蛋白质一样具有两性，其等电点为 4 ~ 5。用酸性染料染毛被时，后期要加甲酸将溶液 pH 降低到 4 左右，即低于毛的等电点，使毛角蛋白带正电荷，以便与阴离子型染料牢固结合。

（二）酸、碱对角蛋白的作用

1. 酸的作用

酸可以与角蛋白分子上的氨基反应，使其生成带正电荷的铵离子。但一般来说角蛋白在酸性溶液中比在碱性溶液中的结构稳定，这主要是酸不易使双硫键遭受破坏，酸对角蛋白的破坏作用主要表现为对肽键的作用。在 40℃ 以下，弱酸和低浓度下的强酸对角蛋白及毛无显著影响，而高温、高浓度强酸处理，会使角蛋白的肽键、离子键等被破坏，从而使角蛋白或毛遭到破坏或溶解。例如用 1mol/L 盐酸溶液在 80℃ 下将毛处理 8h，有 35% 的肽键被破坏；将毛在浓度 5g/L 的硫酸溶液中煮沸 2h，毛蛋白溶解 5.4%；在 5g/L 的盐酸液中于 125℃ 下密闭处理 5h，毛完全溶解。有机酸的作用比无机酸的作用温和，因此在毛皮加工中广泛应用甲酸和乙酸。

虽然在毛皮生产准备和鞣制工段不会遇到上述强烈条件，但毛皮在染色、烫毛、直毛、拔色等操作中会遇到高温、高浓度的酸处理，因此应予以重视。一般当溶液 pH≥4 时，酸对角蛋白无显著影响，pH <4 时，酸对毛开始有较显著的破坏，当 pH <3 时，破坏作用增强，见表 1 – 3、表 1 – 4 和图 1 – 10。

表 1 – 3　　羊毛对不同酸的吸收量　　单位：%

酸浓度	硫酸		盐酸		甲酸		乙酸	
	吸收量	洗后残存量	吸收量	洗后残存量	吸收量	洗后残存量	吸收量	洗后残存量
1	0.79	0.78	0.98	0.63	0.33	0.15	0.73	0.63
2	1.60	1.48	1.51	0.58	0.71	0.34	0.94	0.74
3	2.76	1.76	1.97	0.71	0.95	0.54	0.97	0.72
4	3.58	2.12	2.32	0.78	1.35	0.83	1.35	1.05
5	3.48	1.97	2.25	0.61	1.51	0.86	1.27	0.91
6	3.86	1.90	2.40	0.72	1.78	1.16	1.19	0.83
7	3.72	2.09	2.47	0.63	1.58	0.64	1.09	0.68
8	3.80	2.04	2.71	0.76	1.55	0.65	1.25	0.70
9	3.62	1.92	2.40	0.51	1.71	0.75	1.30	0.68
10	3.79	2.09	2.58	0.61	1.48	0.55	1.39	0.73

表 1-4　　羊毛在酸的作用下的变化

毛的性质变化	处理时间/h				
	0	1	2	4	8
含氮量/%	16.5	15.4	16.0	15.1	14.8
胱氨酸含量/%	11.2	12.1	12.9	12.5	12.4
结合酸的能力/(mg/100g)	0.82	0.88	0.95	1.03	1.12
肽链的水解度/%	0.00	0.92	2.58	4.74	35.70
纤维溶解/%	—	0.30	3.60	18.10	52.60
干强度保持/%	100	83	75	51.0	4.0
湿强度保持/%	100	78	49	10.0	5.0

注：1mol/L HCl，80℃。

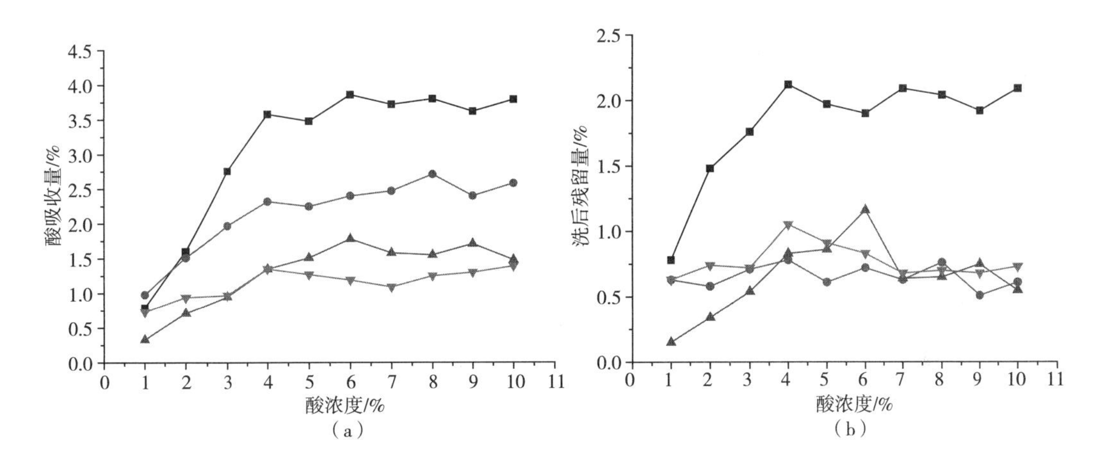

图 1-10　羊毛对不同酸的吸收量

(a) 酸吸收　(b) 洗后残留量

—■—硫酸　—●—盐酸　—▲—甲酸　—▼—醋酸

2. 碱的作用

碱能与角蛋白分子上的羧基反应，使其成为电离羧基（$—COO^-$）。碱也能使角蛋白分子中的双硫键遭到破坏，从而使角蛋白分子遭到破坏。当然碱也能使肽键断裂使角蛋白分子瓦解。总之，碱对角蛋白有明显的溶解作用，根据不同的作用条件，有的断裂双硫键释放出硫化氢和硫，如碱法脱毛；有的破坏肽键本身。例如在 pH 为 8 的碱性溶液中角蛋白即受损伤，当 pH 为 10~11 时角蛋白被显著破坏，毛在这种情况下变黄、发脆、光泽暗淡、粗糙；还有碱作用于毛囊的毛根鞘或毛球底部的软角蛋白或前角蛋白，此处娇嫩的双硫键被破坏，就会使毛根松动甚至掉毛。但有时也利用碱对角蛋白的这种作用，如对难上色的毛纤维进行碱液净毛、开毛等预处理。

碱溶液对毛的溶解作用是随碱的种类、浓度、温度、作用时间而改变的，碱性越弱、温度越低、作用时间越短，对毛的溶解作用越小，反之对毛的破坏作用大，见表1－5。

表1－5　在一定条件下碱对毛的溶解作用

碱种类	浓度/(mol/L)	温度/℃	时间/h	溶解量/%
Na_2CO_3	0.01	60	0.33	4
Na_2CO_3	0.045	60	0.33	5
NaOH	0.10	65	1.0	10
NaOH	0.30	65	8.0	100
NaOH	0.60	90	1.0	100

用1mol/L NaOH溶液在0～3℃条件下，短时间处理羊毛会使盐键断裂，致使纤维肿胀，容易变形；用0.1mol/L NaOH溶液在22℃条件下作用于羊毛，一部分双硫键与碱作用生成硫化双丙酸并释放出游离硫，其他部分双硫键则生成氨基丙酸、硫化氢和硫；从表1－5可以看出用0.6mol/L的NaOH溶液于80～90℃下，只需要作用1h就可以使毛完全溶化。纯碱和氨水的作用比较缓和。例如在20℃，用纯碱（10g/L）和氨水（3.5g/L）溶液处理兔毛2h，不会引起显著变化。

（三）氧化剂、还原剂对角蛋白的作用

氧化剂和还原剂都对角蛋白有破坏作用，这主要是因为氧化剂和还原剂都能破坏双硫键，虽然作用机理不同。

1. 氧化剂

角蛋白对氧化剂很敏感。除了巯基和双硫键、甲硫氨酸中的甲硫基以外，组氨酸的咪唑基、色氨酸的吲哚基及酪氨酸的羟基等也可以被氧化。双氧水、亚氯酸钠、高锰酸钾、过甲酸、过乙酸等都可以氧化角蛋白。氧化的特异性除了与氧化剂种类有关外，还受到溶液pH及某些催化剂的影响。

过氧化氢（即双氧水）是毛皮加工中最常用的氧化剂，在与蛋白质反应时一般进攻巯基、甲硫基等。当有一定的金属离子如Fe^{2+}、Cu^{2+}、Co^{2+}、Mn^{2+}等或碱存在时也能进攻双硫键、色氨酸和酪氨酸残基。在酸性条件下双氧水对巯基和双硫键均不太敏感，但在碱性条件下，双氧水对双硫键的作用能力极强，所以可以利用双氧水在碱性条件下脱毛。氧化剂还能破坏毛的色素，从而达到退色漂白的目的。用双氧水对毛皮漂白退色时应尽可能在中性和弱酸性条件下进行，否则可能使毛质损失，毛变干枯、变细，形成勾针，甚至脱毛。

有机过氧酸是双硫键的有效氧化剂。在有机过氧酸的作用下，双硫键氧化反应是不可逆的，并且由此可得到可溶性角蛋白衍生物。过甲酸和过乙酸是常用的有机过氧酸，使用适当过量的而又不至于引起肽键水解的有机过氧酸，可以定量地将胱氨酸氧化成磺基丙氨酸。

2. 还原剂

还原剂对毛的作用在制革工艺中得到广泛应用，硫化钠和硫氢化钠是强还原剂，在

碱性条件下可以脱毛甚至把毛全部溶化掉。如果还原剂种类和工艺条件选择适当，则可以用于毛纤维的弯曲或伸直和脱色与漂白。例如用巯基乙酸的稀淡溶液处理毛被，可使其柔软而塑化，在0.3~0.4MPa、50~60℃下，用花板可对毛被压花；保险粉、二氧化硫脲等可以对毛被进行漂白与褪色。毛被染整中，常用还原剂如德克林、雕白粉、二氧化硫脲、氯化亚锡作为拔色剂。

（四）角蛋白的交联反应

在还原角蛋白的半胱氨酰之间引入新的交联，可以对毛角蛋白实施有效地化学修饰。交联剂是具有适当活性的多官能度试剂，并且几何尺寸合适。为实现交联反应，角蛋白上必须有适应反应的侧链基团。常用的交联剂有二氯代烃、酰化剂、醛类等。在芳香族二氯代烃被用于角蛋白多肽链的分离和分析研究中发现，卤代烷交联可以提高毛角蛋白的抗拉强度和对酶、蠹虫的抵抗能力。醛类的交联作用对毛皮加工具有重要意义，迄今仍公认醛类直毛固定剂对毛被的固定效果最好，另外醛鞣对毛被的固定作用也是显而易见的。

（五）酶对角蛋白的作用

酶对天然毛角蛋白作用不明显，这主要是由于毛纤维具有高度致密的晶体结构，特别是在分子内和分子间的双硫键交联。但是经氧化剂和还原剂处理的可溶性角蛋白，像其他蛋白一样，则可以被酶水解。皮蠹虫的消化系统中存在一种双硫键还原酶，可以还原角蛋白，虫蛀即是如此。对毛角蛋白双硫键进行化学改性，可以防虫蛀。对于毛皮加工而言，酶助浸水、酶软化要尽可能避免酶对角蛋白的作用，而制革酶脱毛则是要发挥酶对角蛋白的作用。

（六）毛纤维的吸湿性和保暖性

毛纤维表面鳞片层表面有磷脂－固醇双分子层，这层物质具有一定的隔水性和憎水性，因此干净的毛上水滴不会自动扩散。毛纤维鳞片损伤或鳞片表面双分子膜层损伤后，毛的这种憎水性将会降低或消失。另一方面，由于组成毛鳞片层和皮质层的角蛋白分子侧链上有相当数量的氨基、羟基、脂基等极性基团，它们能与水分子形成氢键，同时毛纤维的非结晶区和巨原纤维之间、原纤维之间、微原纤维之间的缝隙和孔洞能容纳水分并为水分子进出开辟了通道，所以毛纤维可以从空气中吸收水蒸气。毛的饱和吸水值可达毛蛋白质质量的30%。角蛋白不溶于水，吸水后表现为溶胀，毛吸水达到饱和后，直径可增大18%~20%，毛长度增大量较小，仅为1.2%~1.8%。毛的这种溶胀是由于角蛋白结构单元沿纤维轴向的缘故。毛溶胀时，毛孔直径增大。毛吸收水分和保持水分的性能比其他纤维好，例如在相对湿度65%的条件下，羊毛的标准吸湿率为16%，棉花为7%，锦纶为0.4%~0.5%。因此毛制品穿着舒适、防潮、吸汗、保暖，在高度潮湿的空气中，人不感觉特别潮湿，人出汗时不感到汗湿，在干燥的空气中或遇冷风吹袭时不感到干或冷。

（七）毛被的感官性能

毛被的感官性能是毛和毛被颜色、光泽、弹性、柔软度、长度、细度、花纹、花案、花型等共同作用形成的总体结果。毛的这些性能特点与动物种类、年龄、生活居住地区气候条件、饲养状况等密切相关。毛和毛被有各种各样的外观，可谓“千姿百态”。毛的颜色是由于毛的皮质层中含有色素的结果，它可以存在在整个毛中，也可以存在于毛的局部，使毛被形成不同的颜色感觉和斑纹。毛的光泽、柔软度、弹性也有大有小。对羊毛的弯曲特性研究表明，卷曲的毛皮质层由正、副两种皮质细胞组成，两种皮质细胞在毛两侧并列排布，形成双边结构，由于正、副皮质的物质和结构有差异，引起内应力不一致，导致天然毛卷曲，形成不同的毛被花案和花型。毛的卷曲波幅及波形对毛的手感有显著影响，波幅大的毛手感柔软，波形越接近平面型的毛的手感越柔软。

（八）毛的成毡性

毛的成毡性能，归根到底，是毛在外力的作用下散乱爬动的结果。因为毛上的鳞片生长都是指向毛尖，所以毛将永远保持根端向前运动的方向。同时毛又具有复杂多向的弯曲或蜷曲以及较大的拉伸变形后的急性恢复能力。这种蜷缩性和急恢复弹性使得毛在压缩与除压、正向与反向搓揉等重复机械力的作用下进行杂乱的爬动，从而形成了不可恢复的杂乱交编、缠结成毡。因此，毛成毡的原因是：

①毛上鳞片的存在。

②它具有巨大的拉伸变形能力和很大的横向变形，这使得毛在很大的各种方向的外力作用下，也会产生相当显著的纵向的变形。

③毛具有很大的拉伸恢复系数，特别是急弹性的恢复系数。

④毛具有天然的蜷曲。

⑤细度越细越易成毡。

毛细鳞片相互交钩、插接紧密，另外，毛所在介质的种类、浓度、pH、温度、湿润状态等，都影响到毛的成毡性能。甲醛可以降低毛的拉伸和横向变形，氧化剂、氯处理破坏了毛鳞也降低毛的成毡性。成毡是毛皮产品应极力避免的现象。

（九）毛的物理性能

①拉伸性质：毛纤维的物理性能有自己的特点。无髓绒毛在汽干条件下断裂伸长率为35%～45%，在汽蒸条件下可达到100%左右。有髓毛纤维的断裂伸长率较无髓绒毛低。毛纤维的拉伸弹性恢复率是各种天然纺织纤维中恢复率最高的。所以毛纤维在湿热处理下可以拉长。如果拉伸长度不超过原长度的1倍，当拉力消失，则毛纤维仍可基本恢复到原来长度。当拉伸过长，且拉力和湿热处理时间又较长时，拉力消失后毛不能再回缩，形成永久性伸长，这是湿热、化学、拉力对毛角蛋白共同作用的结果，是角蛋白的α-螺旋结构转为β-折叠结构的结果。剪绒羊皮的直毛技术和日常生活中的拉烫头发依据的就是毛纤维的永久伸长原理。

②密度：毛的密度较小，棉花为1.54g/cm^3，黏胶纤维为1.5～1.52g/cm^3，羊毛为1.32g/cm^3，兔毛为0.96～1.11g/cm^3。

③导热性：毛的导热性低，保温能力强，且能吸收紫外线，因此穿着舒适保温，有益身体健康。

④绝缘性：毛纤维在干态是良好的绝缘材料，但在吸湿后，电阻明显下降。各种毛纤维干态的电容率很小，均在5F/m左右，但随吸湿率增加，电容率也随之明显增加。

⑤折射率：毛纤维是各种天然纺织纤维中双折射率最低的纤维。

⑥温度对毛的影响：毛在100～105℃的干热空气中失去水分，手感变得粗糙，但

回到湿润空气中能迅速吸湿恢复柔软感。在120～130℃干热下开始分解，释放出氨和硫化氢。温度继续升高时，毛开始发黄，200℃时发焦，300℃时炭化，并发出强烈臭味。毛与火焰接触时，炭化形成充气的炭球，燃烧生成物没有黏性，与皮肤接触时不会造成严重烧伤，而能形成一种热障，阻碍热的进一步传导。

第四节　制革常用原料皮的分类及特征

供制革工业加工的动物皮叫作原料皮。我国地域广阔，资源丰富，畜牧业也比较发达。盛产各种原料皮，不同的原料皮其特征差别很大，使制成的革差别也很大，掌握原料皮的正确分类方法，了解各种原料皮的特征，可根据制品的要求，正确、适宜地选用皮革。

制革工业常用的原料皮有猪皮、黄牛皮、水牛皮、牦牛皮、山羊皮及绵羊皮。此外，马皮、骆驼皮、野兽皮、海兽皮、爬行动物皮、鱼皮、鸟皮等也可以用来制革，但由于资源少，不是制革工业的主要原料。

原料皮一般可根据其来源和防腐方式分类，也可按其产地，路分分类。

一、按原料皮的来源分类

家畜类——猪皮：家猪皮
牛皮：黄牛皮、水牛皮、牦牛皮
羊皮：山羊皮、绵羊皮
其他：骡皮、马皮、驴皮、骆驼皮、家犬皮
野畜类——鹿皮，麂皮、野猪皮、黄羊皮、羚羊皮
海兽类——海豹皮、河马皮
鱼　类——鲨鱼皮、鲸鱼皮
爬行类——蛇皮、蟒皮
两栖类——鳄鱼皮
鸟　类——鸵鸟皮

二、按原料皮的防腐方式分类

原鲜皮——从动物体上刚剥下不久仍呈新鲜状态的生皮，又称血皮
盐湿皮——经过盐腌制处理过而不经干燥处理的皮
盐干皮——经盐腌制后并进行干燥处理的皮板
淡干皮——不经化学防腐剂的处理，直接将鲜皮晒干的方法保藏的生皮（又称甜干皮）
冷冻皮——在寒冷地区冬季，使生皮冻结，达到抑制细菌作用的方法而得的生皮
陈板皮——放置多年，干燥过度，不易复原的皮，又称枯板皮
酸　皮——经过浸酸处理过的皮

三、按产地、路分分类

（一）猪皮

我国是世界上猪皮资源最为丰富的国家，猪皮是我国制革工业最主要的原料皮。

1. 猪皮的组织结构特点

（1）粒面粗糙

猪毛在皮面一般以 3 根为一组呈品字形排列，毛粗，尤其是颈部的鬃毛特别粗大。毛孔在皮面出口处呈喇叭形，显得特别粗大。毛孔在皮面分布比较稀疏，粒面乳头突起明显，沟纹较深。这就使得猪皮的粒面比其他皮的粒面要粗糙得多。

（2）部位差大

猪皮的部位差表现在三个方面：

①厚度差异：猪皮的臀部最厚，腹部尤其是肷窝部最薄。例如烟台黑猪皮，臀部厚度一般为 4.5mm 左右，而边腹部为 1.0mm，肷部不到 0.8mm。国产猪皮最厚的部分在整张皮上形成一个以尾根部为底、以背脊线为中线的长把梨形三角区。在皮的中部从垂直背脊线的方向切开，其断面如鱼腹状；在皮的中部沿背脊线方向切开，其断面接近于尖锐的梯形。

②纤维编织差异：纤维编织的程度主要指胶原纤维束的粗细程度和编织紧密程度。猪皮各部位纤维编织程度的差别比其他原料皮的要大得多，其臀部和背部纤维束粗壮，为十字形编织，编织紧密；边腹部纤维束纤细，多为波浪形编织，编织疏松；颈部为斜交形编织，编织程度介于上述两者之间。此外，猪皮的尾根部有少量的乱花形编织，编织也比较紧密。猪皮不同部位纤维编织程度的差异就决定了猎皮各部位软硬程度的差异。

③粒面差异：猪皮的粒面差异主要指各部位毛孔和粒纹的差异。猪皮的不同部位，其毛孔的粗细和疏密程度差别极大。毛孔直径的变化规律是：脖颈 > 腹部 > 臀部。但值得注意的是，腹部由于其毛孔与粒面的交角较小，毛囊出口部与粒面接触面较大，因此以肉眼观察腹部毛孔往往显得更粗。毛孔疏密度的变化规律是：臀部 > 脖颈 > 腹部。不同部位疏密程度差异极大，如烟台黑猪皮臀部毛孔密度为25 个/cm^2，而边腹部为 8 个/cm^2。

猪皮的不同部位粒面沟纹深度相差很大。经实测与观察，粒面沟纹深度的变化规律为：腹部 > 脖颈 > 臀部。

毛孔的粗细与疏密、粒面沟纹深浅是成革粒面粗细的重要标志，因此，单就粒面来说，臀部较腹部要平细得多。

（3）脂肪含量高

猪皮的皮下脂肪特别发达，皮下组织几乎全由脂肪细胞组成。这些脂肪细胞在 3 根为一组的毛根底下，形成许多大小不一、高低不同的脂肪锥。脂肪锥嵌入真皮，脂肪锥的大小、高矮、疏密随部位不同。臀部脂肪锥高而小，分布密集；腹部和颈部脂肪锥却矮而大，分布稀疏。

猪皮的真皮层内含有一些游离脂肪细胞，一般分布在毛囊周围和胶原纤维束之间，以颈、腹部较多，臀部很少。

猪皮内分布着许多肥大的脂腺，在颈部特别发达。

经过对华北猪皮的抽样测定，猪皮的脂肪含量颈部高达45%，腹部为13%～16%，臀部为7%（以绝干皮质量计）。

（4）肌肉组织和弹性纤维比较发达

猪皮每组毛具有多股竖毛肌。在每组毛的毛球上部，毛根一侧有一束与粒面平行的竖毛肌。在颈部这些肌肉分布较多而且粗大。它们的存在对猪皮粒面的粗细程度和成革的柔软度有一定影响。

猪皮中弹性纤维含量较多，约为皮质量的2.1%，呈树枝状分布于整个真皮层。在靠近粒面和靠近皮下的部位，如背脊和腹颈部位、毛囊周围、毛根底部、脂腺周围、竖毛肌上，弹性纤维分布较多，它的存在对成革的柔软度有一定影响。

（5）粒面层与网状层无明确界限

猪毛贯穿整个真皮层，难以区分粒面层与网状层。通常以粒面表层下胶原纤维束细小部分作为上层；以靠近皮下组织纤维束较细的部分作为下层，下层纤维束几乎呈水平编织；上下层之间为中层，中层胶原纤维束粗壮，编织特别紧密，织角大。

2. 猪皮资源的分布和特点

我国猪皮产地遍及全国。产量以四川省最大，山东次之，江苏、浙江、湖南、湖北、广东、江西、安徽、河南等省较大。猪皮按产地划分可分为华北猪皮、华中猪皮及华南猪皮。按猪种分可分为原有猪种的皮和新培育猪种的皮。

猪皮的品质因产地不同而有较大差异。一般来说，在我国东北、华北、西北地区，由于气候寒冷，猪的生长期长，猪皮张幅大，皮较厚，皮下脂肪层厚，粒面沟纹多而深，粒面粗糙，部位差别大，臀部与腹部的厚度比一般为5∶1左右。在华中地区长江流域，特别是四川、浙江、江苏等地，气候温和，猪生长快，猪皮张幅较小，皮较薄，皮下脂肪较少，粒面较细，部位差较小，质量优于北方猪皮。如浙江金华的两头乌猪皮，四川的内江猪皮和荣昌猪皮，湖南的宁乡猪皮，江苏的苏北猪皮，均以粒面较细、部位差较小而闻名；四川大力推广的瘦肉型良种猪皮，毛为白色，皮薄，粒面细致，臀部与腹部的厚度差异小，一般厚度比为（3～4）∶1。在华南地区珠江流域，气候较热，猪皮毛稀绒少，脂肪层较薄，由于该地区猪为圈养，皮伤残较少，如广东的梅花猪，广西的陆川猪等。

猪皮的品质因猪种不同而有较大差异。一般来说，我国原有猪种的皮较厚，一般为3.0～7.6mm，部位差较大，厚度比为（3～5）∶1。从20世纪60年代开始，我国培育了许多新的品种，也引进了国外的优良品种。这些猪皮较薄，部位差小，皮面基本无皱纹，粒面较细，如我国自己培育的河南泛农花猪、北京黑猪、江苏新淮猪、上海白猪、江西赣白猪、黑龙江哈白猪，皮厚度为2.7～4.0mm，比原有猪种的皮薄，部位差小。我国引进的世界上比较著名的四大猪种有丹麦的长白猪、英国的大约克猪、美国的杜洛克猪和汉普夏猪。其中长白猪皮的厚度仅为2.0～2.8mm，汉普夏猪皮的部位厚度比仅为2.5∶1。从20世纪70年代开始，我国引进国外的瘦肉型猪与国内猪种杂交生产瘦肉型猪，这类瘦肉型猪的皮薄，毛孔细，皮面基本无皱纹，如长白×上海白猪、大白×长

白×上海白猪、大白×长白×淮猪，皮的厚度仅为1.3～1.6mm。

总体上讲，在我国，南方猪皮优于北方猪皮，同一地区平原猪皮优于山区猪皮，圈养猪皮优于放养猪皮，新育种猪的皮和瘦肉型猪皮优于原有猪种的皮，早熟猪的皮优于晚熟猪的皮。

（二）黄牛皮

我国牛皮主要为黄牛皮，水牛皮只有少量。

1. 黄牛皮的组织结构特点

（1）粒面细致

黄牛皮毛孔细而密，粒面乳头细小，突起不十分明显，除脖头和腹部有一些皱纹外，其他部位很少有皱纹，这就使得牛皮的粒面比其他皮的粒面要细得多。

（2）粒面层与网状层界限分明

粒面层与网状层以毛根底部为界限。粒面层较薄，占真皮厚度的1/6～1/5，胶原纤维束较细，编织较为疏松。网状层较厚，占真皮厚度的4/5～5/6，胶原纤维束较粗壮，编织较紧密。毛囊、汗腺、脂腺都分布在粒面层。

（3）脂肪含量少

黄牛皮的皮下组织主要由较为疏松的胶原纤维、肌肉及一层筋膜组成，脂肪含量少。皮内脂腺远不如猪皮和绵羊皮发达，游离脂肪细胞也少。皮内脂肪含量仅占鲜皮质量的0.5%～2%。

（4）部位差小

黄牛皮颈部最厚，臀部次之，腹部较薄，肷部最薄。部位之间的厚度比为肷∶颈＝1∶2，比牦牛皮的小，比猪皮的小得多。黄牛皮的胶原纤维束编织在臀部和皮心部位比较紧密，在腹部和肩部比较疏松，在肷部最为疏松。各部位之间纤维编织程度的差别比牦牛皮的小，比猪皮的小得多。黄牛皮颈部和腹部有皱纹，皮心部位无皱纹，这使得颈部和腹部与皮心部位的粒面具有一定差别，但这种差别比牦牛皮的小。

2. 黄牛皮资源的分布和特点

我国黄牛皮资源遍及全国各地，以河南、山东、陕西、湖北、东北等地为主。大部分为农村的役用土种黄牛皮，只有少部分为养牛场的奶牛皮和肉牛皮。随着优良黄牛品种的引进和土种黄牛的改良，肉用型和奶肉兼用型黄牛皮的产量逐年增加，黄牛皮质量逐渐提高。由于各地区的自然条件和饲养条件不同，以及黄牛皮的品种不同，所产牛皮的质量差异较大。按产地可粗略地分为北路、中路和南路3个路分。

北路皮产于黄河以北的东北、西北、华北北部。由于这些地区气候干燥，气温偏低，寒冷期较长，青草期较短，且牛大多为草原放养，皮的张幅一般较小，毛长，毛色杂，有绒毛，皮板枯薄，部位差较大，颈肩部皱纹较多、较深，虻害、癣癞十分严重，伤残较多，大多为半干盐湿皮。特别是西北地区甘肃、青海一带的黄牛皮，面粗纹深，虻害和划刺伤多，皮板枯瘦，粒面完好率低（仅占1%～2%），大部分只能用于生产轻修或修饰面革。东北地区大多在冬季宰剥牛皮，未经盐腌的冻板皮较多，成革较空松，易松面。但延边牛皮质量较好。

中路皮产于黄河下游与长江中下游之间的广大地区。该地区气候温和湿润，黄牛多以舍养为主，皮张幅较大，毛短，毛色多为黄、黑或浅棕色，无绒毛。皮板较肥，厚度较均匀，虻害与癣癞较少，伤残较轻，大多为盐湿皮。该路皮中的鲁西牛皮、南阳牛皮、秦川牛皮、皖北牛皮、晋南牛皮以张幅大、伤残少、部位差小、板质壮而闻名世界。

南路皮指长江流域以南广大地区的牛皮，该地区牛皮张幅小，虱疔较多，晒烫或热板皮较多。

在以上各路分中，同一路分山区皮比平原皮质量差。山区皮疮疔严重，虻眼、虻底多，毛色杂乱，刺伤、挂伤密，部位差大。宰剥季节不同板质也有差异。一般在每年10～12月份宰剥的皮板质肥壮，毛色光亮，底绒厚而密，各种缺陷少。夏季宰剥的皮板质较瘦，毛稀，毛光泽欠佳。初春和初秋宰剥的皮都有程度不同的退毛现象，初春天气渐暖，皮上还有程度不同的蹭伤。

我国进口国外牛皮主要有澳大利亚、新西兰、美国及西欧的牛皮。按牛的用途可将这些皮分为肉用型、乳用型和肉乳兼用型牛皮，肉用型牛皮由于牛的生长期短，皮呈方形，厚度均匀，皮质坚韧，伤残较少，质量最好；乳用型牛皮由于牛要产仔、产奶，皮纤维编织较松弛，厚度不均匀，尤其是腹部面积大，特别松软；肉乳兼用型牛皮的质量介于上述两者之间。进口的牛皮大多为肉乳兼用型，这些皮张幅较大，质地优良，部位差小，成革柔软、丰满、容易加工，一般为盐湿皮。

印度、巴基斯坦及非洲地区产的牛皮多为役用牛皮，皮张小，板质薄，伤残多，一般为淡干皮或盐干皮。

哈萨克斯坦、吉尔吉斯斯坦的牛皮也多为役用牛皮，皮张小，板质薄，伤残多，毛色杂，一般为半干盐湿皮或盐干皮。

（三）牦牛皮

1. 牦牛皮的组织结构特点

（1）粒面较细

牦牛皮有绒毛、细针毛和粗针毛，毛长而密，毛孔细而密。粒面乳头细小，突起不明显，粒面细致程度与黄牛皮十分接近。但颈部和腹部皱纹较多。

（2）粒面层与网状层连接较弱

牦牛的绒毛、细针毛和粗针毛依次由浅入深分布在皮层的不同层次上。粒面层与网状层以绒毛毛囊底部为界限，粒面层厚度在腹肷部占真皮厚度的25%～35%，在颈臀部占15%～24%。粒面层胶原纤维束细小，但编织紧密；网状层胶原纤维束粗壮，编织则很疏松。牦牛皮两层差异很大，强度较低，同时由于毛密，毛囊多，汗腺多，且有一部分毛根为钩形和平卧状，粒面层与网状层交界处胶原纤维少，连接脆弱，若加工时处理不当易造成松面。

（3）脂肪含量较多

牦牛皮中游离脂肪细胞极少，脂腺数量多，且基本分布在粒面下0.1～0.5mm的范围内。就不同部位而言，颈部脂腺最为发达，其脂肪含量比黄牛皮的多，而远远低于猪皮和绵羊皮的脂肪含量。

（4）部位差较大

部位差主要表现在颈部与腹肷部的差别上。颈部最厚，纤维编织紧密；臀部次之；腹部较薄，纤维编织疏松；肷部最薄，纤维编织最疏松。部位之间的厚度比为：肷∶颈 = 1∶(2.0 ~3.0)，比黄牛皮的稍大，而远比猪皮的小。颈部和腹部皱纹多而深，皮心部位基本无皱纹。

2. 牦牛皮资源的分布和特点

牦牛又名犁牛，是牛属动物中能适应高寒气候而延续至今的种类，在世界范围内已属稀少动物，分布在从喜马拉雅山和青藏高原起，到帕米尔、天山、阿尔泰山、西伯利亚萨彦山的中亚地区的高山草原上，包括中国西部、尼泊尔、克什米尔北部、阿富汗北部、塔吉克斯坦、戈尔诺 - 阿尔泰斯克、高加索、图瓦、蒙古。

在中国，早在殷商时期青藏高原的羌族人民就开始饲养牦牛。现在牦牛主要分布在青海、西藏、四川西部、甘肃的甘南及祁连山区、新疆的大山中部、云南的迪庆州及宁蒗县、内蒙古的贺兰山区，海拔2000 ~4500m 的高原、高山、亚高山寒冷半潮湿气候区域内。

牦牛皮的张幅比黄牛皮小，两侧腹线明显，背部虻害严重，板质也较黄牛皮枯瘦。由于牦牛生长过程中得炭疽病死亡率极高（约 0.2%），皮张上常常有炭疽杆菌。由于分散分布，交通不便，牦牛皮大多为手工剥皮，自然干燥方式保存，每张皮重 6 ~8kg。由于防腐保管差，皮板干裂及腐烂溜毛现象严重。经过狠抓牛蝇防治，虻害已大大减轻。牦牛皮的防腐已逐渐向盐腌保藏过渡。

（四）水牛皮

1. 水牛皮的组织结构特点

（1）粒面较粗

水牛皮毛稀，毛孔大，表皮厚；粒面乳头突起明显。粒面皱纹多而深，具有特殊粗糙的花纹。这就使得水牛皮粒面比黄牛皮和牦牛皮粒面粗糙得多。同时粒面胶原纤维束细小，编织十分紧密，因此，粒面较硬，易脆裂。

（2）粒面层与网状层胶原纤维编织悬殊但连接牢固

水牛皮粒面层占真皮厚度的50% ~60%，粒面层胶原纤维束细小，编织十分紧密。网状层胶原纤维束粗壮，但多为水平走向，编织疏松。由于毛稀少，汗腺少，两层交界处胶原纤维束编织较密，两层连接牢固。由于网状层在真皮中占有较大比例且网状层纤维编织疏松，因此，水牛皮成革的强度、耐磨性、弹性、丰满性较差。

（3）部位差较大

水牛皮张幅大，皮较厚，背脊部厚度可达 10mm 以上，胶原纤维编织较为紧密。边腹较薄，胶原纤维束细小，织角小，编织疏松。部位厚度比为边腹∶颈背 = 1∶(2.3 ~3.0)。颈部皱纹很多。皮心部位极少。

（4）质地较差

水牛皮胶原纤维性质干枯，易黏结，质地枯瘦。制造轻革时易出现皮革粒面紧、肉面松，革身板硬或腹肷空松。由于水牛为役用牛，皮张伤残较重，后颈部和背部挽具伤多，颈皱十分严重。

2. 水牛皮资源的分布和特点

水牛主要分为饲养在印度次大陆的河流型水牛和饲养在东南亚的沼泽型水牛。河流型水牛主要用于产奶，沼泽型水牛主要为役用牛。我国的水牛为沼泽型水牛，属役用牛。

我国的水牛皮产于淮河流域以南地区，主要产地有四川、湖南、湖北、广东、广西、浙江、江苏、安徽及河南南部。尽管水牛皮都分布在淮河流域以南地区，但各地的皮仍在张幅、厚度、重量等方面存在很大差异。其中以广东、广西的水牛皮质量最好，资源较丰富，价格也要比黄牛皮的低50%以上，但皮板较薄。

过去水牛皮大多被干燥成撑板或毛板出售，现在则大多被加工成盐湿皮出售。

不同季节宰剥的水牛皮，质量存在差异。秋季宰剥的皮质量最好。因为经过夏季青草的喂养和入浴，皮板肥壮，癣癞较少；夏季宰剥的皮质量次之；冬季和春季宰剥的皮板质枯瘦，癣癞多，质量差。选择原料皮时可从毛色识别板质优劣，秋季宰剥的皮毛为青色，夏季宰剥的皮毛为浅青色。

（五）山羊皮

1. 山羊皮的组织结构特点

（1）粒面较细

山羊皮有针毛和绒毛，针毛5～6根一组呈瓦楞状排列，毛孔比绵羊皮毛孔和黄牛皮毛孔稍粗，但比猪皮毛孔细得多。粒面乳头呈瓦楞状突起，比绵羊皮及黄牛皮的明显，但远不如猪皮和水牛皮，粒面基本无皱纹，因此，粒面比较细致。

（2）粒面层与网状层界限分明

山羊皮粒面层与网状层以针毛毛根底部为界限，粒面层和网状层厚度各占真皮厚度的1/2。粒面层胶原纤维束较细，编织较紧密。网状层胶原纤维束较粗，编织比较疏松。脂腺、汗腺、肌肉组织分布在粒面层，但数量较少。弹性纤维也主要分布在粒面层且数量较多。粒面层与网状层之间的联系比绵羊皮的紧密。真皮中大部分纤维束与粒面平行且略呈波浪形，纤维束比绵羊皮的较为粗壮，编织也较绵羊皮紧实。

（3）脂肪含量较少

山羊皮的皮下组织不太发达，皮内脂腺较少，游离脂肪细胞极少。脂肪含量比黄牛皮的稍多，比猪皮和绵羊皮的少得多。一般仅为鲜皮质量的3%～10%。

（4）部位差较大

山羊皮的部位差主要表现在颈部与腹肷部的差别上。颈部特别厚且胶原纤维编织紧密，臀部次之，腹部薄且胶原纤维编织较疏松。部位间的厚度比为颈脊∶臀部∶腹部＝3.0∶1.7∶1.0。颈脊部位毛孔和粒纹较其他部位粗。山羊皮部位差较绵羊皮的大，但比猪皮的小得多。

2. 山羊皮资源的分布和特点

按照传统习惯，我国将山羊皮分为7个路分，即四川路、汉口路、华北路、济宁路、云贵路、新疆路和西藏路。

四川路山羊皮在各路分中质量最好。在四川路中，成都、重庆的山羊皮质量最好；万县地区的山羊皮痘疤较多，粒面较粗，质量稍次。

汉口路山羊皮产于河南、安徽、江苏、福建、湖北、江西、浙江，皮板厚度及张幅大小中等，质量仅次于四川路山羊皮。

华北路山羊皮产于东北、西北、华北地区，张幅大，毛长，毛粗，粒面粗糙；脂肪含量较高；乳头层厚度占真皮厚度的60%；部位差大，背脊线宽，颈部特别厚且紧实，腹部较薄，较松，用于生产服装革往往存在手感差，背脊线硬，边腹较松等不足。其中西北地区的山羊皮与华北路其他地区的皮又有所不同，如陕西关中的奶山羊皮，粒面细，部位差较小，伤残少，其质量接近于汉口路山羊皮。甘南、肃南山羊皮，粒面不太粗，纤维编织紧密，伤残较少。陇东地区的山羊皮粒面也不太粗，部位差较小，纤维编织没有华北路其他地区皮的纤维编织紧密。酒泉、张掖、陕北等地的山羊皮毛孔大，粒面粗，部位差大，伤残多。

济宁路山羊皮产于山东西部、河南东北部、河北南部、安徽北部、江苏北部等地，张幅小，皮板薄，毛密，绒毛多，毛很多为钩形，粒面乳头突起明显，比汉口路山羊皮粒面稍粗。

云贵路山羊皮产于云南、贵州、广西西部、四川南部的凉山州，与上述各路分相比，质量最次。主要表现在毛孔大，粒面粗糙，板薄，乳头层很厚（占真皮厚度的60%～65%），网状层薄，颈部特别厚而紧密，腹部扁薄，寄虫病害多。收购的原料皮大多为绷板皮，有暗伤，伤残多。即使精心加工，成革在柔软度和丰满度方面远比四川路和汉口路山羊皮成革差。

新疆路山羊皮与华北路西部的山羊皮质量比较接近，张幅大，粒面较粗糙，纤维编织不是特别紧实。

我国进口国外的山羊皮，以澳大利亚和非洲的较多。澳大利亚山羊皮毛孔粗大，粒面粗，粒面划痕、伤残较多，等级率很低。粒面层厚，比华北路山羊皮的粒面层还厚。粒面层和网状层胶原纤维束粗壮，编织十分紧密，尤其是背脊线和脖颈比国产山羊皮的更为紧密，成革易出现脖颈硬、粗糙，竖纹多等缺陷。索马里等非洲国家的山羊皮张幅较小，粒面较细，胶原纤维编织比较紧密，但伤残严重。

山羊皮随宰剥季节不同，皮的质量相差较大。秋末冬初剥的皮，针毛不长，绒毛很少，皮板肥壮，紧实，油性大，伤残也较少，质量最好；隆冬剥的皮针毛长，绒毛厚，皮板不肥壮，质量次于秋末冬初剥的皮；春季剥的皮，毛大多已脱落，皮板瘦薄、干枯，纤维编织松弛，质量最次；夏季剥的皮质量次于秋冬剥的皮，但要比春天剥的皮稍好。

（六）绵羊皮

1. 绵羊皮的组织结构特点

（1）粒面细致

绵羊皮毛孔细而密，粒面乳头小且突起不明显，粒面很少有褶纹。因此，粒面比山羊皮的细致。

（2）粒面层与网状层连接较弱

绵羊皮粒面层与网状层以毛根底部为界限，粒面层较厚，占真皮厚度的40%～70%，网状层较薄。粒面层中有大量毛囊、脂腺、汗腺等组织，且大部分集中在粒面层与网状层交界处，当这些组织被除去后，便会在粒面层，特别是在粒面层与网状层交界处留下许多空隙，两层间的胶原纤维联系少，易剥离，成革易空松，易松面。

（3）强度较低

绵羊皮粒面层胶原纤维束多为水平走向，编织疏松，并且由于粒面层在真皮厚度中占的比例较大，网状层占的比例较小，因此，质地柔软，延伸性大，强度较低。

（4）脂肪含量高

绵羊皮脂腺发达，皮下脂肪细胞及游离脂肪细胞发达。脂肪含量高达鲜皮质量的30%，主要集中在粒面层下层和皮下组织中。以颈部沿背脊线到臀部分布最多，腹部分布较少。

（5）部位差较小

绵羊皮的厚度部位差、纤维编织程度部位差、粒面部位差均比山羊皮的小。

2. 绵羊皮资源的分布和特点

绵羊主要分布在澳大利亚、新西兰、亚洲和非洲。通常按羊毛的粗细将绵羊皮分为粗毛绵羊皮、半细毛绵羊皮、细毛绵羊皮。由于绵羊皮毛越细、越密、越长，皮层越薄，纤维越疏松，粒面层与网状层之间联系越弱，因此，制革工业主要以粗毛绵羊皮和部分细毛绵羊皮为原料。

在我国，绵羊皮分布于山区、半山区和草原，牧区较多，平原较少。

粗毛绵羊皮主要有蒙古羊皮、西藏羊皮、哈萨克羊皮、滩羊皮等。蒙古羊皮分布范围最广，主要产于东北、华北、西北、华中、华东等地区，占全国羊皮总量的一半以上；其张幅大，皮板厚，毛粗直，毛多为白色；产于南方的蒙古羊皮与北方的蒙古羊皮质量有所不同，北方皮比南方皮张幅大，皮板厚，纤维束粗壮，纤维编织疏松，脂肪含量高。西藏羊皮主要产于西藏、青海、川西、云南、贵州等地。大部分冬季宰剥，皮张幅大。哈萨克羊皮主要产于新疆、青海等地，粒面较为细致，纤维编织比较紧密，部位差较大。滩羊皮主要产于宁夏的银川平原、内蒙古的阿拉善左旗西南及沿贺兰山麓一带，主要用于制裘。成年滩羊皮毛被不适合于制裘时一般用于制革，是制革的上等原料，其特点是粒面细致、胶原纤维束细小、编织紧密，但脂肪含量高、部位差大，成年滩羊皮颈部生长痕比较明显。

半细毛绵羊皮有粗毛也有细毛，细毛较多，粗毛较少，粒面较细。半细毛绵羊皮主要有寒羊皮、同羊皮、田羊皮、湖羊皮等。寒羊皮主要产于河南、安徽、河北东南、山东西南、江苏北部、陇海线一带，张幅较大，板薄，绒毛多；同羊皮主要产于陕西关中及洛河流域，张幅较小；和田羊皮主要产于新疆西南部大戈壁南边的和田、墨玉、洛甫、疏勒、于田、民丰、皮山等县，张幅中等；湖羊皮主要产于江苏、浙江的大湖流域，张幅较小。

细毛绵羊皮又叫改良绵羊皮，是为了得到优质羊毛而利用国内原有的品种选育而成或引进国外品种杂交而成的羊的皮。改良过程中主要考虑了羊毛的品质和产量，而皮板的质量则较差，制革利用价值较低，多用于毛皮的生产，但也有用来制革的。这类皮主要有新疆细毛羊皮、东北细毛羊皮、细毛寒羊皮等品种。新疆细毛羊皮主要产于新疆、陕西、甘肃、青海等19个省区；东北细毛羊皮主要产于东北3省及内蒙古东部地区；细毛寒羊皮主要产于中原和华东地区。细毛绵羊皮毛囊和腺体多，且含量高（40% ~

50%），脂肪主要集中在粒面层与网状层之间，形成一层厚的脂肪层。脂肪层厚度占真皮厚度的50%。其中胶原纤维稀少，编织极为疏松，除去脂肪后就形成明显的空洞层。因此，粒面层与网状层之间的纤维连接十分脆弱，两层极易分离，成革强度也很差。细毛绵羊皮毛孔细而深，粒面具有不规则的自然花纹，花纹凹凸明显，沟纹粗大。细毛绵羊皮根据改良代数的不同，质量相差较大。第一代改良的皮与土种皮的质量很接近；第三代和第四代改良的皮，板质很差，很难用于制革；第二代改良的皮，质量介于上述两者之间。

绵羊皮除上述不同品种之间质量存在差异外，同一品种不同产地之间质量也存在差异。一般来讲，产于黄河下游和淮河流域的绵羊皮质量较好，产于华北、东北、西北地区的绵羊皮毛被稍厚，皮板较薄，脂肪含量较高，粒面较粗。

我国从国外进口的绵羊皮主要有澳大利亚绵羊皮、新西兰绵羊皮、非洲粗毛绵羊皮、哈萨克斯坦绵羊皮、蒙古绵羊皮等。

澳大利亚绵羊皮主要是美利奴绵羊皮，毛细长且密，皮板质量较差，粒面有一道道肋骨状难看的褶皱痕。真皮粒面层较厚，占真皮厚度的70%。脂肪含量高达50%。由于毛密，粒面层被大量毛囊、腺体、脂肪细胞等所占据，这些组织被除去后，粒面层更加空松和脆弱，皮板强度较差，如加工不当很容易造成松面、粒面层与网状层分离等缺陷。

新西兰绵羊皮是英国绵羊杂交种羊皮，皮板质量较澳大利亚绵羊皮的好，张幅大多为中等，如果加工不当也容易出现分层现象。

非洲绵羊皮主要指产于索马里、苏丹、南非等热带地区的粗毛绵羊皮，皮板纤维编织紧密、质地优良，适合于制革。

哈萨克斯坦绵羊皮相当于我国新疆改良二代绵羊皮，毛被较稠密，毛平均长度4～5cm，毛被中草刺多，皮平均张幅0.5～0.9m^2，皮板厚。皮下组织发达，油脂含量30%～35%，汗腺、脂腺发达，纤维束粗大，粒面层厚度约占真皮厚度的40%，粒面层与网状层联系较强。粒面粗糙，部位差较大。这类皮多为淡干板，板质较次，部分皮在装运过程中发生纤维断裂，少数鲜皮有轻微掉毛现象，干死皮约占5%。

蒙古国绵羊皮张幅大，粒面细致，纤维编织紧密，但部位差大，油脂含量高，伤残多。

绵羊皮的质量不仅与品种和产地有关，而且与宰剥季节有关。秋末冬初宰剥的皮，板质肥厚、柔软、丰满，剪伤已愈合，质量最好；冬末至春末宰剥的皮，板质瘦薄、松弛，呈暗黄色，质量差；夏天宰剥的皮，毛短而稀疏，皮呈灰黄色，质量较差。

四、按毛长短、外观质量分类

毛皮的主要来源是毛皮兽，按照毛皮皮板的厚薄、毛被的长短及外观质量分为四大类：小毛细皮、大毛细皮、粗毛皮、杂毛皮。

（一）小毛细皮

毛短而细密且柔软，属最昂贵的毛皮。适宜制作美观、轻便的高档裘皮大衣、皮领、披肩、皮帽等。主要品种有紫貂皮、水貂皮、水獭皮、松鼠皮、银鼠皮等。

1. 紫貂皮

图1－11　紫貂

紫貂别名黑貂，是一种特产于亚洲北部的貂属动物，如图1－11所示，在我国紫貂属一级保护动物，进口、加工紫貂皮必须具备出产地证明和进出口许可证。紫貂皮是最名贵的毛皮之一，有黑色、褐色、黄色等，不同色调的紫貂皮稀有程度各不相同，其中毛色棕带蓝的是皇冠紫貂，而黄金貂则呈美丽的琥珀色调。紫貂毛以柔顺棕色而带丝质黑长毛为上品，而最高质量的会有银白色针毛均匀地夹杂在内。其皮板细腻，质软坚韧，结实耐用，其毛被细软，底线丰厚，针毛灵活，色泽光润，华美轻柔，历来被视为珍品。紫貂广泛分布在乌拉尔山、西伯利亚、蒙古、中国东北以及日本北海道等地。紫貂皮御寒能力极强，适宜制作高档长、短大衣、毛皮帽等。

2. 水貂皮

野生水貂多为黑褐色，家养水貂颜色多达上百种，一般将褐色定为标准水貂色，如图1－12所示。

图1－12　水貂

水貂皮是珍贵的高档毛皮，是国际裘皮市场三大支柱产品（水貂皮、波斯羔皮、蓝狐皮）之首，素有“裘皮之王”的美称。其皮兼有水獭和紫貂皮的优点：针毛光亮灵活、均匀平齐；绒毛稠密细软、色泽光润；皮板细韧紧实，保暖性好。水貂皮除了做传统的大衣、衣领、帽子等外，近年来非常流行水貂皮的拔针、剪绒产品和毛革两用产品。水貂皮的主要产国为丹麦、挪威、瑞典、芬兰、俄罗斯、美国和中国。俄罗斯是世界水貂皮最大的生产国，其皮特点是毛长，针绒毛比例偏高，背腹毛色不一致。美国水貂主要饲养在威斯康星洲、犹他州、华盛顿州等地，美国标准水貂毛色深、背腹毛色一致，毛短而平齐，针绒毛长度比为4∶3，光泽好，毛被灵活，其中最好的是煤黑色，是水貂皮中的上品。丹麦水貂皮产量很大，其特点是张幅大、毛色深、毛长，比美国水貂价格低。中国是水貂饲养业的后起之秀，产量较大，但皮的品质较美国的差，目前这种差距正逐步缩小。

（1）水貂皮毛的构造特征

毛在皮面呈不规则点状分布，数十根毛（10～30）成为一组长在复合毛囊中。有的毛组仅由绒毛组成，有的毛组由一根针毛（或粗或细）和若干根绒毛组成。每组毛以不同的倾斜角度从皮中长出，组与组之间在皮面上的距离为0.15～0.3mm，有的毛组单独存在，有的数组毛互相靠拢，有的毛组靠得很近组成毛簇，一簇毛中一般有10～11个毛组。在皮面出口处，一组毛长在一个毛囊中，皮面上的毛孔很小。至皮内脂腺平面处，组内毛与毛之间距离逐渐增大，分别有了各自的毛鞘，但同一组毛的毛鞘还是紧紧地连在一起，它们共用一个毛袋。在脂腺以下，同组毛内每根毛之间的距离增大，故毛囊也变得更大。水貂皮的毛球全部呈钩形，利于毛根固定在皮内。毛长入皮内很深，针毛又深于绒毛，故在加工削匀时要特别小心，以防伤及毛根。

毛被由粗针毛、细针毛和绒毛组成。粗针毛与细针毛的构造和形态基本相同，只是粗细、长短有差异。

①针毛：针毛上段粗大，呈纺锤状，鳞片宽、短并紧贴毛干，皮质层占毛径的20%～30%，髓层占80%～70%，粗针毛髓质细胞呈多柱组形排列，中间型针毛的髓质细胞呈单柱组形排列。针毛下段细小、略微弯曲，鳞片窄、长、略向外张，所以光泽不及上段，毛内色素较上段少，皮质层约占毛径的40%，髓质层占60%，髓质细胞主要呈单柱组形排列，针毛从根部至毛尖，鳞片形状由披针形逐渐移形为波浪形。

②绒毛：略呈弯曲波浪形，上下粗细基本一致。鳞片层很薄，鳞片形状类似针毛下段，细而长，并向毛干外伸，所以不及针毛光滑有光泽。皮质层与髓质层各占毛径的50%左右，髓质细胞呈单柱组形排列。毛内色素量与针毛下段基本相同，颜色与针毛下段相似。

毛被明显分为上、下两层，上层由针毛上段部分构成，色泽光亮；下层由绒毛和针毛下段构成，毛稠密，色泽稍浅，光泽稍差。

（2）皮板构造特征

真皮胶原纤维的编织非常致密，毛根深入乳头层与网状层交界处，一组毛长在一个脂肪锥上，两层间的厚度比为1∶（1～2）。乳头层上层纤维束细小，编织紧密，其余部分纤维束稍粗，编织紧密。网状层纤维束粗大，编织均匀程度较好。颈背部纤维束粗细及编织紧密度相差不大，腹部纤维编织略疏松。皮板颈部最厚，背部次之，腹部最薄。一般颈部厚度是背部厚度的1.1～1.2倍，是腹部厚度的1.5～1.6倍。由于颈部厚且纤维编织紧，致使成品的该部位不够柔软，延伸性差。国产水貂皮较美国水貂皮的纤维编织紧，均匀性差，成品延伸性及柔软性不及美国水貂皮。

弹性纤维在腹部最多，颈部较多，脊部最少，多平行于皮面走向，主要分布在皮脂腺至毛囊底部一带。弹性纤维含量不多。

一般一组毛有一对脂腺，呈环状包围毛囊。脂腺最大处截面积可达毛囊的3～5倍，各部位脂腺都很发达。在每组毛的毛囊下部至皮下组织之间有全部由脂肪细胞组成的脂肪锥，锥体高度可达皮厚的1/2左右。油脂含量高达14%以上。

3. 水獭皮

水獭别名水狗，如图1－13所示，毛皮中脊呈熟褐色，肋部和腹部颜色较浅，有丝状的绒毛，皮板韧性较好，属针毛劣而绒毛好的皮种。其毛被的特点是针毛峰尖粗糙，缺乏光泽，没有明显的花纹和斑点，但底绒稠密、丰富、均匀，且不易被水浸透。水獭皮人称有三贵：一是细软厚足，可向三面扑毛；二是绒毛直立挺拔，耐穿耐磨，较其他毛皮耐磨几倍；三是皮板坚韧有力，不脆不折，柔软绵延，适宜制作各种高档长短大衣、披肩、毛皮帽等。

图 1－13　水獭

4. 松鼠皮

松鼠皮毛密而蓬松，周身的毛丛随季节变化明显，夏季毛质明显稀短，冬季皮板丰满，也是具有较高价值的毛皮，松鼠如图 1－14 所示。利用松鼠皮天然毛色适宜制作各类毛皮制品。

5. 银鼠皮

其皮色如雪，润泽光亮，无杂毛，针毛和绒毛长度接近，皮板绵软灵活，起伏自如，银鼠如图 1－15 所示。利用银鼠皮天然毛色适宜制作各类毛皮制品。

图 1－14　松鼠

图 1－15　银鼠

（二）大毛细皮

大毛细皮指毛长、张幅大的高档毛皮，主要适于制作毛皮帽子、大衣、皮领、斗篷等。主要品种有狐狸皮、貉子皮、猞猁皮等。

1. 狐狸皮

狐狸皮是长毛细皮的代表，品种较多。具体分为赤狐、银狐、蓝狐、沙狐、白狐以及各种突变性或组合型的彩色狐等。赤狐皮毛长绒厚，色泽光润，针毛齐全，品质最佳；银狐皮基本毛色为黑色，均匀地掺杂白色针毛，尾端为纯白色，绒毛为灰色；蓝狐皮有白色和浅蓝色，毛长绒足，细而灵活，色泽光润美观，保暖性好，皮板厚软。狐狸皮适宜制作高档长短大衣、女用披肩、围巾、皮领、斗篷、毛皮帽等。

（1）蓝狐皮特征

蓝狐即北极狐，如图 1－16 所示，蓝狐皮是国际裘皮市场三大支柱产品之一。最大饲养国是芬兰、挪威、俄罗斯和中国。北欧四国（丹麦、挪威、芬兰、瑞典）的狐狸皮贸易额占世界狐狸皮市场近 90%，仅芬兰即占世界狐狸皮贸易量的 67%。芬兰狐狸皮是全世界最有名的，素有芬兰狐狸丹美貂之说。芬兰原种蓝狐皮具有毛长，底绒丰厚，针毛匀称平齐、灵活，被毛蓬松，色泽光润，且整张皮毛绒厚度均匀等特点，皮板较厚，韧性好，颜色洁白，商品皮张普遍能达“00—0000”号皮；改良蓝狐皮的毛绒品质基本接近芬兰蓝狐皮，针毛齐全、灵活，背臀部绒毛厚密，被毛蓬松，色泽光润。我国产本地蓝狐皮毛绒的丰厚度、针毛的齐全度、毛被蓬松灵活性、色泽方面略低一筹。

图 1－16　蓝狐

蓝狐原有两种毛色，一种为浅蓝色型，浅蓝色的底绒被大量稠密并富有“银色”的毛冲淡，银色毛基部发白，顶端色暗；另一种随季节变化，冬季毛色全白，夏季毛色变深。在长期饲养过程中出现了许多突变种，如影狐、北极珍珠狐、蓝宝石狐、金色狐、琥珀狐、枣红狐、白金狐、金黄色岛屿状狐、冰川狐、淡黄褐色亮狐等，这些蓝狐的突变种被统称为彩色蓝狐。除毛色外，突变种的体形与蓝狐基本相似。

蓝狐皮表皮较薄，仅由 2～3 层细胞组成。乳头层与网状层分界不明显，胶原纤维束较粗，排列不规则，多数平行于皮表面呈波浪形编织，在毛囊及其附属构件周围纵横向排列。蓝狐皮部位差不大，颈部真皮层稍厚，背腹部皮下组织较厚。

毛被由针毛和绒毛组成，10～50 根绒毛或绒毛与针毛构成一组毛，长在复合毛囊内的数个复合毛囊（毛组）又组成毛簇。复合毛囊以 30°～40°倾斜深入真皮内，贯穿整个皮层直达皮层深处或皮下组织层中。银蓝狐皮与蓝狐皮形状非常相似，具有张幅大，绒毛丰厚，针毛密而平齐等特点，但与蓝狐皮毛被颜色不同。银蓝狐皮的针毛基本垂直于皮板，比绒毛略长，针毛尖为铁青色，毛根为蓝灰色，绒毛为蓝灰色。

（2）银狐皮特征

银狐又名玄狐，如图 1－17 所示，原产于加拿大，是野生赤狐的突变种，其皮是狐皮中的珍品。

图 1－17　银狐

银狐的体背和体侧呈黑白相间的银黑色。银色的毛被是由针毛的颜色决定的，针毛的基部为黑色，中间接近毛尖部的一段为白色，而毛尖部为黑色。因为白色毛段衬托在黑色毛段之间，从而形成华美的银雾状。针毛白色段处的位置（深浅）和比例决定了毛被银色的强度。绒毛为灰褐色，尾尖为白色。银狐皮的针毛坚挺有力，绒毛丰厚细柔，色泽艳丽，皮板轻薄，御寒性强，是传统的高档裘皮。银狐皮以本色皮为主。我国古代就有“一品玄狐二品貂，三品穿狐貉”之说。

①毛被：毛被由粗而长的针毛和细而短且柔软的绒毛组成。针毛根部较粗，向上逐渐变细，再向上又慢慢变粗，向毛尖方向又变细变尖，即在针毛上段呈纺锤状；绒毛较针毛细得多，除毛尖处更细以外，其余部分粗细较均匀，并呈弯曲波浪形。针毛和绒毛均由鳞片层、皮质层、髓质层组成。在毛纤维不同段位上鳞片形态和排列方式各不相同，但不同部位的毛纤维在相同段位的鳞片形状基本相同。针毛根部鳞片为披针形，可见高度30~40μm，排列不太紧密；向上，鳞片逐渐变短，齿突变圆钝，排列渐紧密，形态近似菱形；再向上，鳞片进一步变短，齿突消失，移形为波浪形，可见高度6~10μm，排列紧密。绒毛下部鳞片形态与针毛根部鳞片形态相似，但齿突不及针毛的尖锐，可将其称为长瓣状，可见高度15~20μm，排列不紧密密，随毛干向上逐渐移形为似鱼鳞的复瓦状，鳞片游离端呈光滑的抛物线形，可见高度8~10μm，排列变紧密。针毛的髓质层为连续密集不规则的网状层，绒毛髓质层细胞呈单列块状排列，很像穿在一条线上的算盘珠子。

银狐皮毛的长度、细度及毛被密度见表1-6。

表1-6　银狐皮毛的长度、细度及毛被密度

部位	长度/cm		细度/μm			密度/(根/mm²)	
	针毛	绒毛	针毛上段	针毛下段	绒毛	针毛	绒毛
脊部	7.28	4.37	81.78	72.38	17.65	10~11	220
背部	5.89	4.01	105.89	74.77	19.02	8~9	160
臀部	6.17	4.12	88.73	65.83	18.24	8~9	290
腹部	6.09	4.42	62.54	61.30	18.45	6~7	120
颈部	5.63	3.98	61.84	40.69	14.29	6~7	60

②皮板：皮板厚度不足1mm，臀部最厚约850μm，腹部最薄约300μm。胶原纤维以水平走向呈波浪编织。真皮层上层（约占真皮层厚度的50%）的胶原纤维束编织较紧密，下层编织较疏松，纤维束间充塞着大量的游离脂肪细胞。腹部胶原纤维较其他部位松得多，弹性纤维比较细，呈水平走向一丝一丝地分布于整个真皮层，相比而言，在真皮中层较多，在脊部、背部、臀部较多。脂肪发达，在针毛囊和绒毛囊旁都有一对甚至两对脂腺，真皮下层有许多游离脂肪细胞。

③毛囊形态及分布：毛被主要呈簇状分布型和少量复杂组分布型，绝大部分毛囊为复合毛囊。有的复合毛囊内丛生着1根针毛和10~20根绒毛，即针毛囊；有的复合毛囊内无针毛，仅丛生一组（10~20根）绒毛，即绒毛囊；个别毛囊内只生长1根粗大的针毛。数组复合毛囊紧紧靠拢在一起，组成一个毛囊群即毛簇。大部分情况下是3组成一群，即3毛群，但也有1毛群、2毛群和4毛群。毛囊群之间有一定距离在3毛群

中一般有 1 ~ 3 个针毛囊，若只有一个针毛囊，则针毛囊位于中间；若 3 组均为针毛囊，则中间一组的针毛较粗。1 毛群均为绒毛囊。在背、臀部，有复杂分布型毛囊，即若干毛囊群又围绕 1 根粗大针毛独占的 1 个大毛囊组成一个更复杂的毛囊群。银狐皮常被加工成带头、脚、尾的完整筒皮，做围领，也裁成条做帽檐、镶边、衣领等。

2. 貉子皮

以人工养殖貉子之皮为主，间有野生貉子皮，属于大毛珍贵细皮类。貉子皮毛长、绒足，耐磨，光泽好，通体呈茧黄、黄褐或褐色。背部针毛基部呈淡黄色，端部呈黑色，中间掺杂很多黑色条纹。绒毛呈浅棕色者较多，腹部毛色较浅，多呈灰黄或灰色，四肢呈黑或褐色。皮板结实，保暖性好。貉子如图 1 – 18 所示。

图 1 – 18　貉子

貉子皮与浣熊皮外形、英文名称相似，容易被混淆。从外观上看，貉子与浣熊确实有一些相似，因此英文名称也有一些关联。浣熊，英文名称为 raccoon（也有 racoon，coon）；貉子，现代汉英词典中译为 raccon dog。外国人常把中国的貉子皮称为浣熊皮，中国人又常把从北美进口的浣熊皮叫美国貉子皮。

近年来我国偶尔有少量浣熊皮加工，主要是从北美进口的。貉子皮的加工量甚大。与貉子皮相比，浣熊皮较小，皮宽15 ~ 25cm，长度 50 ~ 95cm。毛被平齐，毛纤维长度短、颜色深，常呈蓝灰棕色，绒毛长25 ~ 30mm，且毛的密度比乌苏里貉子的密度低，针毛占比例大，针毛为三节色，尖部为棕黑色，中间为浅灰米色，底部为浅棕色。

貉子皮拔掉针毛称貉绒皮。貉子皮是制作服装、帽子、毛条、领子等的高档原料皮，关于貉绒毛在纺织品中的应用也有报道。貉子皮颈部的毛被与其他部位差异大，而浣熊皮的毛被部位差小。浣熊的皮板较厚，纤维编织较紧密。浣熊皮与貉子皮外观最明显的差异是浣熊的尾巴上带有黑白相间的色节，而貉子尾巴没有这种色节。

（三）粗毛皮

粗毛皮指毛粗长并张幅稍大的中档毛皮，可做帽子、长短大衣、坎肩、衣里、褥垫等。主要品种有绵羊皮、山羊皮、羔皮、狗皮、狼皮、豹皮等。

1. 绵羊皮

绵羊毛被的特点是毛多呈弯曲状，黄白色，如图 1 – 19 所示，粗毛退化后成绒毛，光泽柔和，皮板薄韧、结实柔软，不板结。绵羊皮鞣制后多制成剪绒皮，染成各种颜色，多用于皮

图 1 – 19　绵羊

衣、皮帽、皮领等；或鞣制后把毛剪成寸长，将皮板磨光上色制成毛革两穿的服装。

2. 小湖羊皮

小湖羊皮是湖羊羔出生后 1 ~ 2 天内人工宰杀剥取之皮，是我国独有的名贵羔羊品种之一，主要产于浙江嘉兴、宁波及太湖流域，是我国传统的出口商品。

小湖羊皮板质轻、薄、柔软、坚韧，毛细短，无底绒，色泽洁白，具有波浪形花纹，扑而不散，卷曲清晰有光泽，小湖羊皮是制作各式衣帽、领子、围巾、披肩和毛革两用产品的上等原料皮。

小湖羊皮的质量与毛的细度、长度、花纹面积密切相关。质量高的皮粗毛多、细毛小（两者比例约为6∶4），粗毛与细毛细密度差值小（粗毛平均细度约50μm，细毛平均细度约20μm），毛短（≤2μm），紧贴皮肤，花纹小，抖不松散，整张皮花纹面积大。当细毛增多时，粗毛与细毛细度差值增大，毛长，花纹大、不清晰，则质量下降。

小湖羊皮的胶原纤维细小，以水平走向为主，呈波浪形编织，乳头层约占皮层厚度的1/2，皮内脂肪含量适中。

3. 山羊皮

（1）山羊绒皮

山羊绒皮指立冬后至翌年立春前后这期间未抓过绒的绒山羊之皮，山羊如图 1 – 20 所示。养殖绒山羊的国家主要有中国、蒙古、伊朗、印度、阿富汗、俄罗斯、土耳其等。我国的绒山羊主要分布在内蒙古、新疆、西藏、青海、甘肃、陕西、宁夏、河北、山西、山东、辽宁等地。蒙古路的山羊绒皮毛被较平齐而粗长，光泽好，绒毛长足，多呈白色或黑色，张幅较大，皮板厚壮；华北路的绒山羊皮针毛细长，毛绒丰厚，张幅中常，皮板厚，纤维粗壮，结实耐用。

图 1 – 20　山羊

山羊绒皮的毛被主要由绒毛和粗毛组成。其中绒毛约占 85%，细度 13 ~ 19pm，伸直长度 4 ~ 9cm；粗毛占 10% ~ 20%，细度 60 ~ 80μm，伸直长度 15 ~ 30cm；有的毛被还有极少量的两型毛。山羊毛被的特点是半弯半直，白色，皮板张幅大，柔软坚韧，针毛粗，可以用以制笔，绒毛丰厚。拔针后的绒皮则用以制裘，未拔针的一般用作衣里或衣领。根据加工情况可以制作皮衣、皮帽、皮领、童装及各种服饰品等。

山羊绒毛的形态学和组织学结构与绵羊的细羊毛基本相似，但山羊绒粗细均匀，弯曲数较少，而且不规则、不整齐，因而不能像细羊毛那样排列成整齐的毛束和毛丛。在组织结构方面，山羊绒的鳞片长度和宽度基本相等，边缘较光滑，无明显翘起，覆盖间距较细羊毛大，每毫米有 60 ~ 70 个鳞片。同绵羊绒相比，山羊绒鳞片细胞的外层厚度小于内层结构且细胞复合膜厚而发达，因此山羊绒对酸、碱等化学物质的抵抗能力弱，易于化学染色，回潮率高。绒山羊羔皮是制作毛革两用产品的较好的原料皮。

（2）青猾皮

青猾皮是青山羊出生后一周内宰杀剥取之皮，主要产于我国山东济宁和菏泽地区，是我国独有的毛皮品种。其毛较细、绒足，长度、密度适中，花纹紧实自然、美观，呈波浪状，光泽柔和，皮板薄而有弹性，板面光滑细致、油滑，张幅大小均匀。尤其是郓城一带所产的皮张大小均匀、整齐，板质足壮，毛细密，花弯多，有光泽，以正青色为主，质量最佳。

青猾皮上有黑、白两种颜色的针毛和少量的白色绒毛，针毛在皮内埋藏的深度基本相等，针毛的毛球几乎长在同一个平面上，绒毛毛根较浅。真皮层以针毛的毛球所在平面为界明显分为乳、网两层。针毛密度为 800～900 根/cm^2，毛长 1.4cm 左右，黑色毛和白色毛相互交错混杂形成青猾皮的自然光泽，黑、白毛的比例不同，毛被颜色可呈正青色、深青色、铁青色、浅青色和粉青色，以正青为适中。不同色毛被的黑白毛比例见表 1－7。

表 1－7　　青猾皮毛被颜色及黑白毛比例　　单位：%

毛被颜色	白色毛	黑色毛
正青色	60～65	35～40
深青色	45～50	55～50
铁青色	30～35	70～65
浅青色	70～75	30～25
粉青色	80～85	20～15

4. 狗皮

狗皮毛被稠密，色泽光润，绒毛细、足、灵活，毛髓发达，张幅较大，皮板厚实且有油性，保暖、御寒能力强，一般用在被褥、衣里、帽子上。

狗皮按品种可分为大平、中平和小平毛。其中大平毛狗皮针毛较平齐，毛长 4cm 以上，底绒厚密而细致，绒毛灵活，色泽光润，有的背脊线处带有鬣毛，张幅大，皮板厚、油性足。中平毛狗皮针毛细而均匀，毛长 3～4cm，绒足，毛绒灵活平齐，尤以腹部、肋部明显，光泽油润，张幅中常，皮板较厚，油性足。小平毛狗皮针毛细、足、短而平齐，毛长 2～3cm，底绒丰足而长，毛绒灵活，光泽好，张幅中常或略小，皮板较厚有油性。

狗皮的品质与产地及产皮季节密切相关，产于寒冷地区的皮，一般毛长绒厚，色泽好，张幅较大，板质厚壮、油性大，保暖性强，品质好；产于温热地区的皮一般毛绒短平，光泽差，张幅偏小。其他地区之皮质量介于前述两者之间。冬季皮质量最好，春夏季皮质量最次，基本无制裘价值。毛色也是影响狗皮价值的因素之一，以正青色、黄色、白色为好，黑色次之，花色和杂色最次。

狗皮皮板厚，胶原纤维粗壮编织紧密，有一定部位差，表现在颈部、背脊部厚而紧，腹部薄而织松，数根毛为一组长在复合毛囊中，毛囊呈倾斜状，深入整个皮层，长在与皮下组织相连的脂肪锥上，所以当去肉或磨里后狗皮容易露出毛根，形成毛穿板。在整个皮层上纤维编织较一致，没有明显的乳头层与网状层之分，在网状层下部脂肪锥占据一定空间，纤维编织略显疏松。狗皮的弹性纤维、脂肪组织、肌肉都很发达，以颈部、臀部弹性纤维最多，除发达的脂腺和游离脂肪细胞外，皮下层的脂肪锥深入真皮层达1/3～1/2，在每个毛囊旁都有一条甚至几条竖毛肌，这些特征都使得狗皮皮板偏硬。因此，加工狗皮时脱脂、去肉、松散纤维、消除部位差都很重要。

（四）杂毛皮

杂毛皮皮质稍差，产量较多的低档毛皮，毛长，皮板差。杂毛皮主要适用于制作服装配饰、衣、帽及童大衣。主要品种有猫皮、野兔皮、家兔皮、獭兔皮等。

1. 猫皮

猫皮毛绒平顺，毛细，绒足，针毛齐全，色泽光润，兼有美丽斑纹。皮板细韧，保暖性强。其中产于东北、华北的猫皮毛大色深，底绒稠密，斑纹不明显，板质较壮，张幅适中。其他地区的猫皮毛绒平顺，光泽好，斑纹明显，皮板薄，有油性。

毛被由粗针毛、细针毛和绒毛组成。针毛长20～45mm，以脊部针毛最长最密；绒毛长17～30mm，以脊部最长，颈部最密。针毛呈柳叶状，粗针毛下部细而直，细针毛下部有时弯曲呈波浪形，脊部针毛下段较粗直。针毛上段鳞片宽、稀、短、紧贴毛干，下段鳞片细、密长，并从毛干伸出。针毛上段髓质层占80%左右，皮质层约占20%，下段髓质层约占60%，皮质层约占40%。绒毛弯曲呈波浪形，上下粗细基本一致，鳞片层很薄，鳞片细而长，并伸出毛干，使绒毛表面不够光滑，髓质层与皮质层比例约为6:4，即与针毛下段基本相同。针毛粗大的上段覆盖在绒毛与针毛下段形成的绒层之上保护绒毛，且使毛被光亮美观。

除个别粗针毛独占一个毛囊外，其他都是一根针毛与若干绒毛或绒毛数根至10余根形成一个毛组，长在复合毛囊中。同一组毛在皮面由同一个毛囊口长出，越往下毛组内的毛根之间距离越大，并分别有了各自的内外毛鞘，即复合毛囊呈上小下大形，毛根呈钩形，使猫皮不易掉毛。乳头层占真皮层厚度的38%～46%，毛根不像狗皮那样贯穿整个真皮。猫皮胶原纤维具有食肉类动物的特点，纤维束细而致密。皮板部位差较大，颈部厚而紧，腹部薄而松，颈部厚度约是腹部的3倍，加工中应注意消除部位差。脂肪组织较发达。

猫皮颜色多样，斑纹优美，有黄、黑、白、灰、棕5种正色及多种辅色组合，毛被上还有时而间断、时而连续的斑点、斑纹或小型色块片断，针毛细腻光滑，毛色浮有闪光，暗中透亮。猫皮适宜制作中低档毛皮制品。

2. 兔皮

兔皮分野兔皮、家兔皮。野兔皮毛绒丰足，色泽光亮，保暖性强，但皮板脆薄，耐用性差。普通家兔皮种类很多，毛被形状、颜色差异很大，皮板面积、厚薄各不相同。普通家兔皮的毛被一般由针毛和绒毛组成，针毛与绒毛的细度、长度差异较大。

总体而言，兔皮底绒丰足、平顺、柔软，针毛稠密、较粗、较长、毛向明显，且易折断，耐用性较差。目前国内广泛使用的家兔品种主要有大耳白兔、青紫蓝兔、中国白兔、太行山兔等。大耳白兔原产于日本，是由中国白兔与日本兔杂交育成的优良皮肉兼用型品种，我国各地都有饲养。大耳白兔以耳大、血管清晰而著称，其皮毛被紧密，毛色纯白，针毛含量较多，张幅大，板质良好。青紫蓝兔原产于法国，引入我国已半个多世纪，分布较广，尤其是在北京、山东等地饲养较多，因毛色类似珍贵毛皮兽“青紫蓝绒鼠”而得名，是世界著名的皮肉兼用兔种。青紫蓝兔毛被整体为蓝灰色，耳尖及尾面为黑色，眼圈、尾底、腹下和后额三角区呈灰白色。

兔皮适宜制作中低档毛皮制品。家兔品种繁多，毛色较杂，毛绒细密灵活，色泽光亮，皮板柔软但较薄，耐用性稍差。兔皮适宜制作衣帽、童装大衣等。

五、国外主要原料皮产地及性能

（一）美洲原料皮

美洲是出口原料皮的主要地区之一。许多牛种都集中在这个洲。这些牛种的皮质量都很好。但由于这个地区都采取自由放牧，因而其原料皮易产生各种各样的缺陷。最常见的缺陷是：烙印、刺伤、牛皮内的寄生虫等。通常冬季原料皮与夏季原料皮有明显的等级差别，因而夏季原料皮价格较低，加工利润率较高，但有风险，因为皮层下大量的油脂熔化，很容易引起皮纤维黏结；相比而言，冬季皮价格虽高，但加工风险小，成革质量好，最终产品的价格也高。

（二）亚洲原料皮

亚洲地区有丰富的原料皮资源、廉价的劳动费用，是世界重要的成品革和原料皮的生产基地，其原料皮生产量占世界的40%。亚洲国家出口欧美的原料皮，不管是牛皮，还是山羊皮、水牛皮，大都是以蓝湿革为主。亚洲生产和出口原皮的主要国家除中国外，还有印度、巴基斯坦和印度尼西亚。这些国家产出的原料皮质量相当不错，原料皮所存在的缺陷和美洲原料皮相同。

（三）非洲原料皮

非洲出口的原料皮分为两种：加工整理过的和未加工过的。自然张（未加工过）最受欢迎。非洲的原料皮一部分是用砷保存的，一部分采用干燥法保存。在用砷保存的原皮中，尼日利亚的原料皮质量最好。非洲出口牛皮的国家有埃塞俄比亚、尼日利亚、南非等，出口山羊皮、绵羊皮的国家有摩洛哥、突尼斯、阿尔及利亚等。其中埃塞俄比亚的原料皮质量不错，但屠宰皮剥皮剥得不好，保存得也不够好，皮革产品的品质和价格也稍逊。

（四）大洋洲原料皮

澳大利亚出口的原料皮，主要产自昆士兰州和维多利亚。这些原料皮，有的来自肉类冷冻加工厂，也有的来自屠宰场或农场，由于来源不同，原料皮质量也不同，因此需要选择。新西兰是羔羊和公绵羊的主要生产国，但出产的小牛皮声誉也很好，大部分皮为盐腌皮，保存得很好，发货时包装也很好。澳大利亚和新西兰还盛产绵羊皮，每年大量出口。

第五节　皮革简要制作过程

将生皮进行系统的化学处理，并辅以适当的物理机械加工，使之成革的过程，称为制革。从原料皮到成革的加工过程，大体上可分成准备、鞣制、整理三大工段，或湿加工和干加工两大单元。

一、准备工段

为了使经过不同的贮存方法，在不同程度上失水的原料皮便于加工，使皮纤维与鞣质能更好地结合，使制得的革具有符合各种使用要求的特性，必须在鞣制前进行一些准备性操作，使生皮变为适合鞣制状态的裸皮，这些操作总起来称为准备工段。

在准备工段中，不能成革的组织或成革意义不大的组织应当除去，像表皮、毛、皮下组织，以及头、蹄、耳、尾等。动物皮上的泥污、血污、贮存过程中的防腐剂等也应当除去。

为了便于化学试剂渗入到皮纤维，应当使生皮充水膨胀，除去纤维间质，使胶原纤维束适当分离。

准备工段的特点之一是生皮主要在水、酸和碱的溶液中经受处理，不仅可以除去生皮中可溶性蛋白质，使胶原纤维束分散，而且它们还可以在不同程度上水解生皮的胶原。因此，如果处理过度，胶原大量损失，纤维束分散得太厉害，制成的革空、松、扁薄、强度降低，严重影响革的质量。如果处理不够，可溶性蛋白质未除尽，胶原纤维束也不能很好地分散，致使成革偏硬，也会降低成品革的质量。在实际的生产中，绝大部分的化学处理是在准备工段中完成的，如果准备操作不善造成缺陷，会使后续工序几乎无法补救。因此，准备工段对成革质量有很大影响。

准备工段主要工序为：浸水→去肉（脱脂）→浸灰（碱膨胀）→脱毛→分割、剖层→脱灰→软化→浸酸。

1. 浸水

原料皮经过防腐处理后，会失去一部分水分。鲜皮含水量约75%，干皮含水只有12%左右。生皮失水后体积缩小，纤维间质将胶原纤维黏结起来，阻碍了水和化学药剂的进入，影响以后各工序的加工质量。所以，浸水的主要目的是把原皮充水并回软到尽可能接近鲜皮的状态，适宜于加工。原料皮一般都含有污物，如泥、粪、血液、防腐剂等。浸水时这些污物都要洗去。生皮中可溶蛋白质也大部分溶于水中，如果浸水时加入表面活性剂或碱、酶制剂等，则可以使更多的球状蛋白溶解。

2. 脱脂

脂肪含量大的猪皮、绵羊皮要单独进行脱脂操作。皮内的脂类物质主要存在于皮下组织、皮内游离脂肪细胞及脂腺内，它的存在会影响化学试剂向皮内均匀渗透，使鞣制、复鞣、染色等工序的作用效果降低，从而影响成革的身骨手感。特别是当大量的油脂存在于皮内时，经过酸、碱、酶等处理，会有一部分油脂水解产生硬脂酸，在铬鞣时易与铬盐在皮内形成难溶于水的铬皂，继而使染色产生色花，革的手感变硬，也会使油脂迁移到革面在局部形成油霜，还会影响涂层的黏着牢度。所以，多脂皮应进行专门脱脂，除去皮下组织层的大量脂肪以及表皮层和真皮层中分布的脂肪，以利于以后各工序操作，防止产生铬皂和成革出现油霜。

脱脂方法一般有机械法、皂化法、乳液法、有机溶剂法、脂肪酶法等。

3. 脱毛浸灰

脱毛浸灰是鞣前湿加工过程的重要工序之一，其目的是除去表皮、毛和毛根，纤维间质、松散皮纤维以及皮内脂肪，使皮纤维发生膨胀和分离。

浸灰也叫作碱膨胀，浸灰是使胶原纤维因大量吸收水分而发生膨胀，除去皮内的纤维间质和脂类。

生皮的等电点在 7.5 ~ 7.8，因此在清水中的充水度很小，在酸性（pH 2.5 ~ 3.0）或碱性（pH 11 ~ 12）溶液中，充水度变大，使胶原纤维发生膨胀。在生产上，一般采用碱性膨胀法，在转鼓或在池子中进行。所用的碱性材料有石灰、硫化钠等。

在浸灰过程中，胶原纤维不但发生膨胀，而且发生化学变化，肽键上的酰胺基水解，释放出羧基：

$$\mathrm{P{-}CONH_2 + H_2O \longrightarrow P{-}COOH + NH_3}$$

因此，使胶原分子中的羧基增加，浸灰后的生皮胶原等电点在 5 左右。

胶原纤维膨胀后，使胶原纤维束得到分离，使成革的延伸性和曲挠性增加，成革变得柔软。因此，浸灰的程度对皮革的性质起着相当重要的作用。浸灰时间长，灰液碱度大，会使革的牢度下降，耐穿性能差；但透气性和透水汽性能增加。

4. 分割、剖层

为了便于依据生皮不同组织部位进行加工，以制成不同用途的皮革，需要将皮进行分割，分割一般在浸灰后进行。铬鞣革一般是整张皮或沿背脊线分成两个半张，植鞣革分割情况较多，马皮要分成前身和后身两部分，如图 1 - 21 所示。

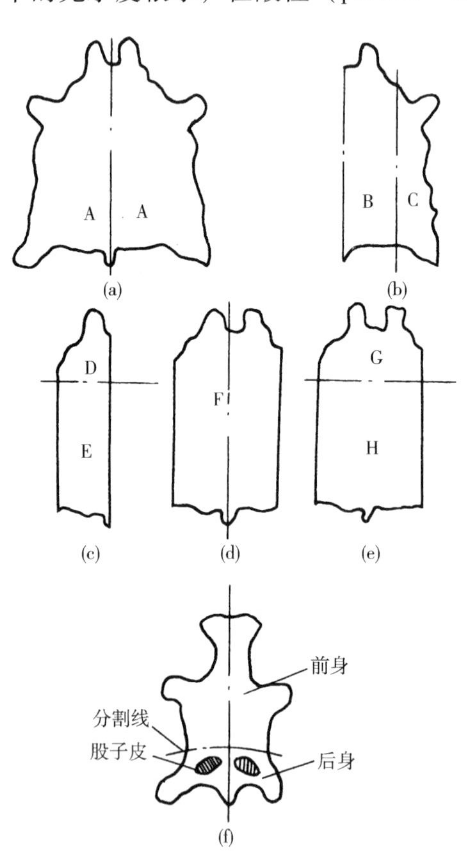

图 1 - 21　生皮分割示意图

（a）整张皮沿背脊分割成两半张皮（A）

（b）半张皮沿前后腿连线分成通皮（B）和边皮（C）

（c）通皮沿前肷位置分成前肩皮（D）和皮心（E）

（d）整张皮去掉边皮后为整通皮（F）

（e）整通皮可分成全肩皮（G）和全背皮（H）

（f）马皮分为前身和后身

剖层也叫作片皮，在剖皮机上完成。剖层的目的是根据不同的用途，使皮的厚度均匀，或把厚皮分成均一厚度的数层。二层皮就是剖下来不带粒面层的皮，可做贴膜革等。

5. 脱灰

浸灰后裸皮含有碱，呈膨胀状态必须全部或部分除去皮内各种形态的碱，为后续操作创造适宜条件。

脱灰常用的试剂有硫酸铵盐、盐酸铵盐、非膨胀性有机酸、二氧化碳等。

重革和轻革对脱灰程度要求不同。脱灰程度越大，制得的革越柔软。重革要求有一定的硬度，脱灰程度小些；轻革要求有一定的柔软性，脱灰程度较大。服装革比鞋面革脱灰程度大。

6. 软化

利用酶的催化水解作用将残余的毛根、表皮、毛根鞘、纤维间质、色素、腺体及它们的分解产物等除去，破坏弹性纤维、网状纤维、竖毛肌、脂肪细胞膜等，在尽可能不损伤胶原纤维的前提下，使胶原纤维得到充分松散，从而赋予成革粒面细致、光滑，革身丰满柔软，透气性好等优点。一般轻革都要进行软化。软化所用的酶主要为胰蛋白酶。

7. 浸酸

脱灰软化后裸皮的 pH 在 7.5 ~ 8.0，而铬鞣的 pH 一般在 2.5 ~ 3.5，植鞣的 pH 一般在 5 ~ 3.5。为了适应鞣制操作，要进行浸酸，以降低裸皮的 pH，改变裸皮表面电荷，使胶原纤维进一步松散，利于鞣液的渗透，提高成革的丰满性。同时浸酸能达到防腐的目的。若浸酸过度，即 pH 低于 2.0，则还要去酸，使裸皮的 pH 保持在 3 ~ 4。浸酸常用的方法有酸/盐浸酸、少盐浸酸和无盐浸酸。加盐可以抑制酸肿胀，所以酸皮不能用水洗。

二、鞣制工段

生皮经鞣前的准备工段，并没有发生“质”的变化；相反，胶原纤维结构中原有的结合键部分被破坏，内聚力降低。虽然由于纤维松散、官能团暴露，皮成为多孔性纤维网状体，变得富有反应性，但是生皮结构反而被削弱了。只有经过鞣剂分子与胶原官能团作用，产生足够的不可逆的交联键，才能呈现鞣制效应，使生皮产生“质”的变化，转变成为具有物理强度和耐水、耐湿热、抗化学品、耐贮存、具有使用价值的革。

鞣制是使生皮转变成革的过程。鞣制过程主要是鞣剂分子向皮内渗透并与胶原官能团结合的过程。用来鞣皮的材料叫作鞣剂，其中能真正和皮结合的成分是鞣质，其余是水分和不纯物。不纯物即非鞣质，能间接地影响成革质量和鞣制过程。常用鞣剂的类别和鞣法如下：

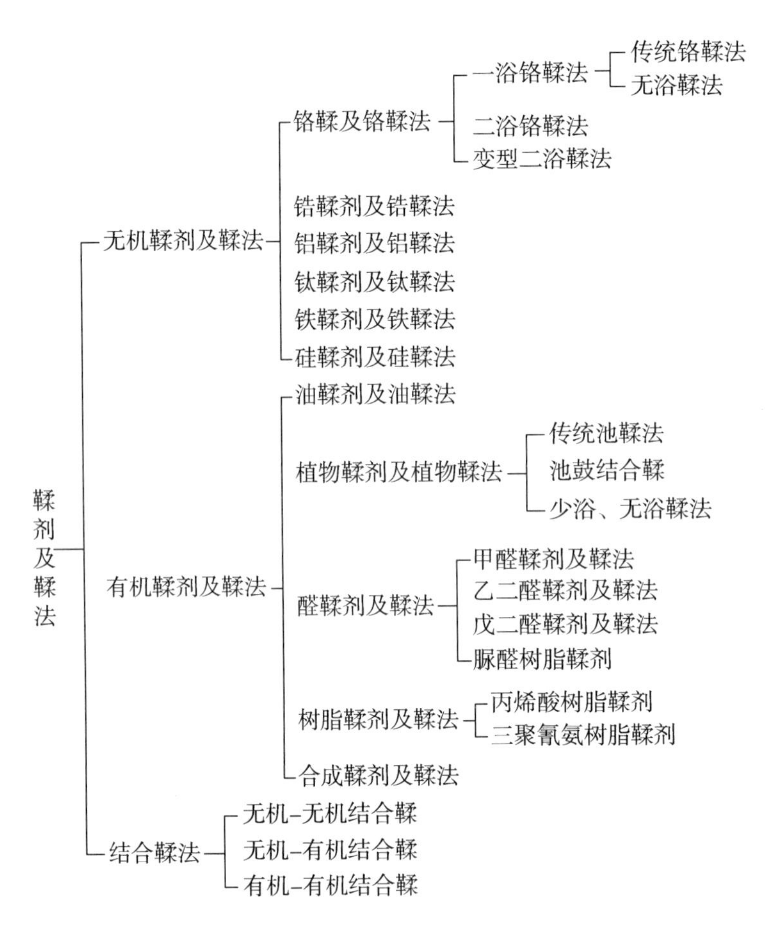

一般鞋面革多采用铬鞣法，鞋底革多采用植物鞣法。某些特殊用革则可根据需要采用铝鞣、醛鞣或油鞣法及几种鞣剂结合鞣法。常用无机鞣法革的性能比较见表1－8。

表1－8　常用无机鞣法革的性能比较表

革品种	收缩温度/℃	耐水洗能力	柔软丰满性	粒面细致性	渗透与结合均匀性	填充性	颜色
铬鞣革	≥100	最好	好	一般	好	一般	蓝色
锆鞣革	95±	较好	丰满，但纤维紧密板硬	一般	差	好	无色
铝鞣革	75±	差	柔软，扁薄，不丰满	好	一般	不好	无色
钛鞣革	80±	较差	一般	较好	一般	较好	无色
铁鞣革	75±	较差	较柔软，扁薄，不丰满，不耐贮存	较好	一般	不好	黄色
稀土鞣革	63±	很差	柔软，扁薄，不丰满	好	一般	不好	浅黄色

（一）铬鞣

1. 鞣制机理

铬鞣所采用的铬鞣剂是铬盐。铬鞣液主要由阳铬络合物组成，同时含有少量非离子和阴离子型铬络合物。其中阳铬络合物可与胶原的电离羧基发生内界配位结合；非离子铬络合物与胶原的电离羧基发生配位结合，与肽基形成氢键结合；阴离子铬络合物可与电离氨基形成离子键结合，与其他碱性基形成氢键结合。在这些结合类型中，阳铬络合物可与胶原的电离羧基的结合最为牢固，数目最多，对铬鞣起着决定作用，所以铬鞣革具有很多良好的内在性能，例如收缩温度高，粒纹清晰，身骨柔软、丰满，延伸性大，起绒性好，染色和整饰性能好，透气和透水汽性能好，化学稳定性高，可以长期贮存，在贮存过程中，革不脆、不裂、质量很稳定，此外还耐水洗，用水洗后不会变硬，也不退鞣。

阳铬络合物与胶原的电离羧基发生的配位结合，有单点结合（约占90%，即胶原只以一个羧基配位到铬络离子内，称为单点结合）和双点结合（即两个羧基同时配位到一个铬络离子内，约占10%）两种形式。双点或多点结合才能把分子内的或分子间的多肽链以配位键连接起来，加大分子内和分子间的内聚力，使胶原结构加固，能耐100℃以上的湿热作用。

2. 鞣制方法

传统的铬鞣方法有一浴法、二浴法和变型二浴法。以一浴法铬鞣最为普遍。

①一浴法铬鞣：在浸酸液或部分浸酸液中加入中等碱度的铬鞣液或标准铬粉进行鞣制，采用小苏打进行碱化，通过热水扩液提温完成鞣制。猪皮、牛皮多用一浴铬鞣法。

②二浴法铬鞣：先以重铬酸盐的酸性溶液处理裸皮，再用硫代硫酸钠作还原剂，将分布在皮内的重铬酸中的六价铬还原成三价铬，最终将裸皮鞣制成革。

③变型二浴法铬鞣：又称一浴二浴联合铬鞣法。此法是在同一浴中同时用三价的碱鞣液和六价的重铬酸盐预鞣裸皮，然后用硫代硫酸钠还原六价铬，完成鞣制作用。

随着科学技术的不断发展，实施铬鞣的方法也在不断改进，按照铬鞣的操作方式和效果分类，主要有常规铬鞣法、油预处理铬鞣法、蒙囿铬鞣法、自碱化铬鞣法、交联高吸收铬鞣法、接枝高吸收铬鞣法、废液循环利用铬鞣法、变型二浴铬鞣法等。其中常规铬鞣法是铬鞣的基本方法，其他方法是在常规铬鞣法的基础上经过改进而形成的。

常规铬鞣法是在浸酸液或部分浸酸液中加入中等碱度（33%～38%）的自配铬鞣液或标准铬粉进行鞣制，采用小苏打进行碱化，通过加热水提高鼓内温度并扩大液比完成鞣制。

3. 静置

鞣制完成后，坯革出鼓搭在木马静置。静置可起到补充鞣制的作用，便于铬络合物继续与皮纤维作用。

4. 挤水

静置后坯革含水量在60%左右，挤水后可降到50%左右。挤水的目的是便于下工序的操作。挤水一般在挤水机上进行。

5. 削匀

削匀又称为削里，在削匀机上进行操作。削匀可使革里平整，调整皮张的厚度，达到均匀一致。

6. 复鞣

复鞣的目的是进一步改善铬鞣革的性质，使之能够加工成性能和风格不同的成品革。例如：采用不同的复鞣剂，使铬鞣革更丰满、柔软，或粒面更紧密细致，并具有更好的染色性能和成型性，或使其更易磨绒等。

常用的复鞣剂有碱式铝盐、天然植物鞣剂、合成鞣剂、树脂鞣剂等。碱式铬盐本身也是一种复鞣剂。

因为复鞣是一种辅助措施，所以复鞣剂用量不能过大，否则掩盖了铬鞣革本身的性质。一般用量为削匀革质量的0.5%～1.0%。

7. 中和水洗

铬鞣革是在酸性条件下鞣制的，所以革中有酸存在。中和的目的之一是最大限度地除去与胶原结合的酸，因为如果有酸存在革内，在以后的使用过程中，酸会使革纤维慢慢水解而破坏。

中和时为了防止络合物的结构受到破坏，一般都用强碱弱酸盐进行中和，例如选用碳酸氢钠、醋酸钠等。若选用强碱作中和剂，会造成氢氧化铬沉淀，使革脱鞣。

中和前后都必须将革在流水中充分洗涤，中和前的洗涤是尽可能洗去一部分游离酸及未结合的铬盐，中和后的洗涤是为了洗去中和时产生的中性盐及过量的中和剂。中和后水洗不充分，会造成“盐霜”。中和后的革 pH 应为5.0～5.5。

8. 染色

中和水洗后接着进行染色和加油操作，以免革中的铬盐继续水解，产生游离酸。

染色是制革生产中的一个重要工序。除底革、工业革和本色革外，大多数轻革在鞣制后都要进行染色，使皮革呈现各种鲜艳的颜色，改善外观，提高使用性能，以满足各种用途的需要。

皮革染色所用的染料可分为天然染料和合成染料两类，目前合成染料是皮革的主要染料。按照染料的应用又可分为直接染料、酸性染料、碱性染料和活性染料等。

皮革的染色是一个复杂的物理、化学过程。皮革纤维有较强的电荷性，染色时溶液中的染料被吸附在皮革的表面，然后不断地扩散、渗入到革内，最后通过化学作用（如氢键、离子键、共价键和配位键）和物理作用（如分子间的引力）固着在革纤维上。

皮革染色使用的是染料的水溶液。常见的染色方法有鼓染、刷染、喷染和浸染等。

鼓染在转鼓内进行，是目前最主要的染色方法。转鼓转动，起到均匀搅拌的作用，促进染料的渗透。

刷染是将溶解好的染液用刷子刷在革的表面。这种染色适于要求肉面不着色的皮革，如手套革、服装革、带子革、箱包革、沙发革等。

喷染是将配制好的溶液通过喷枪均匀地喷在干革的表面。目前，这种方法主要用于加强染色效果的一种染后处理。

浸染是利用通过式染色机进行皮革染色。由于革直接浸入染液中，因此渗透快，革面着色均匀，色泽鲜艳。通过式染色机操作简单，可连续化生产，生产效率高，染料的利用率高，染液可循环使用，基本不排放废液，因此浸染也是一种清洁染色方法。

9. 加脂填充

鼓染后，接着进行加脂填充操作。目的是使皮革吸收适量的脂类，均匀地分布在革的原纤维表面，将原纤维分隔开，以防止皮革干燥后原纤维之间黏结，增加原纤维之间的滑动性，防止皮革变硬变脆，使皮革柔软、耐折，具有抗水性，提高使用价值。

皮革经加脂后，可提高抗张强度、延伸率、耐水性和得革率，一部分与纤维结合的油脂也起到轻微的补充鞣制作用。

所加脂有各种动物油、植物油、矿物油、合成油脂及多功能加脂剂等。

铬鞣革的加油一般采用乳液法，在染色后的废染浴中进行。加油后的皮革表面应无油腻感，浴液应是清澈的。

在制革生产中，填充与加脂常同时进行。轻革填充的目的是为了改进皮革的丰满程度。为了克服松面现象，近年来多采用填充性树脂进行填充。

（二）植物鞣

植鞣法是将裸皮与植物鞣质作用而变成植鞣革的鞣制方法。

1. 植物鞣质

从植物的干、皮、根、叶或果实中用水浸提出的能将生皮鞣制成革的有机化合物称植物鞣质，又称天然单宁，通常简称鞣质或单宁。

植物鞣质也能溶于酒精、丙酮、醋酸、醋酸乙酯等有机溶剂。含鞣质的水溶液与明胶作用会产生沉淀，遇三价铁盐要出现青黑色或绿色的颜色反应。

含有植物鞣质的原料，称为植物鞣料。用水浸提植物鞣料制取鞣质所得的浸提液，叫作植物鞣液。植物鞣液的颜色有红棕、黄褐色系列。植物鞣液中含鞣质和非鞣质，把浸提液浓缩至所需浓度，或干燥成固体块状物或粉状物，称为植物鞣剂或栲胶。栲胶是制革时配制植鞣液的原料。

2. 鞣制机理

植物鞣的历程是复杂的，包含化学结合和物理吸附作用。皮胶原上含有羟基（—OH）、氨基（$—NH_2$）、肽基（—NH—CO—）、羧基（—COOH）及电离氨基（$—NH_3^+$）和电离羧基（$—COO^-$）。这些活性基可以和植物鞣质的活性基发生反应，生成氢键、盐键，甚至共价键。这些鞣质与皮蛋白结合较牢，长期水洗或碱洗都洗不掉。还有大量的鞣质以不同的粒度存在于皮纤维间，它们彼此缔合，小微粒变成大微粒，大微粒由于失去稳定性而沉降于革纤维的表面，由范德华力等而发生吸附作用，这部分鞣质与皮蛋白结合不牢，很容易被洗出。

以化学结合方式存在的鞣质，增加了皮蛋白质的稳定性，提高植鞣革的收缩温度，抗化学药剂和蛋白酶的能力增强；以物理吸附方式存在的鞣质，增加了革的丰满性，使革变得坚实。

植鞣特点是得革率大，成革组织紧密、坚实、饱满、延伸性小、不易变形、抗水性较强等，所以，至今仍然是生产重革（如底革、轮带革等）的基本鞣法。目前，生产轻革时，多利用植物鞣剂进行预鞣、复鞣或填充。

对植物鞣革中全部鞣质的分布状态和稳定性的分析结果如图 1 – 22 所示。

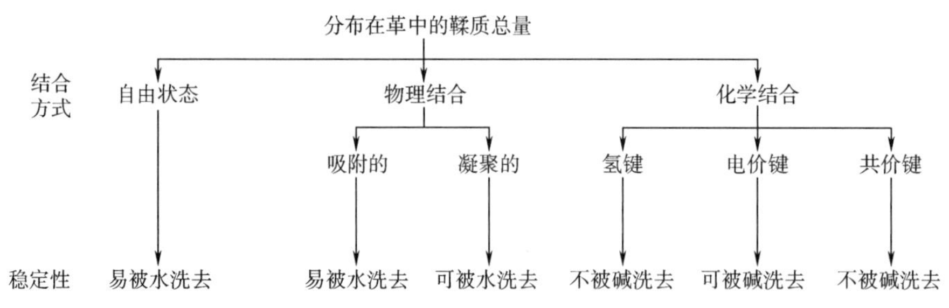

图 1 – 22　鞣质在革内分布状态及其稳定性示意图

3. 鞣制方法

传统的植鞣方法是池鞣法或池 – 鼓结合鞣逆流法。采用池鞣法鞣制时，裸皮从低浓度植鞣液池中向高浓度植鞣液池中移动，或高浓度鞣液逆裸皮移动的方向逐步下退。鞣制后期，有的地区还要进行长时间的腌鞣。这种鞣法成革质量较好，但生产周期长、劳动强度大、产量低、成本高。现在还使用这种旧工艺的工厂已经越来越少了。

随着生产的发展，现在已创造了许多快速植物鞣的新工艺、新方法，大大缩短了生产周期，简化了生产工艺，降低了劳动强度，改善了环境卫生。

4. 静置

植鞣后需要平铺堆放静置两天，增加鞣质与皮纤维的结合量，起到补充鞣制的作用。

5. 退鞣

在鞣制后期，由于鞣液的浓度较高，在革表面和革内含有大量未结合的鞣质和非鞣质，应当把它们除掉，防止革干燥后造成返栲、裂面和颜色变黑。退鞣可在池中或转鼓中进行。

6. 漂洗

漂洗即漂白和洗涤。漂除革面上的不溶物以及革上因氧化而颜色发黑的未结合鞣质，使革的颜色均匀、浅淡。

（三）结合鞣法

每种鞣剂都有各自的优缺点，适当选用两种或两种以上的鞣剂共同鞣制的方法称为结合鞣法。结合鞣法可以互相取长补短，获得分别鞣制所不能获得的良好性能。

结合鞣法可分为：

①无机鞣剂间的结合鞣法。例如；铬 – 铝、铬 – 铝 – 锆等。

②有机鞣剂间的结合鞣法。例如：合成鞣剂 – 植、醛 – 植等。

③有机鞣剂和无机鞣剂的结合鞣法。例如：铬 – 植、锆 – 钛 – 合成鞣剂等。

铬 – 植结合鞣法是常见的一种结合鞣法。植鞣革的革身丰满、粒面紧实、性质均一，但不耐热。铬鞣革坚实、耐热、耐穿、耐磨，但易变形，湿时发滑。采用铬 – 植结合鞣法后即可消除各自单独鞣制成革的缺陷，而集中了两种鞣剂的优良性能。轻铬重植的结合鞣革的性质倾向于植鞣革；重铬轻植时革的性质倾向于铬鞣革。可根据产品的用途和要求，制定结合鞣的工艺操作。

二、整理工段

皮革的整理工段包括从湿革的干燥开始，直到成革完成的加工过程。

（一）轻革的整理工段

轻革的整理工段随着产品的不同而有较大的变化，主要工序包括如下：挤水→揩油→干燥→平展→修边→净面→拉软→磨革→熨平→涂饰→熨平→成品。

1. 挤水

在挤水机上完成，控制革内含水量在50%左右，便于下工序操作。

2. 揩油

常用的加脂剂为硫酸化油，先用水稀释，然后将油涂抹在革里臀部等较硬的部位，使革周身柔软一致。

3. 干燥

揩油后的干燥，控制水分在40%左右，便于下工序平展的操作。

轻革干燥的方法有多种，常见的有挂晾干燥、推板干燥、钉板干燥、绷板干燥、贴板干燥以及真空干燥等。通过干燥除去革内一部分水分。

4. 平展

平展的目的是消除皮革粒面上的皱纹，使革身平整、粒面细致，减少革的伸长率，增加革的面积，促使革纤维紧密，提高革的抗张强度。平展操作在平展机上进行。一般进行两次。第一次控制水分在50%左右时进行，第二次在水分30%左右时进行。

5. 修边

剪去坯革周围不能使用的部分，如钉眼、破边等，有利于以后的整理和涂饰。

6. 净面

除去革面的油脂和污物，有利于涂饰层与革面黏合。正面革一般都要净面，净面时用抹布蘸净面液擦抹。净面液由氨水（5%）、酒精（10%）及水组成。磨面革净面时用湿抹布擦抹即可。

7. 拉软

拉软可以松散革纤维，使坯革柔软，也可以使毛孔张开，便于喷浆时浆液渗透。拉软用拉软机来操作。

除拉软外，还可进行搓软，使坯革软硬的部位得到补充搓揉。

8. 磨革

磨革是磨里、磨面、磨绒的总称。在磨革机上完成。磨里可以改善肉面外观，使革的厚度均匀。磨面是消除粒面层的伤残，为修饰面革的涂饰作准备。磨绒是在革的表面（肉面或粒面）上磨起紧密细小的绒毛。

9. 熨平

涂饰前熨平，是为了使革身全张平整，遮盖粒面的细微伤残，以便于涂饰后革面形成一个连续的薄膜。

10. 涂饰

（1）皮革的涂饰的主要目的

①增加革面的美观。皮革经涂饰后，涂饰材料在革面上形成了一层光亮艳丽的薄膜，革面光滑，颜色均匀一致，从而使皮革外观更加美观。

②修正皮革表面的伤残缺陷，提高皮革的使用价值。原料皮的天然缺陷以及生产过程中控制和操作不当所带来的缺陷如粗面、色花、色差等，可借助涂饰或磨面、涂饰等得到不同程度的改善，从而提高了皮革的等级和出裁率。对于二层革则可用各种涂饰方法制成漆革、假面革、轧花革、套色革等品种，使低档产品变成高档产品。

③提高皮革的耐用性能。皮革经涂饰材料涂饰后，革面可形成一层保护性的涂层。涂层具有耐热耐寒、耐有机溶剂、耐水、耐干湿擦和耐碰擦等各种优良性能。因此涂饰后的成品不易沾污。即使沾污，也容易被擦掉，易于保养。

④扩大和增加成革的花色品种。不同的涂饰剂以及不同的涂饰方法可得到不同的品种或不同的效应，如美术效应、双色效应、苯胺效应、变色效应、擦色效应、仿旧效应、水晶效应等。

（2）涂层必须满足的要求

①外观方面：色泽美观、大方、均匀。

②黏合力：应与皮革有牢固的黏合性能，否则涂层薄膜容易脱落。

③延伸性：应与皮革的延伸性相适应，能够耐多次弯折，否则涂层会出现“散光”“裂浆”等质量问题。

④卫生性能：涂层应有较好的卫生性能，主要是要有良好的透气性和透水汽性，以保证穿着舒服。

⑤耐热耐寒性：要求涂层在90℃以上熨烫时不黏板，革制品在热天涂层不发黏，在冷天涂层不脆裂、不发硬。

⑥其他性能：如涂层的耐老化性能良好；涂层干湿擦时不掉色；涂层对溶剂、酸、碱、盐、氧化剂等的稳定性要好；涂层应有一定的机械强度，以抵抗各种碰撞、挤压、拉伸和弯折等。

（3）涂饰剂的类型及性能

涂饰剂一般由成膜物质、着色材料、溶剂及添加剂组成，根据成膜物质的不同，涂饰剂可分为以下五类：

①蛋白质类涂饰剂：包括乳酪素、改性乳酪素、乳酪素代用品——毛蛋白、蚕蛋白及以胶原溶解产品为基础的涂饰剂等。

乳酪素是古老的皮革涂饰成膜剂，在制革工业中一直占有极其重要的地位，它常用于牛皮、羊皮的正面革涂饰和特种打光革的打光涂饰中。

②乙烯基聚合物类（又称树脂类）涂饰剂：包括丙烯酸树脂类，以丙烯酸酯和二烯类、乙烯类衍生物的共聚物为基础的涂饰剂等。如丙烯酸树脂，改性丙烯酸树脂，丁二烯树脂，聚氯乙烯等。

③聚氨基甲酸酯类（简称聚氨酯类）涂饰剂：包括异氰酸酯与醇或其他分子中含活泼氢的物质交替聚合得到的纯聚氨基甲酸酯，及以丙烯酸酯、硝化纤维或聚氯乙烯等

改性的聚氨基甲酸酯等。如聚氨酯漆、聚氨酯乳液、聚氨酯水分散体等。

④硝化纤维类涂饰剂：包括硝化纤维清漆（溶剂型）及硝化纤维乳液（乳液型）等。

（4）涂饰方法

皮革涂层一般分为三层：底层、中层和光亮层。底层要求柔软，黏合力强，与革面结合牢固，呈现的颜色与成品革颜色一致。中层要求较硬，耐熨烫，光亮，手感好。光亮层即面层或顶层，要求光亮、滑爽，具有抗水性、耐干湿擦、耐有机溶剂等。不同的涂层，都有不同的配方要求。

涂饰的方法有刷涂法、淋涂法、喷涂法等。涂饰后的革经过干燥、熨平即得到成品。最后一次熨平是增加涂层的光泽和提高涂层的耐水性。

（5）涂饰剂的现状及发展趋势

皮革涂饰剂的发展趋势为水性聚氨酯涂饰剂逐渐占据主导地位，溶剂型向环保型、单一涂饰剂向复合型及多功能涂饰剂发展。

水性聚氨酯涂饰剂无毒、不污染环境、节省能源，易加工，而且其黏度及流动性能与聚合物的相对分子质量无关，可将相对分子质量调节到所希望的最高水平，因而其涂膜的综合性能良好。随着聚氨酯工业的飞速发展，借鉴水性聚氨酯涂料的先进成果，水性聚氨酯涂饰剂的性能将日趋完善，其品种也将多样化，不仅包括单组分热塑性树脂、单组分 UV 光固化，而且将会出现双组分水性聚氨酯皮革涂饰剂。

所谓复合型涂饰剂，是将两种或多种成膜物通过化学改性合成一种综合性能良好的皮革涂饰剂，单一的皮革涂饰剂大都存在一定的缺陷，通过多种涂饰剂性能互补，才能保障涂膜的综合性能良好，如丙烯酸与聚氨酯离子型聚合物相结合，酪素与多种常规基料和一种固化剂相结合，能提供涂膜较全面的性能。

多功能涂饰剂即在涂膜中引入有机硅和有机氟聚合物，使皮革涂饰剂具有特种功能如超耐候、防水、防污和防油等性能。

（二）重革的整理工段

重革的整理工段比轻革简单，主要工序如下：挤水→加油→晾干→平展→干燥→回潮→压光→干燥→再回潮→再压光→干燥→成革。

1. 加油

重革漂洗后，经过挤水，控制含水量在 50%～60%，然后进行加油操作。

重革加油一般是将油涂在皮革的肉面或粒面上，再将皮装入转鼓转动即可完成加油工作，所用油脂的类型、加油作用和轻革相似，只是在加油的同时，往往还加入适量的填充剂（氯化钡、葡萄糖等），改善革的丰满性，降低收缩性，增加重量。

2. 平展

加油后的革晾干到含水量 40%～50%，油渗入到革内，即可进行平展。平展的目的和轻革相同，但重革在鼓形平展机上进行。平展时革的水分不能太大，否则收缩性大，平展效果差。

3. 干燥

重革一般在干燥室内挂晾干燥。通过控制空气的相对湿度、干燥室的温度和空气的流速来调节干燥速度。初期干燥速度不能过快，否则未结合的鞣质从革内渗到革面，造成反栲现象。

4. 回潮

干燥的革进行回潮，是使革表面吸收一定的水分，有利于重革压光工序操作，例如用喷水浸渍或刷水使革面回潮。第一次回潮水含量在22% ~25% 。

5. 压光

重革的压光在摆式压光机上进行。经过压光后，革身坚实，粗面平坦、有光泽，提高了革的防水性、耐磨性及抗张强度。

压光时革含水量过高，会引起反栲、革面发黑、革身僵硬；反之，如含水量过低，会使革纤维裂开，成革松软。

6. 再回潮

重革压光一遍后先进行干燥，然后再回潮。再回潮的目的是为再压光做准备，要求含水量在 18% ~20% 。

7. 再压光

第二遍压光的革，要求革面平整，非常光亮，革身挺实。

8. 干燥

挂晾干燥后即得到成品革，要求含水量 14% ~18% 。

第六节　制革清洁生产技术

一、传统制革生产模式的弊端

①皮资源高消耗、低产出。在传统的制革生产过程中，投入生皮 1000kg，耗水量 80 ~ 10m³，仅得到 100 ~ 200kg 头层革和 120kg 左右的二层革，生皮转变成革的比率仅为30% ~50% 。

②环境污染严重。在传统的制革生产过程中，投入生皮 1000kg，将会产生 80 ~ 110m³ 废水，其中含有 COD、BOD、SS、Cr 等污染物。

③生产周期长。传统模式工序繁多，生产周期长（一般为 20 ~ 40d），而且整个过程的影响因素也十分复杂。

④劳动强度大。

二、制革行业清洁生产评价指标体系

制革行业清洁生产评价指标体系适用于牛皮、羊皮、猪皮制革生产的企业。根据清洁生产的原则要求和指标的可度量性，指标体系分为定量评价和定性要求两大部分。

定量评价指标选取了有代表性的、能反映“节能”“降耗”“减污”和“增效”等有关清洁生产最终目标的指标，建立评价模式。通过对各项指标的实际达到值、评价基准值和指标的权重值进行计算和评分，综合考评企业实施清洁生产的状况和企业清洁生产程度。

定性评价指标主要根据国家有关推行清洁生产的产业发展和技术进步政策、资源环境保护政策规定以及行业发展规划选取，用于定性考核企业对有关政策法规的符合性及其清洁生产工作实施情况。该指标体系分为一级评价指标和二级评价指标两个层次。一级评价指标是具有普适性、概括性的指标，共有8项，它们是资源与能源消耗指标、产品特征指标、污染物指标、资源综合利用指标、生产技术特征指标、环境法律法规标准、环境管理体系建立及清洁生产审核、生产过程环境管理。二级评价指标是在一级评价指标之下，代表制革行业清洁生产特点的、具体的、可操作的、可验证的若干指标。

三、制革清洁生产技术

（一）原料皮保藏清洁生产技术

刚从动物体上剥下来的鲜皮带有很多微生物，1g鲜皮上有2亿~200亿个各种各样的微生物，其中有相当一部分是分解蛋白质的细菌和霉菌，它们的大量生长繁殖会使生皮因腐败而降低其使用价值甚至遭到破坏，在保藏和运输过程中，必须对原料皮进行防腐。

杀菌剂防腐法的要点是：将刚从动物体上剥下来的鲜皮水洗、降温、清除脏物，再喷洒杀菌剂，或将原料皮浸泡于杀菌剂中。杀菌剂主要有硼酸、碳酸钠、氟硅酸钠、亚硫酸盐、亚氯酸盐、次氯酸盐、酚类等。选择杀菌剂的原则应从三方面考虑：一是防腐杀菌效果好；二是毒性小；三是不会对皮质造成损害。

（二）浸水清洁生产技术

1. 酶浸水

酶浸水工艺，不仅可以克服传统水工艺缺点，还有一个突出的优点，即酶浸水所使用的酶蛋白能打断生皮在干燥过程中形成的交联键，溶解和除去纤维间质，从而促进生皮的回湿，使之迅速恢复到鲜皮状态。

2. 推广转鼓水或划槽浸水工艺

传统浸水工艺一般采取水池浸水，原因是牛皮大多是淡干皮，无法直接进行转鼓浸水。如今牛皮多为盐湿皮或盐干皮，已经可以实施转鼓浸水。

3. 浸水废液净化回用工艺

制革浸水一般为两次浸水。第一次的浸水废液可以直接排放，第二次的浸水废液排入净化池经净化后，泵入第一次浸水转鼓中，进行浸水操作。

（三）脱脂清洁生产技术

1. 酶脱脂

酶脱脂是利用脂肪酶分子的水解作用，达到除去生皮内油脂的目的。脂肪酶应当满足以下要求：①脂肪酶在pH 8~10有较高的活性和稳定性；②具有较高的耐热性；③能与表面活性剂相容；④能与其他蛋白酶相容。

2. 可降解表面活性剂脱脂

对于猪皮、绵羊皮等多脂皮，比较难以解决的是深层脱脂问题。要实现深层脱脂，就必须依赖于表面活性剂。在脱脂中使用大量的表面活性剂，对环境会造成污染。因此，应尽可能采用可降解的表面活性剂进行脱脂。

3. 脱脂废液的治理及其净化回用

脱脂废液中油脂含量高达6500mg/L，BOD为10000～20000mg/L，COD为20000～40000mg/L，将脱脂废液排入综合处理系统，不仅会增加废水综合处理的负荷，而且还会造成大量的油脂资源的浪费，因此应对脱脂废液进行分隔治理。

采用这一技术，不仅可以回收有经济价值的油脂，而且解决了脱脂废液净化回用的问题。据计算，一个日投产5000张猪皮的制革厂，每天从脱脂废液中回收油脂约可加工成硬脂酸400kg、油酸500kg，可见从脱脂废液中回收油脂是大有可为的。

（四）脱毛清洁生产技术

制革灰碱法脱毛存在硫化钠的环境污染问题。脱毛清洁生产技术主要有改良的硫化物免疫脱毛法、碱酶法脱毛、新酶法的探索等。

1. 改良的硫化物免疫脱毛法

这是一种减少硫化物的脱毛法。方法是基于：①毛干、毛根鞘、毛乳头中的双硫键含量不同，抵抗化学或酶的能力有别；②被称为“硬”角蛋白的毛干能够承受化学品或酶作用（强度和时间），而“软”角蛋白的毛囊及毛根能够被化学品或酶水解软化；③通过采用石灰阻止毛干与毛根进一步溶解；④加入少量硫化物，借助机械作用使毛脱落。这种方法被称为免疫，确切地说是“松动/免疫”法。该法减少了废水中角蛋白被后续硫化物或其他化学品降解的量，有效降低了废水中的污染物含量。

2. 碱酶法脱毛

酶法脱毛是由发汗法脱毛而发展起来的。发汗法是在适宜的条件下，利用皮张上所带有的溶菌体及微生物所产生的酶催化水解作用，以达到脱毛的目的。研究发现，用蛋白酶并不是直接脱毛，而是通过酶降解称为间质的毛、表皮与真皮的连接物，随之辅以机械作用使毛、表皮从皮中脱去。酶脱毛的优点是角蛋白水解少，毛的回收价值高，废水排放无毒。与硫化物脱毛相比COD可减少60%以上。

3. 新酶法

采用“软化+松动+免疫”方法后进行酶脱毛是一种新的探索。用含硫的有机物与Ca^{2+}联合进行，预先软化并松动毛干的同时进行免疫，争取适当地保护粒面与毛囊，然后用对胶原酶解作用较小的蛋白酶进行处理。经过大量的生产性试验表明：①相对其他的免疫方法，可以避免使用Na_2S，也比使用氧化剂对胶原的损伤小；②与单纯酶脱毛比较，该法较好地保护了胶原表面和毛孔。

4. 脱毛废液循环利用技术

（1）直接循环利用

脱毛浸灰废液的污染负荷大，其中含有大量未被利用的脱毛浸灰液，废液经过循环利用可以降低污染。

废液经回收过滤，分离出较大的固体物，补加硫化物和石灰到原来所需的量，进行下一次浸灰脱毛。废液回用率约74%，因而可节水60%；节约Na_2S 50%，石灰47%；减少COD 37%，T－KN（总氮）27.4%。

（2）间接循环利用

将脱毛浸灰废液回收，用物理、化学及生物等方法处理后，再进行循环利用。例如，河南省商丘东阳化工有限公司研制出了一种新型的浸灰废液处理剂——治污宝。使用此处理剂可节约石灰2% ~3%、水85%左右，同时还有效解决了废灰液抑制灰皮膨胀的问题。与废灰液直接循环使用相比，灰皮增厚3.4% ~3.8%；蓝皮得革率增加2.0% ~2.4%，收缩温度提高1.8 ~2.0℃。

另外，也可以将脱毛浸灰废液加脂肪酶、蛋白酶处理后再循环利用。比如，脱毛浸灰废液回收，加2709蛋白酶沉淀后，取原废液约60%的清液，然后补足水、Na_2S和石灰后循环使用。

（五）鞣制清洁生产技术

1. 纳米鞣制

运用高新技术改造传统的制革工业，一直是近年来社会和皮革产业共同关注的问题，“纳米鞣制”应运而生。纳米材料又称纳米结晶或纳米复合材料，是指在纳米尺度范围（1 ~100nm）内的微粒或结构或纳米复合材料，由于纳米材料的较小尺寸和较大的比表面积，可以产生量子效应和表面效应，使得纳米材料有许多特殊性质。至今报道的在制革中使用的纳米材料，是纳米SiO_2和具有纳米结构片层的层状硅酸盐黏土。

纳米材料用于制革必须满足两个条件：一是所有的粒子尺寸必须小于100nm；二是纳米材料本身或添加纳米材料后的革制品，其优化性能必须是由于纳米材料的尺寸效应而来。采用易分散在水中的聚合物或改性油脂作为纳米粒子前驱体的分散载体，将纳米粒子（SiO_2）前驱体引入到革纤维间隙中，然后在pH 5 ~6的条件下，促使前驱体水解原位产生无机纳米粒子，通过纳米粒子与蛋白质之间的杂化作用，达到鞣制目的。结果显示：纳米鞣后革收缩温度可达到93℃，革的颜色洁白、粒面细致，机械性能达到无铬鞣标准；当纳米SiO_2含量适中（质量分数5%左右）时，SiO_2粒子在革纤维间分布均匀，且粒径在纳米尺度内。以过氧化二苯甲酰（BPO）为引发剂，将表面活性的SiO_2纳米颗粒（MPNS）、苯乙烯（St）和马来酸酐（MA）以适当比例混合，在甲苯溶剂中通过接枝共聚制备出了一种有机/无机纳米复合鞣剂；鞣制的革粒面光滑细致，手感丰满厚实，机械性能好。

蒙脱土是一种价廉易得、具有层链状纳米结构的硅酸盐黏土，表面活性高，纳米黏土可以与阳离子通过离子交换吸附发生作用，生成纳米黏土/有机复合材料，改善强度和韧性方面的性能，而且还具有一定的阻燃性。将蒙脱土与丙烯酸类共聚物接枝改性，用于处理皮革，可以提高其填充性，且不影响革的其他性能。采用原位插层聚合法，制备了醛酸共聚体蒙脱土纳米复合材料，将其与铬粉进行结合鞣，鞣后革的收缩温度达到90℃以上，增厚率明显，而且铬粉用量与常规铬鞣相比减少75%。

纳米鞣制因其独特的性能在制革中有很大的应用可能性，关键是如何控制材料的稳定性、在使用时的技术操作要求、材料成本、后续配套材料与工艺开发、革的长期使用稳定性以及环境影响评价等，都是值得进一步深入研究的问题。

2. 低温等离子体技术

等离子体是在特定条件下，使气（汽）体部分电离（电离度超过0.1%）而产生的非凝聚体系。它由中性的原子或分子、激发态的原子或分子、自由基、电子或负离子、正离子以及辐射光子组成。整个体系内正负电荷数量相等，呈电中性，但含有相当数量的带电粒子，表现出相应的电磁学等性能。等离子体有别于固、液、气三态物质，被称作物质存在的第四态，是宇宙中广泛存在的物质状态。等离子体根据其热力学状态的不同，分为热等离子体和低温等离子体。低温等离子体中高速运动的电子与气体分子的非弹性碰撞，是产生各种活性粒子的根源。通过非弹性碰撞，电子将能量转换为基态分子的内能，从而发生气体分子激发、离解和电离等一系列过程，使气体处于活化状态。

3. 真空技术

鞣制过程的传统操作通常在常压转鼓中进行，加工的实质是在机械力和温度的作用下，促进鞣剂向皮纤维中渗透和扩散，并使之与皮胶原纤维产生各种化学、物理作用。采用真空技术对皮纤维进行鞣制，主要是指在真空状态下胶原纤维处于低压环境，当化料由常压状态加入时，由于压力差的作用，胶原纤维和化料之间的接触和吸附作用加强，进而提高化料的渗透性和胶原纤维对化料吸收的均匀性；同时，因外压的降低，胶原纤维将产生一定的膨松作用，这有利于鞣剂分子向其内部的扩散，能减轻较大金属络合物分子对扩散的不良影响；另外真空状态下皮纤维具有一定的脱气作用，从而在皮纤维由内向外建立一个高浓度的梯度区域，导致内部纤维表面吸附的鞣剂分子也较常压时增加，提高了鞣剂的结合量和结合牢度。由于真空鞣制有利于鞣剂的高吸收及废液的循环利用，可减少化工材料及鞣剂的使用量，并达到减少污染的目的。

四、制革清洁生产技术的最新研究进展

1. 超声波在制革的应用

超声波的作用机理主要是：超声波在液体介质中的空化作用以及由此引起对液体介质中其他组分的空化效应。随着超声波技术的发展、成熟，其工业应用已经成为可能。超声波作用过程也就是介质液体中空泡形成、振荡、生长、收缩以及崩溃的过程，由于制革流程中很多工艺操作都是在水介质中进行的，涉及液体操作和表面渗透的过程，因此超声波在制革中有很广泛的应用。

孙丹红等人曾利用自制的超声波转鼓，分别研究了超声波对铬鞣、钛鞣及栲胶池鞣的影响。在铬鞣初期和末期分别施加超声波作用，铬鞣初期从加入铬鞣剂开始，超声波每作用30min停30min；而在铬鞣末期常规提碱结束并扩大液比后，施加超声波作用并转动120min。对比显示：前者的效果优于后者，具体表现为鞣剂分散好、渗透快，皮革的收缩温度提高也快；而在末期施加超声波作用，对鞣制几乎无影响。可以看出，超声波的作用主要体现在提高了鞣液在鞣制初期的鞣制效应，而鞣制末期鞣剂在革内已得到较好的渗透和结合，再施加超声波不会改变鞣剂与裸皮的结合方式。鞣剂在鞣前经超声波预处理可以使大分子聚结体解体呈分散状态，在鞣制中更容易渗透入皮内，从而达到均匀分布，得到较好的鞣制效果。

2. 超临界流体技术在制革中的应用

目前的超临界流体已不仅只是限于在分离、提纯方面的应用，而且已被广泛地应用于分析化学、材料制造以及化学反应等各个方面，展示出该项技术广阔的发展前景。超临界二氧化碳液体无污染制革技术的核心是利用处于超临界状态下的二氧化碳代替水作为介质，并在此介质中实现制革“湿”操作反应。在制革生产中，二氧化碳超临界流

体技术可用于脱脂、脱灰、铬鞣、染色。

3. 微胶囊技术在制革中的应用

微胶囊技术的研究始于20世纪30年代，其技术日臻完善，应用领域不断扩大。目前，微胶囊技术包括通过物理、机械、化学及三者组合的方法制备各种规格的微胶囊，其应用领域已从药物包衣、无碳复写纸扩展到医药、食品、饲料、涂料、油墨、黏合剂、化妆品、洗涤剂、感光材料及纺织等行业。近年来，微胶囊技术在制革中的应用已出现端倪，相关报道日渐增多，成为现代制革技术的一个新的研究领域。

（1）微胶囊染料

20世纪70年代初，日本松井色素化学公司在研究中发现分散染料最适合于微胶囊制造，因为它们较容易分散在水中。原位聚合法因其成球容易、壁材可控以及成本较低，常用于制备染料微胶囊。北京市纺织科学研究所采用相分离的复合凝聚法对传统的明胶——阿拉伯数胶法进行改进，制备出了分散染料微胶囊。将制革中的染料进行微胶囊化，可以改进染料本身的表面性能和极性，不仅能够降低成本，有利于皮革染色的均匀性，还可以提高染料的利用率并有利于废水净化，减轻环境污染。

（2）微胶囊涂料

微胶囊技术应用于涂料，能够改变涂料的结构组成、提高涂料的应用性能、促进涂料产品的更新换代。其中，人们对微胶囊颜料研究得最多，颜料微胶囊化的产物可以明显改变颜料粒子的表面极性，提高颜料的耐热、耐光及防扩散等性能。将微胶囊技术应用于皮革涂饰组分中的主要成膜物、颜料及助剂后，可以实现多组分涂料的单组分分化，便于涂料的制备、贮存和施工、改善颜料的分散性，也有助于提高涂膜的性能。

第七节 天然皮革的命名及分类

一、天然皮革的命名原则

①说明鞣法：如铬鞣、植鞣、醛鞣、结合鞣等。

②说明原料皮的产地及路分：如南阳路、汉口路、济宁路等。

③说明动物的名称：如猪、黄牛、山羊等。

④说明革的颜色：如白色、蓝色、红色等。

⑤说明皮革的表面状态：如正面、修饰面、绒面、二层、编织等。

⑥说明整饰方法和革面色彩效应：如苯胺、印花、搓纹等。

⑦说明革的厚薄、软硬等风格：如薄型、软等。

⑧说明革的用途：如鞋面、服装、箱包等。

⑨最后加“革”字：如：铬鞣黄牛二层压花箱包革、铬鞣汉口路山羊棕色苯胺服装革、铬鞣猪绒面印花服装革、铬鞣黄牛白色正绒鞋面革。

二、天然皮革的分类

天然皮革的分类方法很多，各国各地区不尽相同，如按原料皮分类有牛皮革、猪皮革、羊皮革等。按鞣制方法分类有植鞣革、铬鞣革、铝鞣革、锆鞣革、醛鞣革、油鞣革等。按用途分类有底革、面革、装具革、箱包革、沙发革、工业用革、手套革、服装革、擦拭革等。按用途分类，往往涉及原料来源及鞣制，例如山羊铬鞣服装革，可以说综合了上述所有的分类方法，因此以用途为主进行分类是最适宜的分类方法，我们将以此为主进行论述。皮革分类见表1-9。

表1-9　　皮革分类

类别		举例
按用途分类	鞋用革	鞋面革、鞋底革、鞋里革
	服装革	衣服革、裙用革、领带革
	手套革	民用手套革、劳保手套革、体育手套革
	箱包革	硬箱革、软箱革、票夹革
	沙发革	民用沙发革、汽车坐垫革
	体育用革	篮球革、排球革、足球革
	装具革	装具革、鞍具革
	带子革	腰带革、鞋带革、表带革
	工业用革	传动带革、打梭革、皮圈革、煤气表革、擦拭过滤革
	其他用革	装饰革、鼓用皮、胡琴皮
按加工方法分类	全粒面革	正面革、软面革、搓纹革、皱纹革
	修饰面革	修面革、贴面革、移膜革
	绒面革	正绒革、反绒革、麂皮革
	特殊效应革	仿古革、金属效应革、擦色革、梦幻革、印花革、蜡染革、苯胺革
	二层革	修面革、绒面革、移膜革、贴面革

（一）鞋面革

随着人们生活水平的提高，鞋的功能也发生许多变化，如时装鞋、保健鞋、休闲鞋等，加之鞋子的制造过程特殊，因此对鞋用革也提出了越来越多的要求。

①鞋用革的外观应美观大方，色彩艳丽且均匀，表面无明显缺陷。

②应具有较好的伸长变形，且永久变形小。这样鞋子可以随着脚体的膨胀和收缩而变形，从而保证所制成的鞋子具有固定的形状。我们知道，当人们长时间行走后，脚体尺寸会变大；休息后，尤其是经过睡眠后，又会恢复到原先的脚体尺寸。如果鞋子不能适应脚体变化而伸缩，就会使人脚感到受挤压，甚至发生供血困难。

③为了提高鞋子的使用寿命，鞋用革应有一定的耐水性、耐热性、耐紫外光老化、耐寒性和防霉性。

④鞋用革应具有一定的透气性、透水汽性和吸湿性，以保证脚汗能充分排出。否则，由于人脚汗的侵蚀，不仅造成鞋过早损坏，还会引起脚体皮肤病。

⑤鞋子在穿着过程中，要承受多次弯曲变形、摩擦和拉伸，故要求有必要的拉伸强度、抗撕裂强度、耐磨性和承受多次弯曲变形的能力。

⑥鞋用革应具有必要的成型性和黏合性能，以便于成型加工；同时还应具有一定的柔软性和干爽的手感，以保证穿着舒适性。

⑦在人们步行过程中，脚体和鞋子内表面会发生连续的摩擦，从而在脚体皮肤上形成大量的静电聚集。静电会刺激出汗，使人感到不适，所以在鞋用革工艺配方中，应考虑加入抗静电剂。

⑧鞋用革的制造过程应尽量避免加入有害物质，以免损害人的脚体。

1. 常规鞋面革

常规鞋面革主要由牛皮、山羊皮、猪皮加工而成，另外，马皮、骆驼皮等也可加工成较为理想的鞋面用革。按用途和穿着要求的不同，常规鞋鞋面革又有全粒面鞋面革、修饰面鞋面革、正绒面鞋面革、反绒面鞋面革之分。

绒面鞋面革质地柔软、穿着舒适、卫生性能好，但不易保养。一般正绒鞋面革属中高档产品，反绒和二层绒面革属低档皮鞋面料。

全粒面革没有经过磨光，仅在表面涂饰了一层较薄的树脂材料，其革面仍留有动物皮原有的自然花纹。为了满足使用需要，全粒面革又可压以花纹，如在猪皮全粒面革上压上牛皮或羊皮花纹等。这种皮革的维护要求严格，要注意不能过多着水。要经常擦拭，并上鞋油，鞋油宜以油型和乳液型配合使用。

修饰面革用砂布磨去了皮革表面，使其光滑平坦，再涂一层较厚的树脂。这种皮革涂层厚，防水性好，表面污垢易于除去。但由于其耐曲折性差，也应经常上鞋油，以保持皮革外涂层的柔韧性。修面皮革宜选用乳液型鞋油。

另外，按鞋面革的颜色又可分为黑色、棕色、紫色、白色鞋面革等。

2. 多脂鞋面革

这种革有全粒面多脂鞋面革和反绒多脂鞋面革之分。全粒面多脂鞋面革在英文多叫 Oilpull－up，即在皮革面上涂以一种特殊油，使皮革具有顶起来变色（一般是色变浅）松手后又变原色的特殊效应，同时具有一定的防水效果。严格说，全粒面多脂鞋面革属软鞋面革的一种。以这种皮革制成的皮鞋，穿着舒适，且有时尚效果。反绒多脂鞋面革是使用皮革的反面，在加工过程中施以较多的油脂，正面不涂饰，这类革大多数由表面有伤的牛皮制得。反绒多脂鞋面革有一定的防水性和防油性，抗张强度较高，耐磨、耐刮性能好，穿着也舒适。这种革多用于生产劳保皮鞋。

多脂鞋面革多为整张皮或前肩皮制造，可按面积或重量计量。

3. 犊皮面革

这种革由不同质量的牛犊皮为原料制成。一般制成黑色，也有彩色的；有平纹的，也有搓纹的；有亮光强的，也有亮光弱的。质量方面要求轻加脂，身骨丰满，有细腻的触感和较好的抗张强度；涂层要求结合牢固；花纹细致鲜明，要保留犊皮面革特征的粒纹。

不发亮的铬鞣犊皮面革，大多数加脂较多，在粒面特别涂一遍油脂及蜡组成的面油。这种整饰方法制成的革，又叫作铬鞣光面革。

4. 苯胺鞋面革

一般鞋面革在涂饰时采用颜料着色，苯胺革的涂层透明，不用颜料着色，而采用苯胺染料着色，故称为苯胺革。其后又有所发展，着色剂不限于苯胺染料，如有色树脂、有机透明颜料均可用于着色。所以，无论是否用苯胺染料着色，只要涂饰后具有苯胺效应的革统称为苯胺革。

苯胺效应就是中层涂饰一方面具有特殊的艺术性，另一方面具有很好的透明性。

（1）苯胺革的特点

①中层薄而透明，透过中层，皮革天然粒面花纹清晰可见，充分显示了真皮的特点，即真皮感强。

②顶层应喷出活泼自然的色调，要求颜色鲜艳，浓淡适宜，光泽柔和，富艺术感。

③底层颜色比中层略浅，用食指从中层肉面顶起，可显示出较浅的底色，突出苯胺效应。

④革身柔软，粒纹紧密，滋润滑爽，手感舒适。

（2）苯胺革的分类

苯胺革又有全苯胺革、半苯胺革和充苯胺革之分。

①全苯胺革：坯革粒面无伤残，或稍有伤残，更能显出真皮特点，故对坯革要求并不十分严格。涂饰时底层采用丙烯酸树脂和乳酪素或改性乳酪素喷涂或揩涂，如果染色质量较差，在底涂前可用金属络合染料喷色；中层喷丙烯酸树脂乳液和金属络合染料，或有色树脂，或有机透明颜料和树脂，涂层透明，喷涂颜色略有浓淡，构成不规则而美观的图案；顶层喷光固定即可，如底色较好，则不必喷色，只喷透明层。

②半苯胺革：革面伤残重，只能经过磨面再制造半苯胺革。

涂饰时底层用不透明的无机颜料着色，一般可用颜料膏和丙烯酸树脂乳液，或无机颜料加树脂，适度而薄薄地喷一层，形成半覆盖层，然后压毛孔花或光板熨平，或压以其他花纹，构成底层；中层喷苯胺效应；上层为光亮层。由于部分粒面被半覆盖层所遮盖，只能隐约地看见部分粒面，故称半苯胺革。

③充苯胺革：粒面伤残严重，必须深度磨面，制造成充苯胺革。

涂饰时底层采用颜料膏和丙烯酸树脂乳液，或采用透明的颜料和适当树脂，涂饰一层较厚的覆盖层，将革面完全覆盖，然后压花或光板熨平；中层和上层同半苯胺革。涂饰后已看不见真皮粒面，而只能看见覆盖层，所以称充苯胺革。

5. 打光苯胺革

这种革以爬虫皮、小山羊皮和高级小牛皮为原料制成。它的基本色一般是通过植物鞣法得到。涂饰时先通过涂盖苯胺染料而使革面着色以构成底色，使用碱性染料，因碱性染料对革具有亲和力；然后用酪素和虫胶等涂饰皮革；干燥后在打光机上进行打光，打光辊为一玻璃圆辊。

打光革的特点是光泽强，表面呈平滑微妙的底层。由于整饰革本身不含颜料，可以看得见真皮的粒纹结构，真皮感强。

6. 漆革

漆革是采用清漆涂饰的方法从有机溶液中把高分子物质沉积在革的表面上制得。最早的漆革涂饰用天然清漆如虫胶（漆片）等，之后采用了硝化纤维清漆，随着高聚物材料的发展又引入了多种高聚物材料，从而使清漆涂饰有了很大发展。漆革具有高度的光泽，缺点是漆膜的覆盖力和黏合性差。薄膜特性主要取决于溶解在清漆中的材料自身的性质，其耐屈挠、延伸性和黏合力必须依靠树脂本身，而不能依靠简单的增塑作用。加入涂饰剂中的材料，对革纤维应有较好的亲和力。漆革涂饰不能依靠打光和熨平，因为油膜的特性主要取决于成膜材料本身的特性，而不能依靠引入材料的自身调节作用。

7. 防水革

采用硅氧烷、烯基琥珀酸、氟化脂肪酸的铬络合物和硅酮等处理皮革，可制得防水革。

用烯基琥珀酸处理革时采用溶剂型溶液，其极性端对革具有亲和力，而非极性则背向革，从而防止了水对皮革的渗透。

氟化脂肪酸铬络合物用于纺织品以增强纺织品的增水性和增油性，用于浸渍皮革也有类似的作用。

硅酮处理后能有效提高皮革的疏水性能，它是以高沸点的烃或氯化溶剂处理皮革（表面或浸渍），硅酮处理后能得到完全斥水的皮鞋，这种鞋连续在水中行走一天也不会使一滴水渗入鞋内，但仍然保留了传送脚上汗液的能力，保证了鞋的舒适性能。

8. 防污革

用含氟化合物浸渍皮革，或用含氟化合物对革施以表面处理，所得到的革为防污革。防污革以制绒面革为佳。

9. 二层鞋面革

二层鞋面革为剖层后的肉面剖层，具有较疏松的粒面结构，可以看成是深度磨面革。涂层的特点是：涂饰剂中含有较多的黏合剂且具有良好的填充作用，加入适量的颜料也有助于“人造粒面”的形成，由此可制得近似于深度磨面的修饰面革的二层革，但不论采取哪种涂饰措施，二层革都不应与头层革同质而论，故应注意整饰方法的经济性。多用它制作童鞋和女鞋。

10. 压花革

为了得到特殊的粒面效应，常用各种花纹的压花板在革表面压制花纹，有高压和低压之分。高压是在高压和温度最高达120℃的条件下，将革定型并得到永久型的花纹；也可采用低压热板，主要靠热作用得到理想的花纹。

11. 蜥蜴革、蛇革

这类革由蜥蜴皮、蛇皮加工而成，由于这些皮纤维比较纤细，编织非常疏松，所以，处理时要特别小心。为了保持其天然色素图案，应采用植物鞣和合成鞣剂，然后用硝化纤维清漆涂饰而成。

（二）衬里革

猪皮、牛皮、羊皮和二层皮都可制作衬里革。衬里革又分为本色和涂饰衬里革两种。

1. 植鞣山羊本色衬里革

以山羊皮为原料，成革色泽浅淡，均匀一致，没有沾污现象，可作为高级鞋衬里革。

2. 铬鞣本色衬里革

铬鞣本色衬里革多为牛二层革或猪二层革、三层革，纯铬鞣，适当加脂晾干、伸平后即成。革面平整细致，略具光亮。

3. 涂饰衬里革

一般涂成灰色、米色及彩色。成革色泽均匀一致，略具光亮，不能有严重脱色现象。

4. 轻型鞋底革、内底革及沿条革

由牛皮、猪皮及边腹部皮为原料，多为植物鞣、铬植结合鞣或铬鞣。成革平整，较紧实，具有好的身骨和好的可塑性。

（三）服装革

由牛皮、猪皮、山羊皮、绵羊皮为原料制成。

1. 小牛皮服装革

以小牛皮为原料制成。铬鞣，全粒面，粒面伤残小，通张成革柔软度均匀一致，具有良好的延伸性和弹性，不松面或仅有轻度松面。

2. 山羊皮服装革

以山羊皮为原料制成，多为铬鞣，全粒面，粒面平整、细致，革身柔软、耐撕裂，即具有薄、轻、软的特点和优良的弹性，真皮感强。

3. 绵羊皮服装革

以绵羊皮为原料制成，成革除具有薄、轻、软的特点外，还具有“松泡”的感觉，用以制作高级服装革。

4. 猪皮服装革

以猪皮为原料加工而成，通张成革柔软均匀一致，特别是臀部无硬感，具有薄、轻、软的特点，弹性良好，色泽均匀一致，无论正面或绒面服装革，要求绒毛不能太长。若为绒面服装革，绒毛应均匀一致、致密，没有色花现象。

5. 手套革

以小山羊皮、羔羊皮、猪皮、鹿皮等为原料制成，铬鞣、铝鞣或油鞣。成革具有优良的延伸性和柔软性以及良好的弹性和抗撕裂性，针眼强度高。

6. 帽和表带革

以山羊皮和绵羊皮为原料制成，多为植物鞣，全粒面，成革具有一定的成型性和优良的弹塑性，透水汽性好。

7. 劳保手套革

多以牛二层革和猪皮为原料加工而成，铬鞣，染成黄色或淡黄，做成绒面或正面革。

（四）坐垫革

坐垫革也称沙发革，是沙发、椅子及汽车坐垫的高级面料。坐垫革绝大多数为正面革，也有绒面的。其主要特点是要求张幅大，往往使用整张大牛皮，厚度适中（1～1.5mm）；革面花纹美观，革身柔软，触感好，并要求具有一定的防水和防火性（一般不能被香烟烫坏）。由于坐垫革对张幅的要求，一般只有牛皮及开张较大的猪皮才适于此，羊皮由于其张幅小，几乎不能加工成坐垫革。在加工方法上，以前采用植物鞣法，并在最后做成漆革状，几乎不用铬鞣法；但现在却相反，坐垫革几乎全部用铬鞣法，做出的革更加柔软，涂饰比较轻，手感丰满，舒适；也可采用植鞣法，用苯胺染料刷色，用亚麻仁或硝化纤维清漆轻涂，压以各种花纹。

（五）箱包革

用于制作皮箱、皮包、皮夹之类的革称为箱包革。其原料可以是牛皮、猪皮、山羊皮和骡马皮以及爬行类动物皮和猪、牛皮的二层皮等。采用铬鞣、植鞣和结合鞣。一般黄牛皮、羊皮及其他稀有动物皮（如蛇皮）制成的箱包革档次较高，猪皮、水牛皮等制成的箱包革档次偏低。箱包革也可分为打光、正面和修饰面三种，打光为高档革，修饰面为低档革。箱包革包括以下三种：

1. 硬箱革

这种革要求张幅大，多用牛皮、猪皮或二层皮制成。革表面光滑、细致、美观，颜色纯正，质地挺括，不易伸缩变形，不易老化变质，重量较重。这种革主要用于制作皮箱。

2. 软硬适中的箱包革

这种革比鞋用面革稍挺，用于小皮箱、女式坤包和男式文件夹包的制作。这种革的特点是表面细致光滑美观，质地丰满而有一定弹性，颜色纯正，耐折曲性好。

3. 软包袋革

这种革有全粒面和绒面两种。全粒面软包装革的特点是质地丰满柔软且具有一定弹性，表面光滑细致或具有特殊花纹，重量较轻。其特性除厚度较薄外，和软鞋面革相近。绒面软包袋革多为二层革，其特点与绒鞋面革相近，优点是成本低，使用方便且耐用。软包袋革主要用于软提包、背包的制作。

（六）皮带革、马具革

1. 皮带革

以牛皮、猪皮、骡皮、马皮为原料，植鞣或铬植结合鞣而成。多为天然全粒面革，成革粒面平整，色泽均匀一致，无裂面、透油、发霉现象，弹性好，切口致密。

2. 马具革

马具革多以牛皮为原料制成。成革纤维紧密，无裂面、松面等缺点，色泽均匀一致，无反拷、透油现象。

（七）擦拭、过滤用油鞣革

原料为绵羊皮、山羊皮和鹿皮等，醛油结合鞣。成革纤维松散，具有松弛、滑润、非常柔软的手感，但仍具有一定的牢度和丰满性。其用途为擦拭汽车挡风玻璃、仪器等以及过滤航空汽油。

（八）煤气表用革

用作煤气表的隔膜。以山羊皮、绵羊皮和黄牛皮为原料制成，铬植结合或植鞣。粒面和肉面都经磨过。成革没有漏气、僵硬、发脆等现象，革身柔软一致，绒毛细致，全张薄厚均匀一致。

（九）球革

许多种体育用球，如足球、篮球、排球等，都要使用皮革作面料。这主要是由于皮革的某些特性很适于体育用球的需要，如重量轻、耐磨、有一定的吸水性、弹性适中、使用感觉好等。但是，并不是什么样的皮革都可以用来制造体育用球。特别是较重要的比赛用球，对球革的要求很严，这类球要求革伸长率小，且纵、横向伸长率应一致，无色花及沾污现象；革面平滑柔韧，丰满而有弹性，无龟纹、管皱、裂面等现象；革身薄厚均匀一致，无过软或过硬现象；涂层坚牢，所以球用皮革的生产必须满足制球的特殊要求。

1. 足球革

主要用牛皮制成，且仅用牛皮质量较好的背部。成革有白色、黄色、黑色，要求厚度一致，有很好的丰满弹性，不得过软和过硬，伸长率较小，且各方向要一致，防水性和耐磨性好。

2. 篮球革

高档篮球由牛皮篮球革制成，中档篮球由猪皮革制成。牛皮篮球革多为光滑的表面，篮球革一般为黄色或红色。成革性能要和足球革差不多，只是要求比足球革软些。猪皮篮球革多为压花革，篮球纹多为粒状，其要求略低于牛皮篮球革。

3. 排球革

排球革可由牛皮或山羊皮制成，多为白色。排球革要求比篮球革更柔软，粒面更细致，厚度均匀一致，比足球革、篮球革薄些，其他要求和足球革、篮球革一样。一般不使用其他动物皮制作排球革。

4. 羽毛球革

羽毛球革用在高级羽毛球的球头上，主要由羊皮制得，要求成革薄、白、软、轻。

还有一种粘胶球革。即将球革粘在球胆上。因胆形已固定，故对伸长率无特殊要求。如原料皮面稍差，在轧花或搓花后无明显缺陷的皆可以用。

（十）乐器革

主要用在风琴和手风琴上。

1. 风箱革

用于手风琴风箱上的革。多以羊皮为原料，甲醛鞣，并进行加脂和填充。成革基本上不透气，厚度在0.3~0.6mm，柔软丰满，耐折，色泽均匀。

2. 调音革

多以绵羊皮为原料制成，用于手风琴弹簧上进行调音的革。成革柔软而具有相当大的弹性，经多次弹动后弹性仍不消失，对金属无腐蚀性，同时具有丰满性和优良的触感，厚度在0.6~1.2mm。音调高低不同，对调音革的性能要求不同。

（十一）整形用革

残疾人用革，作为假手、假腿的包裹材料，经醛鞣制成。革身柔软，具有良好的可塑性和耐汗性。

（十二）工业用革

1. 传动轮带革

以黄牛皮、水牛皮、猪皮的正身部位皮加工而成，其中水牛皮、猪皮可制成圆型轮带（缝纫机轮带），黄牛皮适合制作平型轮带。采用植鞣或结合鞣制成。传动轮带革具有抗张强度高、伸长率小、厚度均匀的特点。

2. 皮圈革

以黄牛皮为原料加工而成，铬鞣，不染色，不涂饰，磨里、磨面，革身丰满而有弹性。

3. 皮辊革

以黄牛皮或山羊皮为原料制成，铬鞣，呈橘黄色，革面平滑细致，革身软而不松，坚而不硬，即具有柔韧性。肉面绒毛均匀一致。

4. 打梭皮带革

可用水牛皮、黄牛皮或猪皮制作，多采用二浴铬鞣法，以使其柔软、坚韧。为了提高革的坚牢度，准备工段的化学处理比较弱。同时制成带毛打梭皮带革，具有较高的抗张强度、撕裂强度和耐屈挠强度。

5. 油仁革

以牛皮、猪皮的背部为原料加工而成，用于制作纺织机上的皮仁。

6. 密封革

密封革包括许多品种，如垫圈革、油封革、皮碗革等。各种类型的原料皮皆可制作，采用铬鞣或铬植结合鞣。成革不能漏油、漏气，要求定型性好，厚度均匀，色泽一致，无油花，延伸性能好，能承受较大压力。对某些机械用皮碗、皮垫圈革，还不能腐蚀金属，故对革的 pH、硫酸盐和氯化物的含量均有严格规定。

（十三）透明皮

以水牛皮或其他牛皮的二层皮为原料，经浸灰、去毛、脱灰后，在绷平状态下用甘油或适宜的透明材料处理并干燥而成。

透明皮除用作鼓皮外，还可用于革制品加固，也可作为缝合及结链条而用于鞍具和轮带等。

第八节　皮革的缺陷、部位划分及纤维走向

一、皮革的缺陷

凡是原料皮的伤残及屠宰和制革生产过程中所造成的皮革上的缺陷，总称为皮革的缺陷。它或多或少地影响着成革的质量，尤其影响成革的剪裁取用。

（一）由原料皮伤残留下的缺陷

由于原料皮的来源较广，种类繁多，并受气候、地域、饲养条件等影响，因而造成各种原料皮伤残，成革后仍不同程度地留在革上，形成革的缺陷。这些有的是寄生虫在动物皮上侵蚀的结果；也有的是动物在生活期遭受机械损伤及咬伤的结果；还有的是由于屠宰、剥皮和原皮保管所造成的伤残。

现仅举常见的缺陷如下：

1. 虻眼

牛在饲养期中，牛虻的幼虫穿透皮层后所形成的小孔。虻眼多集中在臀背部。有愈合的和未愈合的两种。愈合指的是牛皮在牛虻幼虫钻出后又逐渐长愈，在革的表面上仍留有不平的小坑痕迹，称之为虻底或虻点；未愈合的皮层上形成孔眼称为虻眼。

西北牛皮和山区南牛多见此缺陷。野生的麂子皮也多受其害。这种缺陷对成革质量影响较大。

2. 虱疔

虱疔是一种寄生虫病——壁虫病。是由壁虫寄生在牲畜体表面并咬伤粒面所造成的。虱疔分平疔和凹疔。平疔在革的粒面上显光滑状；凹疔在粒面上有下陷现象或有针刺的小孔，但其肉面组织尚无差异。

3. 癣癞

由于牲畜生癣，使皮脱毛并生脓壳，在成革上呈现小眼或结疤，革的粒面粗糙，在革的两面均显不平的形状。

4. 伤疤

伤疤是由于牲畜的各种皮肤病愈合后所产生的结疤。

5. 鞭花

鞭花是用鞭子打伤的痕迹，呈条纹状，但不破裂。成革粒面上条纹较亮，它对革质影响不大。

6. 剥洞

剥皮时刀穿透皮层，粒面出现大小不同形状的孔洞。

7. 剥刀伤

剥皮时，刀深入皮层，在肉面上形成未切透的刀口。这种伤残在反面革上容易识别，正面革在使用前需做好标记，以避免造成废品。

8. 折裂

干皮在含水量较低的情况下或冷冻皮在运输时受到强压而在成革粒面上形成不同深度和长度的裂痕。一般的裂痕多是将革的粒面层纤维折断，因而，该处的强度显著降低。

9. 菌伤

菌伤是原料皮在保管或在制革过程中，粒面层受微生物侵蚀所造成的粒面伤残。

（二）制革过程中造成的缺陷

1. 松面和管皱

松面和管皱是革的粒面层纤维松弛（密度降低）或粒面层与网状层的连接力被削弱，甚至两层轻微分离的现象，是粒面层和两层连结处纤维编织遭受轻重损伤的结果。将革向内弯折90°时，粒面呈现皱纹，放平后仍不消失，或皱纹虽消失，但仍留有明显的痕迹的现象称为松面。严重的粒面层与网状层分离的情况称管皱。表现为革的粒面上有粗大的皱纹。

松面和管皱的感官检验方法为革弯折90°时，皱纹在5个以上者不算松面，3～5个即为松面，3个以下者为管皱。或者将革搓纹，在1cm距离内有6个或6个以下的皱纹时即作为松面；皱纹在6个以上时，不作为松面。对不同的革，检验方法又有所不同。

皮辊革和皮圈革及篮球革、排球革、足球革：将革面向内弯折90°时，出现粗纹者。如在弯折时出现的皱纹较大，当革放平后不能消失者，即为管皱。如在弯折时出现的皱纹不大，当革放平后仍能消失者，不作为管皱。

植鞣外底革：革面向内围绕5cm直径圆柱体弯曲180°，当革放平后，革面出现显著皱纹而不消失者即为管皱。

植鞣轮带革：革面向内围绕3cm直径圆柱体弯曲180°，当革放平后，革面出现显著皱纹而不消失者即为管皱。

2. 裂面

革经弯折或折叠强压，粒面层出现裂纹的现象称为裂面。对不同的革，检验裂面的方法也有所区别。

①正面革和皮圈革及篮球革、排球革：将革面向外四重折叠后用拇指与食指在折叠处强压，发生裂痕者为裂面。注意拇指与食指强压点至革四重折叠后的尖端距离：小于1.4mm厚的革为1cm；1.4～1.8mm厚的革为1.5cm；大于1.8mm的为2cm。

②手缝足球革：将革面向外二重折叠，垫以食指，再四重折叠时，革面产生裂痕者。

③皮辊革：将革面向外四重折叠，以拇指与食指强压折叠处，革面产生裂痕者。但背革臀部上以折叠尖端为圆心的$10cm^2$范围内，如其裂纹不超过5处，且长度不超过1cm者，不作为裂面。

④植鞣外底革和植鞣轮带革：在温度（20±3）℃、相对湿度60%～70%的恒温恒湿条件下，革面向外围绕3cm直径圆柱体弯曲180°时，革面产生裂痕者。

3. 粒面粗纹（也称龟纹）

在粒面不松面的情况下，革粒面出现的条形或圆形粗纹。此缺陷的产生大多因为革的粒面层与其他真皮组织结构膨胀不一致或粒层收缩的结果。

4. 烂面

革的粒面层（受细菌作用）部分或大部分烂悼的现象。

5. 反栲

在革的干燥过程中，植鞣革中的非结合鞣质及结合不牢的鞣质随水的挥发而被带到粒面上来，经与空气接触氧化变黑的现象。反栲不仅影响革的颜色，严重的还会造成裂面。

6. 油霜

在革面上形成的白色粉状油脂渗透物。

7. 盐霜

在革面干燥或放置过程中，有时会在粒面上出现一层白灰色的霜状物。

区别油霜和盐霜的方法是用熨斗熨烫。盐霜不被吸收，而油霜被吸收；革上的盐霜擦去后还会再出现。

8. 色花

革面或绒毛颜色深浅不一致，有显著差别者（但苯胺效应除外）。

9. 僵硬

纤维没有分离，造成革身扁平板硬。

10. 裂浆

一只手将革按牢，另一只手拉伸革面，用食指在革里向上顶，来回移动一次，若涂层裂开即为裂浆。或面革将革面向外四重折叠，用指紧压后，涂饰层发生裂缝者。

11. 掉浆

因黏着不良或涂层脆裂所致的涂层脱落。修饰面革涂层以专用胶布粘贴后，能随拉下胶布脱落者。

12. 散光

将革面拉伸引起涂层颜色改变，或用同色的皮鞋油擦革后，颜色呈现异样的现象。

13. 不起绒

绒面革没有毛绒的现象。

14. 绒粗

绒面革绒毛粗长的现象。

15. 麻粒

猪面革毛孔三角区纤维分散不好，手摸有粗糙感者。

16. 露底（露鬃眼）

绒面革底绒不紧密，目测可以看到底层显光亮的现象，或猪绒革有明显毛孔凹陷的现象。

此外，还有许多制造伤残，如去肉伤、剖皮伤、削匀伤、拉软伤、磨伤等，由于制革生产工艺、设备及品种不同导致成品革上的缺陷类型甚多，这里不一一赘述。

二、皮革缺陷的种类及计量

（一）皮革缺陷的种类

①线型缺陷：可按线的长短来测量的缺陷，如裂纹、划伤、剥伤等。

②面型缺陷：可按面积大小来测量的缺陷，如龟纹、伤疤、菌伤、孔洞和聚集的虻眼、痘疤、裂痕，严重的血管腺、色花、烙印、胯骨痕等。

③聚集型缺陷：多种缺陷彼此相距不超过7cm所形成较大面积的缺陷，如分散的虻眼或虱疗和两种以上的缺陷邻聚在一起的。

（二）缺陷面积的测量和计算

①线型缺陷面积：按缺陷长度乘2cm计算，如线型曲折不便按此计算时，则按包括此线型的最小矩形面积计算。

②面型缺陷的面积：缺陷的宽度在2cm以上时，应以包括此缺陷的实际面积计，但在羊面革和猪面革面型缺陷中，如两个或两个以上的缺陷相距不超过5cm者，划为一项面型缺陷，如相距大于5cm者，则分别计算。

③聚集型缺陷面积：按包括此缺陷范围的最小矩形面积的1/2计算。当计算线型与线型，或面型与线型交叉而成的聚集型缺陷面积时，其交叉部位彼此相距7cm以内者，按聚集型缺陷面积计，7cm以外的部位，仍按线型缺陷计。羊面革和猪面革不计算此项

缺陷。

三、成品革的部位划分

成品革的部位可按照生皮的结构部位划分，鞋面革和鞋底革又可根据使用特点按照不同部位的质量差异划分。

（一）按原料皮结构部位划分

按照原料皮完整的结构，可分为以下几个部位：臀部、背部、肩部、颈部、头部、尾部、四肢、腹部和肷部，如图 1－23 所示。

（二）成品革结构部位划分

生皮在准备工段时，根据情况已去掉了对制革意义不大的一些组织。大张的牛皮保留得较完整，羊皮、猪皮去掉较多，所以成品革结构部位划分时与生皮略有区别。

①黄牛革、水牛革结构部位划分，如图 1－24 所示。

②羊革结构部位划分，如图 1－25 所示。

③猪革结构部位划分，如图 1－26 所示。

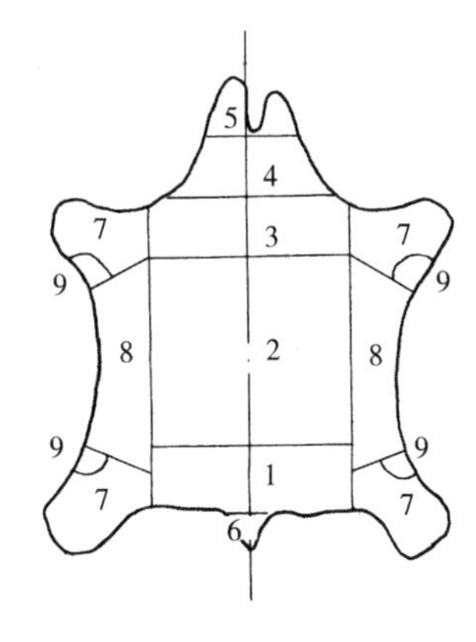

图 1－23　原料皮的结构部位

1—臀部　2—背部　3—肩部　4—颈部
5—头部　6—尾部　7—四肢　8—腹部　9—肷部

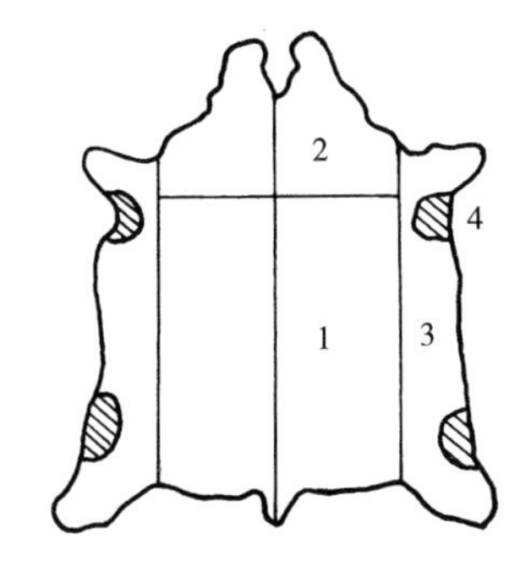

图 1－24　黄牛革、水牛革结构部位划分

1—臀背部　2—肩部
3—腹部　4—肷部

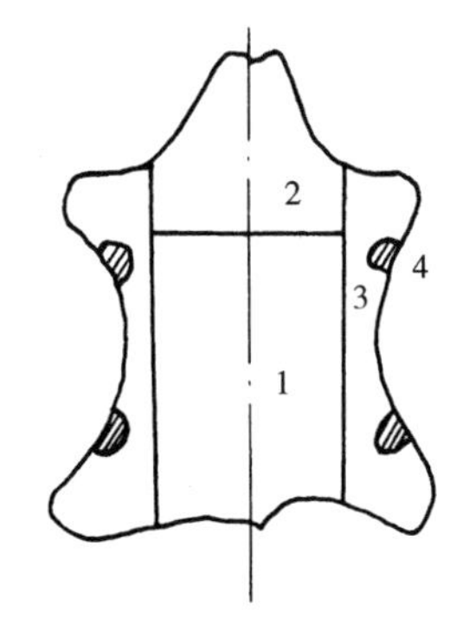

图 1－25　羊革结构部位划分

1—臀背部　2—肩部　3—腹部　4—肷部

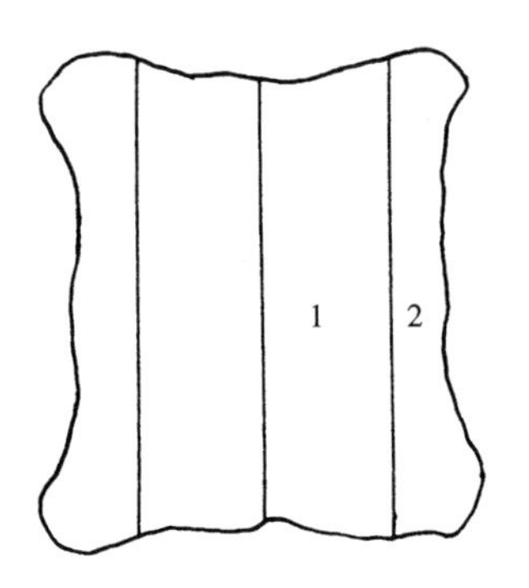

图 1－26　猪革结构部位划分

1—肩背部　2—腹部

（三）鞋用革质量部位划分

裁断鞋面革和鞋底革时，需要考虑帮底部件在全鞋中所处的位置和受力不同而有不同的质量要求。皮革本身由于部位不同而造成了质量上的差异。因此，按皮革质量部位划分，对划料截断就显得既实用而又方便。

1. 面革的质量划分

鞋面革的质量化分，按纤维的抗张强度和延伸性的区别大致分为四类。Ⅰ类部位最好，Ⅳ类部位最差，如图 1－27 所示。

Ⅰ类部位：此部位的纤维编织最紧密、抗张强度最大，延伸性最小。

Ⅱ类部位：此部位的抗张强度次于Ⅰ类部位。

Ⅲ类部位：此部位的抗张强度次于Ⅱ类部位。

Ⅳ类部位：此部位的纤维编织最疏松，抗张强度最低，延伸性最大。

2. 底革的质量部位划分

底革的质量部位大致分成三类。

Ⅰ类部位质量最好，Ⅲ类部位质量最差，如图 1－28 所示。

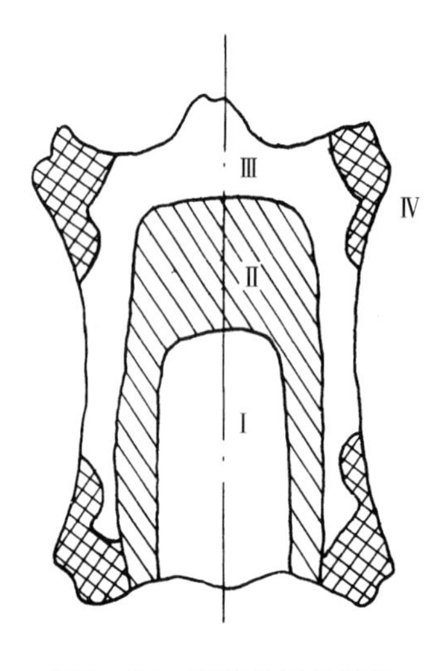

图 1－27　面革的质量部位

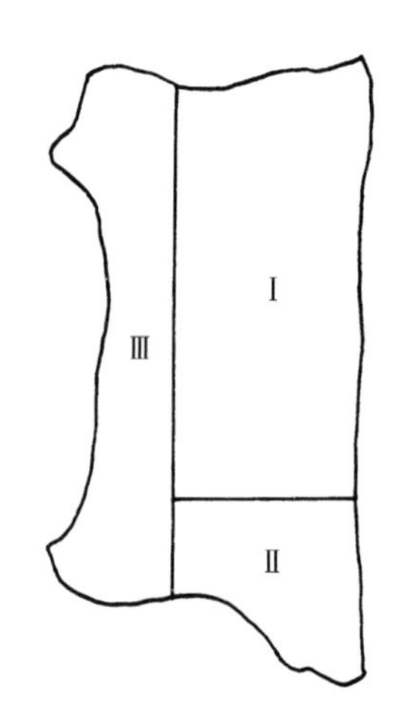

图 1－28　底革的质量部位

Ⅰ类部位：属于革的臀背部，纤维粗大，编织紧密，革身坚韧、平整、富有弹性，是全张皮中最好的部位。

Ⅱ类部位：属于革的肩颈部，皮质次于臀部，纤维编织较Ⅰ类部位疏松，但具有一定的强度和弹性，表面皱纹大。

Ⅲ类部位：属于革的腹肷部，纤维较细，编织疏松，皮质松软，缺乏弹性，延伸性较大。

四、成品革的主纤维束方向

皮革中的胶原纤维是互相交织、穿插在一起的。从整体上看，胶原纤维束在某一方向上的编织起着主导作用，这个方向上的抗张强度较大，延伸比较小，定为主纤维束方向。与主纤维束方向垂直的方向，抗张强度较小，延伸性较大。

成品革与原皮的主纤维方向是一致的。皮革的臀背部和腹部（腹部边沿除外）的主纤维方向与背脊线相同。其余部位与背脊线大约成45°，如图1－29所示。

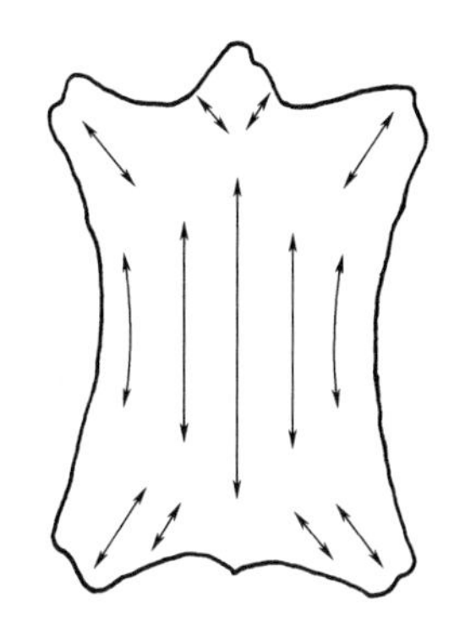

图1－29　皮革主纤维束方向

第九节　成品革鉴定

当前市场上销售的成革商品种类琳琅满目，质量良莠不齐，以假乱真、以次充好的现象也时常发生。近年来，因成革产品材质标识不详或不实而引起的材质纠纷问题日益凸显，如何快速、准确地鉴定成革材质一直是广大消费者和检测机构关注的焦点。以下介绍常见的成品革鉴定方法。

一、感官鉴定法

感官鉴定法是最传统也是最常用的鉴定方法，是由鉴定人员通过肉眼观察、手摸、耳听、鼻子闻，再结合大量的实际经验而作出鉴定结论。具体细节包括观察毛孔形态和排列以及粒面纹理的情况，感受成革的柔软度、弹性，听撕裂时的声音，观察纤维的粗细等。皮革、再生革和人造革的感官形态特征见表1－10。

表1－10　皮革、再生革和人造革的感官形态特征

材质	感官形态			
	革身	粒面	纵切面	革反面
皮革	柔软、丰满有弹性。将皮革正面向下弯折90°左右会出现自然褶皱，分别弯折不同部位，产生的折纹粗细、多少、有明显的不均匀	头层革粒面花纹完整，天然毛孔和纹理清晰可见。或粒面磨去一部分，但仍可见天然毛孔和纹理。二层革和移膜革无天然毛孔	纵切面层次明显，下层有动物组织纤维，用手指甲刮拭会出现皮革纤维竖起，有起绒的感觉，少量纤维也可掉落下来	有明显的天然纤维束，呈绒毛状且均匀
再生革	革面发涩、死板，柔软性和弹性差，回复性较差，弯折后无折纹或折纹大小均匀	表面无天然毛孔	纤维组织均匀一致，呈纤维混合凝结状	天然纤维较短

续表

材质	感官形态			
	革身	粒面	纵切面	革反面
人造革	革面发涩、死板，柔软性和弹性差，回复性较差，弯折后无折纹或折纹大小均匀	表面无天然毛孔	涂覆层和底布有明显的分层	没有天然纤维束，有的革里能见到明显的织物或无纺布

天然皮革头层革面有较清晰的毛孔、纹理，如黄牛皮革表面的毛孔呈圆形，排列紧密而均匀，但不规则，好像满天星斗；山羊皮革的毛孔排列呈鱼鳞状；而猪皮革每3个粗毛孔一组，呈“一”字型或“品”字型排列。再生革和人工革则无天然毛孔。用手触摸成革表面，天然皮革一般具有滑爽、柔软、丰满、弹性好的感觉；而人工革则显得革面发涩、死板、柔软性差。天然皮革中一般羊皮革较牛皮革柔软，肉面摸起来也更加细腻；用手指按压革面，天然皮革会有皱纹，并自然回弹后消失，而人工革按压后即使有皱纹也不会明显回弹后恢复。

用剪刀将需鉴定的成革剪一个口子后徒手撕开。牛皮革需要用力才能撕开，有些牛皮革甚至撕不开，但会露出部分纤维，从纤维的粗细、长短来看，一般牛皮的纤维较羊皮的要粗、长得多。撕羊皮革明显没有撕牛皮革时费力，在撕没有覆膜或涂层很薄的羊皮革时有时还会发出“哧哧”的声音，露出的纤维也较细腻。而人工革中的超细纤维聚氨酯合成革相当牢固，一般不能徒手撕开。

感官鉴定法具备简单、方便的特点，但是鉴定人员需要有大量的经验。且因为生产工艺的影响，以及生物的生存环境、性别、季节气候、捕杀时间等因素的不同，即使同物种天然皮革也会呈现不同的特征，不同物种的天然皮革反而也会呈现相似的特征，故此种方法出错率较高，需要和其他鉴定方法结合起来配套使用。

二、燃烧法

不同材质的革燃烧性能也不同，通过观察它们的燃烧状态、气味以及燃烧残留物的特征等来对不同成革进行鉴定。取尺寸为5mm×30mm的成革试样，用镊子夹住长端，进行大量实验后，总结出了各种材质的燃烧状态，见表1－11。

表1－11　天然皮革、再生革和人造革燃烧状态

材质	燃烧状态			燃烧时气味	残留物特征
	靠近火焰时	接触火焰时	离开火焰时		
天然皮革	涂饰层和贴膜熔缩	涂饰层和贴膜熔缩、皮质纤维燃烧	燃烧缓慢，有时自灭	烧毛发味	易捻碎成粉末状。有贴膜的贴膜冷却后发硬

续表

<table>
<tr><th colspan="2" rowspan="2">材质</th><th colspan="3">燃烧状态</th><th rowspan="2">燃烧时气味</th><th rowspan="2">残留物特征</th></tr>
<tr><th>靠近火焰时</th><th>接触火焰时</th><th>离开火焰时</th></tr>
<tr><td colspan="2">再生革</td><td>贴膜熔缩</td><td>贴膜熔缩、皮质纤维燃烧</td><td>燃烧缓慢有时自灭</td><td>轻微的烧毛发味，夹杂化学味道</td><td>易捻碎成粉末状。有贴膜的贴膜冷却后发硬</td></tr>
<tr><td rowspan="2">人造革</td><td>聚氯乙烯涂覆层</td><td>涂饰层熔缩</td><td>熔融燃烧冒黑烟有绿色火焰</td><td>自灭</td><td>刺鼻气味</td><td>呈深棕色硬块</td></tr>
<tr><td>聚氨酯涂覆层</td><td>涂饰层熔缩</td><td>熔融燃烧冒黑烟，有的表面冒小气泡</td><td>继续燃烧</td><td>特异性气味</td><td>易捻碎成粉末状</td></tr>
</table>

三、溶　解　法

采用溶解性实验发现，二氯甲烷可以作为鉴别聚氯乙烯（PVC）人造革和聚氨酯（PU）合成革的溶剂。在二氯甲烷中，PVC 人造革发生溶解，而 PU 合成革则发生溶胀现象。但此种方法仅凭外观有时难以判断“溶解”或“溶胀”，需要进行辅助搅拌手段。四氢呋喃能把成革的涂覆层和基底进行有效分离；而用 2.5% 的氢氧化钠溶液，经沸水浴 30 min 后，可以溶解天然皮革和再生革中的蛋白质，见表 1－12。

表 1－12　天然皮革、再生革和人造革在四氢呋喃和 2.5%氢氧化钠中的溶解状态

材质	四氢呋喃溶液	2.5%氢氧化钠溶液
天然皮革	皮质纤维不溶解，有贴膜的贴膜溶解	粒面革全部溶解；贴膜革皮质纤维溶解，贴膜不溶解
再生革	皮质纤维不溶解，有贴膜的贴膜溶解	溶液浑浊，有不溶的微粒，贴膜不溶解
人造革	涂覆层溶解，与基布很容易分离	涂覆层不溶解。基布的溶解状态依据 FZ/T01057.4 鉴别

化学分析法虽操作简单具有可行性，但却有以下缺点：一是不仅需要鉴定人员有较多的经验，熟悉大量成革材质的燃烧状态、燃烧气味、燃烧物特征和溶解、溶胀的状态，还需要鉴定人员具有细致的观察力，善于分辨燃烧物的性状和溶解、溶胀的状态等；二是一些化学和物理现象复杂，难以分辨与描述，如气味。又因成革制作工艺的不同，添加材料的不同，都会对实验现象产生影响造成误判；三是长期辨闻燃烧气味和大量使用具有毒性的化学溶剂，也会对鉴定人员造成伤害。因此实际鉴定实验中，化学分析法一般用于溶解去除涂覆层，再结合感官法或显微镜法观察判定材质。

四、显 微 镜 法

用显微镜观察成革表面及纵切面的特征，可以有效区分头层皮革和剖层皮革、天然皮革和人工革。从图1－30可看出，在显微镜下头层皮革、剖层皮革、PU合成革、超细纤维PU合成革纵切面的特征是非常明显的：图（a）中头层牛皮革的纵切面纤维组织严密，乳头层中可见大约呈45°角倾斜插入的毛囊；而图（b）中牛剖层皮革的纵切面纤维组织较疏松，并无乳头层；图（c）中的PU合成革则明显分成3层，即涂饰层、聚氨酯层（中间夹杂着气泡）和基布层；图（d）中的超细纤维PU合成革则分为涂饰层和聚氨酯浸渍的具有三维立体结构的疏松的纤维层。

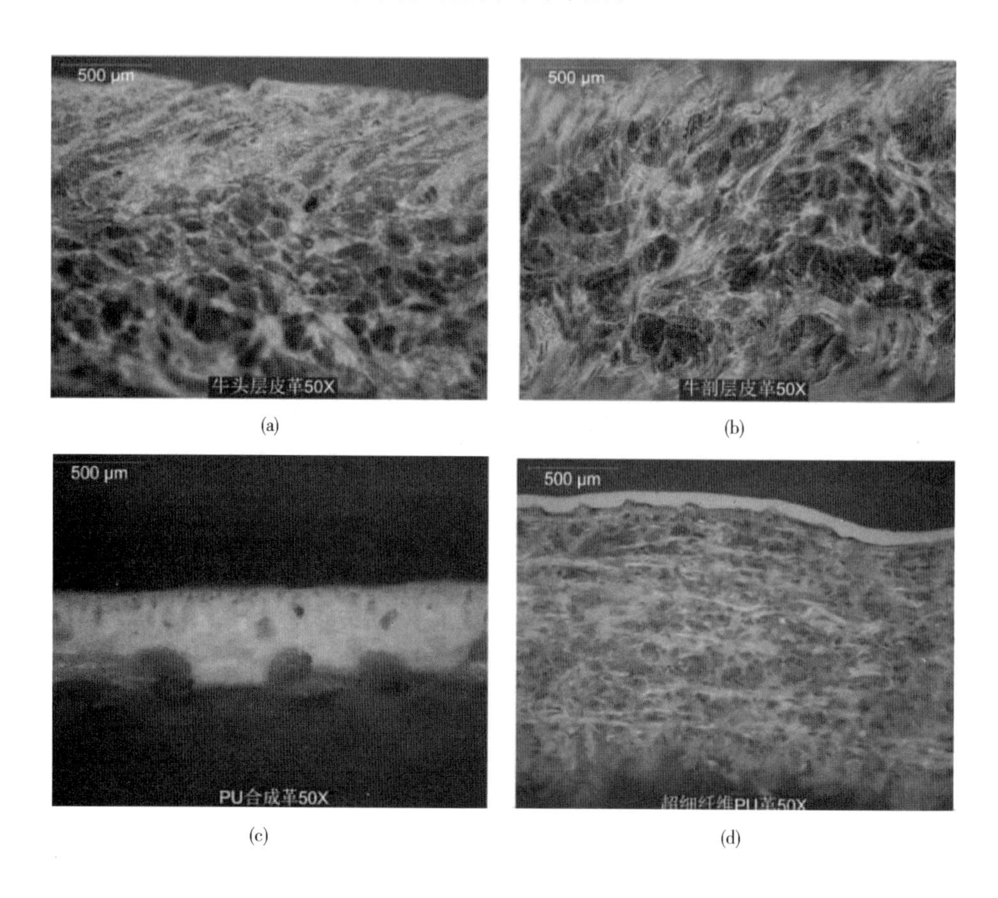

图1－30　显微镜下的天然皮革及人工革

（a）牛头层革纵切面显微图　（b）牛剖层革纵切面显微图

（c）PU合成革纵切面显微图　（d）超细纤维PU合成革纵切面显微图

用显微镜法对天然皮革的物种进行鉴定。利用超景深三维视频显微镜，可鉴别黄牛皮、水牛皮、山羊皮、鹿皮、猪皮等。

在实际工作中，显微镜法作为一种常用的材质鉴定方法也有它的不足之处。主要有以下两点：一是该方法对鉴定人员的要求较高。要求鉴定人员比较熟悉真皮层、乳头层、网状层的界定和组织结构等，熟悉人造革的材料和结构，并且拥有观察各种成革材质的显微图片经验。二是对光学显微设备的要求高。显微镜设备的分辨率越高，功能越多，越容易获取高清、特征显著的显微图片，有利于材质的鉴定。但是，即便满足以上两个方面的要求，显微镜法仍受限于动物纤维形态结构的宏观局限性，存在部分无法鉴定的天然皮革，如山羊头层重磨面革与胎黄牛头层重磨面革，山羊剖层革与牛剖层薄革等。

五、红外光谱法

不同的化学键或官能团对红外光的吸收频率不同，红外光谱法利用这一原理来研究物质的构成。天然皮革和人工革的最大区别在于构成基础物质的不同，天然皮革的主要成分是蛋白质，而人工革的成分主要是聚氨酯聚合物或聚氯乙烯聚合物。构成天然皮革及人工革主要成分的这 3 种物质中，每种物质在红外谱图中都有区分于其他两种物质的特征谱线，表 1 – 13 为常用天然皮革、合成革和人造革的红外光谱图特征规律。

表 1 – 13　　常用天然皮革、合成革和人造革的红外光谱图特征规律

材质	特征结构	红外特征吸收峰	归　属
天然皮革	R—CH(NH_2)—COOH	$3323cm^{-1}$	—NH_2的伸缩振动峰
		$2925cm^{-1}/2854cm^{-1}$	—CH_2—的不对称伸缩振动和对称伸缩振动峰
		$1652cm^{-1}$	—COOH 中的羰基伸缩振动峰（酰胺 I 带）
		$1552cm^{-1}$	—CN—伸缩振动和—NH_2剪式振动峰（酰胺 II 带）
		$1452cm^{-1}$	—CH_2—的剪式振动峰
		$1238cm^{-1}$	—COOH 中的羰基伸缩振动和碳与胺基伸缩振动峰（酰胺 III 带）
聚氨酯类合成革	—HN—C(C═O)—O—	$3330cm^{-1}$	NH 的伸缩振动峰
		$1230cm^{-1}/1695cm^{-1}$	C═O 的伸缩振动峰
		$1530cm^{-1}$	—CN 的伸缩振动峰
		$1220cm^{-1}$	C—O 的伸缩振动峰
聚氯乙烯类人造革	—CH_2—CHCl—	$2941cm^{-1}$	饱和 C—H 伸缩振动峰
		$1427cm^{-1}$	CH_2变形振动峰
		$1333cm^{-1}/1254cm^{-1}$	CHCl 中的 C—H 弯曲振动峰
		$1099cm^{-1}$	C—C 伸缩振动峰
		$964cm^{-1}$	CH_2摇摆振动峰
		$695cm^{-1}/615cm^{-1}$	C—Cl 伸缩振动峰

目前红外光谱法可以有效鉴定 PVC 人造革和 PU 合成革，但是对于具有涂覆层的天然皮革容易造成误判，需要结合显微镜法进行。

六、能谱分析法

能谱仪的工作原理是在高能量电子束的照射下，样品原子受激发会产生特征 X 射线，不同元素所产生的 X 射线一般都不同，所以相应的射线光子能量也就不同。只要能通过探测器检测出 X 射线光子的能量，就可以找到相对应的元素。所以能谱仪就是通过测量样品表面产生的特征 X 射线，来确定样品表面的元素种类及各元素的相对含量。图 1 – 31、图 1 – 32 是采用能谱仪对皮革肉面纤维束和人造革底基纤维进行微区元素分析所得到的实验结果。可以看到，皮革肉面纤维束表面主要含有碳、氧、硫、氯、铬元素，而人造革底基纤维中仅含碳、氧两种元素。结果按质量

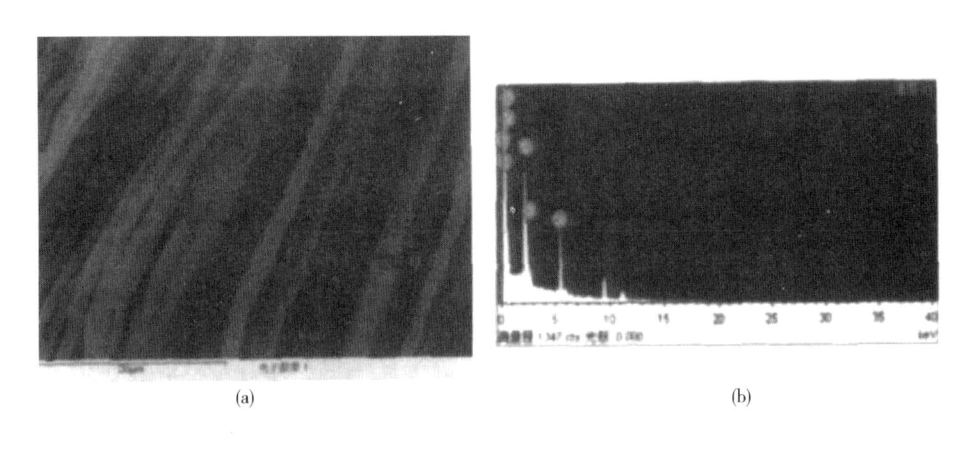

(a)　　(b)

图 1 – 31　皮革肉面纤维束能谱分析结果

（a）能谱分析位点图　（b）表层能谱谱图

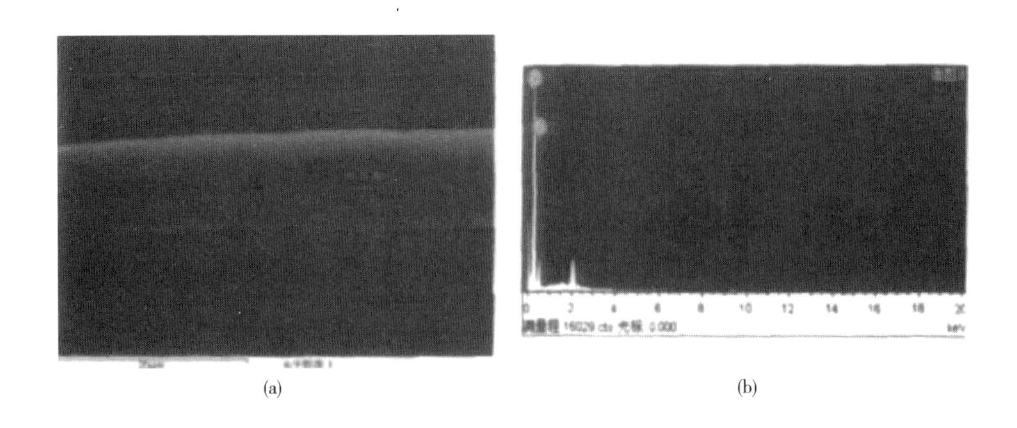

(a)　　(b)

图 1 – 32　人造革底基纤维能谱分析结果

（a）能谱分析位点图　（b）表层能谱谱图

分数表示，经归一化处理，各元素在天然革和人造革中的含量也存在很大差别。对此可以证明，能谱分析可以准确高效地区分天然革与人造革、合成革，但与红外分析技术相似，能谱分析仍存在一定弊端。

七、DNA 鉴定法

DNA 是由脱氧核糖核苷酸组成的长链多聚物，由于不同生物物种具有不同的 DNA 序列信息，且其 DNA 分子、结构都会有所差异。DNA 鉴定法正是利用这一原理对天然皮革的物种进行鉴定，它突破了动物纤维形态结构的宏观局限性，其与传统鉴定方法相比，更具有说服力，以及更容易获得准确的结论。

DNA 鉴定法主要包括 DNA 的提取、PCR 扩增（聚合酶链式反应）、DNA 序列测定 3 项生物技术。其方法难点是要从天然皮革中提取到适合做 PCR 浓度的 DNA 含量。因为天然皮革的制作工艺使皮革中的 DNA 破坏严重，降解程度大，且在实际生产中多种物种的天然皮革会产生 DNA 的相互污染。再加上其实验操作繁琐、成本高昂，耗用时间长，所以此种方法在天然皮革成品的鉴定中实际尚未广泛应用。

就目前而言，感官法和显微镜法相结合，仍然是天然皮革物种间鉴定、天然皮革与人工革鉴定的最主要方法。红外光谱法则是鉴定人工革种类的利器，技术比较成熟。而 DNA 鉴定法作为传统天然皮革鉴定方法的补充手段，也最具科学性和说服性。但几乎每种方法都有其局限性和不足之处，仍需不断地总结及改进，采用多种技术相结合鉴定成革材质是现阶段以及未来一段时间内成材质鉴定的主流方向。

思 考 题

1. 试述生皮和革的区别。
2. 简述生皮的成分组成，这些成分对革的质量有什么影响？制革保留什么成分？
3. 比较并说明植物鞣革和铬鞣革的性能特点及用途。
4. 皮革涂层应具备哪些性能才能满足革制品的需要？
5. 目前皮革涂饰常用的成膜剂有哪些？它们赋予皮革涂层怎样的性能特点？
6. 举例说明天然皮革的命名原则。
7. 请根据用途给天然皮革分类。
8. 画图说明成品革的结构部位的划分及各部位的性能。
9. 画图说明鞋面革和底革的质量部位划分及各部位的性能差异。
10. 画图说明成品革的主纤维束的走向，并说明其对革性能的影响。
11. 说明在制革生产过程中所造成的皮革的主要缺陷及鉴定方法。
12. 请画出毛纵切面的结构示意图。
13. 请简述毛的横切面的组成及对毛性能的影响。
14. 请简述毛被的三种形态。
15. 请简述毛在皮上的分布情况。

16. 请给毛皮分类。
17. 请简述国外主要原皮产地及原皮特点。
18. 传统制革生产模式有什么弊端？
19. 请简述常用的制革清洁生产技术。
20. 如何鉴定成品革？

第二章　代　用　革

随着人类对革制品需求量的不断增加，天然皮革供不应求，加上天然皮革本身某些质量上的不足，在革制品材料市场上就出现了许多代用革——人造革、合成革、再生革等。

人造革材料主要是用高分子聚合物、增塑剂、稳定剂和其他助剂组成的混合物，涂覆在各种底基上再经加工而成的。它是主要的皮革代用材料。随着高分子材料的高速发展，人造革花色品种越来越多，它可以制成软型、硬型、光面型和绒面型等各种不同的制品，有着与天然皮革很相似的外表，并与天然皮革的用途基本相同，可以用来制造皮鞋、服装、手套、箱包、腰带、飞机和汽车坐垫等（国外用于制作皮鞋鞋面的比例较大），还可以加工成内底、主跟、内包头、帮里。人工革不仅花色品种日新月异，而且具有规则的面积，无天然皮革的缺陷，性质均匀一致，便于裁断，材料出裁率高，同时人工革可以进行片茬、缝纫、焊接，胶粘，简化了缝纫工序，为革制品生产机械化、自动化、高效率、大规模生产提供了良好的材料。

合成革是以无纺布为底基，经过新型树脂材料涂浸后制成。合成革吸湿性、透气性很好，涂层是新型聚氨酯材料，手感好，耐磨，耐弯曲，强力比人造革好。

再生革是用皮革的边角料、废料粉碎成纤维状，加植物纤维黏合剂及各种配合剂，压制成型而制成。由于生产再生革的原材料主要是天然皮革的废料，所以再生革有一定的吸湿性和透水、透气性，也有一定的耐热性、耐磨性和弹性，但强度小，撕裂性能差。

既然代用革在革制品应用中已很普遍，所以我们对它的制造和性能应该有一个很好的了解，以便合理使用这些材料。

第一节　人造革与合成革的分类

一、人　造　革

人造革的底基有纺织布、无纺布、针织布等。由于表面涂层使用的聚合物种类很多，故常根据涂覆层所用聚合物的名称来命名分类。

（一）低氮硝化纤维素人造革

纤维素酯化反应如下：

$$\underset{\text{纤维素}}{[C_6H_7O_2(OH)_3]_n} \xrightarrow{H_2SO_4/HNO_3} \underset{\text{纤维素的硝酸酯}}{[(C_6H_7O_2)(ONO_2)_m(OH)_{3-m}]_n}$$

硝化纤维素：低氮10.7%～11.7%用于塑料——人造革；中氮11.7%～12.3%用于涂料；高氮12.3%～13.9%用于炸药。

将低氮硝化纤维素涂覆在纺织布或纸张上，即可制得低氮硝化纤维素人造革。

硝化纤维素涂料的性能决定着人造革的性能，该涂料的特点是光亮、耐酸碱、耐油、耐摩擦。其缺点是不耐老化，变脆变硬，色泽易变，卫生性能差。

低氮硝化纤维素人造革在外观和手感上与天然皮革不同，薄膜内的增塑剂容易挥发，从而使涂层变硬变脆，受紫外线的影响使色泽改变，涂层的透气性能差。一般用于制作相机壳、雨伞等。

（二）聚氯乙烯人造革

将 PVC 树脂、增塑剂、稳定剂和助剂混合后，涂覆或贴合在基材（布基）上。

聚氯乙烯人造革外观鲜艳，质地柔软，强度大，耐磨、耐折、耐酸碱，膜层强韧性比硝化纤维素人造革显著增加。它的缺点是耐寒性差，易脆裂，透气性、吸湿性很差。可用于制作家具、汽车坐垫、箱包等。

（三）泡沫聚氯乙烯人造革

在布基和薄的聚氯乙烯表面修饰层之间有一层泡沫聚氯乙烯。泡沫聚氯乙烯人造革比一般聚氯乙烯人造革手感柔软，有较好的弹性，立体感强，透气性有所改善。用途比氯乙烯人造革更广，可用于制鞋。

二、合　成　革

合成革是在人造革的基础上发展起来的，以无纺布为底基，经过新型树脂浸涂后，呈现立体交叉结构的拟革制品。合成革与人造革有很大的区别。从材料上看，合成革的底基是无纺布——高强度的呈立体交叉结构的合成纤维，吸湿性、透气性都很好，坚牢度也大大提高。涂层以新型合成材料——聚氨酯为主，再通过各种整饰，包括压上天然皮革花纹及采用起皱技术、染色技术，大大改善了外观，并具有天然皮革那种丰满、柔软的手感，而且色泽鲜艳，耐摩擦、耐弯曲性、抗撕裂性等都比人造革好，所以应用更广泛，尤其在制鞋上。

合成革可以根据用途结构、底基和涂层等特性来分类。

（一）按结构分

1. 三层革

底基：聚合黏合剂浸透的无纺纤维底基。

中层：补强的薄布。降低延伸性，提高材料的牢度——加固层。

上层：面层——涂饰层。

2. 二层革

底基：聚合黏合剂浸透的无纺纤维底基。

上层：面层——涂饰层。

3. 单层革

底基：聚合黏合剂浸透的无纺纤维底基；或上层：面层——涂饰层。

（二）按涂层所用聚合物分

1. 聚酰胺系合成革

$$\text{聚酰胺树脂}\xrightarrow[\text{CaCl}_2\text{饱和液}]{\text{甲醇}}\text{溶解}\rightarrow\text{刮涂在底基上}\rightarrow\text{浸水}\rightarrow\text{微孔结构}$$

聚酰胺树脂主链上含有许多重复的酰胺基团，通式为：

$$
-\overset{\overset{\displaystyle O}{\|}}{C}-R-\overset{\overset{\displaystyle O}{\|}}{C}-NH-R'-NH-\overset{\overset{\displaystyle O}{\|}}{C}-R-\overset{\overset{\displaystyle O}{\|}}{C}-NH-R'-NH-\overset{\overset{\displaystyle O}{\|}}{C}-
$$

二羧酸　　二胺

常用的聚酰胺有尼龙－6和尼龙－66。

聚酰胺不溶于普通溶剂，如醇、酯、酮和烃类，能溶于强极性溶剂，如酚类、硫酸、甲酸以及某些盐的溶液，如尼龙－6能溶在氯化钙甲醇溶液中并形成黏稠溶液。

聚酰胺系合成革的特点是耐矿物油、油脂、淡水、盐水和细菌、霉菌，密度小，抗冲击强度大，可用于提包、皮件等，但价格比泡沫人造革贵。

2. 氨基酸系合成革

氨基酸系合成革是将聚氨基酸树脂涂覆在纺织布或泡沫人造革上而成。其外观与天然皮革很相似，手感柔软，具有真皮感，但成本较高。

3. 聚氨酯合成革

它是由聚氨酯树脂、着色剂及各种助剂所组成的溶液涂覆在无纺布底基上而制成。

聚氨酯合成革具有一定的微孔结构，提高了制品的透气性，卫生性能良好。耐磨、耐寒（冷天能保持柔软感，不易破裂）、耐溶剂、耐热、耐折、耐撕裂，柔软光亮，手感舒适。

第二节　聚氯乙烯人造革

一、原　材　料

（一）基布

1. 基布的要求

制造聚氯乙烯人造革常用的基布有市布、漂布、帆布、针织布、无纺布、纸张等。用途不同所采用的基布不同，但总的要求如下：

①外观质量：基布表面平整，无线头、疙瘩，无孔洞和皱褶等疵病。

②接头：基布接头处必须牢固并保持平整。

③性能：基布必须具有一定的强度和其他物理性能。

④可加工性：基布要能经受人造革生产时较高的加工温度。

⑤均一性：基布编织必须保证经纬方向一致。

2. 常用的人造革基布

（1）机织布

相互垂直排列的两个系统的纱线，在织机上按一定规律交织而成的制品，称为机织物，简称织物。平行于布边方向的纱线称为经纱，与布边垂直横向排列的纱线为纬纱，经纬纱线相互交织的点称为组织点。经线浮于纬线之上的交织点为经组织点，纬线浮于经线之上的交织点为纬组织点。经纬纱线的原料、粗细、密度配置和相互交错沉浮等情况都是影响织物结构的重要参数。

机织布主要以纯棉、涤棉混纺、涤粘混纺为主要原料，织物具有良好的尺寸稳定性，机械强度高，该类织物基布的人造革坚固、挺括，主要用作鞋革、装饰用革、服装革及箱包革等。

（2）针织布

针织是将纱线弯曲成线圈并相互串套而形成织物的一种方法，所形成的织物叫作针织布，线圈是该类织物的最小单元。按编织工艺和机器特点的不同，针织物可分为经编针织物和纬编针织物。

经编针织布是将纱线内纬向喂入针织机工作针上，使纱线按顺序弯曲并相互串套而成。特点是每一横列由许多根纱线构成，每根纱线在一横列中只形成线圈。经编针织布主要应用在聚氨酯（PU）干法产品上，目前也有少量用于湿法涂层上，用作高档服装革和装饰革。

纬编针织布是将纱线内纬向喂入针织机工作针上，使纱线按顺序弯曲并相互串套而成。特点是在织物的每一横列中均由一根或一组纱线构成。纬编针织布一般应用在PVC产品上。

针织布多采用棉、黏胶、涤纶及锦纶等纤维。在针织物中，由于每个线圈是由一根或一组纱线构成的，因此当织物受到纵向拉力伸长时，线圈可由弯曲状态逐渐伸长，使长度增加、宽度减小。在不同的拉力方向上，线圈的长度、宽度可以相互转换。因此，在平面的任何方向上，它都具有很大的延伸变形性。又因为该类织物是由线圈组成的，故它的孔隙较大，具有良好的透气性。除此之外，针织物还具有很好的弹性、柔软性和保持制品形状的能力，且抗多次弯曲变形能力好，因此常用在人造革、合成革基布中，主要用于柔软和有宽松感的服装革、手套革、鞋里革、汽车坐垫革等。针织布由于变形量大，不适合直接涂饰，多用于转移涂层法。

（二）离型纸

离型纸又称工程纸，主要应用于聚氯乙烯人造革、干法聚氨酯合成革的制造以及革的表面整理。离型纸表面具有一定的花纹且有良好的脱膜性能，在其表面涂覆一层（或多层）聚氯乙烯或聚氨酯树脂，再与基布贴合后生产出人造革，最后离型纸与人造革分离，这样得到的人造革表面就具有离型纸表面的花纹，若与贝斯贴合则可用于革的表面后整理。

利用离型纸法生产人造革，工艺更合理，设备简单，投资经济，无须压花即可在革表面获得各种花纹，同时离型纸特别有利于发泡，使制成的合成革密度小、手感好，能节约1/3～1/2 的原料，并能制成密度更低的合成革和人造革，提高产品质量。

1. 离型纸的分类

离型纸的分类方法有以下几种：

①按用途分类：可分为聚氯乙烯人造革用纸和聚氨酯合成革用纸。

②按有无花纹分类：可分为平面纸和压纹纸。压纹模仿的对象有小牛皮、山羊皮、小山羊皮、鹿皮、猪皮、蛇皮、鳄鱼皮、布等。

③按光泽度分类：可分为高光型、光亮型、半光亮型、半消光型、消光型、超消光

型。不同光亮度的离型纸都是为了模仿不同涂饰处理的天然皮革。

④按涂层材质分类：可以分为硅系纸和非硅系纸。硅系纸是指其表面的离型层为有机硅树脂的离型纸；非硅系纸则是指不采用有机硅作离型层的离型纸。目前非硅系和硅系离型纸各有优缺点，非硅系离型纸在花纹清晰度方面不及电子束法硅系离型纸，但它可以克服电子束法离型纸脆性的缺点，且生产工艺简单，设备投资小，价格较低。

离型纸按不同花纹、不同光泽、不同用途排列组合，形成品种很多的产品系列，人造革、合成革生产厂家应根据市场的需求和工艺特点进行选择。

2. 离型纸的结构

离型纸的结构有两层和三层两种（表 2－1）。两层结构由原纸和离型层组成，三层则是在原纸和离型层中间多了隔离层，目的是为了防止离型层涂料渗入原纸内和节约硅酮。不同类型的离型纸涂层，各自具有不同的特点。硅酮树脂型涂层具有优良的剥离性能和耐热性能；铬络合物型涂层耐溶剂性较差；聚丙烯型涂层具有较高的光泽度，但耐热性能较差。

表 2－1　　离型纸的结构和制备

涂层材质	层数	基层	隔离层		离型层	
			材料	涂布方式	材料	涂布方式
硅系	两层	原纸	—	—	缩聚型硅酮	辊式或刮刀式
	三层		聚乙烯	挤压	加成型硅酮	辊式或刮刀式
			聚乙烯醇	辊式或刮刀式		
			聚醋酸乙烯酯	辊式或刮刀式		
			丙烯酸树脂	辊式或刮刀式		
非硅系	两层	原纸	—	—	聚丙烯	挤出
					聚甲基戊烯	挤出
					铬络合物	辊式或刮刀式
	三层	原纸	聚乙烯	挤出	聚丙烯	与隔离层共挤出
					聚甲基戊烯	
			聚乙烯	挤出	铬络合物	辊式或刮刀式
			聚乙烯醇	辊式或刮刀式		
			聚醋酸乙烯酯	辊式或刮刀式		

3. 离型纸的性能要求

（1）强度

离型纸应具有一定的强度，该性能对于生产过程的操作顺利与否和纸的使用次数有很大影响。当生产线在连续运行时，离型纸承受一定的张力，同时反复经受烘箱中的高温和冷却辊筒的冷却，仍需保持平整的状态，不断纸，不变形，因此离型纸在多次使用中必须有足够的强度。如果离型纸强度不够，使用过程中突然断裂，将使生产中断，造成损失。离型纸对撕裂强度要求较高，当离型纸在使用过程中在宽度方向上有裂口时，必须能够承受一定的撕裂负荷。同时其表面强度要求也较高，要求在加热使用的情况下，一般使用6次以上不产生卷曲，表面不掉粉、不被破坏。

（2）表面均匀性

表面均匀性包括以下几个方面：

①离型纸表面必须保持均匀的离型能力。

②离型纸表面的光泽要均匀一致。

③平面型的离型纸要保持一定的平滑度和厚度均匀一致。

④压纹型的离型纸要保持一定的厚度和花纹均匀一致。

⑤经多次重复使用后，离型纸仍须保持均匀状态。

（3）耐溶剂性

离型纸在生产过程中用到许多溶剂，离型纸必须不能因溶剂而受影响，要既不溶解又不溶胀。常用的溶剂有二甲基甲酰胺、甲乙酮、甲苯、二甲苯、乙酸乙酯以及聚氯乙烯人造革生产中的增塑剂（如邻苯二甲酸酯类等）等。

（4）合适的剥离强度

离型纸要有适当的剥离强度。如果剥离太容易（对涂层的黏附力太小），加工过程中涂层膜可能自行离开纸基、脱落或卷曲，使下一步涂层加工无法进行，这种疵病称为预剥离。如果剥离太困难，会影响到纸的重复使用次数（黏附力太大），在加工完毕后，涂层膜不能顺利地从纸上剥离，造成剥离时把纸撕破，会影响纸的重复使用次数。合适的剥离强度一般为0.147～0.196N/cm。

（5）耐高温性能

离型纸要在较高温度下使用，此时离塑纸已接近绝干状态，如果它的耐热性不好，经高温生产工艺过程后，将因强度降低而撕裂，也会导致生产中断，所以要求离型纸具有较高的耐热性。一般聚氯乙烯人造革用的离型纸要求能耐最高温度220℃，而聚氨酯人造革用的离型纸要求能耐最高温度150℃，同时都需要经得住2～3min的加热处理。

（6）柔性

这是因为在涂覆过程中离型纸要经过小导辊，具有一定的柔性对保持离型纸的重复使用很重要。如果离型纸有花纹的话，制造时必须有一定的柔性，以免花纹在生产中损坏。

4. PVC人造革与PU合成革用离型纸的区别

离型纸按用途可分为聚氯乙烯人造革和聚氨酯合成革用离型纸两大类。其中有些离型纸既能用于聚氯乙烯人造革，也能用于聚氨酯合成革。离型纸分为两大类的主要原因之一是由于黏着机理、树脂/增塑剂以及树脂/溶剂体系的差别。

PVC和PU在极性方面有着很大差别。PVC存在一定极性，但PVC糊中使用大量的增塑剂，增塑剂的极性对其黏着/剥离性能影响是主要的。而PU（尤其是芳香族PU）在结构上存在着一个芳香环（苯环），它必须由极性很强的DMF（二甲基甲酰胺）溶解。而且PU本身也存在着一个带极性的氨基甲酸酯基，所以PU/DMF体系的极性比

PVC/增塑剂体系的极性大得多。而黏着性同材料极性有很大关联，极性越强的材料，越易黏着，越难剥离。因此 PU 离型纸的极性应小于 PVC 离塑纸，否则难以剥离 PU 层。但对脂肪族的 PU，不需要强极性的溶剂来溶解。如用极性较小的异丙醇、甲苯等就可以了，因此对纸面的黏着也小。正因为这样，有的 PVC 人造革用的离型纸就可以用于这种类型的 PU 合成革。

PVC 用离型纸有硅系和非硅系两种。专用于 PVC 的硅系离型纸不耐 DMF 的侵蚀，所以不能用于芳香族 PU 合成革。非硅系离型纸中有用聚乙烯醇，外加一种铬的络合物（或其他树脂）作为表面涂层，选择树脂的标准除了剥离力的大小、使用次数之外，还要考虑 PVC 的加工温度，PVC 在 220℃左右发泡，离型纸必须能够耐受这样的温度。

PU 用离型纸也分成硅系和非硅系两种。硅系离型纸类似 PVC 用的硅系纸，但是能经受 DMF 的作用，这种纸价格较低，但使用时容易发生疵病（如预剥离、鱼眼等），一般用在双组分 PU 涂层剂。非硅系纸中，主要是热塑性塑料聚丙烯涂布的离型纸，可以通过轧纹制成压纹纸。由于轧纹辊的花纹格确地模仿了天然皮革的表面纹理和光泽，故用这种离型纸可以制成酷似天然皮革的人造革，这是硅系离型纸所无法比拟的，并且能经受 DMF 的作用，因此可广泛用于单组分聚氨酯涂层剂。它的缺点是不能经受较高温度，加工温度应该限制在 135 ~145℃。为克服这一缺点，还有一种耐高温的非硅系离型纸，能耐 210 ~220℃的高温。这种非硅系离型纸的离型层涂布聚甲基戊烯等热塑性塑料，性能好，但价格高。

5. 离型纸的使用方法和注意事项

离型纸的价格约在每米几十元，在人造革、合成革的生产成本中占据比较大的分量。而且国内还不能生产离型纸，只能依赖进口，因此，合理地使用离型纸，延长离型纸使用寿命，提高离型纸的使用次数是非常重要的。

（1）离型纸的存放

在装卸搬运离型纸时必须保护纸边，防止碰撞破损；装卸动作要小心，不能损坏包装，防止潮气渗入；搬运过程要防水防雨。

离型纸要存放在干燥、温度适宜的环境中，并要保持内外包装的完好无损，以防受潮起皱或尘灰污染；暂时不用的离型纸，应重新密封包装好。

离型纸存放时，纸卷应离开地面，以防地面潮湿使离型纸起皱，或地面上的灰尘和颗粒把纸损坏。存放时应横卧，不要直立，防止纸边受损。

离型纸使用前应先在生产车间存放几天，以平衡车间与纸卷内的温度。

（2）离型纸在使用时应注意的问题

使用前必须先检验离型纸与所用树脂的适应性。

离型纸在收卷或放卷时，有可能有灰尘或其表面上有沉积物，在放卷处加一个清理纸表面的装置，把沉积物清除掉。吊装时，吊链不能接触离型纸的两边或碰破离型纸的两边。

配料时，应对配好的料进行过滤，防止灰尘或沙粒混入 PVC 糊或 PU 溶液中，否则在涂布时将会有划痕，损坏纸面。

在开车时必须擦清刮刀和托辊，防止刮刀及托辊上的杂物损坏纸面。

生产线上的导辊都应灵活转动，任何静止辊都会增加纸的张力，特别是静止辊是热的，引起纸的损坏的可能性很大。

离型纸上机后，调整张力和导辊平行度，防止产生折皱（张力太紧）或涂刀轧纸（张力太松）以及离型纸走偏而损伤纸边，而且离型纸的受热温度不能超过所允许的最高温度。

生产过程中，尽量避免停车。停车时，烘箱内的离型纸在高温区逗留时间过久，表面涂布的热塑性树脂会发生变形，影响花纹和光泽。如果离型纸必须在烘箱中停留一段时间，则应把烘箱的温度降下来，同时不能把未刷涂料的离型纸长时间暴露在高温下，否则会影响离型纸的强度。离型纸的接头必须平整牢固。

（3）剥离

剥离时，离型纸的走向与人造革走向成135°角最好，此时剥离负荷最小，或者在两个压力很小的导辊之间剥离。

（4）消除静电

离型纸放卷或收卷时易产生静电，尤其是在剥离点上，过多的静电不仅会损坏离型纸的表面，也会损坏革面。在剥离点上，还易产生火花引起火灾，同时使剥离力加大。所以，有必要使用抗静电装置，将静电荷控制在±10kV以下，消除静电的方法是在放卷处、收卷处、剥离点安放静电消除器。另外还可以在地面洒些水，保持车间有一定的湿度。

（5）离型纸的接头

离型纸的接头需要一定的强度和稳定性，否则接头在高温下断开会影响生产，而且接头所用的时间要短。

接头必须平直。离型纸法生产线一般配备有离型纸检查机，离型纸每使用一次，即上机检查一次，把脏污破损的纸去掉后，再把前后连接起来。这样使接头增多，接头引起的疵病也增多，因此，连接的平直度显得更为重要。

接头使用专用的胶带纸，胶带纸在高温下不能收缩、起皱，否则在涂刮刀下会刮断，或者断裂，而且胶带纸与树脂容易剥离。接头的胶带纸有两种，一种是聚酯胶带纸，另一种是牛皮纸胶带。离型纸采用对头接，当用聚酯胶带纸时，可用于离型纸的剥离面，但不能用于离型纸的反面。这是因为离型纸含有水分，夹在两个胶带纸之间，会引起胶带纸的脱落或影响黏合特性。当用牛皮纸胶带时，能允许潮气通过，可用于离型纸的反面，即非剥离面。为保证接头的牢度，胶带纸的宽度需大于6cm。

（6）离型纸的清理检查

离型纸的清理检查在离型纸检查机上进行，清理检查的目的有三个方面：一是检查，对不能重复使用的纸剪掉，去掉；二是接头；三是清理离型纸表面的料层、沉积物。目前各厂普遍采用人工清理。

①杂质清除：清理离型纸正反面的所有杂质。用胶带的胶面去除沉积物，但绝不能用刀刮纸面。

②边缘缺口修理：离型纸边缘的缺口、裂边，在不影响有效幅宽的情况下，均用刀子裁成弧形，防止主机生产时受张力影响而断裂。

③纸面疵点处理：一般说来，离型纸的接头越少越好，因此可对纸面疵点做如下处理：面积在 $5cm^2$ 以下，疵点均不予开剪，但疵点离纸接头不得短于5m；两疵点间距离必须在4m以上；纸面连续性损伤（划痕、皱纸、色道等）长度在0.5m以下者均不予剪，但离损伤处前后5m内不能有纸面疵点或纸接头，否则予以裁除。

④废纸的开剪：离型纸表面损坏较为严重（如花纹不清，纸面破洞较大、有不可去除的黏附物等）或有碍正常生产时，应在检验时予以开剪。但开剪掉的废纸中尽量少连有可使用的离型纸。

6. 离型纸的选择

离型纸的选择，首先要根据涂覆树脂的品种，其次应根据消费市场的要求确定离型纸的种类、花纹、光泽度、宽度等，可通过小型工艺实验机检验后进行选择。此外，选择离型纸时还应注意以下几点：

①离型纸的性能，如强度，耐溶剂性能、耐温和剥离性能等应符合基本要求。

②颜料、着色剂对离型纸的迁移性要尽量小。

③离型纸的价格要合理。

（三）聚氯乙烯树脂

1. 聚氯乙烯树脂的合成方法

聚氯乙烯树脂是由氯乙烯单体聚合合成，反应式如下：

$$\underset{\text{氯乙烯}}{n\mathrm{CH_2{=}\underset{\displaystyle |\atop \displaystyle Cl}{CH}}} \longrightarrow \underset{\text{聚氯乙烯树脂}}{\mathrm{\left[CH_2{-}\underset{\displaystyle |\atop \displaystyle Cl}{CH}\right]_{\mathit{n}}}}$$

合成方法可分为悬浮聚合、乳液聚合、本体聚合及溶液聚合4种，聚氯乙烯人造革一般采用悬浮与乳液聚合树脂。悬浮聚合树脂颗粒大，生产成本高，过程易控制，成品中悬浮剂成分少；乳液聚合树脂颗粒小，过程易控制，但生产成本高，成品中乳化剂含量高。

2. 聚氯乙烯树脂的性能

（1）聚氯乙烯树脂的热行为

聚氯乙烯树脂是由氯乙烯单体聚合而成的，缩写为PVC。聚氯乙烯树脂属于热塑性高分子材料，软化点较低，一般在80℃左右，黏流温度在160℃左右。因此，制品的使用温度一般不超过70℃，树脂的加工温度为160～180℃。

（2）聚氯乙烯树脂的化学性质

聚氯乙烯树脂有较高的化学稳定性。氧和臭氧并不明显地侵蚀聚氯乙烯树脂，但某些氧化体系可使它遭到某些破坏。例如浓的高锰酸钾溶液使聚氯乙烯树脂表面发生侵蚀作用。过氧化氢在任何浓度下对它均无影响。除了浓硫酸（浓度>90%）和50%的浓硝酸以外，在60℃以下聚氯乙烯树脂耐酸、碱的性能良好，但超过60℃以后耐强酸的性能立即下降。

（3）聚氯乙烯树脂的热稳定性

聚氯乙烯树脂在室温下是稳定的，但温度超过100℃时有氯化氢释出，同时有少量脂肪烃、不饱和烃和芳烃生成。聚氯乙烯树脂分解的速度和颜色的变化（从黄色最终转为黑）的速度，随温度升高而增快。

（四）配合剂

1. 增塑剂

（1）增塑剂的作用

聚氯乙烯树脂分子主要是靠范德华力结合在一起的，加入增塑剂借助于它的溶剂化作用，使增塑剂分子插入到聚氯乙烯树脂的分子中间，使分子间的力减弱，分子活动比较容易，从而可以降低树脂加工温度，是指易于操作，并且增大了制品的柔软性可塑性。

（2）增塑剂的主要性能

①相溶性：增塑剂与树脂的相溶性好坏对于整个聚氯乙烯人造革的加工过程都是有影响的。增塑剂的相溶性与增塑剂本身的分子结构和相对分子质量大小及与树脂的互相作用有关，此外增塑剂的浓度和其他配合剂也能影响相溶性。

②挥发性：增塑剂在聚氯乙烯中挥发逸出而使人造革逐渐失去柔软性，使用寿命降低。增塑剂在人造革中的挥发性与增塑剂从内部向表面的扩散速度和人造革表面的蒸气压有关。

③迁移性：在聚氯乙烯人造革内部存在着增塑剂从内部向表面扩散的现象，同时在与外物接触时也会出现增塑剂向接触物迁移的现象，后者是增塑剂向接触层扩散的过程。所以迁移就包括增塑剂在革内部的扩散和向接触层扩散两个部分。一般来讲，增塑剂的迁移性与本身的结构有关，随着增塑剂分子链的增长而减弱，迁移速度的大小取决于增塑剂在人造革内的扩散速度。

④毒性：对于聚氯乙烯制品而言，树脂本身虽然是无毒的，但是它所添加的配合剂，如增塑剂、稳定剂等，一些品种是有毒性的。

⑤耐菌性：一般的增塑剂是微生物生长的营养物质，它被微生物中的霉菌分泌的酶分解和消化成糖、脂肪或氨基酸等可以吸收的物质，这种现象在高温下更易发生。霉菌对不同种类的增塑剂的影响不同，其中磷酸类最不易被霉菌侵蚀，氯化石蜡、邻苯二甲酸二甲酯类次之，脂肪酸酯类易被侵蚀，而动植物性油脂系统的增塑剂极易被侵蚀。

（3）常用的增塑剂

①邻苯二甲酸酯类：一般常用的有邻苯二甲酸二丁酯、邻苯二甲酸二庚酯、邻苯二甲酸二辛酯、邻苯二甲酸二苄酯。具有各种增塑剂的综合性能。

②磷酸酯类：一般常用的有磷酸三甲酚酯、磷酸三苯酯、磷酸三丁酯、磷酸三辛酯。其特点是有快速的溶剂化作用，电性能及光稳定性能好，耐油抽出，但耐寒性差，有毒。

③己二酸、壬二酸和癸二酸酯：一般常用的有己二酸二辛酯、壬二酸二丁酯、癸二酸二辛酯。其特点是耐寒性能最好，具有优良的低温柔软性。但与聚氯乙烯树脂的相容

性差。

（4）增塑剂的危害

增塑剂对环境的污染和对人类的健康危害，是目前 PVC 人造革存在的一个主要问题。许多研究认为，增塑剂中用量最大的邻苯二甲酸二辛酯（DOP）有致癌的可能性，长期接触会引起皮肤过敏和产生刺激反应，也有可能损害肝脏、肾脏，甚至影响妇女的生育能力，因此研究和开发邻苯二甲酸二辛酯的代用品成为增塑剂研究的一个主要目标。

随着环境保护意识的逐渐增强，今后对增塑剂的要求将会日益严格。低挥发性的增塑剂的应用将日益广泛，柠檬酸酯和聚酯增塑剂也将越来越多地被人们采用。为防止环境中增塑剂对生态平衡的破坏，许多国家都规定了环境中允许增塑剂存在量的最低值并且对增塑剂的安全使用制定了严格的规定。

2. 稳定剂

（1）稳定剂的作用

聚氯乙烯树脂的降解现象可用下列过程描述：

$$\begin{array}{cccccccc} H & H & H & H & H & H & H & H \\ | & | & | & | & | & | & | & | \\ -C- & C- & C\Big[& C- & C\Big]_n & C- & C- & C- \\ | & | & | & | & | & | & | & | \\ H & Cl & Cl & Cl & H & Cl & H & Cl \end{array} \xrightarrow[\text{光、热}]{\text{残存的助剂}} HCl\uparrow + \;>C=C<\; \text{颜色（变色、有色）} \longrightarrow \text{物理}$$

$$\text{性能下降} \longrightarrow \text{制品脆裂} \xrightarrow[\text{光、热}]{O_2} -CH-OH \longrightarrow \text{加深颜色} \longrightarrow \text{PVC 的（降解）老化}$$

如果聚氯乙烯树脂纯属于这种线型结构，那么聚氯乙烯树脂的稳定性应该是比较高的。但是事实上在受热时还有 HCl 气体逸出，说明在高分子结构中还存在有活性基团。这些都是由于在聚氯乙烯树脂生产过程中，工艺条件的不稳定或者聚合时添加剂在树脂有残余造成的。聚氯乙烯树脂或制品在受热或光照后，先分解出 HCl，然后开始降解。降解时先是颜色发生变化，其后物理性能和电气性能也逐步变坏，最后造成制品龟裂。由于 HCl 的逸出，产出了聚烯型结构，它是造成颜色变化的主要原因之一。受热或光照时间越长，则降解作用越剧。这是 HCl 的放出引起分子内部的激化作用，促使其进一步放出 HCl，并形成更多的聚烯型结构的缘故。同时因为氧的存在，发生氧化反应形成羟基，加深了变色。所有这些热和氧所引起的反应，同样会发生在树脂的加工过程中。又因为聚烯型不饱和结构的存在，还会引起紫外线的吸收而促使进一步氧化和脱 HCl 作用，从而造成更深的降解。

为了阻止或减轻聚氯乙烯树脂在加工过程中因长期受热，或聚氯乙烯塑料制品使用过程中所发生的降解作用而加入的某些化合物，称为稳定剂。

（2）稳定剂的种类

稳定剂的种类很多，按化学组成分类如下：

①铅系稳定剂：与 HCl 反应生成稳定的 PbHCl，具有光、热稳定性及吸水性等，能单独使用，因此使用广泛。缺点是有剧毒性，遇硫生成黑色的硫化铅，革面产生“鱼鳞”状的斑块，不能用于有硫化污染的地方。

②金属皂类稳定剂：光稳定性、热稳定性只具其一，不能两者兼备。少数要受硫污染，其中很多与环氧酯、螯合剂等混用，效果良好。常用的金属皂类有铜皂、钡皂、锌皂、钙皂等。

③混合型稳定剂：将上述几类稳定剂复合并用。实际上，有些金属皂类不能单独使用，但它与其他稳定剂混合后，就具有最大的稳定效果。

④有机稳定剂：以有机化合物为基础，包括环氧油或酯。它们具有增塑和稳定双重作用，且无毒、润滑性小，不易迁移，能阻止溶剂的抽出作用，不产生污染。常用的有环氧大豆油、环氧乙酰，蓖麻油酸甲酯等。

⑤稀土类稳定剂：稀土热稳定剂具有热稳定性好、无毒、用量少、易混合塑化、制品性能优良、与其他种类稳定剂之间有广泛的协同效应等特点。我国具有得天独厚的资源优势，而稀土化合物具有低毒性优点，已日益引起助剂生产企业和塑料加工企业的关注。其出现填补了稀土在塑料工业中的应用空白，扩大了塑料的应用领域，减轻了对环境的污染。稀土类热稳定剂主要包括资源丰富的轻稀土镧、铈、钕的有机弱酸盐和无机盐。有机弱酸盐的种类有硬脂酸稀土、脂肪酸稀土、水杨酸稀土、柠檬酸稀土、月桂酸稀土、辛酸稀土等。

硬脂酸稀土属于长期型热稳定剂，与少量硬脂酸锌并用可有效改善其抑制 PVC 初期着色的效能；不同硬脂酸稀土与硬脂酸锌并用稳定的 PVC 具有相似的初期色相，但中、长期热稳定性不同，其中镧系金属硬脂酸盐的中、长期热稳定性随镧系原子系数呈现明显的奇偶效应递变规律；硬脂酸稀土具有类似于碱土金属皂的热稳定作用机理。

⑥有机锑类热稳定剂：可用作 PVC 热稳定剂的锑（Sb）化合物［Sb^{3+}、Sb^{5+}］的结构可用 SbX_n 表示。其中 $n=3$ 或 4，X 则为酯基烷基硫醇根、逆酯基烷基硫醇根、烷基硫醇根、羧酸根基团中的一种或多种。锑系热稳定剂通常按 X 的不同可分为硫醇锑热稳定剂和羧酸锑热稳定剂两大类。锑系热稳定剂的应用特性有以下几点：稳定性能好、价格较低、毒性低，但其光稳定性差，润滑性差，会发生交叉硫化污染。

有研究结果表明，随着有机锑热稳定剂用量的增加，PVC 样品的动态稳定性和防初期着色性都变好；往其中添加对叔丁基邻苯二酚时，有较好的防初期着色性能和较好的动态稳定性能；硬脂酸钙和有机锑热稳定剂并用有很好的协同效用。但是随着用量的增大，PVC 的初期颜色会逐渐变深；巯基乙酸异辛酯对初期颜色和长期稳定性能的影响有一个最佳的添加量。

有机锡热稳定剂包括有机锡硫醇盐和有机锡羧酸盐。硫醇甲基锡由于其稳定性、透明性、兼容性、耐候性均优于其他有机锡，从而成为有机锡类热稳定剂中的佼佼者，有“热稳定剂之王”的称号。

⑦水滑石类热稳定剂：水滑石类热稳定剂是一种新型无机 PVC 辅助稳定剂，其热稳定效果比钡皂、钙皂及其混合物好。其还具有透明性好、绝缘性好、耐候性好及加工性好等优点，能与锌皂及有机锡等热稳定剂复合成一类极有开发前景的无毒辅助热稳定剂。水滑石可与其他有机锡、铅或锌盐等复配成新型复合热稳定剂，进一步提高 PVC 的热稳定性。

3. 发泡剂

（1）发泡剂的作用

发泡剂是制造聚氯乙烯泡沫人造革专用的配合剂。它的作用是使聚氯乙烯人造革的塑料层形成许多连续的、互不相通的、微细的孔结构，从而使制得的聚氯乙烯人造革弹性好，手感柔软，更近似真皮的感觉。

把发泡剂在常温下与聚氯乙烯树脂、增塑剂及其他配合剂混合成均匀的胶料，将它逐渐加热，经凝胶后，开始逐渐熔融，并且黏度也开始下降，当温度达到发泡剂的分解温度时，就急剧地放出气体，使此时已熔融的树脂膨胀。由于发泡剂在胶料中的分散是相当均匀的，因此形成了微细均一的互不相通的气泡结构，冷却后，此泡孔结构就能被固定下来。

（2）氯乙烯人造革常用的发泡剂

发泡剂分为无机发泡剂和有机发泡剂两种。聚氯乙烯人造革常用的无机发泡剂是氯化钾等水溶性盐类；有机发泡剂是偶氮二甲酰胺，简称 AC 发泡剂。

4. 填充剂

使用填充剂的目的，一是为了降低成本；二是为了改进聚氯乙烯人造革的性能，例如提高人造革的硬度，调节表面光泽，提高耐紫外线性能等。常用的填充剂有陶土、碳酸钙等。

（1）填充剂的要求

在选择人造革、合成革用填充剂时需考虑如下要求：

①价格低廉，来源充足。

②细度适当，易分散。

③吸油量低，填充量大，相对密度小。

④填充剂不能影响其他助剂的效能，不与其他助剂发生反应。

⑤纯度高，不含对树脂有害的杂质。

⑥耐水性、耐热性、耐化学腐蚀性和耐光性优良，不溶于水和溶剂。

（2）填充剂的特性

①吸油性：吸油性是指填充剂本身对配方组成中的液体助剂的吸收能力。吸油性大小可用吸油量来表示，吸油量定义为 100g 填充剂所吸收液体助剂的最大体积（mL），常用填充剂的吸油量见表 2－2。

表 2－2　常用填充剂的吸油量

填料	吸油量（DOP）/mL	填料	吸油量（DOP）/mL
硫酸钡	16	白炭黑	42
石粉	30	黏土	46
硅石粉	31～32	高岭土	66
滑石粉	33	云母	79
白云石	33	轻质碳酸钙	125
重质碳酸钙	36	硅藻土	148

填充剂的吸油性主要影响配方中液体助剂的加入量，以弥补被填充剂吸收而不能发挥作用的部分液体助剂。

②填充剂形状：填充剂的形状可分为球状、粒状、片状、纤维状、柱状、中空管状和中空微球状。填充剂形状对性能的影响见表2－3。

表2－3　　填充剂的形状对性能的影响

形状	代表物	对性能的影响
球状	玻璃微珠、硫酸钡	加工流动性好，制品表面光泽度高，有利于冲击强度的提高
粒状	碳酸钙、氢氧化铝、二氧化钛	—
片状	石墨、云母、滑石粉、蒙脱土	提高强度，降低透湿性
柱状	石膏、硅灰石	提高强度，对加工不利
纤维状	玻璃纤维、木粉	提高强度，对加工不利
中空管状	碳纳米管	增强、轻质、隔热
中空微球	中空玻璃微珠、中空石英	提高冲击强度

5. 阻燃剂

制备人造革、合成革的原材料中，PU树脂属于易燃的高分子材料；PVC树脂本身具有较好的阻燃性，但由于添加了大量易燃的增塑剂（DOP），使得PVC制品具有可燃性。而且PVC制品所用的基布、某些填料（木粉）都是易燃物。因此阻燃性也变得重要起来。提高阻燃性的方法中，添加阻燃剂是最常用的方法。阻燃剂是一种能够阻止塑料燃烧或抑制火焰传播的助剂。

（1）阻燃机理

聚合物的燃烧过程大致是：聚合物受热分解发生聚解和裂解，产生气态或易挥发的低分子可燃物，若氧气和温度合适，将会发生燃烧，燃烧释放的热量又会促进聚合物的分解，形成一个循环过程。由此可知，可燃物、氧气和温度是燃烧的3个因素。而阻燃剂的作用机理也正是从干扰这3个因素出发的。

①阻燃剂分解产生较重的不燃性气体或高沸点液体，覆盖于塑料表面；或者阻燃剂分解促使塑料表面迅速脱水碳化，隔绝氧气和可燃物的相互扩散。如有机氮类、硼系、磷系、有机硅系、卤化物系和膨胀型阻燃剂等。

②阻燃剂的受热分解或升华，吸收大量的热量，降低塑料表面的温度，如氢氧化铝、氢氧化镁等。

③阻燃剂产生大量不燃性气体，稀释可燃气体和氧气的浓度，如卤化物类。

④阻燃剂捕捉活性自由基，中断链式氧化反应，如有机卤化物。

（2）常用的阻燃剂

①卤系阻燃剂：卤系阻燃剂具有添加量少、阻燃效果好等优点，分为氯系和溴系，并以溴系为绝对主流，是目前用量最大的有机阻燃剂。氯系阻燃剂主要有氯化石蜡，溴

系阻燃剂中最常用的有十溴联苯醚、四溴双酚 A 及衍生物、四溴联苯二甲酸酐等。卤系阻燃剂一般不单独使用，常与三氧化二锑、磷系阻燃剂等并用，具有显著的阻燃协同效应。卤系阻燃剂最大的问题是受热分解会产生有毒的卤化氢气体并形成大量的烟雾。

②磷系阻燃剂：磷系阻燃剂又可分为无机磷系和有机磷系。

无机磷系阻燃剂主要有红磷、聚磷酸铵等。优点为不产生腐蚀性气体，效果持久和发烟量低；缺点为与树脂的相容性差，耐水性差。

有机磷系阻燃剂主要有磷酸三苯酯等，优点为兼具增塑功能，但易水解，渗出性大。有机磷系中的含卤磷酸酯类为卤磷复合阻燃剂，阻燃效果显著，主要品种为 BPP（磷酸三－2,4－二溴苯基酯）。

③氢氧化铝或水合氧化铝：氢氧化铝或水合氧化铝为白色细微结晶粉末，受热时发生脱水反应吸收大量热，降低温度，稀释空气，从而防止塑料的着火和阻止火焰的蔓延。其来源广泛，价格便宜，但添加量高（40～60 份），且会大幅降低塑料性能。

④三氧化二锑：三氧化二锑为白色粉末，应用广泛，与磷酸酯、卤系阻燃剂有良好的协同效应。

⑤硼酸锌：硼酸锌是无毒的廉价阻燃剂，对材料的力学性能影响小。它与含卤阻燃剂并用有协同效应，可作为三氧化二锑的代用品，其效能虽不及三氧化二锑，但价格只有三氧化二锑的 1/3。

⑥膨胀型阻燃剂：膨胀型阻燃剂不是单一的阻燃剂品种，是以氮、磷、碳为主要成分的无卤复合阻燃剂。含有膨胀型阻燃剂的塑料在燃烧时表面会生成炭质泡沫层，具有隔热、隔氧、抑烟、防滴等功效和优良的阻燃性能，又具有无卤、低毒、无腐蚀性气体的优点。

⑦氮系阻燃剂：氮系阻燃剂主要为三聚氰胺及其衍生物，稳定性、耐久性和耐候性优异，无卤、低烟、阻燃效果好，同时价廉，但在树脂中分散性差。

⑧抑烟剂：很多塑料在燃烧时会产生大量的烟雾，导致能见度降低，影响人员疏散转移；烟雾中的有毒气体导致人中毒和窒息，因此，抑烟和阻燃同等重要。抑烟剂一般为无机金属类的金属氧化物、氢氧化物及金属盐等，常用类型有钼类、铁类、铜类化合物和锌盐（硼酸锌等）。抑烟剂一般不单独加入，必须和阻燃剂协同加入。

6. 抗静电剂

（1）静电的危害

绝大多数高分子材料都是绝缘体，在成型加工或使用过程中的摩擦都会在其表面产生静电，由于材料本身无导电性，电荷不能及时传导或泄漏，从而在表面积蓄。在人造革、合成革中，静电的危害主要有：

①静电使革表面容易吸附灰尘，影响制品的透明性和表面光洁度及美观性。

②离型纸剥离时会产生很大的静电（几千伏至几万伏），而所用的增塑剂、溶剂又多是易燃和易挥发的物质，若遇到静电很容易发生火灾、爆炸等事故；静电还会破坏革表面的纹路，影响产品质量。

为消除和减少静电危害，添加抗静电剂是一种比较可行的方法。抗静电剂的作用就是在树脂中加入这种助剂后，其制品表面能够防止或者消除静电的产生。

（2）抗静电剂的作用机理

抗静电剂的作用一是抑制静电荷的产生，二是使产生的电荷尽快泄漏。抗静电剂大多属于表面活性剂，在塑料表面形成光滑的抗静电剂分子层而减少了聚合物材料表面的摩擦，因而减少了电荷的产生；同时所形成的抗静电剂分子层吸附空气中的水分子后形成一层肉眼观察不到的“水膜”，这层水膜在材料表面提供了一层导电的通路，使电荷迅速逸散而不聚集。

（3）抗静电剂的选用条件

①抗静电效果大而持久。

②耐热性能好，能在生产时的高温下不分解。

③与革的相容性适中，既具有一定的相容性，又具有一定的渗透性、迁移性，以保证当表面的抗静电剂分子层受到破坏时，内部的抗静电剂能够及时渗出，形成新的分子层，恢复防电效能。

④不影响革的加工性能和制品性能。

⑤与其他助剂的相容性好，无对抗效应。

⑥无毒、无臭，对皮肤无刺激。

（4）抗静电剂的分类

①按使用方法分类：可分为外涂型抗静电剂和内加型抗静电剂。一般来说内加型抗静电剂与基础聚合物构成均一体系，较外涂型抗静电剂效能持久。

②根据化学结构分类：可分为硫酸衍生物、磷酸衍生物、胺类、季铵盐、咪唑啉和环氧乙烷衍生物等抗静电剂。

③根据亲水基电离时带电性分类：可分为阴离子型、阳离子型、非离子型、两性型、高分子型抗静电剂。

（5）人造革与合成革中常用的抗静电剂

①抗静电剂 TM：TM 的化学名称是三羟乙基甲基季铵盐，为浅黄色黏稠油状物，易溶于水，用量不超过 2%。

②抗静电剂 SN：SN 的化学名称是十八烷基二甲基羟乙基季铵硝酸盐，为棕红色油状黏稠物，180℃以上分解，溶于水、丙酮、乙酸等溶剂，用量不超过 2%。

③抗静电剂 ECH：ECH 是烷基酰胺类非离子型表面活性剂，为淡黄色蜡状固体，熔点 40 ~ 44℃，用量 3.5% 左右。

④抗静电剂 LS：LS 的化学名称是（3 - 月桂酸酰胺丙基）三甲基胺硫酸甲酯盐，为白色晶体粉末，熔点 99 ~ 103℃，分解温度 235℃，用量 0.5% ~ 2.0%。

7. 防霉剂

人造革、合成革发生霉变的原因主要有以下两个方面：首先，聚氨酯树脂由于结构上的原因，易被霉菌分解，特别是聚酯型聚氨酯；其次，生产时添加的各种助剂如有机填料、增塑剂、热稳定剂以及所使用的基布，在合适的条件下也易于发生霉变。

人造革、合成革发生霉变后，革表面就出现微小裂面影响外观，而且还会降低革的力学性能，缩短使用寿命并给环境卫生造成危害，因此需要添加防霉剂以防止人造革合成革霉变的发生。

防霉剂是一类能抑制霉的生长，并能杀灭霉菌的物质。防霉剂的作用原理是破坏微生物的细胞结构或酶的活性，从而起到杀死或抑制霉菌的生长和繁殖的作用。防霉剂的分类见表2－4。

常用的防霉剂有：

①五氯酚：五氯酚为白色结晶体，在酚类中防霉效果最好，在水中溶解度极小，不污染处理物，化学稳定性好，不变色，不挥发，耐久性高，使用方便，但有毒性，国际上对革制品中五氯酚的含量有严格控制。一般用量0.1%～0.5%。

②*N*－(2,2－二氯乙烯基)水杨酰胺（A－26）：A－26为白色或浅灰色粉末，防霉效果优，溶于乙醇、丙酮和DMF，微毒，无臭，无刺激性，直接加入浆料中或涂在基布上。

③苯并咪唑－2－氨基甲酸甲酯（BCM）：BCM为白色粉末，工业品是浅棕色粉末，难溶于水，微溶于丙酮、氯仿、乙酸乙酯是一种高效、低毒、广谱杀菌剂。

表2－4　防霉剂的分类

种类	代表品种	特性及用途	杀菌力	用量/%	说明
酚类	对硝基酚	淡黄色晶体，熔点115℃，用于涂料防霉	普通	0.1～0.5	毒性大
氯代酚	五氯酚	无色至白色晶体，熔点90～101℃，用于纤维、涂料防霉	强	0.10～0.75	毒性大
有机汞盐	油酸苯基汞	白色晶体，溶于苯、二甲苯，用于纤维、涂料防霉	强	0.1	毒性大
有机锡盐	三丁基氯化锡	无色液体，微溶于水，溶于一般有机溶剂，用于涂料、造纸防霉	强	0.1	毒性大
酰胺类	*N*－(2,2－二氯乙烯基)水杨酰胺（A－26）	浅灰色粉末，能溶解于大多数有机溶剂中，用于涂料、造纸防霉	强	0.2～0.4	低毒
苯并咪唑类	苯并咪唑－2－氨基甲酸甲酯（BCM）	白色粉末，不溶于水及一般有机溶剂，稳定，分解温度301℃，用于纸张、皮革防霉	强	0.5	低毒
硫氰化合物	3#防霉剂	浅棕色液体，溶于水及有机溶剂，用于纸张、皮革防霉	强	0.04～0.10	低毒

8. 润滑剂

润滑剂的作用是降低物料之间的摩擦力，减弱熔融物对加工机械金属表面的黏附性，从而降低溶体的流动阻力、溶体黏度，提高熔体流动性、表面光泽度。在压延法生产人造革时，润滑剂的主要作用是防止绒料包辊。

（1）内润滑和外润滑

按润滑剂的作用机理可以将润滑剂分为外润滑剂和内润滑剂。内、外润滑剂的区分标准为其与树脂的相容性大小。内润滑剂与树脂有一定的相容性，在高温下起一定的增塑作用，从而降低物料之间的内摩擦力，增加流动性，防止因内摩擦过热导致树脂分解；外润滑剂与树脂的相容性很小，在加工过程中会从物料中析出，在物料表面形成润滑剂分子层，降低聚合物和加工机械金属表面的摩擦力，减弱熔融物对加工机械金属表面的黏附性。

润滑剂主要用于压延法 PVC 人造革的生产中，而且主要使用外润滑剂来降低物料对压延机辊筒金属表面的黏附性，以提高生产速率，减小动力消耗，使制品更加均匀光洁。这是因为在 PVC 人造革的配方中已经含有大量的增塑剂，无须再用内润滑剂。

在软质聚氯乙烯产品的加工配方中，外润滑剂的用量一般为 0.25% ~1.5%。润滑剂用量少时，起内润滑作用；当用量接近相容性极限时，外润滑剂作用加强。需注意外润滑剂用量过多会产生打滑、空转等问题，还会造成外润滑剂在加工机械金属表面析出，在物料表面出现斑纹。如果润滑剂在物料中分散不均匀，造成部分物料润滑剂浓度过高，也会出现明显的打滑现象。

（2）对润滑剂的要求

①润滑效率高且持久。

②与聚合物应有适中的相容性，不喷霜，不易结垢。

③不损害产品的性能。

④能满足加工条件，不与聚合物及其他助剂发生有害反应。

⑤低毒或无毒，无色或不易色迁移，不腐蚀设备，价格便宜，容易得到。

（3）常用的润滑剂

①金属皂类：金属皂类既是润滑剂，又是一种热稳定剂；内、外润滑剂作用兼有。常用金属皂类润滑剂及加入量是：PbSt 0.2 ~1.0 份；ZnSt 0.15 份；LiSt 6.0 份；BaSt 0.2 ~1.0 份；CaSt 0.2 ~1.5 份。

②烃类：烃类按相对分子质量大小可分为液体石蜡（C_{16} ~ C_{21}）、固体石蜡（C_{26} ~ C_{32}）、微晶石蜡（C_{32} ~ C_{70}）和低分子聚乙烯蜡（相对分子质量 1000 ~10000），主要用作 PVC 外润滑剂。

氧化聚乙烯蜡是聚乙烯蜡部分氧化的产物，为白色粉末，是一种极性润滑剂，与 PVC 的相容性相对较好，具有优良的内外润滑作用，透明性好，价格低，用量为 0.1 ~1.0 份。

氯化石蜡与 PVC 相容性好，透明性差，有阻燃性能，与其他润滑剂并用效果好，用量在 0.3 份以下为宜。

③脂肪族酰胺类：硬酯酸酰胺外观为白色或淡黄色粉末，内外润滑作用均好，制品透明且有光泽，加入量为 0.3 ~0.8 份。*N*,*N* - 亚乙基双硬酯酰胺外观为白色至淡黄色粉末或粒状物，为 PVC 的内润滑剂，用量为 0.2 ~2.0 份。

④硬脂酸：硬脂酸为白色或微黄色颗粒或块状物，工业品是硬脂酸和软脂酸的混合物，并含有少量油酸。硬脂酸是仅次于金属皂类而广泛应用的润滑剂。用量少时，起内

润滑作用；用量大时，起外润滑作用。一般加入量为0.3～0.5份。有防止层析结垢的效果。但用量不可过大，否则容易喷霜，并影响制品的透明性。此外硬脂酸还能影响凝胶化速度，使用时最好与硬脂酸丁酯之类的内部润滑剂并用。

二、生产工艺过程

聚氯乙烯人造革生产的方法较多，有直接涂刮法、间接涂刮法、压延法和挤出法等。

（一）直接刮涂法

将聚氯乙烯树脂与增塑剂及各种配合剂按配方混合，制成糊状的胶料。把这种胶料用刮刀直接涂刮在经过预处理的基布上，然后进入烘箱熔塑化，再经过压花、冷却等工序即得成品。

1. 配料

①冲糊：悬浮法PVC树脂在常温下与增塑剂混合，如果不能形成糊状浆料，就无法进行涂覆，因此需要冲糊。

先把少量的悬浮法PVC树脂和冷增塑剂按比例计量（3∶3.5）混合均匀，然后把冲糊和增塑剂（DOP 21.5份）加热至170℃左右，加入到搅拌均匀的冷混合料中，同时迅速进行搅拌，得到有一定乳度、透明的糊状料。其中，在冲糊料中，树脂的含量约为9%，当然树脂与增塑剂的比例，应根据涂刮适宜的黏度而定。

②底层浆料：若底层全部采用悬浮法PVC树脂，则将冲糊制得的糊料降温至60℃，按配方加入其余增塑剂、稳定剂等助剂搅拌均匀，再加入剩余的悬浮法PVC树脂搅拌20min，得到底层浆料。

若底层部分采用悬浮法PVC树脂，则将冲糊制得的糊料冷却后，按配方加入其余的悬浮法PVC树脂和部分增塑剂搅拌均匀，然后再加入经研磨的乳液法PVC树脂与增塑剂、稳定剂等物料，把其混合均匀，得到底层浆料。

各层配好的浆料需进行脱泡处理。脱泡可采用静置脱泡法，即将浆料静止放置2～4h，让其自然脱泡。也可以用真空脱泡机进行脱泡。

③面层浆料：面层浆料全部采用乳液法PVC树脂，按配方加入乳液法PVC树脂、增塑剂、稳定剂、色浆、填充剂等，搅拌20min，再用三辊研磨机研磨，过滤后使用。

2. 基布预处理

为保证生产的连续性，先要用接头缝纫机将单匹布拼接起来。

在直接涂刮法生产人造革时，被拉紧的基布表面微小的疵病都会对最终产品的外观造成较大的影响，因此基布在使用前通常都要经过处理。首先进行刷毛处理，将布毛、线头等杂物清理干净（必要时还可采用烧毛、剪毛等方法），再进行压光处理，用压光辊把基布上的疙瘩、褶纹等轧平。

3. 涂覆

直接涂刮法多采用刀涂式，一般人造革涂层厚度见表2-5。涂刮时要注意保证基布以一定的张力平稳运行。

表 2-5　直接涂刮法的涂层厚度　单位：mm

基布类别	帆布	平布	
		厚型	薄型
基布厚度	0.6	0.3	0.23
底层厚度	0.2	0.15	0.07
面层厚度	0.1	0.10	0.05
总厚度	0.9	0.55	0.35

底层浆料渗入织物的深度为织物厚度的1/3～1/2。渗入太浅，制品柔软性虽好，浆层与织物间的黏着性却较差；反之，黏着性虽好，柔软性则受影响。

4. 凝胶塑化

基布涂刮底层浆料后进入第一烘箱塑化；再涂刮面层，进入第二烘箱塑化。然后冷却、卷取。若需压花，则在第二烘箱塑化后趁热立即进行。工艺条件见表2-6，烘箱内温度一般由低到高，分3段控制，涂层较厚时，塑化温度应高一些或者加热时间长一些。若生产贴膜革，可在底层塑化后的烘箱出口处将面层薄膜贴合在底层上，再进入第二烘箱加热塑化、冷却、卷取。

表 2-6　直接涂刮法生产普通 PVC 人造革的工艺条件

涂浆类别	烘箱温度/℃	车速/（m/min）	通过14m烘箱时间/s	浆料消耗/%
涂底浆	185±5	10～12	75±5	70～75
涂面浆	200±5	10～12	75±5	30～25

PVC的凝胶塑化过程：PVC糊受热后，增塑剂向PVC树脂颗粒渗透，逐渐被树脂吸收，当增塑剂全部被树脂吸收后，体系失去流动性，称为凝胶态，这时所需温度大约为80℃，凝胶体的强度很低：继续升高温度，增塑剂渗入到PVC分子链间，最后PVC大分子完全溶解在增塑剂中，形成均匀的熔融状态，这时所需温度约为160℃，冷却后可得到具有相当强度的制品。完全熔融的温度，称为熔融温度或塑化温度，它是确定烘箱温度的主要依据。

PVC树脂的相对分子质量越大，凝胶温度和熔融温度越高；增塑糊中增塑剂的用量增加，熔融温度降低；对树脂溶解性好的增塑剂，熔融度可降低，熔融时间可缩短。

5. 卷取

卷取时张力应该适当。张力过大时，人造革在存放中会产生应力或严重收缩：张力过小时，卷取太松，则堆放时容易把人造革压皱。

（二）间接涂刮法

间接涂刮法与直接刮涂法相比，具有以下一些特点：

①基布与涂层贴合时，所受的张力很小，浆料渗入基布的量较少，因而人造革手感较好，可用于组织疏松、伸缩性很大（针织布）或强度较低（某些非织造布）的基布。

②人造革的表面质量受基布影响小。

③产品质量好，工艺易掌握控制，生产时受浆料黏度及涂层厚度的限制较少，对生产增塑剂含量多的薄型柔软服装和手套用革尤为相宜。

间接涂刮法的载体主要有钢带和离型纸两种，离型纸法由于生产设备比较简单，工艺容易掌握，产质量好，是目前主要的生产方法。离型纸法 PVC 人造革产品以泡沫革为主，具有手感柔软、弹性好、真皮感强等特点，常用于服装、手套、沙发等。

下面以 3 层结构的泡沫人造革为例，对各生产要点进行论述。

1. 配料

配料方法与直接涂刮法基本相同。但发泡层浆料经三辊研磨机研磨还需搅拌一定时间。

2. 针织布预处理

为提高基布与涂层的黏合力，离型纸法人造革所用的基布不需要进行压光处理。若使用针织布为基布，在使用前需经上浆和剖幅处理。剖幅前上浆的目的是为了使针织布剖幅后边缘硬挺，防止卷边。

针织布剖幅上浆机的工作过程为：筒子纱用牵引辊导开后进入储布机，经过导轴将筒子纱套在可调节宽度的撑布架上，将圆筒针织布撑开，用网纹辊将聚乙酸乙烯酯（或聚丙烯酸酯类）乳液涂在筒子纱中心线的一定范围内，经烘箱烘干后用圆盘转动切刀在涂浆部位切开（剖幅），再经网纹牵引辊牵引，经扩布机卷取成捆。

3. 涂刮

间接涂刮法人造革所用涂刮机为辊筒刀涂机。涂刮时各层的厚度应视产品而定，见表 2－7。一般面层不宜涂刮过厚，湿涂 0.06～0.10mm。服装革和深色革面层可涂刮薄些，鞋用革和浅色革可适当涂刮厚些。若无黏结层，发泡层的厚度在 0.4mm 左右；若有黏结层，发泡层的厚度约为 0.2mm，黏结层厚度为 0.07～0.10mm，太厚易分层，太薄黏结不牢。

表 2－7　　间接涂刮法 PVC 人造革工艺条件

项目		服装用革		包袋和沙发用革		鞋用革	
		0.8mm	1.0mm	0.8mm	1.0mm	1.0mm	1.2mm
涂层厚度/mm	面层	0.07	0.07	0.10	0.10	0.10	0.10
	发泡层	0.14	0.24	0.14	0.23	0.20	0.30
	黏结层	0.07	0.07	0.07	0.07	0.10	0.10
烘箱温度/℃	Ⅰ	130	130	140	140	150	150
	Ⅱ	150	155	150	155	160	160
	Ⅲ	220	220	220	220	220	220
加热时间/s	Ⅰ	90	90	90	90	90	90
	Ⅱ	60	60	60	60	70	70
	Ⅲ	120	120－150	120	150	150	150

4. 塑化发泡

有黏结层的 PVC 人造革通常采用 3 -4 个烘箱，最后一个烘箱的长度是最长的。基布与涂层采用湿贴的，有 3 个烘箱，烘箱的温度和加热时间见表 2 -7。

若采用半干贴的方法，则有 4 个烘箱，其中第 3 个烘箱的长度最短（6 -8m），温度也较低，其作用是将黏结层烘至具有一定黏性的半干状态，出烘箱后立即与基布贴合。其他 3 个烘箱的温度可参考湿贴时的烘箱温度。在半干贴工艺中，要掌握好第 3 个烘箱内发泡层糊料的滞留时间和烘箱的温度。温度太高，浆料太干会失去黏性，就会贴合不牢甚至出现脱层现象；温度太低，浆料太潮，则黏度低，浆料渗入基布组织甚至基布背面，产品手感僵硬。

没有黏结层的 PVC 人造革生产线有 3 个烘箱，其中第 2 个烘箱比较短，其温度控制在 100 ~120℃。短烘箱的作用、温度和时间控制与三涂四烘中的第 3 个烘箱相同。

5. 贴合

涂层与基布贴合时，关键要控制好两个贴合辊的间隙大小和加压压力。间隙过大或压力过小贴合不牢，间隙过小或压力过大又易将溶胶从基材边缘挤出，或是使浆料大量渗入基布。贴合时还要保持基布张力的稳定，张力发生波动会使基布与黏结层之间产生滑移，影响贴合的质量；有时在贴合之前，基布要预热。

（三）压延法

压延法 PVC 人造革也可分为发泡的泡沫革和不发泡的普通革。压延法是 PVC 人造革最重要的生产工艺，特别适用于制造箱包革、家具革和地板革，也可用于服装革和鞋用革的生产。其优点是可以使用廉价的悬浮法 PVC 树脂，所用的基布比较广泛，加工能力大，生产速度快，产品质量好，生产连续。缺点是设备庞大，生产线长，占地面积也大，投资高，生产技术复杂，维修复杂，仅适合于本身有压延机的厂家使用。

生产过程简述如下：将 PVC 树脂、增塑剂、稳定剂、其他辅料等按配方要求，准确计量后投入高速混合机中混合，然后再经密炼机和开炼机等进行混炼。预塑化后输送至压延机辊筒上压延成薄膜，然后与经过预处理（底涂、预热等）的基布贴合，再经冷却、卷取得到 PVC 普通人造革。若生产 PVC 泡沫革则将前面压延法得到的半成品卷取，然后再移到专用的发泡设备上，按半成品加热→贴膜→烘箱加热发泡→压花→冷却→卷取的工序进行。

1. 基布处理

基布的处理包括接布、扫毛、压光和底涂等。针织布经开幅后进行底涂，平布经扫毛、压光后进行底涂。底涂浆料为乳液法 PVC（聚合度 1000 左右）、增塑剂（DOP）、复合液体稳定剂等混合研磨后的黏度为 3000Pa · s 左右的糊。若生产牛津革类产品则选用聚氨酯类黏合剂或氰基丙烯酸酯，见表 2 -8。

表 2 -8　基布底涂配方（聚氨酯黏合剂）

单位：份

材料名称	用量
PU（模量 20 ~40MPa）	100
异氰酸酯架桥剂	1 ~2
二甲基甲酰胺和甲基乙基酮	适量
乙酸乙烯酯	适量

上浆采用辊涂法，用 100 ~ 120 目的网纹辊将底涂浆料涂在基布上，涂布量为 15g/m^{2}左右，然后进入烘箱烘至半干（1 ~ 2min）。底涂时上浆量不宜太大，否则浆料渗入基布，会使人造革手感僵硬，缺乏弹性。

2. 原料配混

原料的配混是把配方中的各种原料，经过筛、过滤、配浆研磨后，经计量加入到混合机中，搅拌成混合料，为原料的预塑化工序提供原料。

①树脂筛选：过筛的目的是去掉树脂在包装和运输过程中混入的机械杂质，以免影响制品质量，损坏设备；同时通过筛网可将大小不一的颗粒进行分离，以有利于后续的加工。筛选可用 30 目筛网或按加工要求选用合适的筛网过筛。

②增塑剂过滤、混合：增塑剂在使用前先用齿轮泵抽出来放到板框式过滤机中进行过滤，然后存放到大型储槽中备用。将储槽中已过滤好的单一品种增塑剂按配方要求分别计量，放入到混合槽中进行初混合，然后用齿轮泵打到高位槽中，为防止不同增塑剂由于密度不同而分层，在高位槽中要通入 4.9 ~ 9.8MPa 的压缩空气进行气搅，同时预热到70 ~ 90℃。

③浆料的配制：

a. 色浆：着色剂（指粉状颜料）与增塑剂的比例为 1∶(2 ~ 3)。配料时先将部分增塑剂加入到容器内，边搅拌边缓慢加入颜料（按密度从小到大的次序）和其余增塑剂，搅拌均匀后，用三辊研磨机研磨，颗粒细度在 30 ~ 40μm。

b. 稳定剂：稳定剂与增塑剂按 1∶2 的比例混合，方法同色浆。

c. 发泡剂：先将称量好的 AC 发泡剂加入到研磨桶中，一边搅拌，一边按比例（AC 发泡剂∶DOP = 1∶0.6，质量比）将称量好的增塑剂缓慢加入到桶中，待搅拌均匀后，放入到研磨机中进行研磨。一般经两次研磨即可使用，浆料呈淡黄色。

④混合：将 PVC 树脂、增塑剂及其他各种辅料经准确计量后投放到混合机中，按如下顺序进行混合：PVC 树脂、1/3 ~ 1/2 增塑剂搅拌 1 ~ 2min→稳定剂、润滑剂搅拌 3min→发泡剂、剩余增塑剂搅拌 3 ~ 5min。最常用的混合设备是高速混合机，混合时，混合机加热升温至工艺要求温度。

在出料前 5min 停止混合，加入研磨好的 AC 发泡剂浆料，然后再混合到规定时间为止。混合的工艺条件见表 2 - 9。

表 2 - 9　　高速混合机的工艺条件

项　目	最大加料量/kg	加热蒸汽压力/MPa	混合时间/min	出料温度/℃	拌浆转速/(r/min)
200L 高速混合机	100	0.2 ~ 0.3	5 ~ 7	100	550
500L 高速混合机	200	0.2 ~ 0.3	8	100	430

PVC 若在下一步采用混炼挤出机预塑化，在高速混合机混合后还需进行冷混合，冷混合的作用是把高速混合机混合后的高温料降温，以防止原料结块、热降解，排除原料中残余的水蒸气和各种挥发性气体。这样既可保证制品的透明度，又为下道生产工序

（挤出混炼原料）做准备。

3. 预塑化

①密炼：高速混合后的料进入密炼机密炼。以75L密炼机为例，密炼工艺条件为加料量70～85kg，加热蒸汽压力0.5～0.7MPa，密炼时间4min，密炼温度165℃，若含发泡剂则不要超过145℃，出料状态为团状塑化半硬料。

②炼塑（开炼）：密炼后的物料经开炼机炼塑后可除去原料中的挥发物，没有气泡，改变密炼后的松散结构。以SR550开炼机为例，炼塑的工艺条件为：加料量50kg，辊筒加热蒸汽压力0.8～1.0MPa（辊面温度170℃，若有发泡剂不能超过150℃），两辊间隙第一台3.5mm，第二台2.5mm。

也可采用混炼挤出机，工艺条件为：由冷混机供料，料温45℃，螺杆直径250mm，长径比*L/D*为10∶1，杆转速12～36r/min，机筒加热温度：后部130℃，中部150℃，前部160℃。但混炼挤出机因温度较高，不能用于泡沫革。

4. 压延成膜

将预塑化好的物料连续地通过压延机的辊隙，当物料围绕压延辊旋转时，辊筒之间的间隙把物料挤成薄膜，在下一个辊隙再被卷入挤成更薄的膜，最后辗延成厚度均匀的塑料薄膜。对于料层厚度的控制，由最后一组辊筒间隙来完成，一般其间隙值为要求厚度的75%～85%。

辊筒温度和转速是压延时的重要工艺参数。辊筒温度太高，薄膜和辊筒表面会发生粘连，难以剥离；温度过低，则薄膜表面粗糙，质量下降。同样辊筒的速比过大，物料就会包覆在辊筒上，形成“包辊”；速比太小，薄膜不易和辊面贴合，也影响薄膜质量。而且辊筒温度、辊筒转速之间是相互制约的，辊筒转速加大，辊筒的温度要降低。压延法PVC人造革压延时的各辊筒的温度和转速见表2－10，由于各人造革性能要求不一样，此表仅供参考。配方不同，压延辊筒的温度也不相同，表2－11是610mm×1830mm倒L型四辊压延机生产不同配方的泡沫人造革的温度控制条件。

表2－10　　人造革用PVC膜压延成型温度和辊筒转速

条件	旁辊	上辊	中辊	下辊
速度/（m/min）	10～12	12～15	12～15	12～15
温度/℃	130～140	140～145	145～150	155～165

表2－11　　人造革用PVC膜压延成型温度控制　　单位：℃

增塑剂含量	45份DOP	55份DOP	70份DOP
1#辊筒温度	155	150	145
2#辊筒温度	160	155	150
3#辊筒温度	160	155	150
4#辊筒温度	160	155	150

由于自上而下，辊筒速度逐步加快，间隙逐渐变窄，这样就使得辊隙间会有少量存料。辊隙存料在压延时起储备、补充和进一步塑化的作用。存料过多，薄膜表面毛糙和出现云纹，并容易产生气泡。存料太少，常因压力不足而造成薄膜表面毛糙。存料被转动的辊筒所带动，正常的物料运动是从中心扩展到两端，若存料旋转不佳，会使产品横向厚度不均匀，薄膜有气泡。存料的多少应视物料本身的软硬，薄膜的厚度等因素而定。倒 L 型四辊压延机生产两种不同厚度时辊隙存料量的控制见表 2－12。

表 2－12　　生产不同厚度人造革时辊隙存料的控制　　单位：mm

薄膜厚度	0.1	0.5
1#筒与 2#辊筒间存料厚度	30～35	80～100
1#辊筒与 2#辊筒间存料厚度	30～35	80～100
1#辊筒与 2#辊筒间存料厚度	10～15	10～20

5. 贴合

PVC 压延成革方法有两种，即擦胶法和贴胶法。

①擦胶法：利用压延辊之间的转速不同（如三辊压延机上、中、下辊的转速比是 1.3∶1.5∶1），把部分塑料擦进布缝中，而另一部分则贴附在基布的表面。为保证物料能擦进布缝，通过压延机的基布应有足够的张力，所以辊距应适当，过小会把基布擦破，过大会降低擦进作用。辊温也应尽可能提高，以便物料的黏度下降而易于擦进布缝，否则会使剪切应力太大引起基布破裂。

擦胶法的优点是贴合牢度高，无脱层，而且基布可以不进行底涂处理。缺点是由于物料擦到基布的纤维中，所以制品较硬，手感不太好，而且生产过程难以控制，常常撕破基布，所以要选择较厚、较牢的基布。

②贴胶法：它是借助于贴合辊的压力，把成型的物料和基布贴合在一起。贴胶法生产的人造革因浆料只贴在基布表面，所以手感好，但为增加贴合牢度，必须对基布进行底涂处理。贴合法分为内贴法和外贴法。内贴法是在物料引离前，借助贴合辊的压力，在最后一只压延辊筒上和基布直接贴合。该方法增加了物料在辊上的停留时间，从而提高贴合牢度，但由于橡胶辊在高温下工作，易发生老化变形。外贴法则是待压延物料引离后，另外用一组贴合辊加压把物料和布基贴合在一起，此法可延长橡胶辊的寿命，目前多采用外贴法。

贴合时应注意调整基布车速与压延膜车速相适应。基布过紧易造成断布，过松易出现皱褶。基布在贴合前还应预热，预热的温度要适当。基布温度过低，贴合牢度下降；温度过高，基布含水湿度很小或干燥，影响人造革的强度。进入贴合状态前的基布温度一般控制在 110～115℃。

6. 贴面膜和发泡

贴面膜的目的是防止人造革表面因黏性而黏附灰尘和阻止增塑剂迁移。被贴的薄膜有素膜、透明膜或由不同艳丽色彩组成的花膜。贴膜方法如下：

①普通人造革：半成品人造革经远红外装置加热，然后由贴合辊贴合（加热蒸汽压

力0.13～0.20MPa），贴合后即可进行压花。

②泡沫人造革：半成品预热（辊温130～140℃）后贴膜，然后进入发泡烘箱，烘箱温度分3段控制，分别为180～185℃、195～200℃、215～220℃，时间3～8min，使原压延层塑料发泡，表面贴膜塑化与底层塑料融合，出烘箱后再压花，成为泡沫人造革，发泡倍率一般为1.5～3.0倍。

发泡革的贴膜厚度可依据革的厚度规格要求来决定，不同用途的发泡革贴膜厚度参考值见表2－13。

表2－13　不同用途发泡贴膜厚度参考值

发泡革品种	鞋面革	包袋革	箱包革	坐垫革
贴薄膜厚度/mm	0.35	0.22	0.18	0.20

7. 压花

压延人造革压花方式有两种：普通人造革可采用普通压花，发泡的压延人造革则需采用间隙压花。

（四）挤出法

用挤出机使物料通过扁平口膜，在热状态下的薄膜直接与基布在压力轴加压下贴合成聚氯乙烯人造革。

聚氯乙烯鞋用人造革表面涂层的配方见表2－14。

表2－14　聚氯乙烯鞋用人造革表面涂层的配方

原料名称	泡层	面膜层	原料名称	泡层	面膜层
悬浮法聚氯乙烯树脂	—	100	硬脂酸钡	1	1.25
乳液法聚氯乙烯树脂	100	—	硬脂酸铅	1	1.25
邻苯二甲酸二辛酯	28	40	硬脂酸锌	0.3	—
邻苯二甲酸二丁酯	42	10	软体碳酸钙	20	5
癸二酸二辛酯	—	10	偶氮二甲酰胺	3	—
烷基磺酸甲酚酯	20	—	颜　料	适量	适量

三、PVC人造革清洁生产技术

人造革污染的源头主要在于有机溶剂和增塑剂，人造革的清洁生产方向就是如何避免或消除这些溶剂。表2－15为人造革加工工序、污染源和清洁生产方向。

表2－15　人造革加工工序、污染源和清洁生产方向

工序	污染源	清洁生产方向
PVC塑化	DOP及代替型增塑剂的挥发；邻苯酸酯类增塑剂的毒性	静电回收；开发环境友好、耐迁移、高闪点的替代性增塑剂

续表

工序	污染源	清洁生产方向
背衬贴合	涂布法背衬胶中有机溶剂 DMF、乙酸酯等的挥发	开发水性/无溶剂型背衬胶
表面处理	表面处理剂中有机溶剂的挥发	开发系列水性表面处理剂（高光、消光、效应）
半 PU 革	面层 PU 树脂中有机溶剂的挥发	开发水性面层树脂或 TPU 树脂

从表 2-15 可以看出，要解决人造革清洁生产问题，必须首先开发环境友好的增塑剂、水性黏合剂、水性表面处理剂等关键支撑材料。

（一）环境友好半 PU 革生产工艺

环境友好半 PU 革生产工艺流程如下，其中面层树脂和背衬黏结树脂均为水性聚氨酯，所使用的增塑剂为环境友好的增塑剂。

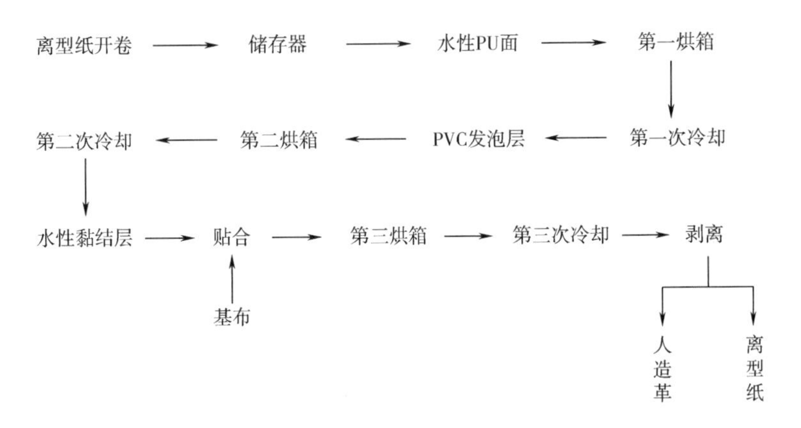

①水性面层工艺参数：上浆量 30～40g/m，烘箱温度 130～140℃，车速 20m/min，烘箱长度 15m。

②水性黏结工艺参数：涂布量 100g/m，烘箱温度 140～150℃，车速 18～20m/min，烘箱长度 15m。

③要求：黏结牢度高，手感柔软，耐水、耐溶剂。

④贴合胶：在涂布法工艺中，需要贴合胶来黏结 PVC 膜和基布，需求量为 100～120g/m。传统的贴合胶（黏合剂）以溶剂型的 PU 胶或聚氯乙烯胶为主，有机溶剂造成环境污染，因此开发水性贴合胶或无溶剂 PU 胶是减少废气排放的有效途径。作为水性黏合剂，应具备施胶方便、黏结力高、耐水、耐增塑剂迁移、耐寒、手感柔软等特点。

（二）增塑剂

人造革加工过程中需加入大量的增塑剂，其中邻苯二甲酸二辛酯（DOP）是用途最广、用量最大的增塑剂（占市场的 88%），但 DOP 有致癌风险性，已被欧盟、美国、日本等发达国家禁止或限量使用，因此开发低渗出、低迁移或低毒性甚至无毒性的新型替代型增塑剂势在必行。近几年来，替代邻苯酸酯类增塑剂的研究已取得了一定的进展，主要的替代品有柠檬酸酯类增塑剂、植物油基增塑剂、聚合物类增塑剂以及多元醇苯甲酸酯类增塑剂等。

柠檬酸酯类增塑剂环境友好，但因相对分子质量大、支化度高（不易塑化）、闪点低，人造革制造中较少采用。聚合物类增塑剂以脂肪族二元酸酯为代表，具有较好的耐寒性，但增塑效率和耐迁移性一般。多元醇苯甲酸酯类增塑剂以一缩二乙二醇二苯甲酸酯为代表，其增塑性和耐迁移性好，但凝固点偏高（20℃）。其分子结构图如下：

$$C_6H_5-\overset{\overset{O}{\|}}{C}-O\text{-}(CH_2)_2\text{-}O\text{-}(CH_2)_2\text{-}O-\overset{\overset{O}{\|}}{C}-C_6H_5$$

植物油基环氧增塑剂以环氧大豆油和环氧脂肪酸甲（乙）酯为代表，环氧类增塑剂在起增塑作用的同时环氧基还可迅速吸收因热和光降解出来的 HCl，稳定 PVC 链上的活泼氯原子，延长 PVC 的老化，但环氧大豆油增塑剂渗透性差，不适合涂布法，可用于压延法替代部分 DOP；环氧脂肪酸甲（乙）酯类增塑剂主要用于涂布法工艺中。

闪点和环氧值是衡量环氧类增塑剂好坏的主要指标。一般来说，闪点高，塑化时增塑剂的挥发性小；环氧值高，增塑剂的耐迁移性好。环氧值、耐迁移性与经验替代度（替代 DOP）的关系见表 2－16。

表 2－16　　环氧值、耐迁性与经验替代度的关系

环氧值/%	耐迁移性	经验替代度/%
≥6.0	好	40～50
5.0～6.0 以下	中	40 左右
4.0～5.0 以下	一般	30
3.0～4.0 以下	较差	20 左右
2.0～3.0 以下	差	10
<2.0	很差	不宜使用

注：替代度为替代增塑剂在所有增塑剂中的百分含量。

市场上替代型增塑剂的环氧值差异很大，价格差异也较大，如同为环氧脂肪酸甲酯，环氧值 4.0% 左右，价格在每吨 10000 元左右（2014 年），而环氧值 2.0% 左右，售价在每吨 8000 元以下。很多 PVC 厂家在购买增塑剂时，多考虑价格因素，很少要求生产厂家提供环氧值指标，也未进行相关环氧值检测，为人造革产品质量留下隐患。2010 年，很多厂家遭到因增塑剂迁移出现质量事故的投诉，主要表现为人造革产品发到客户 2 个月左右，出现背衬胶黏结不牢（似不干胶）、革表面浮油或革表面出现白霜（氯化石蜡遇冷凝固）现象。增塑剂迁移是一个相对缓慢的过程，一般 PVC 革刚生产出来，看不到上述现象，但随着时间的推移，增塑剂开始从正、反两面析出，造成上述质量事故的发生。研究结果表明，环氧值越高，耐迁移性越好，替代型聚醚类增塑剂 310 耐迁移性最差。

PVC 中增塑剂迁移和抽出严重时会使制品发生较大变化，引起制品软化、发黏，甚至表面破裂，析出物往往会造成制品污染，还会影响制品的二次加工。比如，PVC 防水卷材中增塑剂分子发生迁移，失去增塑剂后的 PVC 会发生收缩、变硬等现象，从而可能导致防水功能失效。软质 PVC 制品用一般溶剂型黏合剂黏结时，制品内部的增塑剂往往会迁移到黏结层，引起黏结强度的急剧下降，造成黏结不牢或脱胶等问题。软质 PVC 制品进行涂装或漆装时，也同样面临被抽出的增塑剂导致涂层或漆层脱落问题。

实践证明，与 PVC 相容性好、相对分子质量大且具有支链或苯环结构的增塑剂较难迁移和抽出。范浩军等开发的环氧油脂肪酸苄酯由于引入苯环结构，其迁移性大幅提高，环氧油脂肪酸苄酯的主要反应如下：

$$\begin{array}{l} CH_2-OCO-R \\ | \\ CH-OCO-R \\ | \\ CH_2-OCO-R \end{array} + C_6H_5CH_2OH \longrightarrow \begin{array}{l} CH_2-OH \\ | \\ CH-OH \\ | \\ CH_2-OH \end{array} + C_6H_5CH_2O\overset{\overset{\displaystyle O}{\|}}{C}-R$$

R 为菜籽油脂肪酸。

由于苄醇的引入，该增塑剂闪点为 216℃，环氧值在 3.5% 以上，具有较好的耐迁移性和增塑效率。研究结果表明，随着时间的增加，环氧菜籽油脂肪酸苄酯和 DOP 在二甲苯中的抽出量也随之增加，在 16h 后基本达到平衡状态。环氧菜籽油脂肪酸苄酯和 DOP 在二甲苯中的溶出率相当，环氧菜籽油脂肪酸苄酯 18h 后在二甲苯中的溶出率为总质量的 30%，DOP 为总质量的 29.5%，说明环氧菜籽油脂肪酸苄酯在 PVC 树脂中有较好的耐迁移性。

（三）人造革水性表面处理剂

常见的 PVC 革表面处理剂为溶剂型丙烯酸树脂和聚氨酯，溶剂不易回收利用，造成资源浪费，更为严重的是成革中挥发性有机物（VOC）含量高，无法满足欧盟生态人造革的要求。

PVC 本身为极性大分子，但经过增塑剂增塑后的 PVC 表面能变化较大，表面张力往往高于 4.5×10^{-6}N/m，所以水性树脂在 PVC 表面的润湿、铺展是实现水性表面处理的第一步。作为表面处理剂，要求涂层有良好的耐水、耐刮、耐溶剂等性能的同时，还应有良好的黏结牢度。

目前国内开发的 PVC 革水性表面处理剂普遍存在以下问题：

①涂膜的透明性和光泽度不足。

②剩余浆料易变质（变稠、分层）。

③在增塑剂加入量不大的 PVC 制品中流动性尚可，但在增塑剂量大、表面有一定油析出时，难以流平，有“花面”现象。

④与增塑 PVC 的黏合力不足。

⑤消光表面处理后产品对折或顶起后有“拉白”或“折白”现象等。

四川大学合成革研究中心与浙江德美博士达公司合作，经过两年多的努力，目前已成功开发出了适合人造革、半PU革表面处理的水性高光、消光、绒感、蜡感、刮刀等系列表面处理剂，对增塑剂用量不同的PVC表面均有良好的润湿和铺展能力，涂层与PVC层黏结牢固，增光不发黏，消光不泛白，可望在近期内全面替代溶剂型表面处理剂完成人造革的表面处理，为从源头消除表面处理剂所带来的环境污染提供支撑材料。

第三节 合 成 革

一、原 材 料

（一）制备非织造布所用的纤维

非织造布又称非织布、非织造织物、无纺织布、无纺织物或无纺布。按照GB/T 5709—1997的定义，非织造布是定向或随机排列的纤维通过摩擦、抱合或黏合，或者这些方法的组合而相互结合制成片状物、纤网或禁垫（不包括纸、机织物、针织物、簇绒织物、带有缝编纱线的缝编织物以及湿法缩绒的毡织物）。合成革用非织造布的物理机械性能要求见表2－17。

表2－17　合成革用非织造布的物理机械性能要求

项目		实际控制范围	通常使用范围
厚度/mm		1.41～1.95（±0.1）	0.9～6.0
密度/（g/cm^3）		0.20±0.02	0.13～0.30
拉伸强力/（N/2.5cm）	纵	≥206	—
	横	≥157	—
纵横向强力比		≤1∶2	≤1∶2.5
伸长率/%	纵	20～80	—
	横	40～100	—

制备非织造布所用的纤维有合成纤维、人造丝纤维、天然纤维（棉纤维）等。常用的有以下几种：

（1）涤纶

涤纶是由聚酯树脂制造的，也称聚酯纤维。聚酯的种类很多，制造涤纶的聚酯是聚对苯二甲酸乙二酯。

涤纶的优点是保形性能和耐折皱性能好，压缩弹性好（比尼龙高2～3倍），强度高，耐磨性仅次于尼龙。耐热性能好，在150℃的空气中加热100h，纤维只稍有变色。它的缺点是吸湿性能差（0.4%～0.5%），不易染色。

（2）尼龙——锦纶

尼龙是由聚酰胺树脂制造的，也称聚酰胺纤维，尼龙－6和尼龙－66是最主要的品种。其优点为相对密度小（d＝1.14），除聚丙烯纤维外，尼龙的相对密度是所有纤维中最小的，且光滑，耐磨，强度高，耐疲劳性、弹性、防霉蛀性、染色性能均较好。缺点是耐光性能差，日照强度下降，色泽发黄。

（3）氯纶——聚氯乙烯纤维

氯纶优点是耐酸、耐碱性强，不易燃烧，具有良好的保暖性（比棉花高60%，比羊毛高10%～20%）、耐日光性，且原料丰富，价格便宜，工艺简单。缺点是耐热性差，沸水收缩大，染色困难（在水中不膨胀），吸湿性小，不易导电，易产生和保持静电。

（4）维纶——聚乙烯醇纤维

维纶的优点是吸湿性能好，与棉花相近似（维纶为5%，棉花为7%～8%），但维纶的强度却比棉花高50%～100%，维纶的耐磨性、耐霉蛀、耐日光以及保温性能均良好。缺点为弹性差，织物不挺括，容易折皱；染色性差，耐热水性能差，织物缩水率较大。

（5）丙纶——聚丙烯纤维

丙纶的优点是相对密度小、强度高和耐化学药品性能强。缺点有染色性、耐光性差。

（6）人造纤维——黏纤

用木材、棉子绒、植物藁杆等纤维素为原料，先在17.5%～18%的氢氧化钠溶液中浸渍，成为碱纤维素，再使其与二硫化碳作用生成纤维素黄原酸钠，再溶解在稀的氢氧化钠溶液中得到黏胶溶液，抽丝即为黏纤。

人造纤维的优点为质地十分柔软，透气性良好，吸湿率高（回潮率10%～14%），穿着舒适，易于染色（在水中纤维膨胀，染料分子易渗入）。缺点是湿强度低（比干强度低50%），发硬，耐磨性差，尤其在湿态，尺寸稳定性差，吸水容易变形。

（二）浸渍胶液

浸渍胶液的作用是使非织造布纤维得到进一步固定，提高抗张强度，又使底基挺拔，手感丰满，具有柔软性和透气性，保证穿着舒适。所用的胶液有天然胶乳和合成胶乳。

1. 天然胶乳

一般系指巴西三叶橡胶树割胶而得的白色乳状液体。它的主要成分是橡胶烃（聚异戊二烯）：

$$\left[CH_2-CH=\overset{\overset{\displaystyle CH_3}{|}}{C}-CH_2 \right]_n$$

由于生物、地质、气候、胶树品种及割胶季节等因素的影响，天然胶乳的结构、成分存在很大的差别。其主组成为：水分52%～70%，橡胶烃27%～40%，蛋白质1.5%～2.8%，树脂1.0%～1.7%，坚木皮醇0.5%～1.5%，无机盐类0.2%～0.9%。

天然胶乳的综合性能较好，弹性、张力、伸长率较高。但缺点是易老化、易发黏、变硬。为了改进天然胶乳性能，在胶乳中加入硫化剂（硫磺）、防老剂、促进剂等试剂。

2. 合成胶乳

合成胶乳与天然胶乳的物理化学性质极为相似。它是人工将各种相适应（以煤、石油为原料）的单体经不同条件聚合而成并用表面活性物质来稳定的胶体分散体。合成胶乳中橡胶粒子比天然胶乳中橡胶粒子要小，分散性能好。用在浸渍制品时，有利于向纤维制品内层深入扩散，并且稳定性能好。合成胶乳种类有丁腈胶乳，丁苯胶乳及氯丁胶乳。

（1）丁腈胶乳

由丁二烯和丙烯腈共聚制得。随丙烯腈含量不同，胶乳的性能不同。随丙烯腈含量增加，极性增加，耐油、耐溶剂性改善，低温曲挠性降低，定伸强度增高，黏合性能增高，自黏性降低，热塑性降低。丁腈胶乳在做非织造布的浸渍胶时，丙烯腈的含量为40% ~47%。pH 8 以上。

丁腈胶乳的优点为颗粒比天然胶乳小，易渗到织物中去。耐油、耐溶剂性良好；黏合强度高，耐老化，耐热性，曲挠性能较好。但其物理机械性能（抗张强度，定伸强度，撕裂强度等）较天然胶乳差。

（2）丁苯胶乳

由丁二烯、苯乙烯经乳液共聚而制得。胶膜的性能与苯乙烯的含量有着极大的关系，苯乙烯含量增高，耐磨性和硬度增大，耐寒性降低。

（3）氯丁胶乳

氯丁胶乳是氯丁二烯的乳液聚合体。氯丁胶乳具有与天然胶乳相似的弹性和强度，有良好的耐候性、耐臭氧及耐老化性能，由于含有强负电性的氯原子，故黏合力高，具有耐一般溶剂及耐酸碱性能。但其耐寒性差，即常温时结晶性强。膜层在 -40℃以下易硬化，绝缘性略差。

（三）聚氨酯涂覆液

生产 PU 树脂的原料为二异氰酸酯（O═C═N—R—N═C═O）和多元醇或含有多元羟基的低聚物或高聚物（HO—R—OH），只有两者都具有两个官能团时，才得到纯线型的聚合物。若其中之一或两种具有三个以上官能团时则得到体型结构的聚合物。制造 PU 革所用的聚氨酯微孔层、涂饰剂及胶粘剂都属于线型结构聚合物。

1. 二异氰酸酯的品种

（1）甲苯二异氰酸酯（TDI）

TDI 是无色液体（沸点 120℃/1333Pa），在制备过程中可以得到 80∶20 或 65∶35 的2,4和 2,6 -异构体混合物。

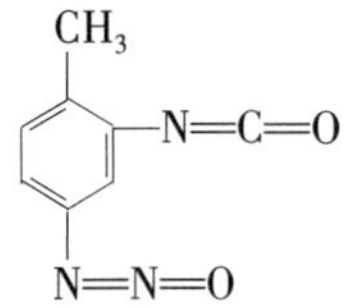

CH_3
—N═C═O
N═N═O

2,4 -甲苯二异氰酸酯

CH_3
O═C═N— —N═C═O

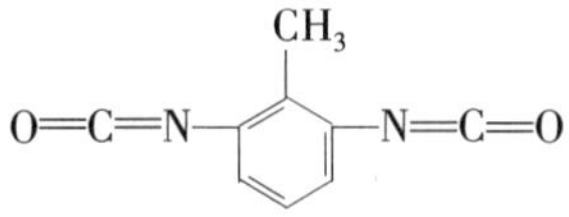

2,6 -甲苯二异氰酸酯

在室温时，甲基对位的—N═C═O 基团比在邻位上的反应活性大 8 ~10 倍。随着温度的升高，邻位上—N═C═O 基团反应活性也增加，比在对位上的增加速度快，到100℃时，邻位和对位上的—N═C═O 具有相等的活性。利用在低温时反应活性的不同，可合成以异氰酸酯为端基的预聚体。

（2）4,4－二苯甲烷二异氰酸酯（MDI）

$$O{=}C{=}N-C_6H_4-CH_2-C_6H_4-N{=}C{=}O$$

MDI是含有两个反应活性相同的异氰酸酯基。MDI通常为固体，熔点37℃，在室温下有一种生成二聚体的趋势，在0℃贮存或在45～50℃液态下贮存，可以减缓二聚体反应的进行，与TDI相比，MDI的蒸气压小，所以刺激性也比TDI小。

（3）1,6－六亚甲基二异氰酸酯（HDI）

$$O{=}C{=}N\!-\!\!\left[CH_2\right]_6\!N{=}C{=}O$$

HDI是一种无色液体（沸点327℃/1333Pa），活性比TDI和MDI低，但是有催化剂时，如锡、铅，铋、锌及钴等金属盐类，则脂肪族异氰酸酯基的活性等于或大于TDI中的异氰酸酯基。

2. 羟基化合物

（1）聚酯型多元醇

聚酯型多元醇为二元酸与二元醇（或多元醇）的酯化聚合物。如端羟基聚己二酸乙二醇酯、端羟基聚己二酸己二醇酯。

$$HOCH_2CH_2O\!\left[\overset{O}{\overset{\|}{C}}(CH_2)_4\overset{O}{\overset{\|}{C}}OCH_2CH_2O\right]_nH$$

聚酯型PU合成革涂层耐热性能好，尺寸稳定，性质优良。

（2）聚醚型多元醇

聚醚型多元醇为环氧乙烷或环氧丙烷与多元醇的加聚物，如聚氧化丙烯二元醇。

$$H\!\left[O\underset{CH_3}{\underset{|}{C}}HCH_2\right]_nOCH_2\underset{CH_3}{\underset{|}{C}}HO\!\left[CH_2\underset{CH_3}{\underset{|}{C}}HO\right]_nH$$

聚醚型PU合成革弹性好，表面光滑，实心层，用于成型鞋底。

3. PU树脂生成的化学反应

异氰酸酯是极活泼的基团，其最重要的化学反应是与含有活泼氢的化合物反应。

（1）与羟基反应

异氰酸酯与多元醇、聚酯、聚酯酰胺、蓖麻油等含羟基化合物的活泼氧反应生成氨基甲酸酯。

$$R{-}NCO + R'OH \longrightarrow RNH{-}\overset{O}{\overset{\|}{C}}{-}O{-}R'$$

所以在多异氰酸酯与分子中含有两个或两个以上羟基的多元醇反应时，就会生成聚氨酯。

（2）与羧基反应

异氰酸酯基与羧基生成不稳定的中间物，然后再分解出二氧化碳生成酰胺。

$$R{-}N{=}C{=}O + R'{-}\overset{\overset{\displaystyle O}{\|}}{C}{-}OH \longrightarrow R'{-}\overset{\overset{\displaystyle O}{\|}}{C}{-}O{-}\overset{\overset{\displaystyle O}{\|}}{C}{-}NH{-}R$$

$$\downarrow$$

$$R'{-}\overset{\overset{\displaystyle O}{\|}}{C}{-}NH{-}R + CO_2\uparrow$$

（3）与水反应

首先生成胺化合物，放出二氧化碳气体，再进一步与胺作用生成脲衍生物。

$$R{-}N{=}C{=}O + H_2O \longrightarrow R{-}NH_2 + CO_2\uparrow$$

$$R{-}N{=}C{=}O + R{-}NH_2 \longrightarrow R{-}NH{-}\overset{\overset{\displaystyle O}{\|}}{C}{-}NH{-}R$$

4. 聚氨酯的特性

聚氨酯有许多优点：由于具有一定的微孔结构，故提高了制品的透气性，卫生性能良好，并且耐磨、耐寒（冷天能保持柔软感，不易破裂）、耐溶剂、耐热、耐折、耐撕裂，柔软光亮，手感舒适。

但在制备聚氨酯时，使用的原料不同它的性能就有所差异，各种基团对聚氨酯性能的影响见表2－18。

表2－18　　各种基团对聚氨酯性能的影响

基　团	耐候性	硬度	延伸性	抗撕性	耐磨性	耐化学稳定性	耐热性	抗拉性	低温柔软性
$-CH_2-$	—	良	—	—	—	良	良	—	良
$-C_6H_4-$（对亚苯基）	差	优	中	中～良	优	良	良	优	差
$R{-}\overset{\overset{\displaystyle H}{\vert}}{N}{-}\overset{\overset{\displaystyle O}{\|}}{C}{-}O{-}R'$	良	—	—	优	优	良	良	优	良
$RNH{-}\overset{\overset{\displaystyle O}{\|}}{C}{-}NHR'$	差	优	差	良	中	良	良	良	差
$RNH{-}\overset{\overset{\displaystyle O}{\|}}{C}{-}N{-}R'{-}\overset{\overset{\displaystyle O}{\|}}{C}{-}O{-}R''$	优	中	良	差	良	中	差	差	良
$NH_2{-}\overset{\overset{\displaystyle O}{\|}}{C}{-}NH{-}\overset{\overset{\displaystyle O}{\|}}{C}{-}NH_2$	中	中	中	中	良	中	差	中	差

续表

基团	耐候性	硬度	延伸性	抗撕性	耐磨性	耐化学稳定性	耐热性	抗拉性	低温柔软性
$RNH-\overset{O}{\overset{\parallel}{C}}-NR'-\overset{O}{\overset{\parallel}{C}}-NHR'$	中	中	中	中	良	中	差	中	中
$RNH-\overset{O}{\overset{\parallel}{C}}-NH-\overset{O}{\overset{\parallel}{C}}-R'$	中	良	差	良	良	良	良	良	差
$-\overset{O}{\overset{\parallel}{C}}-O-$	无	差	优	优	无	中	差	优	良
—O—	良	差	良	中	无	—	差	中	优
$-NH-\overset{O}{\overset{\parallel}{C}}-$	差	良	良	良	良	中	中	良	中

注："—"未知其影响如何；"无"代表没有影响。

在制备聚氨酯时，反应条件不同，异氰酸酯及羟基化合物的加入量不同，可制成不同类型的聚氨酯，如涂饰剂、油漆、黏合剂、泡沫塑料、橡胶制品等，因此聚氨酯的应用范围很广。

（四）防水解剂

用聚氨酯做表面涂覆液的合成革，其存在的主要问题是水解龟裂问题。人在穿鞋时脚表面产生很大的湿气，但不会都蒸发掉，有一些会变成水，在水或水汽的作用下，聚氨酯中的某些基团发生水解反应而破坏。这些基因有醚基、氨基甲酸酯基、酯基、脲基等，它们的抗水解能力排列次序如下：醚基 > 氨基甲酸酯基 > 脲、缩二脲 > 酯基。酯基最易水解，因为酯基水解后产生羟基和羧基，羧基又能催化主链上的其他酯基水解，起到自动连锁催化作用。

聚氨酯水解在微孔层中表现为网状结构的破坏。表面发生龟裂与底基脱离，最后变成粉末状的物质。如果非织造布底基也采用聚氨酯作黏合剂，也会发生水解现象。在最初阶段不明显，但进一步水解则会引起聚氨酯链的进一步断裂，乃至使非织造布底基变成强度很低的松散纤维。

为了减缓聚氨酯水解速度，要加入防水解剂。目前常用的防水解剂有羧基氯丙烷类、碳化二亚胺类、喹啉类等。

（五）溶剂——DMF

生成的PU树脂溶解在溶剂中配成浸渍液和涂覆液，使用的溶剂是 N,N－二甲基甲酰胺：

$$H-\overset{O}{\overset{\parallel}{C}}-\underset{}{\overset{CH_3}{\overset{|}{N}}}-CH_3$$

它是一种无色油状液体，有氨的气味，沸点153℃，能与水和多数有机溶剂相混溶。许多在一般有机溶剂中难溶的高聚物，如聚氨酯，能溶于 DMF，所以，人们称它为“万能溶剂”。工业上 DMF 甲醇和一氧化碳在高压下作用而制得。

$$2CH_3OH + NH_3 + CO \xrightarrow{15MPa} H-\overset{\overset{O}{\|}}{C}-\overset{\overset{CH_3}{|}}{N}-CH_3 + 2H_2O$$

（六）乳化剂

常用聚乙烯氧化物和聚丙烯氧化物的共聚物，得到聚醚非离子型表面活性剂，加入到 PU 革涂覆液中，可改进 PU 革的透水汽性。

二、生产工艺过程

合成革的生产工艺有两种方法：湿法与干法。湿法工艺制作的合成革具有微孔结构，提高了制品的卫生性能。干法工艺制作的合成革无微孔结构，制品的透气性能相应地差些。生产流程如图 2－1 所示。

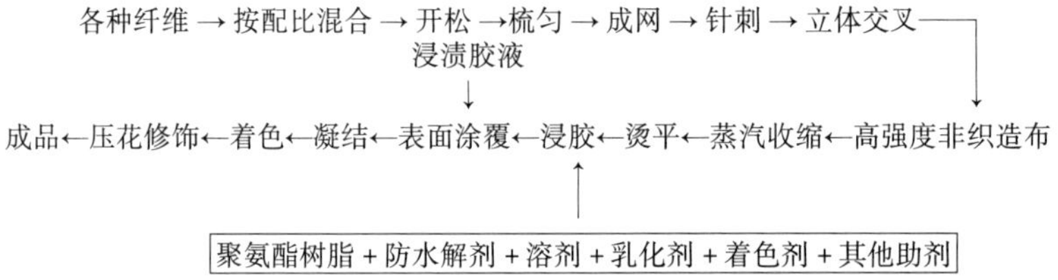

各种纤维 → 按配比混合 → 开松 →梳匀 → 成网 → 针刺 → 立体交叉 → 高强度非织造布 → 蒸汽收缩 → 烫平 → 浸胶（← 浸渍胶液） → 表面涂覆（← 聚氨酯树脂＋防水解剂＋溶剂＋乳化剂＋着色剂＋其他助剂） → 凝结 → 着色 → 压花修饰 → 成品

图 2－1　合成革生产流程图

（一）制作非织造布

非织造布生产的一般过程为：纤维准备→纤维成网→加固→烘燥→后整理→卷装。其中最重要的是成网和加固。成网是将纤维形成松散的网状结构材料（纤网）的工序，主要方法可见表 2－19。加固是指采用一定的方法使蓬松而无强度的疏松纤维网形成具有一定强度、性能和符合使用要求的非织造布过程，可分为机械加固、化学黏合和热黏合 3 类，对于合成革基布用非织造布，主要采用机械加固法中的针刺加固和水刺加固。

表 2－19　非织造布的成网方法

类型	方法	过　程
干法	机械成网	采用传统梳理机，使原料纤维由束纤维状变为单纤维状而形成薄纤网
	气流成网	让纤维在气流中运动，最后以一定的方式尽可能均匀地沉积在连续运动的多孔帘带或尘笼上，形成纤网
	离心动力成网	利用锡林滚筒高速回转形成的离心动力，将最后一支锡林上的单纤维高速抛向道夫（成网帘），形成纤维杂乱排列的纤网
湿法	—	以水为介质，使短纤维均匀地悬浮于水中，并借助水流作用，使纤维沉积在透水的帘带或多孔滚筒上，形成湿的纤网

续表

类型	方法	过　程
聚合物挤压法	熔喷成网	将聚合物在熔融状态下高压喷出，以极细的短纤维沉积在凝网帘或滚筒上形成纤网，同时利用自身的黏合形成非织造布
	膜裂成网	在聚合物挤压成膜阶段，通过机械作用（如针裂、轧纹等），使薄膜形成网状结构或原纤化的极薄非织造布
	静电成网	聚合物粉末等材料在静电作用下加热熔融并抽丝，形成长短、粗细不一的纤维，沉积在成网帘上形成纤网

（1）针刺法

针刺法是用带刺的刺针对纤网进行反复穿刺，使蓬松纤网中的部分纤维上下相互缠结而达到加固的目的，在加固的同时使纤网压缩，形成一定厚度的非织造布。针刺法不用纱线，全靠纤维与纤维间的相互抱合而得到强力。针刺法的原理和工艺流程简单，适宜生产厚型产品，产品具有通透性好、机械性能优良等特点，但普通针刺产品有比较明显的针孔，手感差，纤维损伤严重。用于聚氨酯合成革时，多采用锦纶、涤纶纤维。单位面积质量一般为150～500g/m^2，主要用于鞋面革产品。

密度是指单位体积的非织造布质量，密度高的基布手感柔韧、撕裂强度高。随着合成革生产的发展，普通针刺产品在手感和密度上不能满足高档人造革的要求，其主要原因是普通针刺基布的密度为0.18～0.23g/cm^3，而要达到仿真的手感和弹性，基布的密度必须大于0.25g/cm^3。虽然普通针刺产品通过增加针刺密度和乳光整理也可使密度达到0.25g/cm^3，但存在纤维损伤、特性指标下降、手感变硬等严重缺陷。高密度针刺布在涂覆聚氨酯树脂时，会减少涂饰剂的吸入量，节约大量成本，同时又保证最终产品优良的力学物理性能，产品广泛应用于高档鞋面革、运动鞋和球革。高密度针刺合成革基布主要是在原有纤维中加入部分高收缩涤纶，高收缩涤纶受热（蒸汽、热水）后会在长度方向上急剧收缩，加之在基布中呈三维立体结构，因此会显著增大基布的密度。

（2）水刺法

水刺加固技术是用极细的高压高速微细水流对纤网进行喷射，在水力的作用下使纤网中的纤维发生位移、穿插、缠结、抱合，达到加固的目的。水刺非织造布的优点是密度高，表面平整，手感、悬垂性好，外观与性能更能接近传统纺织品（克服了化学黏合非织造布的手感硬挺，而针刺法只能生产中厚型产品），而且弹性好，剥离强度高。但水刺非织造布如果不经过浸渍或不经过喷洒少量黏合剂的进一步加固，强力就不高，弹性回复性也较差。

水刺法基布在PVC人造革方面已较多地应用于压延法及转移涂层法PVC人造革中，其产品主要为鞋革及箱包革等。而在PU革中，则广泛应用于鞋里革、服装革（表2－20、表2－21）等方面。高密度水刺合成革基布主要用于鞋革和球革。

表 2－20　水刺 PU 革基布技术指标要求

项目	技术指标要求	项目	技术指标要求
定量/(g/m^2)	40～60	断裂伸长率/%	49～55
厚度/mm	0.25～0.40	撕裂强度/(N/5cm)	≥10（定量为45g/m^2）
幅宽/cm	148～152	纵横强力比	≤1:1.6
断裂强度/(N/5cm)	≥60		

表 2－21　高密度水刺合成革基布

类别	基布定量/(g/m^2)	原料种类	其他
PVC 合成革基布系列	40～80	涤纶	涂层整理
PU 鞋里革基布系列	80～100	黏胶	—
PU 鞋面革、球革系列	190～260	涤纶、黏胶、尼龙	密度 0.2～0.3g/cm^3
超细纤维基布	130～260	涤/锦复合纤维	—

（二）基布的选择

合成革基布的选择主要是依据基布的特点、革的类型、用途来进行的。基布的特点在前面已有介绍，不再赘述。具体选择如下：

1. 根据革的类型选择基布

①干法 PU 革：干法 PU 合成革的基布中，起毛机织布的用量最大，其规格要求见表2－22。以非织造布为基布制成的合成革多都用于制作鞋面、鞋衬里、球面、鞋带等，而针织布应用很少。

表 2－22　干法 PU 革起毛机织布的要求

项目		鞋用	箱包用	服装用
纤维品种		涤黏混纺	棉	棉
纱支线密度/tex	经	29.5	19.7×3	29.5
	纬	29.5×4	59	29.5×2
织物密度/(根/cm)	经	70	43	44
	纬	40	94	46
织物厚度/mm		1.5	1.05	0.7
起毛布厚度/mm		0.8～1.5	0.6～1.2	0.3～0.7
起毛长度/mm		5～7	3～5	3
制成合成革的厚度/mm		0.9～1.6	0.7～1.3	0.4～0.8

②湿法 PU 革：湿法 PU 革主要使用非织造布和起毛机织布。

作为湿式合成革用的非织造基布有着特殊的要求。由于湿式合成革生产工艺流程长，一般在130m以上，基布在整条生产工艺流程中所承受的拉力很大，因此要求基布要有一定的强力并同时要求经纬向强力比不能太大，一般要小于1∶2。

起毛机织布则应尽量做到绒毛密度大、分布匀、长度齐。此外，若起毛机织布脱脂差、亲水性差会导致贝斯表面出现大量针孔甚至脱层。使用双面起毛机织布时，要求背面的毛要长而正面的毛要短，其规格可参见表2－23。

表2－23　湿法PU革用起毛机织布规格

产品用途	纤维	纱支/tex（经/纬）	密度/（根/cm）（经/纬）	组织
服装	纯棉、涤棉混纺	29.5/29.5	24/24	平纹
家具	涤棉混纺	37.0/49.2	24/25	四枚缎纹
鞋	涤棉混纺	37.0/49.2	26/29	五枚缎纹
	涤棉混纺	29.5/59.1	18/23	平纹

2. 根据用途选择基布

①鞋面革用基布：通常，鞋面革用基布在性能上要求最为严格，这是由于鞋面革在使用中必须承受较高的永久变形，才能适应制鞋工艺和人体脚部在穿着过程中的膨胀、收缩变形需要。例如鞋用革用基布的经、纬线的伸长率均应大于10%，以满足鞋楦成形和穿着中的频繁弯曲变形，提高制品的使用寿命。

②鞋里革和鞋垫革用基布：作为鞋里革和鞋垫革用基布，由于它们直接与人体脚部皮肤接触，虽然对它的表面要求不十分严格，但却要求它必须具备优异的柔顺性和耐磨性。根据实验发现，在正常的情况下，鞋里革的损坏程度要比鞋面革高出约30%。由于鞋里革处于封闭的穿着外境，故也要求它们必须具备优异的吸湿和透湿性能，应选用吸湿性能优良的纤维材料。吸湿性能较好的纤维品种是黏胶纤维、棉纤维、维纶、锦纶等。其中，黏胶纤维的吸湿性能最好，但它容易缩水，故主要用于水刺非织造布类的基布中。虽然涤纶的吸湿性很差，但它的强度高，价格低，在机织布和非织造布类的基布中，还是经常被选用的纤维，与鞋面革一样，一般选择较厚的基布以满足机械性能的要求。

③服装革用基布：对于服装革用基布，要求应具有一定的机械强度（低于鞋面革），但伸长率要大并且质地柔软，手感要优良，并应具备足够大的吸湿性和透气性，同时还要求有防霉性，服装用合成革的基布主要使用针织布、非织造布类基布，要求较薄。

④包用革：介于鞋面革和服装革之间。

（三）表面涂覆液的制备

将聚氨酯弹性体溶于有机溶剂，再将无机盐细粒与高级脂肪酸及其他添加物混合加入溶液中，也可以直接将聚氨酯聚合物、无机盐、高级脂肪酸与其他添加物加入有机溶剂中。制得 PU 树脂约 30% 的涂覆液。

（四）浸渍涂布

非织造布用浸渍液进行浸渍，使强度进一步提高，形成黏结型的基材，以便进行涂布。非织造布从退卷支架通过缓冲储蓄器和升降辊进入浸渍槽。完成浸渍后，经过调压的压榨辊控制非织造布的浸渍液含量。浸渍后的非织造布送入刮刀或涂布机，将表面涂覆液刮涂在非织造布的表面，涂布后进入密闭式预凝固箱，在严格控制温度和湿度的条件下，产品进行预凝固。涂覆聚氨酯进入凝固浴中，形成聚氨酯和溶剂两相，溶剂以分散的小滴存在于聚氨酯基体中。经过清洗，聚氨酯层内的溶剂被去掉，产品经干燥后，即得出微孔层。

（五）整饰工序

合成革的整饰是通过着色、压花及涂饰，使其达到表面滑爽耐磨并具有类似天然皮革的花纹。压花不是靠压力，主要是靠温度，因此压力应尽可能小、花辊必须加热，使辊筒温度接近表面层聚氨酯的软化点（140～150℃），利用表面层聚氨酯与热辊表面接触而受热软化压出花纹。合成革表面涂饰剂一般采用聚氨酯涂饰剂。

三、合成革清洁生产技术

目前，合成革清洁生产的主要方向就是以非溶剂型聚氨酯替代传统溶剂型聚氨酯，从源头消除有机溶剂污染，节省有机溶剂资源。这些清洁生产技术包括水性树脂的合成革制造技术、无溶剂 PU 树脂的合成革制造技术、TPU/TPO 树脂（热塑性聚氨酯/聚烯烃）的合成革制造技术以及 UV 固化树脂的合成革制造技术等。

（一）水性树脂的合成革制造技术

1. 水性树脂的干法合成革制造技术

顾名思义，水性合成革即所有树脂均采用水性聚氨酯所制备的合成革，由 PU 面层、发泡层、黏结层和基布构成，工艺流程如下：

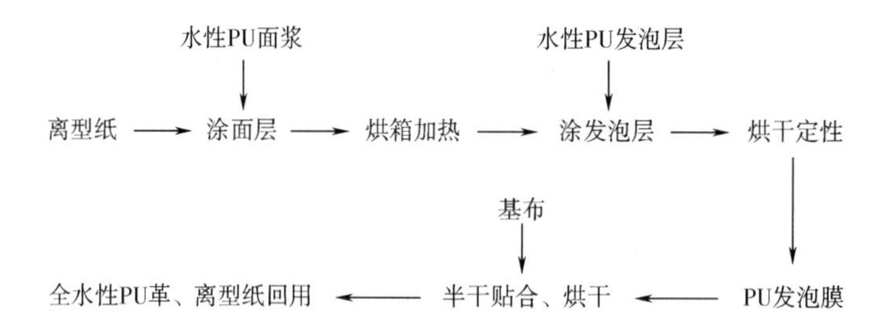

目前，较多厂家采用转移涂层法，其工艺及参数如下：

①烘箱温度设置：面层 130～140℃，发泡层 120、140、150℃，黏结层130～140℃。

②涂膜量：面层 130g/m，发泡层 350～400g/m，黏结层 100～130g/m。

③各层物料要求：

a. 面层：要求软而不黏，耐磨、耐刮及良好的其他综合物性。

b. 发泡层：一般采用机械发泡，要求树脂固含高（≥45%），浆料需添加稳泡剂、匀泡剂等发泡助剂。

c. 黏结层：具备施胶方便，初黏力高，黏结牢度高（≥30N/3cm），耐水、耐溶剂，手感柔软等特点。

④工艺说明：

a. 发泡工艺既可采用单层发泡，也可采用双层发泡，树脂用量一般为400～500g/m。高黏、高固树脂（固含量≥50%）是机械发泡的前提和基础，双层发泡涂层厚实，可做沙发革、鞋革、箱包革等。

b. 烘箱最高温度设置到150℃，线速控制在8～10m/min，车速太快，干燥不完全，也会影响发泡效果和成革物性。

⑤问题：

a. 成本：高黏、高固水性聚氨酯主要以脂肪族聚氨酯为主，价格较贵，无竞争优势。

b. 泡孔的稳定性与均匀性：油性树脂采用化学发泡，泡孔稳定、均匀，但对水性树脂体系，尚无与水性材料配伍的有机发泡剂。目前主要采用机械发泡，其泡孔稳定性、均匀性尚待提高。另外，涂层的折痕回弹性和涂层经水揉后花纹保型、定型性也尚需提高。

c. 对离型纸伤害大，干燥速度慢。由于面层、发泡层均涂覆在离型纸上，离型纸单面透水，干燥速度慢，在高温、高湿条件下，水对离型纸的伤害较大。

针对上述技术关键，四川大学和江苏宜兴鸿兴瑞奇公司经过两年多的联合攻关，一方面，采用特殊的IPN技术、封端和后扩链技术，开发了低成本、高固含芳香族水基聚氨酯，解决了成本问题；另一方面，开发了特殊的稳泡剂和匀泡剂等助剂，解决了机械发泡泡孔稳定性和均匀性问题。同时，将发泡层树脂直接涂覆在预处理的基布上，大大提高了涂层的干燥速度，延长了离型纸的使用寿命。其工艺流程如下：

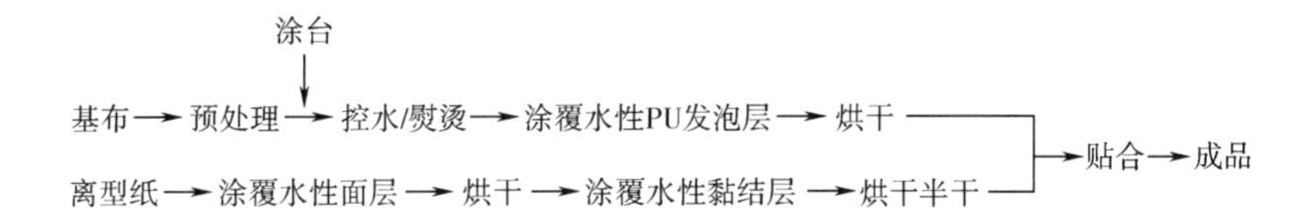

改进工艺的优点是：直接在基布上涂覆发泡层，水蒸气双面渗透，干燥速度快，厚度可控，对离型纸伤害小，被行业认为是目前最先进的水性合成革制造技术。

2. 水性树脂的湿法贝斯制造技术

①操作步骤：将水性树脂经涂台涂覆在预处理的基布上后，进入凝固槽凝固（也可以在水中凝固后再用水蒸气凝固），凝固完毕水洗、干燥、收卷。

②工艺说明：

a. 凝固液一般采用高价盐［如$CaCl_2$、$Ca(NO_2)_2$］的水性液，凝固液pH呈酸性，高价盐阳离子和酸均有利于聚氨酯的快速凝固。

b. 将基布浸入凝固液进行预处理，控制水分含量，拉伸扩幅定型。

c. 涂布量控制在350～450g/m；树脂要求高黏、高固含量（≥50%），快速凝固，成肌性好，泡孔结构稳定。

d. 凝固涂布完成后，浸入凝固液凝固，凝固速度与凝固液的组成、温度和涂布量等诸多参数有关，指压涂层能迅速回弹，表明凝固完成。

e. 水洗凝固完成应充分水洗，去除树脂膜内外的盐和酸。

f. 干燥水性涂层宜梯度干燥，先低温后高温，干燥温度不宜超过140℃。

③优点：涂层具有微孔结构，成革丰满，透气性好。

④缺点：凝固过程中会产生大量含盐的废水。烟台万华公司采用分离膜对凝固废水进行膜分离，清水进入水洗槽回用，高浓度盐溶液进入凝固槽，但该技术目前尚未进入批量生产阶段。另外，全水性湿法合成革设备与传统油性湿法合成革设备也存在较大差异。

⑤水性工艺与油性工艺比较采用水性树脂制造合成革，从源头上消除溶剂污染，节省有机溶剂资源；干法工艺与传统的机械设备配伍性好，无须大的设备改造和投资；采用水性树脂无须溶剂回收，可降低综合能耗和设备投资；水性树脂适合干法工艺、湿法贝斯的改色、人造革、超纤革、PU 革的表面处理、半 PU 革的制造等；也适合羊巴革、染色革等效应革的制造，且合成革的手感、透气、透湿性等性能优于溶剂型产品。

（二）无溶剂 PU 树脂的合成革制造技术

无溶剂聚氨酯可分为双组分聚氨酯和浇注型聚氨酯（CPU – casting polyurethane），因此，其合成革也可分为双组分无溶剂合成革和浇注型无溶剂合成革。

1. 双组分无溶剂聚氨酯合成革

①原理：涂层是通过聚氨酯预聚体（A 料）与交联剂（B 料）经高速搅拌混合后发生化学反应而成的，应用时将聚氨酯预聚体和交联剂的混合体注射涂覆在离型纸上，经进一步熟化后，再转移至基布上而成合成革。

②工艺流程：离型纸→涂刮水性面层→烘干→涂刮无溶剂 PU→烘箱熟化→涂刮水性黏结层→与基布贴合→熟化和发泡→降温→纸革分离→无溶剂合成革。

③工艺说明：

a. A 料为含活性基团（如羟基或胺基）的聚氨酯预聚体，B 料为交联剂（又称固化剂），交联剂可以是多异氰酸酯、聚氮丙啶、聚碳化二亚胺中的一种。

b. A、B 组分需分别存储于储料罐中，配置恒温装置、过滤装置、压力控制器和精确计量阀。

c. A、B 料经高压混合头混合后即发生反应，混合时间一般较短（5～30s），混合后通过喷涂或涂刀立即涂覆在离型纸上，然后进入烘箱熟化。

2. 浇注型无溶剂合成革

浇注型无溶剂合成革制备原理与双组分无溶剂聚氨酯合成革有些相似，只是 A 料为异氰酸酯，B 料为多元醇、扩链剂和催化剂的混合物，浇注型需在离型纸上完成聚氨酯的逐步聚合反应。

CPU 的制造类似于 RIM（反应注射成型），A 料与 B 料经高速混合后即发生化学反应，应用时将 A、B 料反应生成的预聚体浇注涂覆在离型纸上，经进一步熟化后，再转移至基布上而成合成革。也有将 A、B 料混合后直接涂覆在基布上（无须离型纸做载体），基布上原位（in－situ）反应后形成涂层，故有些文献上又称为“原位反应”法。

①优点：无溶剂合成革制造技术是实现合成革清洁生产的有效途径之一。生产过程中无溶剂使用和排放，从源头消除污染；成革的物性、耐持久性、耐磨耐刮等综合物性优良，生态环保；该工艺可在熟化过程中完成发泡，获得良好的发泡效果；从能耗看，没有溶剂（有机溶剂或水）挥发，烘道中不用设置抽排风系统，能耗更低。

②问题：无溶剂合成革制造技术尚处于起步阶段，仍有一些技术问题需攻克。

a. A组分配方和工艺的确定：由于革的品种和风格多样化，而A组分的结构和性能对成革的性能起着决定性作用，因此也要求A料的品种和风格多样化，A料的变换会中断工艺的连续性。

b. 工艺参数的确定：如外界湿度和温度的影响、反应程度的确定、异氰酸酯的毒性和防护、预聚物黏刀和清洗问题、流平性问题、离型纸表面张力调控及寿命，也给工艺制定带来一些不确定因素。

c. 设备特殊：双组分PU需特殊的共混、注射、涂膜、熟化、热压贴合等制造设备，另外还需恒温储料罐、精确的压力和计量控制系统，与传统的合成革制造设备有较大差异。

d. 产品风格受限：在制造软革如服装革、效应革如羊巴革、染色革和水洗革等效应革时也会受到一定的限制。

e. 表面处理和黏结：面层、表面处理层上浆量少，涂层薄，目前的设备和工艺较难控制，而需采用水性表面处理剂，上浆量和风格易于控制；另外，基布与涂膜间的黏合剂也宜采用水性树脂。

不难看出，采用无溶剂树脂比较适合制造量大（A料不经常替换）、客户对耐持久性和耐磨耐刮性要求高的革品；另外无溶剂树脂比较适合用来制造合成革的发泡层（贝斯），不宜用作表面处理层和黏结层，无溶剂树脂与水性树脂结合也许是最佳选择。

（三）TPU/TPO树脂的合成革制造技术

另一种清洁生产方法是以热塑性聚氨酯（TPU）或热塑性聚烯烃（TPO）为原料，制备无溶剂合成革。具体工艺是：将TPU粒料熔融分别制成TPU薄膜面料、TPU热熔胶膜、TPU发泡底料，然后按照上层TPU面料→中间层TPU胶膜→TPU发泡底料顺序，经热压贴合机于120～230℃热压贴合（3～30s），制成热塑性无溶剂合成革。另外，佛山飞凌皮革化工公司发明的一种双组分无溶剂发泡底料，其发泡温度低（＜130℃），双组分PU本身就是黏合剂，无须黏结层。

台湾高鼎化学公司借用传统的人造革压延设备，成功制备出了TPU树脂的无溶剂合成革。工艺流程：TPU树脂＋填料＋助剂→密炼→开炼→压延→与基布贴合→（发泡）→降温→收卷→无溶剂合成革。

利用该方法制造无溶剂合成革需要特殊的压延设备，投资较大，各工段的加工温度比传统的工艺要高，能耗偏高；另外，如果缺少发泡环节，成革的丰满度和透气、透湿性能和卫生性能也尚待提高。与双组分无溶剂合成革制造工艺相似，该方法在制造羊巴革、染色革等效应革时也会受到一定的限制，表面处理和面层、黏结层仍宜采用水性树脂。

四、合成革的发展趋势和新型产品

（一）合成革的发展趋势

国内合成革制造技术均为20世纪80年代从日本、韩国和中国台湾等地引进的技术，尽管经过了30余年，但国内的技术没有跨越式的创新和发展，与国外先进国家的同类产品相比，合成革产品品种单一，产品仍以中低档为主，高档品种还大量依赖进口，特别是在高端合成革如高物性合成革、超纤合成革、绿色生态合成革制造方面与国外存在一定差距，也成为合成革发展的瓶颈。

1. 高物性和功能性的合成革制造技术

①合成革的高物性：包括高光（高亮）、高雾（消光）、高透（透明）、高剥离、耐持久、耐磨、耐候（耐热、耐寒）、耐水解、耐溶剂、水溶（洗）性、软而不黏（低模量）、低温固化、表面张力可调、防腐（耐酸雨）等。

②功能性合成革：如高透湿性合成革，抗紫外线、抗静电、抑菌防霉等合成革，阻燃抑烟合成革，吸波合成革，阻尼合成革，负离子合成革，远红外合成革等。专用合成革方面与国外的先进水平相比，对于抗远红外、抗辐射军用合成革，低温保暖和高温透气透湿智能合成革，汽车用革以及高档超纤汽车用革，球类革的制造技术，国内基本上还是空白。

2. 超纤合成革制造技术

虽然已经意识到超纤革代表了未来合成革的发展方向，但由于超纤革生产技术的复杂性和关键技术掌握在国外企业，国内超纤产品主要是普通束状超细纤维合成革，产品主要用于制作鞋、沙发，缺乏高档次的超细纤维合成革产品，在产品稳定性等性能上与日本企业尚有较大差距。

3. 绿色生态合成革制造技术

随着人们消费理念和环保意识的提高，市场迫切需要绿色皮革。在发达国家，特别是欧洲，人们对汽车用革和儿童用革提出了溶剂、甲醛、偶氮、重金属等零含量的要求，对生产过程也提出了绿色化的要求，因此，降低能耗、实现材料生产和应用的绿色化，采用低能耗、环境友好的水性浆料，消除有机溶剂造成的环境污染是未来的合成革的发展方向。

（二）合成革的新型产品

超纤革全称是“超细纤维增强PU革”。它具有极其优异的耐磨性能，优异的透气、耐老化性能，柔软舒适，有很强的柔韧性以及现在提倡的环保效果。

超纤革，手感比真皮柔软，超纤革，属于合成革中的一种新研制开发的高档革。由于具有天然皮革最相似的性能，具有极其优异的耐磨性能，优异的耐寒、透气、耐老化性能，属于第三代人工革，具有优良的性能。它的构造与天然皮革最接近，但毕竟天然皮革和超纤革是由不同物质组合而成，自然存在着不同之处。

①外观：超纤革的外观相当接近天然皮革，但是仔细对比，仍有些许不同，比如天然皮革的形状不规则，厚薄不均匀，其表面光滑细致度程度不一，且天然皮革大都有或大或小的毛孔，皮面的毛孔比较清晰，且越顶越明显，所以其表面往往或多或少的存有

一些自然残缺。而超纤革因为是人造表皮，超纤革的皮纹和表面光亮度则会比较均匀，没有毛孔，纹路规律整齐。甚至，低档的超纤革表层可能会有塑胶感。

②价格：通常情况下，天然皮革（头层革）会比超纤革贵，而且天然皮革价格因为供求变化会有所起伏。不过，超纤革属于科技性产品，集中在国内外实力强大的生产企业经营生产，具有一定的垄断性，导致产品价格高。国外一些顶级的超纤革极具科技含量，会比天然皮革更贵。

③气味：由于天然皮革是用动物皮制作的，所以有一股异味，甚至会有点恶臭，而且如果在加工过程中甲醛、重金属超标，天然皮革往往会有刺激性气味。而超纤革的气味就要轻一些，但低档的超纤革可能会有一股比较强的塑胶味。

④性能：超纤革和天然皮革都有很好很实用的性能，超纤革可能更加耐磨、耐老化，天然皮革会更加舒适透气。超纤革撕裂强度、拉伸强度高，耐折性好，耐寒性佳，耐霉变性能较佳，成品厚实丰满，仿真性好，VOC（挥发性有机化合物）含量低。而天然皮革具有延伸性和吸水性。当然超纤革和天然皮革在综合性能上都能达到一定的平衡。

⑤取材：天然皮革受动物皮的大小限制，品种物性不均匀，而超纤革取材更方便，品质性能等更加均一稳定。

⑥密度：天然皮革的相对密度一般在0.6，而超纤革的相对密度在0.3～0.5，也就是说同等条件下超纤革是要比天然皮革轻得多。比如一个款式大小用料差不多的包袋，要区别到底是天然皮革还是超纤革，可以提着掂量一下，天然皮革是要比超纤革厚重很多的。

⑦超纤革的应用：在市场上应用最为广泛的领域是鞋类，因为超纤革和天然皮革一样具有透气性，虽然透气程度不如天然皮革，但是超纤革有着极其优异的耐磨性能，所以相对于天然皮革，超纤革更适合应用于运动鞋类产品，尤其是应用于高级运动鞋。因为超纤革相对于天然皮革和普通人造革气味较为不刺激，所以可以用于给儿童制作玩具类产品，而且因为皮革类质地较为柔软，在儿童使用过程中不会伤害到儿童，所以超纤革较为适宜用来制作儿童用品。超纤革在服装、家具、箱包产品上也有大量应用。

第四节　再　生　革

再生革是皮革纤维经黏合剂黏结，再经机械加工而制成的。其性能与人造革、合成革有所不同，再生革具有皮革和橡胶两种物质的特点。它的吸水性和透水汽性近似于皮革，比某些皮革制品柔软，有弹性，质轻，耐温、耐磨性能好，但是其强度及撕裂性较差。

再生革按其所用的皮革纤维，可分为植物鞣再生革、铬鞣革再生革和混合纤维革，这3种产品各有不同的特点。其中植物鞣再生革的强度和曲挠性低于铬鞣再生革，因此一般这种革用在鞋主跟、内包头及大底上。

再生革的成品有板型和软质型两种。板型再生革多做内底、大底、主跟、内包头、包件衬里，帽檐衬里、车座等。软质型再生革，可做黏合球面和其他包件制品的面层材料。

一、原　材　料

（一）皮革纤维

制造再生革所使用的皮革纤维，有未经鞣质化学处理的蛋白质纤维，也有经过各种鞣质化学处理的“革纤维”，如植物鞣革纤维、铬鞣革纤维和其他鞣革纤维。

1. 胶原纤维

用于制造再生革的胶原纤维，就是利用动物真皮层的纤维组织、经过一系列物理机械和化学处理，除去绝大部分的非纤维蛋白，脂肪类物质和其他杂质后而取得的。

2. 铬鞣革纤维

胶原纤维经过三价铬盐化学处理的胶原蛋白——铬合物的胶原纤维。用来制造再生革的铬鞣革纤维主要来自于：

①经鞣制完毕的革坯，在削匀机上削下来的铬鞣革屑。

②制革厂湿处理完毕或加工完成及制品厂裁切下来的剩余的铬鞣革边、角、块、里层等废料，经机械粉碎而制得的铬鞣革纤维。

③直接对胶原纤维进行铬盐处理，专供制造再生革用的铬鞣革纤维。主要采用制革厂准备工序切割下来的或剖削下来的边、里层及头、脚等胶原纤维组织；再经铬盐化学处理。

3. 植物鞣革纤维

植物鞣革纤维是植物鞣质对皮胶原纤维进行鞣制过的产物。制造再生革所用的植物鞣革纤维，主要来自于：

①皮革制品厂切割下来的植物鞣革不成材的切余料。

②皮革厂加工过程中割下来的边、头废料。

③专供再生革用的植物鞣革纤维。

4. 其他鞣法革纤维

除以上 3 种原料的纤维外，还有油鞣革纤维、醛鞣革纤维、合成鞣剂鞣革纤维以及除铬以外的其他无机盐鞣革纤维。

（二）植物纤维

用作再生革生产的主要配合材料是植物纤维，包括棉、麻和木质纤维等。常用的棉麻纤维，多来自缝纫厂的废布边、角和纺织厂的废棉花以及由土产收购部门转来的各种棉、麻下脚料。木质纤维主要来自造纸厂的纸浆废料或低级纸的纤维浆粕。这些原料木质纤维素占主要成分，只要经过适当处理，就可以配合使用。

（三）黏合剂和配合材料

再生革产品是皮革纤维和黏合剂在物理状态下组成的片状革材。再生革的产品质量绝大部分取决于黏合剂的性能。因此正确选择黏合剂和配合材料是获得优质再生革的重要条件之一。

1. 黏合剂

再生革生产中所用的黏合剂有天然胶乳和合成胶乳（氯丁胶乳、丁苯胶乳、丁腈胶乳、聚丙烯酸树脂胶乳、聚醋酸乙酯乳液）。黏合剂在再生革中所起的作用是既使纤维均匀地分散，又使纤维互相黏结在一起。在使用黏合剂的过程中，胶乳的粒子所带电荷的电性与纤维浆所带的电性影响着纤维浆均匀分散程度。

在天然橡胶乳中的橡胶粒子带负电性，这主要是因为橡胶粒子的表面吸附着具有两性离子性质的蛋白质。蛋白质的等电点为4.7，即为胶乳的等电点。一般常用天然胶乳的 pH 为10～11，故带有强烈的负电性。

合成胶乳一般是带正电性的胶乳。如丁苯胶乳、聚醋酸乙烯酯类等。

2. 配合剂

（1）栲胶

栲胶调节铬鞣革纤维浆的表面活性，同时作为保护剂和填充剂使用。它能增加再生革的可塑性，提高坚实性。

（2）加脂剂

加脂剂提高皮革纤维的强韧性和柔软性、抗水性，减少皮革纤维经干燥后收缩率。常用的加脂剂有乳化油，如硫酸化蓖麻油。

（3）硫化配合剂

硫化配合剂包括硫化剂（硫黄、氧化锌等）、促进剂、防老化剂等。

（4）其他配合剂

①保护剂：如奶酪素，在配制纤维浆时，能够保护纤维浆分散均匀，不产生沉淀，同时又有填充作用，所以也可叫作填充剂。

②聚凝剂：例如硫酸铝及其同系铝盐，可以使乳胶凝聚。

③pH 调节剂：例如水玻璃，又称为泡化碱，化学成分为硅酸钠（$xNa_2O \cdot ySiO_2$），用来调节 pH，使纤维浆带合适的电荷，同时它又是一种无机黏合剂，能将纤维素彼此黏合。氨水也是常用的 pH 调节剂，作用缓和，容易控制。

二、再生革的生产工艺

再生革的制作过程：准备纤维浆→配制纤维混合浆→成型→干燥→成品。

（一）准备纤维浆

纤维浆的准备是指将各种纤维按照纤维浆所需的要求进行筛选、预处理、磨碎成一定长度的纤维。纤维浆的性能与纤维的准备工序有关，其中纤维磨碎的条件不同，纤维的准备是制造再生革的重要环节。

1. 纤维的筛选

纤维的筛选是去掉夹杂在皮革纤维和植物纤维中的金属、橡胶、塑料、泥沙、石块等杂质的过程。这些杂质直接影响产品的质量，特别是金属及硬石块的存在，若进入磨碎机，将会使机器受到严重的损坏。

2. 预处理

（1）干燥纤维回湿

对干燥皮革纤维原料进行湿水预处理，主要是为磨碎过程提供条件，纤维经过湿水处理后，可提供较好的长度，改善纤维的疏松性，提高磨碎时的入磨率。

（2）铬鞣革纤维

在铬鞣革屑中带有在鞣制过程中残留下来的游离铬盐及铬的氧化物、其他中性盐类和少量的游离酸类。这些酸类和盐类存在于纤维浆料中，会影响配合胶乳的沉淀或凝固。为了确保配料工作正常进行，对铬鞣革屑可采用物理方法和化学方法进行处理。

①物理方法：在带有栅栏和网眼的运送铬鞣革屑原料的运送带上，用热水淋洗，洗去游离铬盐、可溶性盐和游离酸类等溶于水的物质，同时还会带走一些游离的氧化铬。而后再经过双辊挤榨铬鞣革屑中的游离水，又挤去残留的部分，即可溶性盐类、酸类及不溶性的氧化铬颗粒。

②化学方法：铬鞣革纤维中蛋白质的羧基（$—COO^-$）上结合了铬络合物离子，此时的铬－蛋白纤维表面带正电荷。在配制纤维浆中，若与带负电荷的天然胶乳相配合时，会出现凝聚现象。为了使天然胶乳与带正电荷的铬－蛋白质纤维共存，必须使两者的表面电荷趋向一致，才能使这两种物质均匀地混合分散在一起，通常使用下列方法：

a. 加碱。在铬鞣革纤维浆中加入氢氧化钠、氢氧化铵或其他碱性物质，提高铬鞣革纤维中的 OH^- 浓度，提高 pH，中和铬鞣革纤维的阳电荷。

b. 加入阴离子表面活性剂。阴离子表面活性剂与铬鞣纤维的电离氨基结合，降低正电性。

c. 加入栲胶。栲胶能封闭铬鞣纤维的电离氨基，降低铬鞣纤维的正电性。

d. 加入保护剂。蛋白质类物质和其他保护剂能促使在铬鞣纤维表面形成保护层。还可加入乳酪素、白明胶、一些树脂类和废植物鞣纤维液，都能起到有效作用。

3. 纤维的磨碎

在再生革生产中，纤维的磨碎常采用干法磨碎和湿法磨碎。

制造纤维浆采用湿法磨碎，将纤维研磨成 1～1.5mm 长的纤维。纤维越长，吸水性越好，抗张强度增大；纤维越短，耐磨性能越好，密度越大。

（二）配制纤维混合浆

再生革生产中，纤维混合浆的配制是决定再生革产品质量的关键。纤维混合浆配制的作用如下：

①使加入的胶乳与悬浮在水中的纤维均匀地分散在一起。

②使分散在纤维周围介质中的胶乳均匀地吸附到纤维表面，并使其均匀地聚凝。

③使这些聚凝在纤维表面上的凝胶粒子达到黏着性好、具有高强度脱水收缩的最优聚凝度。这样才能制造出坚实性好、抗压性强、收缩性小、强度大、耐折性强并能保持具有一定的延伸性和吸水、透气性、使用寿命较长的再生革制品。

1. 纤维与黏合剂配合

制作再生革的皮革纤维有铬鞣纤维和植物鞣纤维以及一些配合植物纤维，这些纤维在水溶液中呈现的电性不同。植物鞣革纤维和一些配合植物纤维的水溶液具有负电性，近似天然胶乳和一些其他胶乳的化学性质；铬鞣革纤维的水溶液具有正电性。因此在使用纤维与黏合剂时应注意正确地搭配。

植物鞣革纤维、植物纤维与天然胶乳相配合，铬鞣革纤维与稳定性好的丁苯胶乳、聚醋酸乙烯酯类等阳性胶乳相配合。由于它们间的表面电荷性基本相同，很易得到均匀分散的混合浆液。

2. 纤维混合浆的配制

再生革混合浆液配方见表2－24。配制方法有三种。

表2－24　再生革混合浆液配方　单位:%

项　目	长网成型铬鞣膛底革	旧法成型铬鞣膛底革	坐垫革	帽檐革
纤维原料				
铬鞣纤维	70	70	—	—
植鞣纤维	—	—	100	100
棉纤维	30	30	—	—
浆液用量	100	100	100	100
浆液浓度	1.4～1.8	4～5	4～5	2～2.3
栲胶	—	10～40	—	—
乳化油	13～6	13	适量	—
泡化碱	4～25	10～15	—	—
胶乳固体	40	40	5	15
混合物（干胶、纯硫）	0.7	0.7	0.7	0.7
硫酸铝固体	20～40	20～30	20～30	20～30
最后pH	3.8～4.2	3.8～4.5	3.8～4.5	3.8～4.5
蜡	—	—	—	1.4

①间断式配料法：加好了搅拌。

②连续式配料：边加边搅拌。

③浸渍法：将没有加入黏合剂的纤维层浸入黏合剂中，使黏合剂均匀地渗入到纤维层。

（三）再生革的成型与干燥

再生革的成型是将分散的皮革纤维组成纤维层的生产过程。革材的成型是组织结构的形成过程，它决定产品的使用价值，所以成型是生产的决定性工序。

1. 再生革的组织结构

再生革的组织结构指成型再生革的纤维分散程度和黏合剂的黏结状况。再生革的组织结构是多变的，它的结构特征取决于纤维的分散性和纤维结合的排列状态，纤维层的密度，黏合剂的分布状况和交联特性。因此再生革的成型过程是十分重要的。

2. 再生革成型

将黏合剂的纤维配合浆根据产品规格按照不同浆料的浓度经输浆管放入成型车内或长网上，挤去水分即可成型。

旧法（小车）成型：浆液→成型车→挤压去水→干燥→整理→成品

长网成型：浆液→上网→挤水→热干燥→整理→成品

第五节　人造内底革

一、概　　述

内底又称膛底，是制鞋部件中的基础材料之一，它连接鞋帮、鞋底等制鞋部件。由于内底在制鞋部件中特殊地位，在选材上应首先考虑对人脚的防护性和卫生性以及适当的强度、吸湿性，再者是价格合理、寿命较长等。下面对内底革的使用要求作详细说明。

1. 防护性和卫生性要求

从防护性角度考虑，内底革应具有较好的减震性能，最好采用微孔材料制作。如果内底材料选择合适的话，可将人在运动中产生的冲力减少 10% ~ 36%。

从卫生性角度考虑，首先应做到内底材料对人脚无害，并且不与汗液反应产生有害物质，其次应保证内底材料有一定的吸湿性和排湿性。

2. 物理力学性能要求

①拉伸强度：对于纸板革干拉伸强度在 29 ~ 32MPa，湿拉伸强度在 10 ~ 15MPa。

②吸水率：吸水率应为 15% ~20%。

③含水率：内底革的含水率一般控制在 10% 左右。

④收缩率：内底革的收缩率应控制在 1% ~1.5%。

⑤耐折性：将宽 20mm 长条内底革按轴向曲折 180°，包在直径 15 ~ 20mm 圆柱体上，将两端拉紧并固定，观察内底革向外一侧的表面，不允许出现裂痕或折断。

二、聚氯乙烯纤维内底革

聚氯乙烯纤维内底革是以 PVC 人造革边角料为主体材料，加入 PVC 树脂或粒料及其他助剂，经适当的工艺加工而成。由于聚氯乙烯纤维内底革中含有棉纤维材料，故而质轻、耐水，并具有一定的吸湿性；同时 PVC 材料具有一定的刚度、强度、耐磨性、耐曲挠性，是制作内底革的好材料。聚氯乙烯纤维内底革表面经砂毛处理后，外观近似于猪内底革，俗称仿猪皮革。

（一）聚氯乙烯纤维内底革主要原料

1. 聚氯乙烯人造革边角料

聚氯乙烯人造革边角料是制作此类内底革的主要材料，选择时应注意以下几个问题：

①人造革边角料上应含有一定的 PVC 胶膜。因人造革边角料大多来自于人造革生产厂，有时是厂家在包装入库前裁剪下来的，会出现棉布表面未全部覆盖 PVC 胶膜的情况，此种人造革边角料含量不宜太多，否则由于纤维含量太高，树脂含量太少，影响最终内底革的强度。

②生产人造革的基布材料最好是棉纤维，尤其以无纺布和棉织布为佳，而不宜选用

化纤面料为基布的人造革。因为后者的化纤面料吸湿性低，同时在 PVC 的加工温度下不宜粉碎或熔化。

③人造革边角料的颜色以白色、红色等浅色为佳。炭黑由于着色力较强，因此黑色人造革边角料不宜大量使用，通常掺用不超过人造革边角料总量的 10% ~ 20%。

2. 聚氯乙烯树脂

前已述及，PVC 人造革边角料中含有的树脂量并不多，为保证内底革的性能，可适当加入 PVC 树脂或 PVC 粒料。PVC 树脂可选择悬浮法树脂。

3. 增塑剂和稳定剂

增塑剂可选择主增塑剂，如 DBP、DOP 等，并可并用部分相容性较好的辅助增塑剂。稳定剂可选择三盐、二盐等。

4. 着色剂和填充剂

着色剂以选用和猪内底革颜色相近的颜色为原则，一般选择氧化铁红。

由于内底革要求质轻，具有一定的吸湿性，故密度较大的无机类填充剂不宜选用。

表 2-25　内底革配方与性能

配方/%		内底革性能	
精炼人造革边角料	90	硬度（邵氏 A）	82
DBP	1.6	密度/(g/cm³)	0.96
PVC	5	吸水增重/%	3
三盐	0.8	吸水量/(g/cm³)	0.065
氧化铁红	1.6		

（二）聚氯乙烯纤维内底革配方与性能

聚氯乙烯纤维内底革配方与性能见表 2-25。

（三）聚氯乙烯纤维内底革生产工艺

聚氯乙烯纤维内底革采用层压法工艺生产，主要包括革边精炼、捏合、开炼、出片、层压等工序组成，下面分别详细介绍。

1. 革边精炼

PVC 人造革边角料由于含有棉纤维，因此须经过粉碎、轧炼工艺，才能将纤维粉碎，从而制成宏观较均匀的复合材料。革边精炼主要包括下面两道工序：

①革边粉碎：革边粉碎是在冷的二辊中，以较大的辊距使革边初步粉碎，此时 PVC 树脂与纤维宏观上分散仍不均匀。

②革边精炼：此工序是在一定温度下对粉碎后革边进行薄通轧炼，精炼后的革边在宏观上形成了树脂和纤维较满意的分散。

革边的二辊粉碎和精炼条件见表 2-26。

表 2-26　革边的粉碎和精炼条件

操作顺序	辊距/mm	次数	前辊温度/℃	后辊温度/℃
布基革粉碎	1 ~ 15	4 ~ 5	—	—
布基革精炼	0 10 ~ 0.15	2 ~ 3	120 ~ 130	120 ~ 130
棉基革粉碎	1 ~ 15	2 ~ 3	—	—
棉基革精炼	0.1 ~ 0.15	2	120 ~ 130	120 ~ 130

2. 捏合工艺

①按配方准确称好精炼革边和其他原辅材料。

②先控制捏合机温度 110～120℃，投入精炼好的革边，捏合 10min。

③继续加入各种原辅材料，再捏合 15min 左右，待革边成小碎片或粉碎后，即可停机。

3. 双辊混炼

此工序一般由 2～3 台二辊炼塑机组成，操作过程中，控制辊距 0.2～0.25mm，辊温 130℃左右，投入捏合好的革边，待其混合均匀成片，可打成小卷送三辊出片。

4. 三辊出片

三辊出片进料时，辊上吃料要均匀；控制上、中两辊间距为 0.4mm，中、下两辊间距为 0.3mm；辊温控制上辊 110～120℃，中辊 120℃，下辊 90～100℃，最终制得所需尺寸的片料。

5. 层压塑化

层压塑化可采用多层一次塑化成型工艺，以提高生产效率。层压塑化操作中，开始通蒸汽时，须使模内水排尽，方可关闭排气阀。塑化到点后，将模板内蒸汽排尽，然后通水冷却 20min 左右，使物料冷却至 50℃脱模。

6. 砂毛

砂毛在专用的打毛机上进行，内底革打毛应双面起毛，以提高仿皮感和黏合性。

三、纸　板　革

纸板革是以硫酸盐木浆、废棉、麻浆等为原料，并以天然胶乳等材料作为黏合剂，经过一系列物理机械加工而成的皮革代用材料。它主要代替牛、猪重革，制作内底材料，也可用于主跟、插跟、内包头等鞋用部件。纸板革的特点是质地硬、富有弹性，有较高的强度，吸水率低，不易变形。

（一）纸板革主要材料

1. 纤维材料

纤维材料系选用松树支干为主料，经过削片、纤维分离等工序制成的木质纤维浆。也可采用含有棉、麻纤维的旧布、废纸等。

2. 黏合剂

同前面介绍的再生革一样，黏合剂大多选用天然胶乳，胶乳用量为纤维干浆的 13%左右。在天然胶乳的配合中，硫化剂采用硫黄，用量 2～3 份；促进剂宜采用超速促进剂与准超速促进剂并用。如选用促进剂 PX/M（1.2/1.2）并用，促进剂 TMTM/EZ（1/1）并用；防老化剂可选用浅色非污染型的，如防老化剂 MB 等，以上助剂用量均是对天然胶乳干胶量 100 份而言。

3. 补强剂

为了提高纸板革的强度，可加入热固性树脂，如三聚氰胺甲醛树脂，用量为纤维干浆的 3%左右。也可加入 2%左右的聚丙烯酸胶树脂或松香胶等。

4. 固化剂

固化剂选用硫酸铝溶液或同系盐类溶液，用量为纤维干浆的8%～10%。

（二）纸板革生产工艺

纸板革工艺流程如下：选样→计量→打浆→稀释→施胶→除砂制坯→脱水→码纸→挤水→干燥→养生→热压→压光检验包装→入库。

下面就上述工艺流程中主要几道工序再做详细介绍。

1. 打浆

打浆过程中，最主要的是打浆浓度的选择。依打浆浓度不同，常分为3类：低浓度（10%以下）、中浓度（10%～20%）、高浓度（20%～30%）。一般采用低浓度打浆，即浓度在10%以下，通常选择成浆浓度为5%～6%。

符合打浆要求的浆液放入贮浆池中，加入稀释剂至浓度0.9%～1.0%待用。

2. 施胶

施胶是纸板革生产过程中的一个重要步骤。具体操作是：在搅拌的同时，向施胶缸中缓慢地加入补强剂三聚氰胺甲醛树脂，加完后搅拌3min，再加入黏合剂天然胶乳溶液，继续搅拌5～10min。最后于28℃的温度下加入凝固剂硫酸铝溶液，直至黏合剂均匀凝固，并吸附于纤维表面。此时控制pH在5.5～6.0。

3. 干燥硫化

挤水后的坯片在通道式干燥室内挂晾，干燥温度为60～75℃，时间8～12h，干燥时以纸板含水量下降到10%左右为宜。

硫化在多层热压机中进行，液压机油压力为15MPa，蒸汽压力0.15MPa，时间3min，也可在热空气中采用80～100℃、3h的硫化条件。

思 考 题

1. 按涂覆层不同给人造革分类，并说明其特点。
2. 按结构和涂覆层不同分别给合成革分类，并说明其特点。
3. 生产PVC树脂有哪些方法？聚氯乙烯人造革用什么树脂？为什么？
4. 说明PVC树脂的老化现象及防止或减缓老化作用的措施。
5. 制备非织造布底基的纤维性材料有哪些？写出其结构并简述其性能。
6. 制备聚氨酯的原料有哪些？写出PU树脂的生成反应。如何配制PU革的涂覆液？
7. PU革最大的缺点是什么？
8. PU革与天然皮革有什么区别？
9. 请简述常用的人造革基布。
10. 离型纸的作用有哪些？如何选择离型纸？
11. 简述稳定剂的种类。
12. 什么是阻燃剂？简述常用的阻燃剂。
13. 为什么要加入抗静电剂？人造革与合成革中常用的抗静电剂有哪些？

14. 简述合成革的清洁生产技术。
15. 简述生产再生革所用的原材料。
16. 举例说明再生革生产中制备纤维混合浆需注意什么问题。
17. 再生革生产中加入的泡花碱、氨水、聚凝剂各起什么作用？

第三章　橡胶材料

随着制鞋工业的不断发展，天然皮革在数量和质量上早已远远满足不了当今皮鞋生产的需要，因此，皮革材料所制作的鞋底、鞋跟及其他部件现已大部分被其他合成材料所取代。最初，取代皮革外底的是天然橡胶，继而发展为合成橡胶。橡胶是一种高分子弹性化合物，其相对分子质量一般在几十万以上，高的可达100万以上。组成这种大分子的原子通常排列成柔性的线型链，由于原子的不断旋转和振动，分子链呈卷曲状态。此状态的大分子酷似弹簧，在外力作用下有很大的适应性。在很宽广的温度范围（-50～+150℃）内具有优越的高弹性。这一点成为橡胶区别于其他工业材料的主要标志之一。

这种高分子化合物不仅具有高弹性，还具有高耐磨性及耐曲挠性，使鞋用橡胶制品轻便而柔韧，摩擦损耗小，可经受多次弯曲、拉伸、压缩而不受到破坏；同时，橡胶还具有不透水性、不透气性、耐酸碱性、绝缘性优良及黏合强度高等特有性能。因而成为良好的鞋用材料，满足于各皮鞋品种的特点及要求，取代了天然皮革的底部件或其他部件（如主跟及鞋用装饰等），在制鞋工业中有着广泛而重要的应用。

随着新材料的发展，又出现了橡塑并用材料，聚氨酯橡胶、热塑性橡胶、粉末橡胶及液体橡胶等新型高分子弹性体。这些新材料的出现，为制鞋工业提供了更加理想的新型材料，为制鞋材料的发展开辟了新的技术途径。

第一节　天然橡胶

一、天然橡胶的来源

天然橡胶是从天然植物中采集出来的一种高弹性材料，最早主要用于制造胶鞋、胶管和人造革等制品。但早期由于不知道采用硫化工艺来使线型结构的天然橡胶转变为具有弹性的网状结构，所以这些产品不能经久耐用，如遇到高温和暴晒后变软、发黏，在气温低时就变硬和脆裂，直到美国C. Goodyear于1839年发现了可采用硫黄硫化工艺来使天然橡胶交联后，天然橡胶才真正成为一种极其重要的工业原料。

自然界中含橡胶成分的植物有400多种，大部分生长在热带地区，一般所说的天然橡胶，是指目前产量较高、质量较好、人工种植的三叶橡胶树（原产于巴西）所产的胶，也是现代生产中常用的、具有代表性的品种。我国主要产地是海南岛、雷州半岛、广西南部、云南西双版纳。

二、天然橡胶的品种

从橡胶树上割胶流出的胶乳近于中性液体，如不加入保护剂，会很快腐败变质，因此，新鲜橡胶乳被收集后，必须经过一定的处理和加工，又因浓度太低，不便于运输和保管，也不便于直接用来制造橡胶制品，因而将其加工成浓缩胶乳或干胶。前者直接应用于胶乳制品，后者即所说的生胶，在橡胶制品中用量最大。

天然橡胶因其加工处理的方法不同，品种不同。常用的有：

1. 浓缩橡胶浆

虽然胶乳可以直接使用，但通常均将其浓缩，使生胶含量由1/3提高到2/3，同时去掉杂质，加入适量的防腐剂、防凝剂，制造成浓缩橡胶浆。

2. 烟片胶

烟片胶（简称RSS）是天然橡胶中最主要、用量最大的品种。已有100多年的历史，其消耗量占天然橡胶总消耗量的80%左右。烟片胶的制作方法是在胶乳中加酸凝固、压片，然后进入熏烟室熏烟烘干得到的胶称为烟片胶。其加工处理过程如下：

$$\text{胶乳}\longrightarrow\text{粗滤}\longrightarrow\text{稀释}\xrightarrow{H^+}\text{沉淀}\longrightarrow\text{细滤}\longrightarrow\text{凝固}\longrightarrow\text{压片}\longrightarrow\text{风干}\longrightarrow\text{熏烟}\longrightarrow\text{烟片}\xrightarrow{\text{木酚}}\text{烟片胶}$$

此橡胶是棕黄色片状，带有烟味，是天然橡胶中性能中等的品种，也是鞋用制品的最通用的品种。因含杂质少，质量较高；并因其吸收烟分，颜色深，普遍用于一般鞋底制品。另外，经熏过的烟片胶表面附有木酚，起着防腐、防老化的作用，利于长期贮存。

3. 风干胶

由于烟片胶的加工需耗用大量木材，因此，可以加入化学催干剂如乙二酸进行凝固，热风烘干，制成浅黄色的风干胶。

风干胶比较清洁，质量较高，颜色较浅，适用于制造浅色或彩色鞋用制品。

4. 皱片胶

皱片胶分为白皱片和褐皱片两种。

在胶乳的凝固过程中，加入亚硫酸氢钠（用量为干胶的0.5%）漂白，后经压皱水洗，进入高温烘干室烘干的胶片称为白皱片。

白皱片是坚韧而色白的生胶，含杂质少，适于制造白色、艳色制品及透明制品。但其耐磨性及抗张强度稍低于烟片胶。

未经漂白而自然凝固的胶线、胶团、泥胶等，经压片、高温烘干后成为褐皱片。因其杂质多，色深，性能较低劣，只用于一般质量要求不太高的制品。

5. 颗粒橡胶

颗粒橡胶是20世纪60年代才发展起来的天然橡胶的胶种，发展较快，其产量超过传统产品烟片胶、皱片胶总和。颗粒胶的制法前期同烟片胶，不同之处是经凝固去除乳清后，经过造粒制得颗粒状橡胶粒子，最后再采用烧油或烧煤热风干燥制得颗粒胶成品。

三、天然橡胶的分级法

我国国产天然橡胶主要有烟片胶、皱片胶、风干胶片。根据橡胶的外观、物理学性能及化学组分进行分级。分级标准见表3-1。

表 3-1　　国产天然橡胶分级及技术指标

类别	等级	外观	化学性能					物理性能	
			加热减量/%，≤	水溶物含量/%，≤	丙酮抽出物含量/%，≤	蛋白质含量/%，≤	灰分/%，≤	抗强强度/MPa，≥	伸长率/%，≥
烟片胶	一级	黄棕色带烟味、干燥、清洁、强韧的产品，无氧化发黏、发霉、胶锈和不熟胶，允许有少量肉眼难看见的分散气泡	0.75	0.60	4.0	3.5	0.8	20	750
	二级	同一级，但允许有少量分散易见的气泡和轻微的胶锈	0.85	1.0	4.0	3.5	0.8	20	750
	三级	干燥、强韧、无氧化发黏、发霉和不熟胶，允许有明显易见分散气泡	0.95	1.4	4.0	3.5	0.8	18	700
	四级	干燥、坚实、无氧化发黏和不熟胶，允许有轻微发粘和明显易见局部密的气泡	1.0	1.5	4.0	3.5	0.85	18	650
	五级	干燥、坚实，无氧化发黏和不熟胶	1.0	1.5	4.5	3.5	0.90	16	650
	等外级	不符合以上五个等级的烟片，列为等外级，但不允许有氧化发黏和不熟胶							
白皱片	特一级	干燥、坚韧、无霉物、灰尘、杂质、油迹及氧化受热现象，色白均匀	0.75	0.3	3.0	3.5	0.8	18	700
	一级	同特一级，颜色有轻微变异	0.75	0.3	3.0	3.5	0.8	18	700
	二级	同特一级，但颜色稍暗，并有轻微变异和轻微斑纹	0.75	0.3	3.0	3.5	0.8	18	700
	三级	同特一级，但颜色稍淡黄，色泽不均一，斑纹	0.75	0.3	3.0	3.5	0.8	18	700
褐皱片	一级	淡褐色，清洁，无霉物杂质、油迹，氧化受热现象	1.0	1.5	4.0	3.5	1.0	16	650
	二级	同一级，但颜色为褐色	1.0	1.5	4.5	3.5	1.5	15	600
	三级	同一级，但颜色为深褐色，允许有树皮屑点	1.0	1.5	4.5	3.5	1.5	15	600

四、天然橡胶的组成

天然橡胶是由90%以上的橡胶成分（橡胶烃）及10%的其他物质（非橡胶成分）组成的。

（一）橡胶成分

橡胶烃是呈圆球形的粒子，橡胶粒子结构如图 3－1 所示，分为 3 层：

外层——吸附保护层：由蛋白质、卵磷脂、脂肪酸组成。有促进硫化和防老化的作用。

中层——凝胶体：由较大的橡胶分子（聚异戊二烯）构成的弹性膜。

内层——溶胶体：由较小的橡胶分子构成的。

在凝胶层与溶胶层之间没有明显的分层。

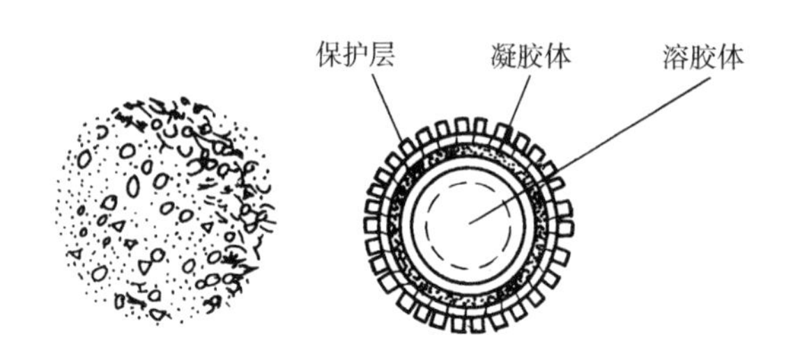

图 3－1　橡胶粒子结构示意图

因此，天然橡胶是一种以异戊二烯为单体的呈不饱和状态的天然高分子聚合物，相对分子量分布在 10 万～180 万。平均相对分子质量约 70 万。其化学结构式为：

$$\left[\!\!-CH_2-\overset{\displaystyle CH_3}{\overset{|}{C}}=CH-CH_2-\right]_n$$

有两种排列方式：顺式－1，4 结构和反式－1，4 结构。

$$-H_2C-\overset{\displaystyle CH_3}{\overset{|}{C}}=CH-CH_2-CH_2-\underset{\displaystyle CH_3}{\overset{\displaystyle CH_3}{\overset{|}{C}}}=CH-CH_2-CH_2-\overset{\displaystyle CH_3}{\overset{|}{C}}=CH-CH_2-$$

顺式－1，4 结构

（虚线为反式－1，4 结构）

以三叶橡胶树为代表的顺式－1，4 结构，在室温下具有弹性和柔软性，是名副其实的弹性橡胶；以古塔波橡胶为代表的反式－1，4 结构，在室温下呈硬固状态，实际上是一种具有塑料性质的橡胶。

（二）非橡胶成分

1. 水分

因制作过程、干燥程度、温度、湿度及非橡胶成分的吸水性不同，天然橡胶的含水分不同。含水过多，会使生胶发霉，不易保存。

2. 灰分

大部分是钾、钙、镁、钠等无机盐类。无机盐存在过多，会使胶乳不稳定（盐析作用)，从而促进橡胶的老化。

3. 蛋白质

蛋白质能促进硫化，防止老化。但因其具有吸水性，会降低橡胶的绝缘性能；同时，易使生胶发霉变质。

4. 糖类

糖类是转化成天然橡胶的原料。但易吸水（多羟基)，影响防水及绝缘制品的性能。

5. 丙酮抽出物

丙酮抽出物指橡胶中能被丙酮抽出的物质，包括硫黄、脂肪酸、固醇等。这些物质具有天然防老化剂和促进剂的作用，利于胶料混炼时配合剂的分散，并对生胶具有增塑作用。因此，可根据丙酮抽提出的物质多少，具体地计算（增减）配方中配合剂的用量。

五、天然橡胶的性质

天然橡胶没有一定的熔点。天然橡胶在130～140℃时软化，150～160℃时呈熔融状态，200℃时开始降解，270℃急剧分解。温度降低，天然橡胶逐渐变硬，生胶在低于10℃时逐渐结晶变硬，0℃时弹性降低，－70℃时变脆，升高温度至室温下，能恢复原性质。

天然橡胶是一种结晶性橡胶，－25℃时结晶速度最大。胶片结晶后失去透明度，并且生硬，生胶晶体在40℃下熔融。室温下天然橡胶拉伸到70%以上时发生结晶，而硫化胶只有在拉伸到大于200%时才结晶。

天然橡胶由于其结晶性能而具有自补强性，因而力学强度较高。天然橡胶纯硫化胶拉伸强度为17～25MPa，炭黑补强后可达25～35MPa。天然橡胶弹性伸长率最大可达1000%。回弹率在0～100℃范围内可达50%～85%以上。升温在130℃，天然橡胶仍能保持正常的使用性能。天然橡胶的滞后损失少，多次变形时生热低，因而其硫化胶耐屈挠性能可达20万次以上。

天然橡胶是热和电的绝缘体，透气性小，不透水，但加入炭黑补强后会降低其绝缘性能。生胶易溶于汽油、苯、二硫化碳及卤烃等溶剂，而不溶于乙酸乙酯、酒精和丙酮。在光和氧的作用下，生胶的老化速度比硫化速度快。因此，贮存时应避免光照。

生胶的可塑性很大。因此可通过塑炼的工艺方法达到预定的可塑度，利于工艺操作。橡胶在摩擦、拉伸、受压时，表面易产生静电荷。因此，在工艺加工中易引起火花或吸引力，致使溶剂起火。尤其在制备胶浆（有溶剂存在）搅拌时、溶解中，要引起高度注意。应用不导电的物质（如陶瓷、木扇等）作为胶料加工设备，消除静电作用。

天然橡胶耐碱而不耐酸，系非极性物质，能和一般橡胶或塑料混溶。所以，在制鞋时，可实行几种材料并用，以弥补天然橡胶的缺点，改进天然橡胶的工艺性能和物理力学性能。

六、天然橡胶的配合与加工

（一）天然橡胶的配合

天然橡胶适用的硫化体系有硫黄硫化体系、硫黄给予体硫化体系和有机过氧化物硫化体系等。天然橡胶使用0.1～0.15份硫黄即能发生硫化作用，制造软质制品时硫黄用量一般为1～3份，硫黄用量超过6～8份时橡胶将失去高弹性。制造硬质胶时硫黄用量可达30～50份。随着硫黄用量增加，硫化胶的物理力学性能变化较大。

天然橡胶硫黄硫化体系所用促进剂，按工艺和性能要求，多采用并用体系，如促进剂DM与M并用，CZ和NOBS并用等。

天然橡胶适用的防老化剂有防老化剂D、4010NA、RD、AW、264、SP、微晶蜡等。防老化剂4010NA具有抗臭氧、耐热、耐氧化、耐屈挠以及对有害金属有抑制作用；防老化剂RD能抑制天然橡胶较苛刻的氧化和热老化，不喷霜，对硫化无影响。

各种炭黑品种基本都适用于天然橡胶，非炭黑填料主要有白炭黑、陶土、碳酸、滑石粉、二氧化钛等。

（二）天然橡胶的加工

天然橡胶的加工工艺主要包括生胶的塑炼、混炼、压出和硫化等过程。

1．塑炼

通过机械应力、热、氧或加入某些化学药剂等方式，使生胶由强韧的弹性状态转变为柔软、便于加工的塑性状态的过程称为塑炼。塑炼后，生胶分子链断链，相对分子质量降低，性能也发生相应的变化，如弹性减少，塑性增大，溶液黏度降低，溶解度加大，黏着性提高。

天然橡胶的塑炼方法有开炼机机械塑炼法、开炼机化学塑炼法、密炼机塑炼法和螺杆塑炼机塑炼法等4种，其中开炼机机械塑炼法是最常用的塑炼方法。开炼机机械塑炼时，炼胶机辊筒速比为1∶（1.15～1.25），辊筒温度不宜超过50℃，且塑炼温度越低，塑炼效果越好。天然橡胶机械塑炼常用方法是落盘薄通，具体操作是控制较小辊隙，将生胶填入两辊隙中，待全部生胶落盘后，再加入两辊隙中，如此反复直到规定时间或次数时全部落盘，然后调大辊距下片停放冷却，以备下一段塑炼或混炼。上述一个周期称为一段塑炼，如此重复几个周期则称为几段塑炼。

2．混炼

混炼是橡胶加工过程中的重要工序之一。混炼是指在炼胶设备上将各种配合剂加入生胶中制成混炼胶的过程。

天然橡胶的混炼方法有开炼机混炼法和密炼机混炼法，下面分别介绍。

天然橡胶采用开炼机混炼时，辊筒速比常控制在1∶（1.15～1.25），辊温50～60℃，前辊温度比后辊约高5℃，且胶料包前辊。操作过程是先将塑炼胶压软，然后抽取辊筒间余胶，按顺序加入配合剂，即生胶→固体软化剂→小料→炭黑、填充剂→液体软化剂→硫黄、超速促进剂→薄通→捣胶下片。

天然橡胶密炼机混炼时加料顺序为：生胶→小料、填充剂或1/2炭黑→1/2炭黑→油类软化剂→排胶。混炼时密炼室填充系数为0.48～0.75，上顶栓压力控制在0.6～0.8MPa，排胶温度以130～140℃为宜。

3．压出

压出是指混炼胶料在压出机（挤出机）中受到螺杆和机筒筒壁之间强大的挤压力不断地向前移送，并借助于口模压出各种断面的半成品，以达到初步造型的目的。

天然橡胶压出工艺较易掌握，压出后半成品收缩小。为使胶料易于压出，并且压出物规格准确、光滑，一般在压出前采用两台开炼机热炼，第一台开炼机控制辊温45℃，辊距1~2mm，薄通后送至第二台开炼机，此时辊温60~70℃，辊距5~6mm，热炼完成后再送至压出机压出。

压出工艺条件：机筒温度50~60℃，机头温度80~85℃，口模温度90~95℃。

4. 硫化

硫化是指含硫化剂的混炼胶于一定温度下加热的反应过程。橡胶分子在硫化时产生交联，从而提高橡胶的力学性能。

天然橡胶最适宜硫化温度为143℃，安全硫化温度为150℃. 当硫化温度超过163℃时，将会出现解聚，导致严重返原，硫化平坦线过分短促。硫化时间随促进剂品种和用量不同而异。

第二节　丁苯橡胶

丁苯橡胶（简称SBR）是合成橡胶中产量最大的品种，占合成橡胶总量的60%以上。丁苯橡胶是最早工业化的合成橡胶。

一、丁苯橡胶的结构与合成

丁苯橡胶由丁二烯与苯乙烯两种单体，在一定的温度、压力和催化剂的作用下，通过乳液聚合或溶液聚合而得，它是一种浅褐色的弹性体。其化学反应式为：

$$CH_2{=}CH{-}CH{=}CH_2 + CH_2{=}\underset{\text{C}_6\text{H}_5}{CH} \xrightarrow[\text{催化剂}]{\text{温度、压力}} \left[(CH_2{-}CH{=}CH{-}CH_2)_x{-}(CH_2{-}\underset{\text{C}_6\text{H}_5}{CH})_y \right]_n$$

丁苯橡胶的结构与单体比例、聚合温度、聚合方式等有关，乳液法非充油丁苯橡胶的数均相对分子质量 M_n 约为10万，充油丁苯橡胶的相对分子质量相对要高些，充油37.5份的乳聚丁苯橡胶的相对分子质量比非充油丁苯橡胶高30%左右。乳聚丁苯橡胶的相对分子质量分布比溶液法丁苯橡胶宽，前者的相对分子质量分布指数为4~6，而后者只有1.5~2.0。

二、丁苯橡胶的分类与品种

1. 根据苯乙烯的含量不同分类

根据苯乙烯的含量不同，丁苯橡胶分为高苯乙烯橡胶和普通丁苯橡胶。普通丁苯橡胶中苯乙烯含量在23.5%；苯乙烯含量在50%以上者叫作高苯乙烯橡胶，可用于制造耐磨和硬度高的制品。苯乙烯含量低的丁苯橡胶低温性能好，用于制造耐寒产品。苯乙烯含量越高，丁苯橡胶的耐老化性、耐热性、耐磨性能就越好，但弹性、耐寒性、黏着性和工艺加工性能差。当苯乙烯含量超过60%时，常温下具有结晶的状态，已失去橡胶性质，称为树脂。

2. 根据聚合方法不同分类

丁苯橡胶按聚合方法不同主要分为乳液聚合丁苯橡胶和溶液聚合丁苯橡胶，其主要品种系列如下：

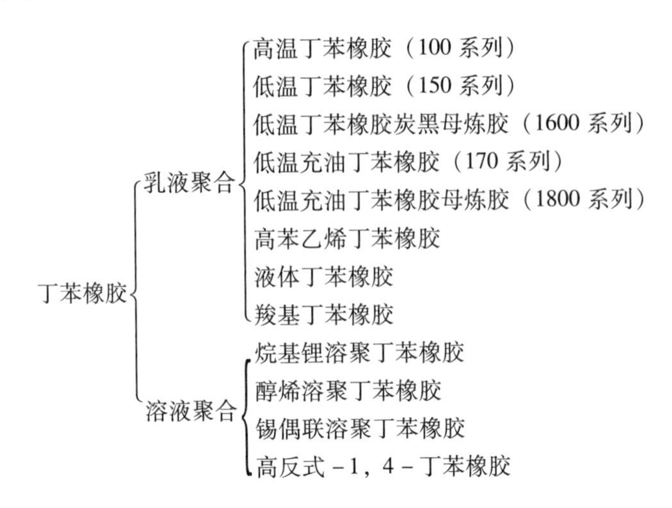

本书主要介绍乳液聚合橡胶产品。

国际合成橡胶生产者协会（IISRP）采用数字表示方法将乳液聚合丁苯橡胶分为以下六大类。

①1000 系列高温乳聚丁苯橡胶：是指在约 50℃ 聚合温度合成的丁苯橡胶。

②1100 系列高温乳聚丁苯橡胶炭黑母炼胶，它是将炭黑直接分散到高温乳聚丁苯胶乳中，并使之凝聚而制得。

③1500 系列低温乳聚丁苯橡胶：聚合温度大约为 5℃，目前生产的大部分丁苯橡胶属于此类。依据所用化学药品不同，该系列了苯橡胶又分为污染型和非污染型。

④1600 系列低温乳聚丁苯橡胶炭黑母炼胶：是将炭黑直接分散于低温丁苯胶乳中，经凝聚后制得。这种湿法共沉淀制备的炭黑母炼胶比在密炼机中掺和的母炼胶具有更好的拉伸强度和伸长率、屈挠性能、耐磨性能和配合剂分散性。该系列丁苯橡胶中可含 14 份以下的填充油。

⑤1700 系列低温充油丁苯橡胶：填充油大多为环烷油、芳烃油或高芳烃油，充油量可以是 15、25、37.5 和 50 份（以 100 份丁苯橡胶计）。

⑥1800 系列低温乳聚充油丁苯橡胶炭黑母炼胶：是一种充油量在 15 份或 15 份以上的炭黑共沉淀橡胶。

我国乳聚丁苯橡胶共有四个品种，即丁苯橡胶 1500、1502、1712 和 1778，现详细介绍如下。

①SBR1500：系通用污染型低温丁苯橡胶典型品种，硫化胶的耐磨性能、拉伸强度、撕裂强度和耐老化性能均较好。此外由于聚合过程中采用松香酸皂作乳化剂，因而生胶自黏性好，容易加工。缺点是使用的防老化剂属污染型，主要适用于以炭黑为补强剂和对颜色要求不高的产品。

②SBR1502：是一种典型非污染通用低温丁苯橡胶，聚合过程采用松香酸和脂肪酸的混合酸皂作乳化剂，并使用非污染型防老化剂。SBR1502 具有良好的拉伸强度、耐磨性和屈挠性，主要用于彩色和透明橡胶制品，如透明鞋、运动鞋底、医疗制品和其他彩色制品。

③SBR1712：该系列是把 37.5 份（相对于 100 份纯胶）高芳烃油加到以松香酸和脂肪酸的混合皂为乳化剂的聚合度较高的丁苯胶乳中经共凝聚而成，属污染型橡胶。SBR1712 具有好的自黏性和加工性能，硫化胶耐磨性能好，广泛用于胎面胶、输送带、胶管和一般黑色制品。

④SBR1778：将 37.5 份非污染型环烷烃油加到以松香酸和脂肪酸的混合皂为乳化剂的乳液状丁苯胶乳中共凝聚而制得，属非污染型橡胶。SBR1778 与 SBR1502 一样，主要适用于浅色或透明橡胶制品，如鞋类、胶布和玩具等。

以前大多数使用乳液聚合的丁苯橡胶。在乳液聚合中，采用拉开粉作乳化剂的，塑性小，称为硬丁苯，工艺性能差。采用歧化松香皂作乳化剂的，塑性大，称为软丁苯，可省略塑炼工艺而直接混炼，工艺性能好。目前，用量最多的是松香软丁苯。

三、丁苯橡胶的性能与应用

丁苯橡胶是浅黄褐色的弹性体，相对密度为 0.92 ~ 0.94。它是一种不饱和的烃类高聚物，能进行许多聚烯烃型反应，如氧化、臭氧化、卤化和氢卤化等。丁苯橡胶的低温性能稍差，脆性温度为 −45℃。与天然橡胶相比，丁苯橡胶具有较好的耐热性、耐老化性能和耐磨性；但弹性、耐寒性、耐屈挠龟裂性和耐撕裂性均比天然橡胶差，并且随着苯乙烯含量的增多，丁苯橡胶的弹性、耐寒性、滞后损失、黏着性和工艺加工性能变差。丁苯橡胶在多次形变下生热量大，其生热量约为天然橡胶的 2 倍。

丁苯橡胶的溶度参数为 17.2 ~ 17.4 $(J/cm^3)^{1/2}$，能溶于大部分溶度参数相近的烃类溶剂中，而硫化胶仅能溶胀。丁苯橡胶很容易与其他高不饱和通用橡胶并用，尤其是与天然橡胶或顺丁橡胶并用，经配合调整可以克服丁苯橡胶的缺点。并用后硫化曲线平坦，不易焦烧和过硫；与天然橡胶、顺丁橡胶混溶性好，生热量大，但由于所含双键少，所以硫化速度慢。因此，配方中应少加硫黄、多加硫化促进剂。

丁苯橡胶成本低廉，是合成橡胶中用量最大、用途最广的品种。同时，丁苯橡胶的不足可以通过与其他橡胶并用、工艺的改进及其配方的设计来弥补。可与天然橡胶、顺丁橡胶并用，改进性能，兼备各自优点。也可加入较多的填充剂，而对其性能影响很小。

丁苯橡胶是制鞋底的优良材料，其中黑大底是用丁苯橡胶加入炭黑制作的，含胶量低，降低了成本，其耐磨性优于天然橡胶。丁苯 1502 和丁苯 1778 适合制作透明鞋底浅色胶鞋等制品。

因此丁苯橡胶迄今仍是国际上产量和耗量最大的通用型合成橡胶。在多数场合可以部分或全部代替天然橡胶。丁苯橡胶因耐磨、耐热、耐老化、耐油优于天然橡胶，而广泛用于制作各种轮胎和其他橡胶工业制品，特别是耐磨制品，也用于制作日常生活用品。

第三节 顺丁橡胶

一、顺丁橡胶（聚丁二烯橡胶）的化学结构

顺丁橡胶主要是由丁二烯作单体采用溶液法聚合而得到。反应式如下：

$$n\mathrm{CH_2{=}CH{-}CH{=}CH_2} \xrightarrow[\text{催化剂}]{\text{烃类溶剂}} \mathrm{\left[CH_2{-}CH{=}CH{-}CH_2\right]_n}$$

在橡胶分子中，聚丁二烯的结构有3种：

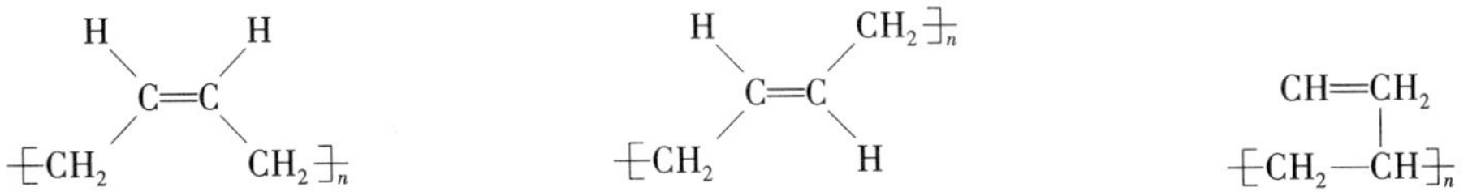

$$\begin{array}{ccc} \mathrm{\overset{H\quad\;\; H}{\underset{\left[CH_2\quad\;\; CH_2\right]_n}{C{=}C}}} & \mathrm{\overset{H\quad\;\; CH_2\,]_n}{\underset{\left[CH_2\quad\;\; H\right.}{C{=}C}}} & \mathrm{\left[CH_2{-}\overset{\overset{\displaystyle CH{=}CH_2}{|}}{CH}\right]_n} \\ \text{顺式－1,4 结合} & \text{反式－1,4 结合} & \text{1,2 结合} \end{array}$$

由于聚丁二烯橡胶分子结构规整，大都是以顺式－1,4方式排列，故顺式－1,4结构的聚丁二烯橡胶即顺丁橡胶。

二、顺丁橡胶的种类

按聚合方法分为乳液聚合和溶液聚合顺丁橡胶（常用）。依据所含顺式－1,4结构不同，又可分为高顺式顺丁橡胶（顺式－1,4含量96%～98%），中顺式顺丁橡胶（顺式－1,4含量90%左右）和低顺式顺丁橡胶（顺式－1,4含量35%～40%）。顺丁橡胶中顺式－1,4含量主要取决于催化剂品种，如采用锂系催化剂制得低顺式顺丁橡胶，而钛系催化剂制得中顺式顺丁橡胶，钴系或镍系催化剂则可制得高顺式顺丁橡胶。

锂系催化剂生产的低顺式丁二烯橡胶的优点是：催化剂是单一组成丁基锂，聚合反应容易控制，催化剂活性高、用量少，工艺简单，适用于单釜聚合，从而能提高生产效率，降低成本。低顺式顺丁橡胶的缺点是相对分子质量分布窄，物理力学性能较差，加工较困难，冷流倾向大，故一般作为聚苯乙烯树脂的改性剂使用。

钴和镍系催化剂的优点是：催化活性高，产品中顺式－1,4－结构含量高，质量均匀，因此橡胶的综合物理力学性能好，相对分子质量大，容易调节，相对分子质量分布较宽，加工性能较好，冷流倾向也较小。

钛系催化剂制得顺丁橡胶的性能与钴和镍系催化剂相似，不同之处是钛系顺丁橡胶相对分子质量分布较窄，冷流倾向大，加工性能也不如钴系和镍催化剂所制得的好。

三、顺丁橡胶的性质和应用

1. 顺丁橡胶的性能

顺丁橡胶为白色至浅黄色弹性体。相对密度为0.91～0.94。室温下稍有结晶性，当拉

伸到300%～400%时，结晶性显著增大，结晶相的熔融温度与结晶的规整性有关。顺丁橡胶硫化胶杂质含量少，因而具有优异的介电性能。顺丁橡胶溶度参数为16.6 $(J/cm^3)^{1/2}$，能很好地溶于天然橡胶所用的各种溶剂中。

顺丁橡胶由于其顺式-1,4结构高达96%～98%，分子结构比较规整，主链上无取代基，分子间作用力小，分子长而细，分子中有大量可发生内旋转的C—C单键，所以顺丁橡胶具有高弹性，低温性能好（T_g低达-105℃左右），滞后损失和生热小，耐磨、耐曲挠性能优异，流动性能好，吸水性低等优点，是弹性最高的一种橡胶。

顺丁橡胶的缺点是拉伸强度和撕裂强度低，生胶有冷流性，加工性能差，黏着性不好，在湿路面上易打滑。为了克服顺丁橡胶的上述缺陷，近年来开发了1,2-聚丁二烯橡胶。此种橡胶微观结构中1,2结构含量为35%～55%，它既具有顺丁橡胶的耐磨性，又有很好的抗湿滑性。

2. 顺丁橡胶的应用

顺丁橡胶主要用于制造轮胎、自行车外胎、鞋底、鞋后跟、输送带覆盖带胶、电线绝缘胶料、胶管（吸引胶管、输水和输气胶管）、胶布和体育用品等，还可用于聚苯乙烯、聚丙烯、聚乙烯等塑料改性。

顺丁橡胶由于耐磨性优异，特别适用于制鞋行业；并且其色泽鲜艳，可与天然橡胶、溶聚丁苯橡胶并用制造透明鞋底和浅色鞋底；同时可用来改性聚乙烯制造微孔鞋底。

第四节　聚异戊二烯橡胶

一、聚异戊二烯橡胶的结构和合成

顺式-1,4-聚异戊二烯橡胶，外观白色，结构和性能类似于天然橡胶。所以，也称为“合成天然橡胶”，是由单体异戊二烯在催化剂作用下溶液聚合而得。反应式如下：

$$nCH_2{=}CH{-}\underset{\displaystyle CH_3}{\underset{|}{C}}{=}CH_2 \xrightarrow{\text{催化剂}} \left[CH_2{-}CH{=}\underset{\displaystyle CH_3}{\underset{|}{C}}{-}CH_2 \right]_n$$

二、聚异戊二烯橡胶的种类

采用不同的催化剂体系，可制得不同结构含量的橡胶。

按顺式-1,4结构的含量分高顺式、次高顺式和低顺式。高顺式性能近似于天然橡胶，弹性、黏着性及其他性能很好，使用最多。

三、聚异戊二烯橡胶的性质和用途

聚异戊二烯橡胶的物理状态与天然橡胶相同，相对密度为0.92～0.94。由于分子结构与天然橡胶相同，具有许多与天然橡胶类似的性质，如具有优良的弹性、耐磨性、耐热性、抗撕裂性、耐老化性、绝缘性能和防水性能，生热小，抗龟裂性及低温耐曲挠性优于天然橡胶，但炼胶时易黏辊，成型时黏性差。与天然橡胶相比，在含等量炭黑时，抗张强度、定伸强度和撕裂强度较低，硬度较小，对填充剂的分散性能差。

通过改进催化体系，发展充油或充炭黑的聚异戊二烯橡胶，研究并用体系，以提高性能，降低成本，扩大了使用范围。

一切适用天然橡胶的制品都可采用这种橡胶，且生胶杂质少，质地均匀，可制浅色鞋底，若与氯丁橡胶并用，可大大改进其性能。

第五节　氯 丁 橡 胶

氯丁橡胶是由 2－氯－1,3－丁二烯聚合而成的一种高分子弹性体，也是合成橡胶中发展较早的品种。氯丁橡胶作为一种通用型特种橡胶，除具有一般橡胶的良好物性外，还具有耐候、耐燃、耐油、耐化学腐蚀等优异特性，因而获得了广泛应用。

一、氯丁橡胶的结构

氯丁橡胶是氯丁二烯在催化剂的作用下经乳液聚合而成的弹性聚合物。反应式如下：

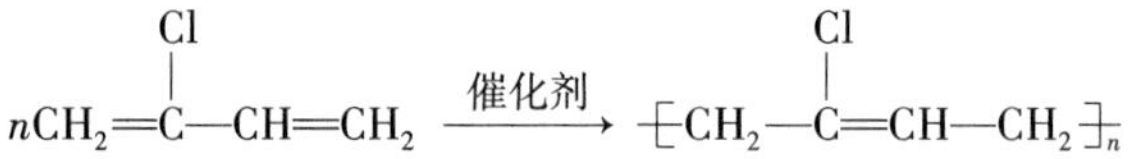

$$nCH_2{=}\underset{}{\overset{Cl}{\overset{|}{C}}}{-}CH{=}CH_2 \xrightarrow{\text{催化剂}} {+}CH_2{-}\overset{Cl}{\overset{|}{C}}{=}CH{-}CH_2{+}_n$$

氯丁橡胶的相对分子质量分布较宽，为 2 万 ~95 万。氯丁橡胶在聚合过程中，生成反式－1,4 结构、顺式－1,4 结构、1,2 结构和 3,4 结构等不同比例的聚合体。

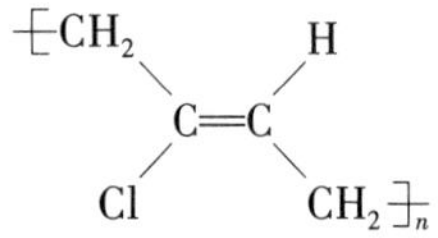

$$\begin{array}{c} {+}CH_2 \quad\quad H \\ \diagdown \quad \diagup \\ C{=}C \\ \diagup \quad \diagdown \\ Cl \quad\quad CH_2{+}_n \end{array}$$

反式－1,4 结构

（占 88% ~92%）

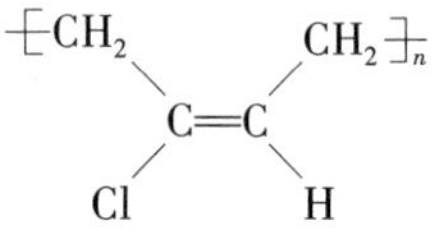

$$\begin{array}{c} {+}CH_2 \quad\quad CH_2{+}_n \\ \diagdown \quad \diagup \\ C{=}C \\ \diagup \quad \diagdown \\ Cl \quad\quad H \end{array}$$

顺式－1,4 结构

（占 7% ~12%）

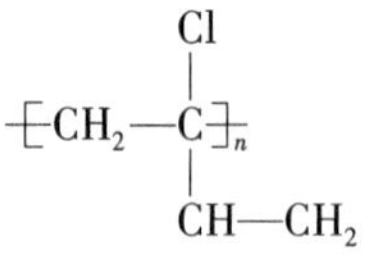

$${+}CH_2{-}\underset{\underset{CH{-}CH_2}{|}}{\overset{\overset{Cl}{|}}{C}}{+}_n$$

1,2 结构

（占 1.5%）

$${+}CH_2{-}\underset{\underset{\underset{\underset{Cl}{|}}{C{=}CH_2}}{|}}{CH}{+}_n$$

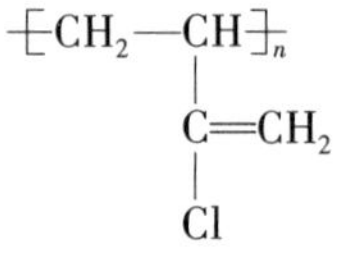

3,4 结构

（占 1.0%）

二、氯丁橡胶的分类与品种

（一）氯丁橡胶的种类

氯丁橡胶根据其性能和用途不同可分为通用型、专用型和氯丁胶乳三大类：

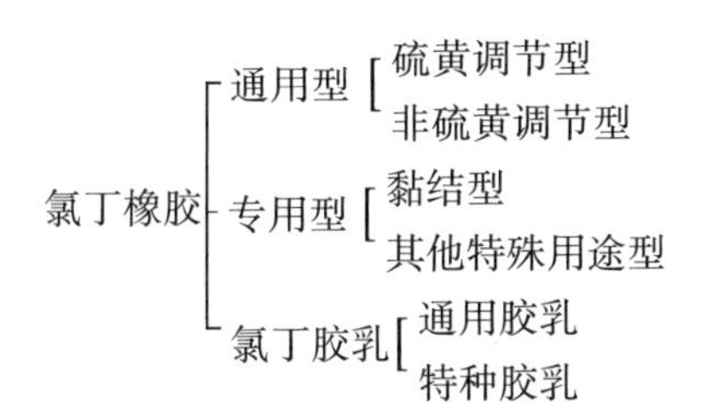

（二）国内商品化氯丁橡胶的品种与性能

我国氯丁橡胶目前有五大类共 27 个牌号。氯丁橡胶原牌号用 LD×××表示，现已改为用 CR××××表示。其 CR 为氯丁橡胶英文 Chloroprene Rubber 缩写，后面的四位数字分别表示不同的含义。其中第一位数表示调节剂类型，如 1—硫调节，2—非硫调节，3—混合调节；第二位数表示结晶速度，如 0—无，1—微，2—低，3—中，4—高；第三位数表示分散剂和污染程度，如 1—石油磺酸钠（污），2—石油磺酸钠（非污），3—二萘基甲烷磺酸钠（污），4—二萘基甲烷磺酸钠（非污），6—中温聚合，8—接枝专用；第四位数表示门尼黏度，如 1—20～40，2—41～60，3—61～75。

1．硫黄调节型氯丁橡胶的品种与性能

硫黄调节型氯丁橡胶采用硫黄和秋兰姆作调节剂，由乳液聚合法制得，此种橡胶分子结构比较规整，加工性能良好，且容易伸长结晶，因而橡胶有很大的拉伸强度，缺点是生胶贮存稳定性较差。常用品种有 CR 1211、CR 1212、CR 1213（简称 CR121）。CR121 属污染型，低结晶，具有良好的耐老化、耐臭氧、耐热空气和耐化学药品性能，并具有良好的力学性能及优异的耐磨性。CR121 外观为浅琥珀色或棕色片状或小块，不含滑石粉以外的杂质。

2. 非硫黄调节型氯丁橡胶的品种与性能

非硫黄调节型氯丁橡胶是在乳液聚合过程中，采用硫醇作调节剂聚合而成。此种橡胶分子结构中不含硫黄，不会因硫键断裂而生成活性基因，故生胶的贮存稳定性较好。非硫黄调节型氯丁橡胶还具有加工性能好，加工过程中不易焦烧、不易黏辊，制得硫化胶有良好的耐热性和较低的压缩变形等优点。缺点是硫化速度慢、结晶性较大。常用品种有 CR 2321、CR 2322、CR 2323。该类生胶稳定性优于 CR 1211，结晶速度中等且具有良好的耐臭氧、耐日光、耐气候等性能，无早期硫化现象。

3．混合调节型氯丁橡胶的品种与性能

混合调节型氯丁橡胶共有 6 个牌号，即混合调节型 CR 3211、CR 3212、CR 3213 和混合调节非污染型氯丁橡胶 CR 3221、CR 3222、CR 3223。混合调节型氯丁橡胶兼具有硫黄调节型和非硫黄调节型氯丁橡胶的优点，如保持了通用型氯丁橡胶的所有优良性能，且生胶稳定性优于 CR 1211。

4．黏结型氯丁橡胶的品种与性能

黏结型氯丁橡胶品种有 CR 2441、CR 2442、CR 2461、CR 2462。这里重点介绍 CR 2441、CR 2442。该类氯丁橡胶为一种极性高聚物，结晶速度快，具有优良的耐臭氧、耐日光、耐油脂等性能，室温下可完全溶解于浓度为 20% 的甲苯溶液中。生胶贮存稳定性好，贮存期一年以上。但超过贮存期或贮存温度过高，可能引起黏度增大。

三、氯丁橡胶的应用

氯丁橡胶一般用于制作耐老化，耐热、耐燃，耐油、耐化学腐蚀，低耐油的工作靴外底及其他，如胶布制品、胶鞋和黏合剂，用途甚为广泛。

第六节　丁腈橡胶

丁腈橡胶是由丁二烯和丙烯腈经乳液共聚法制得的一种高分子弹性体。丁腈橡胶具有优异的耐油性和耐溶剂性，可广泛用于制造耐油橡胶制品。

一、丁腈橡胶的分子结构

丁腈橡胶的分子结构式如下：

$$\left[\left(CH_2—CH=CH—CH_2\right)_x\left(CH_2—\underset{\displaystyle CN}{\underset{|}{CH}}\right)_y\right]_n$$

丁腈橡胶分子中，丁二烯结构单元的结合方式存在顺式－1,4 结构、反式－1,4 结构和 1,2 结构等 3 种，并且 1,4 结构的丁二烯链节主要是反式结构。1,2 结构的丁二烯链节含量不超过 10%，并随着结合丙烯腈含量的增加而减少。丁二烯的 3 种不同结合方式对丁腈橡胶的性能有一定影响，例如顺式－1,4 结构有利于提高橡胶的弹性、降低玻璃化温度和提高耐寒性；增加反式－1,4 结构，丁腈橡胶的拉伸强度提高，热塑性变好，但弹性变差；1,2 结构增加时，导致枝化和交联度提高，加工性能和低温性能变差，同时橡胶的强度也将下降。

丁腈橡胶的相对分子质量依据其物质不同差异较大，液体丁腈橡胶的相对分子质量在几千左右，而固体丁腈橡胶的相对分子质量可达几十万，平均相对分子质量为 10 万～30 万，相对分子质量分布都较宽。实际生产应用中，丁腈橡胶的相对分子质量常采用门尼黏度表示，一般丁腈橡胶门尼黏度为 30～130，其中在 45 左右者通常称之为低门尼黏度，60 左右者称为中门尼黏度，80 以上者称为高门尼黏度。

丁腈橡胶的相对分子质量及其分布对橡胶性能有显著影响，相对分子质量较大时，分子间作用力也大，拉伸强度和弹性等增大，可塑性降低，加工性能变差；若相对分子质量相同且相对分子质量分布宽时，由于低分子级分的存在，致使大分子间作用力相对减弱，分子易于移动，故加工性能得到改善；但若相对分子质量分布太宽，反而会因低分子级分较多而影响橡胶交联，最终导致橡胶的弹性和拉伸强度下降。

二、丁腈橡胶的分类

丁腈橡胶的分类方法较多，按聚合温度不同可分为热聚丁腈橡胶（25～50℃）和冷聚丁腈橡胶（5～20℃）；按防老化剂的污染性可分为污染型、非污染型和微污染型；按形状丁腈橡胶可分为块状、颗粒状、粉末状和液体状，不过丁腈橡胶的常用分类方法则是按照应用范围和丙烯腈含量不同分类，下面分别介绍。

丁腈橡胶根据工艺性能和应用范围可分为通用型丁腈橡胶和特殊型丁腈橡胶。前者主要是指丁二烯和丙烯腈的二元共聚物，用途较广；后者则是指包括引进第三单体的三元共聚橡胶，如羧基丁腈橡胶、羟基丁腈橡胶和部分交联丁腈橡胶，也包括丁腈橡胶与树脂的共混物，以及粉末丁腈橡胶和液体丁腈橡胶等。

按丙烯腈含量不同，丁腈橡胶可分为如下五大类：

①极高丙烯腈丁腈橡胶：丙烯腈含量43%以上。

②高丙烯腈丁腈橡胶：丙烯腈含量36%～42%。

③中高丙烯腈丁腈橡胶：丙烯腈含量31%～35%。

④中丙烯腈丁腈橡胶：丙烯腈含量25%～30%。

⑤低丙烯腈丁腈橡胶：丙烯腈含量24%以下。

当丙烯腈含量大于60%时，丁腈橡胶能够耐芳香烃溶剂（溶解能力很强的溶剂），但却失去了弹性，变成了很硬的材料。丙烯腈含量低于7%时，丁腈橡胶则失去了耐油性。故一般丙烯腈含量在15%－50%，既耐油又有弹性。

三、丁腈橡胶的性能及应用

丁腈橡胶为浅黄色或浅褐色略带香味的弹性体，相对密度为0.96～1.20。丁腈橡胶具有一系列优越性能，如耐油性、耐溶剂性能，并且耐磨性高出天然橡胶30%～45%，耐高温性能优于天然橡胶、丁苯橡胶和氯丁橡胶。丁腈橡胶的性能受丙烯腈含量影响较大，结果见表3－2。

表3－2　丙烯腈含量与丁腈橡胶性能的关系

橡胶性能	丙烯腈含量由高→低	橡胶性能	丙烯腈含量由高→低
拉伸强度、定伸应力	大→小	耐化学腐蚀性	好→差
耐磨性、硬度	大→小	耐热性	高→低
密度、导电性	大→小	耐寒性	差→好
与聚氯乙烯相容性	大→小	透气性	小→大
耐油、耐溶剂性	好→差	弹性、屈挠性	低→高

丁腈橡胶的力学性能与天然橡胶相比不够理想，这是因为丁腈橡胶是非结晶的无定形高聚物，本身强度较低，使用时必须添加补强剂如炭黑，强度可达25MPa以上。丁腈橡胶大分子结构中存在有易被电场极化的腈基，因而降低了介电性能，所以不宜用作绝缘材料。

丁腈橡胶最突出的优点是对非极性或低极性的溶剂表现出较强的稳定性，特别是耐汽油及脂肪烃油类，比其他许多橡胶都好。此外，对植物、脂肪酸类也具有良好稳定性，但接触极性较大的溶剂，如芳香族溶剂、卤代烃、酮及酯类时，有溶胀作用。丁腈橡胶的耐油性仅次于聚硫橡胶、氟橡胶和聚丙烯酸酯橡胶，优于其他通用型合成橡胶。

由于丁腈橡胶的高耐油性能，且耐热、耐老化、耐磨性能均优于天然橡胶，抗水性、耐碱性良好，适用于制作在特殊环境下穿用的高耐油劳保鞋的外底。

丁腈橡胶对无机酸、有机酸、碱类、盐类以及氧化剂的稳定性均比天然橡胶好，耐紫外线辐射作用也较天然橡胶稳定，但不如氯丁橡胶。丁腈橡胶的耐臭氧化能力较差，提高其抗臭氧化作用的有效途径是采用与聚氯乙烯树脂并用的办法。有文献报道，在1%的臭氧中，丁腈橡胶3min后龟裂，抗臭氧性能优良的氯丁胶9min后龟裂，但丁腈橡胶与聚氯乙烯的并用胶20min后仍不出现裂纹。

丁腈橡胶由于其独特的耐油、耐溶剂性能，主要用于制作油封、轴封及垫圈等工业模压成型制品，此外还常用于制造耐油胶管、运输带、胶辊，尤其适合于需要导出静电的纺织和印刷胶辊。丁腈橡胶在制鞋方面用于制作耐油鞋底、抗静电和导电鞋底。

丁腈橡胶另一主要用途是与聚氯乙烯并用，提高其耐臭氧性能，可用于制造汽车用输油管、仿革底、注塑鞋底、电缆外层包覆胶、化学工业用耐油、耐溶剂胶管。丁腈橡胶可与天然橡胶、丁苯橡胶、氯丁橡胶及聚乙烯塑料、酚醛树脂并用，以改善其性能。

第七节　聚氨酯橡胶

聚氨酯橡胶是在催化剂存在下，二元醇、二异氰酸酯和链扩展剂反应的产物。因其分子结构中含有氨基甲酸酯（—NH—COO—）结构单元，故称之为聚氨基甲酸酯橡胶，简称为聚氨酯橡胶。聚氨酯橡胶由于其具有高硬度下保持弹性、优良的耐磨性、良好的力学强度、耐油、耐低温、耐臭氧老化等性能，因而广泛地应用于鞋靴、油封、胶辊、胶带等制品。

一、聚氨酯橡胶的种类和原料

（一）聚氨酯橡胶的种类

聚氨酯橡胶根据所用单体不同可分为聚酯型聚氨酯橡胶和聚醚型聚氨酯橡胶，按加工方法不同又可分为浇铸型、混炼型和热塑型三类。浇铸型聚氨酯橡胶具有液体橡胶的优点，不需要通用橡胶的加工设备。只要把聚酯与异氰酸酯生成的预聚体与扩链剂、交联剂等助剂混合均匀，注入模具后硫化即得成品。浇铸型聚氨酯鞋底已在制鞋行业获得实际广泛应用，故本节主要介绍浇铸型聚氨酯橡胶的原料与加工工艺。

（二）聚氨酯橡胶用原材料

1. 二元醇

二元醇是合成聚氨酯橡胶的基本原料，其相对分子质量一般为500~3000，常用品种有聚醚二醇（聚乙二醇、聚丙二醇、聚四亚甲基二醇等）、聚酯二醇（聚己二酸乙二醇酯、聚己内酯等）、聚烯烃二醇（聚丁二烯二醇）。

2. 二异氰酸酯

二异氰酸酯也是合成聚氨酯橡胶的基本原料，主要品种有2,4-甲苯二异氰酸酯（TDI），2,6-甲苯二异氰酸酯（TDI）以及两者的混合物，二苯基亚甲基-4,4′-二异氰酸酯等。

3. 扩链剂

扩链剂又称硫化剂，其作用是使聚醚二醇和异氰酸酯反应后得到的预聚体进一步反应，生成聚氨酯橡胶。扩链剂主要是低相对分子质量的二醇或二胺类化合物，如 3，3′－二氯－4,4′－二苯基甲烷二胺（俗称 MOCA）、4,4′－二氨基二苯基甲烷、1,4－丁二醇等。

4. 催化剂

合成聚氨酯反应中加入的催化剂有二月桂酸二丁基锡、辛酸锡、四甲基丁基二胺、4－双环重氮辛烷等。

二、聚氨酯橡胶的结构

聚氨酯橡胶大分子链结构中主要包含三部分：即聚醚（聚酯）链段、异氰酸酯链段和扩链剂低分子链段。其中氨基甲酸酯部分，由于分子中含有极性基因，使其内聚能变高，形成刚性链段，而聚酯（聚醚）则形成柔性链段，结构示意图如下：

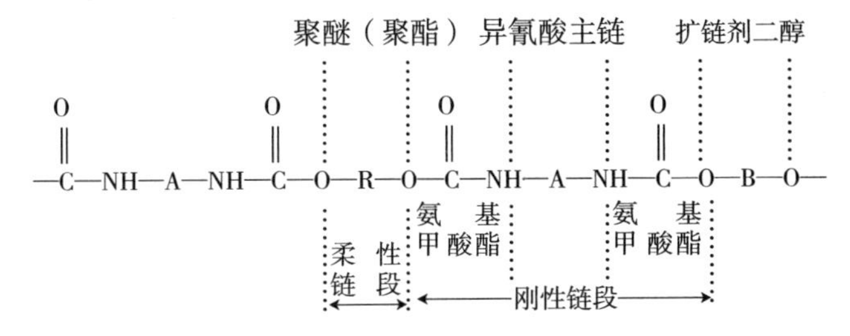

聚氨酯橡胶中，刚性链段主要影响其模量、硬度和撕裂强度，而柔性链段则主要影响其弹性和低温性能。其中柔性链段相对分子质量的大小对橡胶物理力学性能有明显影响，聚酯相对分子质量增大，橡胶拉伸强度增加，但硬度下降，定伸应力变小。表 3－3 给出了不同相对分子质量的聚己二酸乙二醇酯对橡胶性能的影响。

表 3－3　聚己二酸乙二醇酯相对分子质量对橡胶性能的影响

相对分子质量	拉伸强度/MPa	伸长率/%	硬度（邵氏 A）	300% 定伸应力/MPa
2160	31	726	80	11
2670	37	720	70	10
3500	34	710	65	7
4680	38	770	60	5

三、聚氨酯橡胶的性能

聚氨酯具有宝贵的综合性能，如强度高、弹性好、抗压强度好、撕裂性好、耐磨、耐油、耐氧、耐臭氧等。

①质量轻：相对密度为 0.4～0.5，是任何橡胶所不能相比的，故而，鞋底制品轻便舒适。

②具有优异的耐磨性：这是因为其化学结构中的极性基团之间的氢键缔合作用，使聚合物的内聚能大大超过了橡胶烃的内聚能。因此，其耐磨性能是一般橡胶的 6～9 倍，

比丁苯橡胶高 1 ~3 倍。成为鞋底这一磨耗品所需的理想材料。

③弹性范围广：在低温（ -70℃）或高硬度时，仍具有高度的弹性。

④耐老化性、耐臭氧性、耐油及耐化学腐蚀性能优异。

⑤黏合力强，涂饰性好。

但聚氨酯橡胶在使用过程中也存在一些问题，如易水解，抗湿滑性差等。

四、聚氨酯橡胶的应用与制造工艺

浇铸型聚氨酯橡胶又称液体聚氨酯橡胶，由于具有流动性，适合制造复杂几何形状的产品，加之硬度调节范围广，耐磨性能优越，因而在制鞋行业获得了广泛应用。

浇铸型聚氨酯橡胶工艺过程如下：聚醚（聚酯）二醇 + 二异氰酸酯→预聚体 + 扩链剂→液体聚氨酯→浇铸成型→加热硫化→成品。

（一）预聚体的合成

预聚体的合成步骤是于 100 ~110℃将一定量的聚醚或聚酯搅拌 1h 左右，待除去其中水分和易挥发物后，滴加入二异氰酸酯，并于 85℃加热搅拌反应 2h 即得预聚体，其反应式如下：

$$\mathrm{HO{-}R{-}OH} + 2\mathrm{OCN{-}R'{-}NCO} \longrightarrow \mathrm{OCN{-}R'{-}NH{-}\overset{\overset{\large O}{\|}}{C}{-}O{-}R{-}O{-}\overset{\overset{\large O}{\|}}{C}{-}NH{-}R'{-}OCN}$$

在反应过程中，一般控制异氰酸酯过量，适量的—NCO 含量（ 4% ~ 6%），可制得性能较好的聚氨酯橡胶。

（二）预聚体的扩链

预聚体的扩链又称硫化，扩链剂大多采用二胺或二醇。当采用二胺作扩链剂时，反应如下：

$$\mathrm{OCN{-}R'{-}NH{-}\overset{\overset{\large O}{\|}}{C}{-}O{-}R{-}O{-}\overset{\overset{\large O}{\|}}{C}{-}NH{-}R'{-}NCO} + 2\mathrm{H_2N{-}R''{-}NH_2} \longrightarrow$$

$$\mathrm{{-}NH{-}R''{-}NH{-}\overset{\overset{\large O}{\|}}{C}{-}NH{-}R'{-}NH{-}\overset{\overset{\large O}{\|}}{C}{-}O{-}R{-}O{-}\overset{\overset{\large O}{\|}}{C}{-}NH{-}R'{-}NH{-}\overset{\overset{\large O}{\|}}{C}{-}NH{-}R''{-}NH{-}}$$

实践证明，扩链剂的加入量只是理论用量的 85% ~90% 时所得聚氨酯橡胶综合性能较好。

预聚体扩链的步骤是先将已知异氰酸根含量的预聚体在 80 ~ 100℃下真空加热脱气 30min 以上，迅速加入扩链剂（若为固体，应加热熔融），并搅拌均匀后立即注模。此时反应速度较快，应注意注模工艺操作。为满足注模工艺，预聚体扩链的适用期通常控制在1 ~15min。所谓适用期是指从扩链剂被加到预聚体中搅拌均匀开始到液体变黏失去流动性的时间。适用期的长短，主要受温度影响，因此加入扩链剂时应严格控制温度。

（三）注模工艺

注模前，模具首先涂石蜡或有机硅脱模剂，并预热至 100 ~120℃，加入加有扩链剂的混合料，待胶料达到凝胶点后，再在100～120℃平板硫化机上加压成型20～60min后便可脱模，脱模后的制品还应于100～120℃热空气中继续硫化5h，使硫化胶达到最佳性能。

第八节 热塑性橡胶

热塑性橡胶是近代发展起来的一种新型材料，在鞋底材料中，热塑性橡胶占有突出的位置。热塑性橡胶兼有塑料的热塑性和橡胶的高弹性，它在高温下可呈塑性流动状态，因而可以像塑料一样进行加工成型；不需要进行硫化而在常温下有具有橡胶的弹性。其弹性和塑性两种物理状态之间的相互转变，仅仅取决于温度的变化，而且是可逆的，因此，在加工过程中的边角料可以重新加以利用。由于热塑性橡胶可以像塑料那样经挤出、注射、模压等工序塑化成型，所以热塑性橡胶是一种既有橡胶优良的使用性能，又有塑料高速成型的加工性能的新型鞋底材料。

一、热塑性橡胶的结构

热塑性橡胶是采用化学接枝共聚的方法，在分子链结构上混合而制成的一种橡胶和塑料的有规立构嵌段共聚物。

在热塑性橡胶中，显示橡胶弹性的成分称为“橡胶段”或“软段”，易使大分子链间形成网状结构的“约束”成分称为“塑料段”或“硬段”。其中“橡胶段”有聚丁二烯、聚异二烯、聚异丁烯等，“塑料段”有聚苯乙烯、聚丙烯、聚甲基丙烯酸甲酯等。

例如，热塑性丁苯橡胶，即丁二烯和苯乙烯的嵌段共聚物，其大分子链的中间是柔软的聚丁二烯，两端是塑性的苯乙烯均聚物嵌段，即苯乙烯（S）-丁二烯（B）-苯乙烯（S）三嵌段结构，所以称为SBS，S嵌段的相对分子质量为1万～1.5万，B嵌段的相对分子质量为5万～7万。

由SBS的结构明显看出，SBS具有两相结构的互不相溶性，聚苯乙烯的嵌段分散在聚丁二烯嵌段的橡胶相中。在高应力下聚苯乙烯嵌段变柔顺，聚苯乙烯嵌段的塑料区起补强作用，产生物理交联，推迟了破坏的发生。在常温下，聚苯乙烯嵌段呈玻璃状，非常坚硬，使连续相的聚丁二烯末端固定下来，不能自由延伸而缠绕起来，构成了“物理交联网状结构”，呈弹性体。如果加高温度超过聚苯乙烯的T_g，则塑料区软化，交联点熔化，即可出现塑性流动。而冷却时，这种交联点又可以重新建立，恢复网状结构，这就是SBS具有热塑性和弹性的依据。

在压力作用下，产生塑性流动，表现出热塑性质，则可采用塑料的加工方法，快速成型。除了SBS，还有热塑性聚氨酯橡胶，软段为聚醚或聚酯，硬段为聚氨酯、聚醚（软）聚酯（硬）共聚物。

二、热塑性橡胶的性能及用途

由于分子结构的特点，使热塑性橡胶有较其他橡胶所不及的优异特性：

①无须硫化：分子链之间能够自然地形成网状结构，有自身补强的作用。因此，热

塑性橡胶无须硫化。

②弹塑性：热塑性橡胶的网状结构在温度变化时具有可塑性，导致热塑性橡胶既具有橡胶的高弹性，又兼有热塑性塑料的加工性能。同时，边角余料可回收利用。

③耐寒性能好：具有特殊的耐寒性能，在－70℃时仍保持弹性。

④耐曲挠性优越：曲挠性是热塑性橡胶的一个重要标志。

⑤防湿滑性能好。

⑥由于它的热塑性质，也会带来一些不利因素。在60～70℃时易变软，并在稍高温（70～80℃）时，由于分子链的热运动，致使材料解聚断裂而不耐磨。

热塑性橡胶原料易得，成本低廉，性能优异。尤其是制品工艺简单方便，无须炼胶、硫化和补强（只需增加少量操作油和稳定剂即可），应用价值很大。

热塑性橡胶被称为第三代橡胶（第一代是指天然橡胶，第二代是指合成橡胶）。热塑性橡胶的应用已广泛地取代了一般橡胶外底。最有发展的是直接在鞋上注塑鞋底（在注塑机上容易加工），现在也有用热塑性橡胶生产热塑橡胶外底、后跟面、鞋跟、主跟和内包头。根据国外资料报道，热塑性橡胶外底穿118天（实际穿着）出现穿透裂痕的只有6%，因此，热塑性橡胶成型外底可广泛用于制鞋工业。热塑性橡胶还广泛地应用于整体成型鞋的生产，如双色女靴等，在－20℃时热塑性橡胶仍能保持柔软性，因此，用它做的鞋可以在冬天穿用。

第九节　乙丙橡胶

乙丙橡胶是以乙烯和丙烯为基础单体合成的共聚物。橡胶分子链中依单体单元组成不同，有二元乙丙橡胶和三元乙丙橡胶之分。前者为乙烯和丙烯的共聚物，以EPM表示；后者为乙烯、丙烯和少量的非共轭二烯烃第三单体的共聚物，以EPDM表示。两者统称为乙丙橡胶（EPR）。

一、乙丙橡胶的结构

乙丙橡胶系以单烯烃乙烯、丙烯共聚成二元乙丙橡胶；以乙烯、丙烯及少量非共轭双烯为单体共聚而制得三元乙丙橡胶。在乙丙橡胶分子主链上，乙烯和丙烯单体呈无规则排列，失去了聚乙烯或聚丙烯结构的规整性，从而成为弹性体，由于三元乙丙橡胶二烯烃位于侧链上，因此三元乙丙橡胶不但可以用硫黄硫化，同时还保持了二元乙丙橡胶的各种特性。

乙丙橡胶的重均相对分子质量为20万～40万，数均相对分子质量为5万～15万，黏均相对分子质量10万～30万。乙丙橡胶分子质量分布指数一般为3～5，大多在3左右。相对分子质量分布宽的乙丙橡胶具有较好的开炼机混炼性和压延性。

二、乙丙橡胶的种类

乙丙橡胶主要分为二元乙丙橡胶和三元乙丙橡胶。随着乙丙橡胶的发展，又出现了较多其他改性品种，如：

①溴化乙丙橡胶：是在开炼机上经溴化剂处理而成。溴化后可提高乙丙橡胶的硫化速度和黏合性能，但机械强度下降，因而溴化乙丙橡胶仅适用于作乙丙橡胶与其他橡胶黏合的中介层。

②氯化乙丙橡胶：是将氯气通入三元乙丙橡胶溶液中而制成。乙丙橡胶氯化后可提高硫化速度以及与不饱和橡胶的相容性、耐燃性、耐油性，黏合性能也有所改善。

③磺化乙丙橡胶：是将三元乙丙橡胶溶于溶剂中，经磺化剂及中和剂处理而成。磺化乙丙橡胶由于具有热塑性弹性体的性质和良好的黏着性能，在黏合剂、涂覆织物、建筑防水材料、防腐衬里等方面将得到广泛的应用。

④丙烯腈接枝的乙丙橡胶：以甲苯为溶剂，过氯化苯甲醇为引发剂，在80℃下使丙烯腈接枝于乙丙橡胶。丙烯腈改性乙丙橡胶不但保留了乙丙橡胶耐腐蚀性，而且获得了相当于丁腈－26的耐油性，具有较好的物理机械性能和加工性能。

⑤热塑性乙丙橡胶（EPDM/PP）：是以三元乙丙橡胶为主体与聚丙烯进行混炼，同时使乙丙橡胶达到预期交联程度的产物。它不但在性能上仍保留乙丙橡胶所固有的特性，而且还具有显著的热塑性塑料的注射、挤出、吹塑及压延成型的工艺性能。

而根据乙丙橡胶的不同系列和分子结构方面的特点，乙丙橡胶有通用型、混用型、快速硫化型、易加工型和二烯烃橡胶并用型等不同应用类型。

三、乙丙橡胶的性能及其用途

乙丙橡胶（EPDM）与乙烯－醋酸乙烯共聚物（EVA）有良好的相容性，可以起到显著的增弹增韧和抗老化作用，而且其白度高，可使制品色泽鲜艳，因此是高档衬垫泡沫底基的理想改性材料。通过EVA/EPDM/PVC三元共混改性和模压发泡，生产塑料合金泡沫底基，然后与衬垫专用布复合并模制成活动衬垫。塑料微孔泡沫合成体大量用于Reebok、Hi－TEC、PEAK等名牌运动鞋中，已经获得了显著的经济效益和社会效益。又由于它具有耐老化、不透气、耐低温的特点，也适合作为密封垫（例如冰柜、船、车用密封条）等使用。

第十节　硅　橡　胶

硅橡胶是指主链由硅和氧原子交替构成，硅原子上通常连有两个有机基团的橡胶。普通的硅橡胶主要由含甲基和少量乙烯基的硅氧链节组成。苯基的引入可提高硅橡胶的耐高、低温性能，三氟丙基及氰基的引入则可提高硅橡胶的耐温及耐油性能。

一、硅橡胶的结构

硅橡胶的主链由硅和氧原子交替构成，硅原子上通常连有两个有机基团的橡胶。

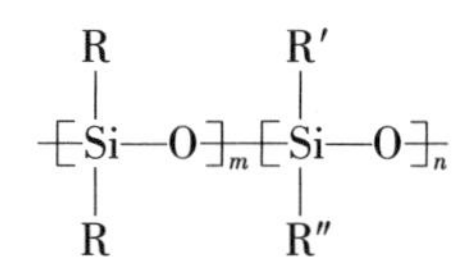

R、R′、R″为甲基、苯基、乙烯基等有机基团

二、硅橡胶的种类

1. 硅橡胶的分类

按固化前的形态分为固体硅橡胶和液体硅橡胶。

按硫化温度分为室温硫化硅橡胶，高温硫化硅橡胶。

按所用单体的不同，可分为甲基乙烯基硅橡胶，甲基苯基乙烯基硅橡胶、氟硅橡胶，腈硅橡胶等。

按性能和用途的不同又可分为通用型、超耐低温型、超耐高温型、高强力型、耐油型、医用型等。

2. 主要品种

① 二甲基硅橡胶（简称甲基硅橡胶）：其生胶呈无色透明状弹性体，通常用活性较高的有机过氧化物进行硫化。二甲基硅橡胶的硫化活性较低，高温压缩永久变形大，不适用于制备厚制品（这是因为厚制品硫化较困难，内层易起泡）。

② 甲基乙烯基硅橡胶（简称乙烯基硅橡胶）：甲基乙烯基硅橡胶生胶是在甲基硅橡胶生胶的基础上，在分子侧链或端基引入少量乙烯基而形成的。乙烯基的引入，极大地提高了生胶的硫化活性，改善了硅橡胶制品的物理机械性能，提高了制品弹性，降低了压缩永久变形。甲基乙烯基硅橡胶由于性能优异，合成工艺成熟，成本增加不多，因而成为目前产量大、用量广、具有代表性的产品。甲基乙烯基硅橡胶工艺性能较好，操作方便，可制成厚制品且压出、压延半成品表面光滑，是较常用的一种硅橡胶。

③ 甲基苯基乙烯基硅橡胶（简称苯基硅橡胶）：此种橡胶是在乙烯基硅橡胶的分子链中，引入二苯基硅氧链节或甲基苯基硅氧链节而得。根据硅橡胶中苯基含量（苯基∶硅原子）的不同，可将其分为低苯基、中苯基及高苯基硅橡胶。低苯基硅橡胶是现今低温性能最好的橡胶；中苯基硅橡胶具有耐烧蚀的特点；高苯基硅橡胶则具有优异的耐辐射性能。

④ 氟硅橡胶（FMVQ）：是以硅氧键为主链结构，侧链上引入氟烷基或氟芳基的线性聚合物，所以也称耐油硅橡胶。常用的氟硅橡胶为含有甲基、三氟丙基和乙烯基的氟硅橡胶。氟硅橡胶具有良好的耐热性及优良的耐油、耐溶剂性能，如对脂肪烃、芳香烃、氯代烃、石油基的各种燃料油、润滑油、液压油以及某些合成油在常温和高温下的稳定性均较好，这些是单纯的硅橡胶所不及的。氟硅橡胶具有较好的低温性能，对于单纯的氟橡胶而言，是一种很大的改进。

⑤ 腈硅橡胶：是侧链引入腈烷基（一般为 β－腈乙基或 γ－腈丙基）的一类硅橡胶。极性腈基的引入改善了硅橡胶的耐油、耐用溶剂性能，但其耐热性、电绝缘性及加工性则有所降低。

三、硅橡胶的性能

① 高温性能：硅橡胶显著的特征是高温稳定性，虽然常温下硅橡胶的强度仅是天然橡胶或某些合成橡胶的一半，但在200℃以上的高温环境下，硅橡胶仍能保持一定的

柔韧性、回弹性和表面硬度，且力学性能无明显变化。通过改变硅橡胶的主链或侧基结构、消除硅橡胶中硅羟基、加入耐热助剂和少量硅树脂等方法，可进一步提高硅橡胶的耐高温性能，从而适应越发苛刻的使用环境。

② 低温性能：由于硅橡胶具有低温结晶性，一般硅橡胶在 -30℃时力学性能会发生变化，且随温度的降低力学性能有所下降。特殊配方可达 -100℃，表明其低温性能优异。这对航空、宇航工业的意义重大。

③ 耐候性：硅橡胶分子主链结构中无不饱和键，在天候和臭氧环境中不易受到攻击，而且 Si—O 键的键能比 C—C 键的大，加之 Si—O—Si 键对氧、臭氧及紫外线等十分稳定，因而无需加入任何添加剂，即具有优良的耐候性。

④ 电气性能：硅橡胶具有优异的绝缘性能，耐电晕性和耐电弧性也非常好。

⑤ 物理机械性能：硅橡胶常温下的物理机械性能比通用橡胶差，但在 150℃的高温和 -50℃的低温下，其物理机械性能优于通用橡胶。

⑥ 耐油及化学试剂性能：硅橡胶中聚硅氧烷分子链间的作用力小，酸、碱等离子型物质容易使 Si—O 键断裂。硅橡胶在微量酸或碱等化学介质的作用下，易发生硅氧烷键的重排与裂解，导致耐热性能下降。硅橡胶的耐油耐溶剂性能较差，限制其应用领域，需要改善其耐油性能，所以需对其进行化学改性或物理改性，在保持其优良特性的同时又改善其不足。

⑦ 力学性能：硅橡胶分子间作用力小，易滑移，冷态下可慢速流动，其拉伸强度和撕裂强度都很低，纯硅橡胶硫化胶的拉伸强度只有 0.35MPa 左右，补强后才有实用价值。硅橡胶的拉伸强度、撕裂强度和拉断伸长率会随工作温度的升高而均呈下降趋势，且温度越高趋势越加明显。

⑧ 生理惰性：硅橡胶无毒、无味、无臭，与人体组织不粘连，具有抗凝血作用，对肌体组织的反应性非常少。特别适合作为医用材料。

四、硅橡胶在制鞋中的应用

硅橡胶在制鞋行业被用来制作减震鞋底。日本著名跑鞋品牌 Asics 的 I. G. S. 专利缓冲吸震系统，采用 GEL 缓震硅胶增强了其跑鞋的减震性能，并且使鞋的整体轻量化。

第十一节　热塑性聚氨酯弹性体（TPU）

热塑性聚氨酯弹性体又称热塑性聚氨酯橡胶，简称 TPU，是一种 $(AB)_n$ 型嵌段线性聚合物，A 为高相对分子质量（1000～6000）的聚酯或聚醚，B 为含 2～12 直链碳原子的二醇，AB 链段间的化学结构是二异氰酸酯。热塑性聚氨酯橡胶靠分子间氢键交联或大分子链间轻度交联，随着温度的升高或降低，这两种交联结构具有可逆性。在熔融状态或溶液状态分子间力减弱，而冷却或溶剂挥发之后又有强的分子间力连接在一起，恢复原有固体的性能。

一、热塑性聚氨酯弹性体的结构

TPU 的化学结构上没有或仅有很少化学交联，其分子基本上是线性的，但存在一定的物理交联。从分子结构上来看，其分子链一般由两部分组成，在常温下一部分处于高弹态，称为软段；另一部分处于玻璃态或结晶态，称为硬段。由软段和硬段交替构成，一般多元醇构成软段，而多异氰酸酯和扩链剂（小分子二元醇和二元胺）构成硬段。软链段决定了的弹性、低温屈挠性；硬链段则决定的硬度、弹性模量和热稳定性等性能。硬段通过分子间氢键获得强的物理交联结构，形成微相分离结构。

二、热塑性聚氨酯弹性体的性能

TPU 具有高强度、高弹性、高耐磨性和高屈挠性等优良机械性能，又具有耐油、耐溶剂和耐一般化学品的性能。表 3－4 给出了 TPU 复合材料与其他橡胶复合材料性能比较。

表 3－4　　TPU 复合材料与其他橡胶复合材料性能比较

材料品种	TPU	天然橡胶	HR 丁基橡胶	CR 氯丁橡胶	CSM 氯磺化聚乙烯	PVC
邵氏硬度	30A～80D	30～95A	20～90A	20～90A	50～95A	40～90A
密度/(g/cm^3)	1.1～1.25	0.9～1.5	0.91～0.93	1.23	1.1	1.3～1.4
拉伸强度/MPa	29.4～70	6.89～27.56	6.89～20.67	6.89～27.56	6.89～19.2	9.8～10.6
伸长率/%	300～1000	100～700	100～700	100～700	100～500	200～400
耐磨性	优	一般	良	一般	良	一般
耐低温性屈挠性	优	优	良	良	差	差
耐油性	优	差	差	良	一般	一般
耐水性	良	良	优	良	良	良
耐候性	优	差	优	优	优	一般
可高频焊接性	可	否	否	否	否	可

由表 3－4 可知，TPU 复合材料的各项性能均优于其他橡胶，特别在拉伸强度和耐磨性方面远高于其他橡胶。

① 耐磨性能：当材料在使用过程中经常受摩擦、刮磨等机械作用，会引起其表面逐步磨损，因此材料的选择磨耗性显得非常重要。TPU 塑胶原料耐磨性能优异，较天然橡胶耐磨 5 倍以上，是耐磨制品首选的材料之一。

② 拉伸性能：拉伸强度高达 70MPa，断裂伸长率可高达 1000%。

③ 撕裂性能：弹性体在应用时由于产生裂口扩大而使之破坏称为撕裂，撕裂强度就是材料抵抗撕裂作用的能力；一般而言，TPU 具有较高的抗撕裂能力，撕裂强度与一些常用的橡塑胶比较是非常优异的。

④ 曲折性能：很多塑胶材料在重复的周期性应力作用下容易产生断裂，TPU 制品

在不同环境下都可以保持极佳的耐曲折特性，为高分子材料中最佳选择之一。

⑤ 抗高温与抗氧化性能：塑胶原料长期在 70℃ 以上的环境下容易氧化，TPU 抗氧化能力良好；而 TPU 耐温性可达 120℃。

⑥ 低温性能：TPU 有非常好的耐低温性能，通常能达到 -50℃，可取代一般 PVC 因低温脆化而无法应用的各个领域，特别适合用在寒带相关的种类制品。

⑦ 生物医学性能：TPU 具有极佳的生物相容性，无毒，无过敏反应性，无局部刺激性，无致热源性，因此广泛应用在医疗、卫生等相关产品以及运动、保护器材上。

三、热塑性聚氨酯弹性体在制鞋中的应用

TPU 鞋材占到目前国内 TPU 市场份额的 40% 左右。TPU 鞋材优点是：轻便、舒适，弹性好，品种变化多，加工方便，可回收。可用于运动鞋、登山鞋、滑雪鞋、高尔夫球鞋、野战鞋、溜冰鞋、鞋饰片、气垫、鞋底充气垫或充液垫，后跟底和鞋大底、透明鞋帮、标牌等。

TPU 薄膜与多种面料复合，做成具有防水透气功能的鞋面面料，也可做成装饰面料。此种薄膜一般采用吹膜工艺制造。TPU 薄膜与多种面料复合，也可做成具有高弹性、高强度、又有防水透湿功能的多种复合面料，广泛用作休闲服、防晒服、内衣、雨衣、风衣、T 恤、运动服等面料。

拜耳公司研发出了一项独特的“绿色环保概念鞋”——使用各种环境友好型材料和技术，其中包括基于天然可再生原料制成的聚氨酯、无溶剂聚氨酯涂料和胶粘剂原料、聚碳酸酯共混物以及由天然可再生原料制成的热塑性聚氨酯（TPU）。

第十二节　再　生　胶

再生胶是以废旧橡胶制品或橡胶工业的边角料为原料，经一系列加工处理所制得的具有一定生胶性能的弹性材料。因此，也可以说再生胶是废橡胶的再生产物。

再生胶不是生胶，从分子结构和组织来看两者有很大的区别，但从使用价值来看，再生胶可以代替部分生胶而制作橡胶制品。所以再生胶是橡胶工业的原料之一，它能部分代替生胶的使用，从而节省了生胶的用量，降低产品成本，改善胶料的工艺性能和产品的耐老化、耐油、耐酸碱等性能；另一方面废胶再生利用能够减少污染，节约能源，进一步扩大橡胶的来源。

一、再生胶理论

所谓再生胶，实质上就是废橡胶经加工处理，在再生剂的作用下，采用不同的再生方法，将弹性的硫化胶部分解聚，使其丧失弹性而具有可塑性，从而能够作为生胶代用品再硫化。因此，硫化胶的解聚过程就是其网状结构受到一定程度的破坏过程。其被破坏的机理与生胶塑炼时分子链断裂的道理相同。但是，它不能使结合硫与橡胶分子分离，也不能使之恢复到生胶的结构状态。因此，再生胶与生胶有很大的区别。

二、再生剂及其作用

为使废橡胶再生所使用的软化剂和活化剂统称为再生剂。

软化剂既是膨胀剂又是增塑剂，借助于渗透作用，软化剂被吸附在橡胶分子表面，使橡胶分子链之间或橡胶与填补剂之间的相互作用减弱，有助于分子链的断裂；同时，软化剂的渗透作用还增大了分子链间的距离，降低了其结合力，起膨胀软化增塑作用。

常用的软化剂有石油系软化剂、焦油软化剂、植物油软化剂、酯类软化剂。

活化剂是废橡胶再生的催化剂。它可大大缩短再生时间，减少软化剂用量，改善再生胶工艺加工的性能。

常用的活化剂为硫酚、硫酚锌盐、芳香二硫化物。

三、再生胶生产工艺

再生胶工艺流程如下：

废橡胶→整理分类→切胶→洗胶→粉碎→筛选→磁选→风选→称量（称量胶粉及再生剂）→混合拌油→脱硫→冲洗（水油法）→压水干燥（水油法）→捏炼→滤胶→精炼→再生胶成品

再生胶生产工艺大致分为四大阶段，即：粉碎、滤选分离、脱硫和精炼。

1. 粉碎

将废胶分类、切块粉碎成胶粉状态。

2. 滤选分离

将胶粉过网筛选，并分离杂质。

3. 脱硫

脱硫是再生胶生产的中心环节，也是最主要而关键的工序。再生胶的脱硫方法很多，大都是利用热能、机械能及化学能来破坏废橡胶的网状结构，使之重新获得工艺性能及硫化性能。常用的脱硫方法有油法、水油法。

①油法：将软化剂、活化剂加热，按一定比例与胶粉均匀混合。将拌油胶粉（即加入软化剂、活化剂的）装入搅拌机直接用蒸汽加热脱硫。一般液体再生胶适用于油法。

②水油法：水油法又称乳化法。将胶粉与预热水放入脱硫罐，然后加入软化剂、活化剂，在搅拌下升温脱硫。一般固体或半固体（黏稠液体）再生胶适用于水油法。水油法的脱硫胶必须清洗和脱水干燥。

4. 精炼

将干燥的脱硫胶送入捏炼机，反复进行捏炼、返炼、精炼薄通，以提高塑性及均匀度。捏炼后的薄胶片涂以隔离剂后，即得再生胶制品。

四、再生胶的特性及其用途

再生胶具有以下特点：

①弹性小，塑性大，易于加工，可减少动力消耗。

②收缩性小，流动性和黏着性大。易于模压成型，充模性能好。

③生热小，耐曲挠、耐寒、耐热、耐油、耐老化好。

④硫化速度快，耐焦烧。

但再生胶的性能要低于生胶。

再生胶是橡胶工业的原料之一。因其来源广泛，废物得到利用，使用价值很大。能够代替生胶与其他橡胶掺用，以节约生胶，降低成本，减少动力消耗；同时能提高鞋底成型时的流动性和黏着性，改善橡胶的加工热能，增加成型后制品表面的光滑性，提高其外观质量，提高制品的耐老化、耐寒、耐热、耐油等性能。一般鞋用制品中都掺入不同量的再生胶，以达上述目的。因此再生胶的生产和使用具有重要意义。

思　考　题

1. 天然橡胶片有哪些品种？各品种有哪些特点？

2. 为什么天然橡胶具有优良的弹性？

3. 天然橡胶有哪些性能？

4. 写出丁苯橡胶、顺丁橡胶、聚异戊二烯橡胶、氯丁橡胶的结构，并说明它们的性能和在制鞋工业中的应用。

5. 说明丁腈橡胶、硅橡胶和聚氨酯橡胶的典型性能。

6. 举例说明热塑性橡胶的结构与性能。

7. 请写出乙丙橡胶、硅橡胶和热塑性聚氨酯弹性体的结构，并简述其性能和用途。

8. 试比较 TPU 复合材料与其他橡胶复合材料的性能。

9. 什么叫再生胶？再生胶的使用有什么好处？

第四章 塑料材料

塑料在我国制鞋工业中占有很大比重，在全塑鞋、塑料拖鞋以及布鞋中80%以上的鞋底都是用聚氯乙烯塑料制作的，皮鞋中的鞋跟、仿皮底等也多用塑料制作，同时还有塑料鞋楦、勾心、主跟、包头、沿条、拉链，搭勾、装饰件等。

第一节 塑料概述

一、塑料的组成

塑料是合成树脂加入（或不加）填料、增塑剂及其他添加剂，经过加工而成的塑性材料或固化交联形成的刚性材料。塑料的主要成分是合成树脂，占塑料总质量的40%～60%，因此塑料的基本性质主要取决于树脂的本性。但添加剂也起着重要作用，可以有效地改进制品性质，因此塑料的组成可以分为简单组分和复杂组分两类。

简单组分的塑料基本上由一种合成树脂组成，其中仅加入少量辅助物质，如色料、稳定剂、润滑剂等。

复杂组分的塑料由两种或两种以上树脂组成。除树脂外，还有其他多种添加剂如增塑剂、稳定剂、润滑剂、着色剂、填充剂等。

二、塑料的分类

塑料有300多个品种，工业化生产的也不过三四十个品种。塑料的分类方法很多，下面介绍几种常见的分类方法。

（一）按热性能分类

依据塑料的热行为分为热塑性和热固性两类。

1. 热塑性塑料

这类塑料的特点是随着温度的升高变软而塑制成型，冷却后变得坚硬。这个过程可以反复进行，说明这类塑料在加工过程中只起物理变化，因此这类塑料废物可以回收利用。常见的热塑性塑料有聚乙烯、聚氯乙烯、聚丙烯、聚苯乙烯、聚酰胺、聚甲醛、聚碳酸酯、聚苯醚、聚砜等，其优点是加工成型简便，有较高的力学性能，缺点是耐热性和刚性都较差。热塑性塑料无论是产品品种还是质量、产量各方面的发展都非常迅速，具有特殊性能的热塑性塑料，如氟塑料、聚苯并咪唑等，都具有耐高温、耐腐蚀、高绝缘的优异特性，属高级的工程材料。

2. 热固性塑料

热固性塑料是指经过一定时间的加热、加压产生，化学反应，固化成不能够溶解或熔融的质地坚硬的制品。若温度迅速升高，只能分解不能再软化，所以这类塑料的废品不能回收利用。常见的热固性塑料有酚醛、环氧氨基呋喃树脂等，其优点是耐热性高，受压不易变形，缺点是力学强度一般不好，成型工艺较麻烦，不利于连续生产和提高劳动生产率。

（二）按用途分类

塑料按用途可分成通用塑料和工程塑料。

1. 通用塑料

通用塑料指广泛使用的、产量大、用途多、价格低廉的一类塑料。如聚烯烃类、聚氯乙烯、聚苯乙烯、酚醛塑料和氨基塑料。

2. 工程塑料

工程塑料指用于工程结构、机械部件和化工设备等的工业塑料，具有一定的力学、耐化学腐蚀或耐热性能，如 ABS 树脂、聚甲醛、聚砜、聚碳酸酯、聚酰胺等，其中尼龙 1010 为我国独创品种。

三、塑料的性能

塑料是一种合成的高分子材料，具有质轻、绝缘、耐化学腐蚀、易加工成型等特点，其中某些性能是木材、陶瓷及金属材料所不及的，这就决定了塑料的使用范围非常广泛。塑料性能分述如下。

（一）质轻

塑料是较轻的材料。其相对密度的大小取决于树脂与填料的相对密度和填料的用量。塑料的相对密度一般为 1～1.4，略重于水，比铝轻约 1/2，比钢轻约 3/4，是多数有色金属的 1/8～1/5。如果塑料内部含有无数微孔，则得到相对密度很小的泡沫塑料，甚至只为同体积水重的 1%；充有氢气的泡沫塑料，其相对密度比空气还要小。几种金属和增强塑料的相对密度见表 4－1。

表 4－1　增强塑料和几种金属的相对密度

金属名称	相对密度	塑料名称	相对密度
合金钢材	8.0	酚醛塑料	1.69～1.95
铸铁	8.0	环氧塑料	2.0
硬铝	2.8	聚碳酸酯	1.43～1.6
		聚酰胺	1.22

（二）力学强度的范围广

塑料具有不同程度的力学强度，从柔顺到坚韧甚至到刚、脆都有。不同塑料材料的力学强度差别很大，拉伸强度从 10MPa 到 100 MPa 不等，甚至更大。特别是工程塑料的比强度高（比强度是按单位重量计算的强度）。

工程塑料中的聚酰胺、聚甲醛、线型聚酯等合成树脂，本身就有优越的力学强度和耐磨性，完全可以代替金属。热塑性的聚酰胺、聚甲醛、聚碳酸酯和 ABS 树脂用玻璃纤维增强之后，可以使抗张强度成倍提高。

塑料之所以具有较高的强度，是由塑料本身的分子结构即高分子之间的吸引力很大、又互相缠绕所决定的。

（三）耐腐蚀性优良

塑料制品对有机溶剂及酸、碱等化学药品均有抗腐蚀能力，其中最稳定的是聚四氟乙烯，其耐腐蚀性超过黄金（如将黄金和聚四氟乙烯放在煮沸的王水中，黄金溶解了，而聚四氟乙烯却“安然无恙”），所以可以用它来代替不锈钢作化工设备。

（四）绝缘性好

多数塑料具有优良的对电、热、声的绝缘性，可与陶瓷、橡胶材料媲美，广泛用于电信工业和各种电器开关设备。

塑料不易传声、导热，尤其是泡沫塑料更为突出，装用塑料的轴承和塑料齿轮的机械，可以减少噪声。软质和硬质泡沫塑料，可以用来作隔音、隔热或保温、防震材料，现已广泛用于各个行业。

（五）成型加工性能好

塑料生产工艺简单，加工成型方便，设备投资低，节省大量金属和其他材料，材料利用率高。例如，用塑料做的机器零件，在多数情况下可以不经过铸造、车削、铣、刨等工序，只要一次成型即可。

（六）耐磨性能好

大多数塑料摩擦因数很小，有些塑料还有优良的减摩、耐磨和自润滑特性，为许多金属材料所不及，例如，各种氟塑料以及用氟塑料增强的聚甲醛、聚酰胺塑料就是良好的耐磨材料。

（七）透光性及其防护性能良好

不少塑料如聚苯乙烯、聚氯乙烯、聚碳酸酯和丙烯酸类等塑料是无定形的（或很少结晶）；有些塑料（如聚酯、尼龙等）虽然结晶度较高，但其晶粒可以控制得很小，所以，许多塑料制品可以做成透明或半透明材料。其中聚苯乙烯和丙烯酸类塑料和玻璃一样透明，常用作特殊环境下玻璃的替代品。聚丙烯、聚乙烯等塑料薄膜因具有既透光又保暖的特性，大量用于保护农作物。

（八）特殊性能

根据实际需要可制备特殊性能的塑料，如制作导电、导磁性塑料，制造电阻板材或管材，制成离子交换树脂软化硬水，以及用于提取有色金属、稀有金属等。还可以制成感光树脂，代替卤化银作感光材料，用于照相底片和感光印刷及资料复制等方面。

（九）塑料的缺陷

①耐热性差：塑料的耐热性较差，长时间使用一般允许温度为 55～300℃，研究新的材料和提高塑料的使用温度已成为近年来的主要努力方向之一。塑料使用温度见表 4－2。

表4-2　　塑料最高使用温度

塑料名称	温度/℃	塑料名称	温度/℃
聚四氯乙烯	300	聚甲醛	110
环氧树脂有机硅树脂	230	聚苯乙烯氯乙烯ABS	85
酚醛树脂	140	聚氯乙烯	70
聚碳酸酯	130	硝化纤维素	55

②塑料的力学强度不如金属，刚度则更低，不宜用于成型尺寸精密的制品。

③塑料制品在使用过程中易产生蠕变、冷流、疲劳和结晶等现象。

④耐老化性较差。在日光、热、空气等长期作用下，性能逐渐变坏。

⑤导热性不良，热膨胀系数大，许多塑料容易燃烧。

第二节　聚　乙　烯

聚乙烯系由乙烯聚合而成，由于原料价廉易得，生产工艺简单，因而发展较快，目前产量已跃居世界塑料首位，占全世界塑料总产量的30%左右。

一、聚乙烯的分类

聚乙烯分类方法较多。按聚合压力可分为低压聚乙烯、中压聚乙烯和高压聚乙烯；按聚合过程来分，则有本体聚合聚乙烯、溶液聚合聚乙烯、辐射聚合聚乙烯；按聚合机理可分为游离基型聚合聚乙烯和离子型聚合聚乙烯；按相对分子质量不同，聚乙烯可分为如下五类，即低相对分子质量聚乙烯（0.1万~1万）、中等相对分子质量聚乙烯（1万~11万）、高相对分子质量聚乙烯（11万~25万）、特高相对分子质量聚乙烯（25万~150万）、超高相对分子质量聚乙烯（大于150万）；依据密度不同，分为高密度聚乙烯、中密度聚乙烯、低密度聚乙烯。近年来，随着科学技术的发展，又出现了第三代聚乙烯，即线型低密度聚乙烯，它是乙烯与α-烯烃的共聚物，兼具有低密度聚乙烯和高密度聚乙烯的特点。

目前聚乙烯按使用习惯常分为低密度聚乙烯（LDPE）、高密度聚乙烯（HDPE）和线型低密度聚乙烯（LLDPE）3种。

二、聚乙烯的结构与性能

聚乙烯的大分子结构式为$\text{-}\!\!\left[CH_2-CH_2 \right]\!\!\text{-}_n$，分子结构呈锯齿形，其键角为109.3°。聚乙烯分子链上有短的甲基支链或较长的烷基支链，但随着聚乙烯品种不同差异较大。3种典型聚乙烯分子结构如图4-1所示。

红外吸收光谱法研究表明，低密度聚乙烯每1000个碳原子含有8~40个甲基侧基，而高密度聚乙烯每1000个碳原子约含5个甲基侧基。聚乙烯分子结构中，短支链的存在对聚乙烯性能影响很大。因为短支链对降低聚乙烯链的对称性和链的密集程度有特殊影

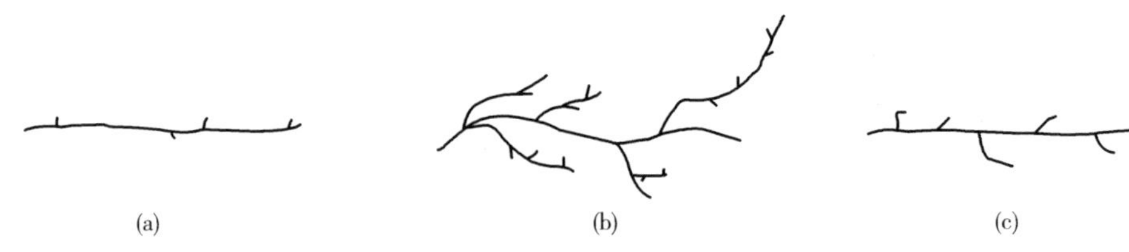

图 4－1　3 种典型聚乙烯分子结构
（a）HDPE　（b）LDPE　（c）LLDPE

响，降低了聚乙烯密度和结晶度。低密度聚乙烯支链较多，导致高分子链规整性变差，结晶度降低（65%～75%），因而透明性变好，透气性变大；相应地使得熔点、耐热温度、屈服点、表面硬度、拉伸强度、模量等下降。低密度聚乙烯由于质地柔软、透明，适合制造薄膜、鞋底和日用品。高密度聚乙烯由于分子结构中支链较少，且分子链排列规整，结晶度高（85%～90%），密度大（0.94～0.96g/Cm^3），因而强度大，刚性大，适合制作各种工业配件。

线型低密度聚乙烯与低密度聚乙烯和高密度聚乙烯性能比较见表 4－3、表 4－4。

表 4－3　　LLDPE 与 LDPE 和 HDPE 性能比较

性能	比 LDPE	比 HDPE	性能	比 LDPE	比 HDPE
拉伸强度	高	低	雾度	差	较好
伸长率	高	高	光泽	差	好
冲击强度	好	同	加工性	较困难	较容易
耐环境应力开裂性	好	同	透明性	差	—
耐热性	高 15℃	低	熔体强度	低	低
刚性	高	低	熔点范围	窄	窄
翘曲性	少	相似			

表 4－4　　聚乙烯的基本性能

性能	LDPE	HDPE	性能	LDPE	HDPE
密度/（g/cm^3）	910～920	940～960	耐热性/℃	80～100	121
拉伸强度/MPa	10～16	20～30	软化点/℃	140	180
伸长率/%	100～300	15～100	吸水率（24h）/%	<0.001	<0.001
弯曲强度/MPa	—	20～30	25℃体积电阻率/（Ω·m）	>10^{16}	>10^{16}
缺口抗冲击强度/（kJ/m^2）	—	10～30	击穿电压/（kV/mm）	18～27	18～20
硬度（邵氏 A）	41～46	60～70	挤出加工温度/℃	148～180	180～200
热胀系数/（10^{-5}/℃）	16～18	11～13	酸碱稳定性	稳定	稳定

聚乙烯分子结构中，既有结晶结构，又有无定形结构，两者互相穿插，使得晶区与

非晶区共存。聚乙烯的力学性能与其相对分子质量和结晶度有关，聚乙烯的力学强度随相对分子质量的增大而提高。聚乙烯结构中晶体部分使材料具有较高的力学强度，而无定形区域则赋予材料柔性和弹性。

聚乙烯在常温下不溶于任何一种已知溶剂，但长时间同卤代烃、芳香烃、脂肪烃等溶剂接触后，可发生溶胀；70℃以上可少量溶于甲苯、三氯乙烯、石油醚、石蜡等材料中；在室温下耐稀硫酸和稀硝酸，但在90～100℃，硫酸和硝酸能迅速破坏聚乙烯。

聚乙烯是无臭、无味、无毒、白色蜡状的热塑性树脂，是典型的结晶性聚合物。聚乙烯有优良的耐低温性，脆化温度为－120～85℃，熔点为137℃，有优良的耐化学药品侵蚀性，对酸、碱、盐等特别稳定，但对氧敏感，易光氧老化，同时有突出的电绝缘性、耐辐射性和抗水性。

三、聚乙烯的用途

聚乙烯只含有碳、氢两种元素，没有极性元素存在。所以可用于电气方面，如制造电话信号装置电线和电缆绝缘，以及水底电缆的绝缘等。此外，大量聚乙烯用于制造用途广泛的薄膜、化工包装、农用、食品药剂包装、生活用品、水库衬底等。还可制造各种塑料管材、瓶类、桶类、盆等及与其他材料配合成热熔胶。

在制鞋工业中，用聚乙烯能生产泡沫拖鞋、泡沫凉鞋及鞋底材料。但是未经酸性处理的聚乙烯鞋底黏合困难，故在大多数鞋底材料中，采用酸性聚乙烯或聚乙烯与EVA并用。

聚乙烯在制鞋工业中的另一个重要应用是做鞋楦，用高密度聚乙烯做的鞋楦已实现商品化，现在一些制鞋发达的国家和地区基本上淘汰了木楦。塑料楦如此快速增长是由于其尺寸稳定性好、强度高、表面光滑、使用寿命长、制造简单、周期短，与木楦相比唯一的缺点是较重，同体积情况下，其质量约为木楦的1.3倍。

在我国，塑料楦的应用发展也非常快，每年生产6万～8万双。

四、聚乙烯生产工艺

在制鞋中，聚乙烯发泡通常采用交联模压法和注射注。

1. 模压法

模压法就是把可发性物料放在模具中加热、加压，使之发泡。现以一步法交联模压为例，其主要过程为：

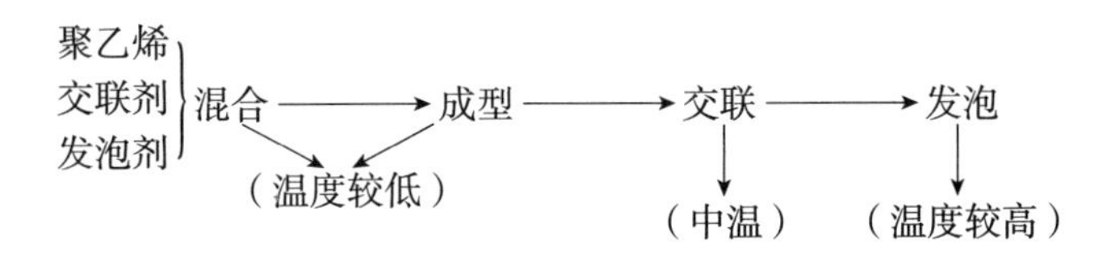

①称料：按配方将氯乙烯、交联剂、发泡剂、色料等分别称量备用。

②混炼：待混炼机加热到110～120℃，将聚乙烯树脂在辊筒上熔融成片，加入其他辅料混炼均匀，薄通下片，裁切成模具大小。混炼时间、温度和裁切速度必须加以调节，既要保证物料最充分的分散，又不使过早交联或发泡。

③发泡成型：把片料重叠放入模具内，将平板硫化机加热、加压，压力通常为10～21MPa，温度180～200℃，恒温8～10min；使交联剂先分解，待发泡剂随之分解完全后，除去压机压力，使热的熔融物料膨胀弹出，在模外发泡成型。

高压聚乙烯泡沫底配方和性能见表4－5。

表4－5　　高压聚乙烯泡沫底配方和性能

配方/份		性能	
高压聚乙烯	100	抗强强度/MPa	1.8
三盐基硫酸铅	0.6	断裂伸长率/%	140
偶氮二甲酰胺	3	硬度（邵氏A）	42
过氧化二异丙苯	1	密度/(g/cm^3)	0.19

2. 注射法

注射法是将含化学发泡剂的聚乙烯加入注射成型机的料斗中，在料筒内加热、塑化、混合，物料在料筒内由于变压而被抑制发泡；然后将此塑化的物料急速注入模具内，利用物料的膨胀力充满模腔，并发泡成型。

第三节　聚　丙　烯

丙烯的高相对分子质量聚合物，称为聚丙烯。聚丙烯密度小，为现有聚合物中最轻的一种，且具有良好的电性能和化学稳定性，其力学性能和耐热性高于高密度聚乙烯，所以发展迅速，已成为世界五大塑料品种之一。

一、聚丙烯的结构

聚丙烯的结构式为 $\left[CH_2-\underset{}{\overset{CH_3}{\overset{|}{C}}}H\right]_n$ ，根据甲基在空间的排列不同，有等规聚丙烯、间规聚丙烯和无规聚丙烯3种不同的结构形式，如图4－2所示。

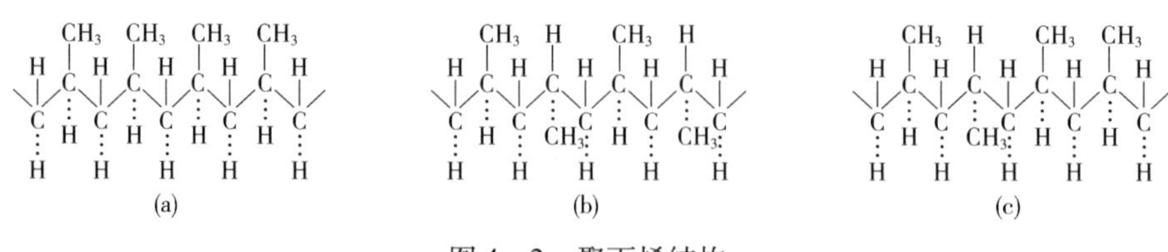

图4－2　聚丙烯结构

（a）等规聚丙烯　（b）间规聚丙烯　（c）无规聚丙烯

目前市售聚丙烯一般等规度为 90% ~ 95%，等规度越高，结晶度越大，熔点越高，相应的拉伸强度、硬度、模量等也越大。

聚丙烯形态结构比较复杂，已知的大约有 α、β、γ、δ 和拟六方 5 种晶体结构。聚丙烯的数均相对分子质量 M_n 为 3.8 万 ~6 万，重均相对分子质量 M_w 为 2.2 万 ~7 万，随着相对分子质量增大，聚丙烯熔体黏度和冲击强度增加，但屈服强度、刚性和软化点却降低，出现这一反常现象是由于高相对分子质量聚丙烯不如低相对分子质量聚丙烯易结晶所致。

二、聚丙烯的性能

聚丙烯为白色蜡状固体，外观与聚乙烯相似，但比聚乙烯更透明，无色、无味、无毒，属于通用型热塑性材料，相对密度小（0.90 ~ 0.91），是常用塑料（不包括发泡塑料）中密度最小的。它具有良好的韧性、刚性、硬度，耐磨性比聚苯乙烯好，但不及聚氯乙烯，聚丙烯对水特别稳定，在水中有不沉的特性。聚丙烯成型加工性能好，缺点是成型收缩率较大（1% ~2%），耐老化性和冲击强度差，且由于聚丙烯不含有极性基团，染色性也不好。为了克服其缺点，在聚丙烯上嵌段共聚 2% ~3% 的乙烯，得到乙丙嵌段共聚物，则具有低压聚乙烯和等规聚丙烯的优点。

典型聚丙烯的性能见表 4 -6。

表 4 -6　聚丙烯性能

项　目	数 值	项 目	数 值
密度/(kg/m³)	900 ~ 910	熔点/℃	168
吸水率/%	0.03 ~ 0.04	脆化温度/℃	-35
拉伸强度/MPa	30 ~ 39	体积电阻/(Ω · cm)	> 10^{16}
伸长率/%	>200	击穿强度/(kV/mm)	30
弯曲强度/MPa	42 ~ 56	介电常数/(10^6 Hz)	2.0 ~ 2.6
拉伸模量/GPa	1.1 ~ 1.6	介电损耗/(10^6 Hz)	0.001
弯曲模量/GPa	1.2 ~ 1.6	耐电弧性/s	125 ~ 185
缺口抗冲击强度/(kJ/m²)	20 ~ 5	熔体流动速率/(g/10min)	0.2 ~ 0.8
压缩强度/MPa	39 ~ 56	热变形温度/℃ (0.46MPa)	100 ~ 116
洛氏硬度（R）	95 ~ 105	(1.86MPa)	56 ~ 67

1．力学性能

聚丙烯结构规整，结晶性能高，故具有优良的力学性能，其屈服强度、拉伸强度、抗压强度、硬度、弹性等指标比聚乙烯高；缺点是抗冲击强度较差，但可通过提高相对分子质量或用橡胶、弹性体进行增韧改性克服。

与其他塑料相比，聚丙烯塑料具有较大的弯曲疲劳寿命，如用聚丙烯注射成型的铰链（盖和本体合一的各种容器），经过 700 万次开闭折弯未产生损坏和破裂现象。聚丙烯制品对缺口是敏感的，因此在设计产品时，应避免尖角存在，否则容易因应力集中而破坏。

2. 热性能

聚丙烯具有良好的耐热性，熔点为164～170℃，而纯等规聚丙烯的熔点高达176℃。聚丙烯制品能耐100℃以上的温度煮沸消毒，如在135℃下于水中煮100h而不被破坏，可在100～120℃长期使用。无外力作用下，聚丙烯制品于150℃使用时不变形，但在低负荷下也可在110℃连续使用。聚丙烯低温使用温度可达－20～－15℃，其脆性温度为－35℃，耐低温性能不如聚乙烯。

3. 电性能

聚丙烯的高频绝缘性能优良，并且因为它几乎不吸水，故绝缘性能不受湿度的影响，击穿电压也高。聚丙烯体积电阻很高，室温时体积电阻率为$10^{17}\Omega\cdot cm$，但随温度升高，体积电阻反而下降。

4. 化学性能

聚丙烯的化学稳定性很好，除能被浓硫酸和浓硝酸侵蚀外，对其他各种化学试剂都比较稳定，但是低相对分子质量的脂肪烃、芳香烃和氯化烃等能使聚丙烯软化和溶胀。聚丙烯的化学稳定性随结晶度的增加而有所提高。

三、聚丙烯的用途

在制鞋业中也有应用。聚丙烯与聚乙烯的基本性能相似，但很少用它作鞋楦。近几年来，开始利用它的高韧性制作塑料勾心，这样既可减轻皮鞋内底的重量，又可简化工序，减少部件，使内底、半托底和勾心于一体，对实现皮鞋生产装配化很有好处。

第四节　聚 苯 乙 烯

聚苯乙烯是最早工业化的塑料品种之一。目前，聚苯乙烯已成为世界上应用最广泛的热塑性塑料，产量仅次于聚乙烯和聚氯乙烯而居世界第三位。聚苯乙烯由于具有透明、廉价、刚性、绝缘、印刷性好等优点，在轻工产品和一般工业的装饰、照明指示等方面普遍使用。在电气方面更是良好的绝缘材料和绝热保温材料。

一、聚苯乙烯的结构与性能

（一）聚苯乙烯的结构

聚苯乙烯结构式为：

$$\left[CH_2-\underset{\underset{C_6H_5}{|}}{CH} \right]_n$$

现代方法研究证明，聚苯乙烯长链结构为头－尾结构：

$$\sim\sim CH_2-\underset{\underset{C_6H_5}{|}}{CH}-CH_2-\underset{\underset{C_6H_5}{|}}{CH}-CH_2-\underset{\underset{C_6H_5}{|}}{CH}-CH_2-\underset{\underset{C_6H_5}{|}}{CH}\sim\sim$$

聚苯乙烯分子结构中，由于侧基共轭苯环的存在，使分子结构不规整，同时增大了大分子的刚性，因此聚苯乙烯不易结晶，而成为透明性很好的非结晶性线型聚合物。聚苯乙烯的玻璃化温度 T_g 较高，为 80～82℃。

聚苯乙烯数均相对分子质量 $M_{r,n}$ 为 4 万～18 万，而重均相对分子质量 $M_{r,w}$ 为 10 万～40 万。

（二）聚苯乙烯的性能

聚苯乙烯具有良好的透明度（透光率为 88%～92%）、耐光、耐化学性能，特别是极好的电绝缘性能和低吸湿性，因而是早期无线电电子工业的重要材料。此外，它还有加工流动性好、价格低廉、容易染色等优点。聚苯乙烯的主要缺点是质脆、内应力大、不耐冲击、耐热性低（软化点低约为 80℃），这就限制了它的应用。为了克服其缺点，多采用改性聚苯乙烯。

聚苯乙烯的上述性质，是由它的化学结构和聚集态结构所决定的。由于它是烃类的大分子，故电性能很好。与聚乙烯比较，聚苯乙烯的大分子链上的苯环像挂灯笼似的，其空间位阻影响了大分子链段的内旋转和柔顺性，链段在常温下较僵硬，链段之间的聚集规整性较低，基团相互作用力小，所以，耐热性较低，不容易分散外界作用的应力，致使聚苯乙烯质脆。聚苯乙烯可通过酸性处理以增加链段的柔顺性，抗冲击性。聚苯乙烯是用橡胶改性的，如用丁苯橡胶改性的聚苯乙烯，可大幅度提高韧性和冲击强度；用有机玻璃或丙烯腈改性的聚苯乙烯，也可以提高韧性，透明度、强度和耐磨性、耐油也较好。具体介绍如下。

1. 力学性能

聚苯乙烯的力学强度与聚合方法、相对分子质量、取向程度等有关。相对分子质量在 5 万以下拉伸强度很低；相对分子质量 10 万以上，对拉伸强度影响不大。通常聚苯乙烯相对分子质量控制在 5 万～20 万，相对分子质量过高，会给成型加工带来困难。

聚苯乙烯典型力学性能为：拉伸强度 60MPa，弯曲强度 70～80MPa，抗压强度 80～112MPa。聚苯乙烯抗冲击强度较差，无缺口抗冲击强度仅为 $12kJ/m^2$，脆性较大，仅能在低负荷下使用。此外聚苯乙烯耐磨性也较差。

2. 物理性能

聚苯乙烯密度为 1040～1090kg/m^3，折射率 l.59～1.60，透光率高达 88%～92%，因而具有良好的光泽。聚苯乙烯的尺寸稳定性很好，模具制作收缩率为 0.45%。聚苯乙烯制品还能在潮湿的环境中保持尺寸稳定和强度不变，其吸湿率约为 0.02%。

3. 热性能

聚苯乙烯大分子中无极性基团，分子间作用力小，较高温度下分子链易相对滑动，结果导致耐热性低，最高工作温度 60～80℃，热变形温度为 70～98℃，脆化温度 -30℃，在高真空和 330～380℃内将剧烈降解。

4. 电性能

聚苯乙烯电性能很好，并且由于其耐水性高，所以是一种优良的电绝缘材料。聚苯乙烯耐电弧性好，仅次于三聚氰胺和聚四氟乙烯。聚苯乙烯表面电阻大、不吸水，在高湿度条件下也能耐表面击穿。

5. 化学性能

聚苯乙烯能耐碱、任何浓度的硫酸、磷酸、硼酸、10%～36%盐酸、25%以下的醋酸、10%～90%甲酸以及其他有机酸，但不耐硝酸、氧化剂等。聚苯乙烯不溶于脂肪烃和低级醇中，但可溶于大多数芳香族溶剂，如苯、甲苯、乙苯及苯乙烯单体等。

二、聚苯乙烯的应用

鞋产品必须承受剧烈的冲击和曲挠，而性刚质脆的纯聚苯乙烯料很少直接应用于制鞋工业，主要是用其改性产品，如用聚丁二烯改性的高抗冲击聚苯乙烯（国内简称高苯乙烯），就是制作仿皮底的重要材料，改变聚丁二烯或其他橡胶组分的比例，还可以作成皮鞋主跟与包头。

近年来，随着热塑性弹性体（SBS）在制鞋工业中的应用，高结晶性聚苯乙烯作为一个重要组分而被应用。在SBS中加入聚苯乙烯，能有效地提高混合物的硬度、刚性和耐磨性，而不影响其工艺性能和物理力学性能，如可粘性、熔融指数、相对密度、抗张强度等都没有明显的变化。迄今为止，在SBS鞋料配方中，还没有任何其他聚合物能比聚苯乙烯有更好的配合效果。

第五节 聚氯乙烯

聚氯乙烯（简称PVC）是目前世界上五大通用塑料品种之一，其塑料制品广泛地应用于工业、农业、交通运输、国防、公用民用建筑及人民生活等各个方面。PVC由于其原料来源广、成本低、生产技术成熟、用途广泛，发展极为迅速。从20世纪30年代到60年代中期，PVC产量一直占世界塑料产量第一位，其后聚乙烯取代PVC而跃居第一位，PVC则退居第二位。

聚氯乙烯根据加入的助剂不同和助剂用量的不同，可生产出透明、不透明的产品，软、硬制品等。软制品如农用塑料大棚薄膜、薄膜、床单、雨衣、凉鞋、鞋底等；硬制品如板材、家具、化工容器等，PVC还用于制作PVC泡沫塑料。PVC泡沫塑料在我国是于20世纪60年代逐步工业化生产的，是目前生产量最大的泡沫塑料品种之一。另外，PVC和某些塑料的相容性好，能与某些橡胶共混做橡塑材料。

PVC是进入制鞋领域最早的塑料品种，也是目前制鞋用量最大的塑料。帮底一体的全塑料鞋是PVC在鞋中的最重要的应用。这个产品由于其使用性能优异、耐酸碱、晴雨皆宜，加上价格低廉，从室内拖鞋发展到工作鞋、海滨浴鞋等，经年盛销不衰，赢得了广大市场。此外，PVC的鞋底已取代了布底和皮底，制作鞋底用的是软PVC配合料。

聚氯乙烯由于其结构上的特点，存在抗冲击强度低、热变形大、回弹性差、压缩永久变形大等一系列缺点，使其在某些方面的应用受到限制，尤其是在制造以取代橡胶为目的增塑聚氯乙烯弹性体和与橡胶共混制造弹性体时，上述缺点尤为突出。为了改善上述缺点，出现了所谓高聚合度聚氯乙烯（简称HPVC）。通用型聚氯乙烯的平均聚合度在600～1500，高聚合度聚氯乙烯则通常是指平均聚合度在1700以上或分子间具有交联结构的树脂。由 HPVC 树脂所加工的产品除能保持 PVC 的原有特性外，还具有压缩永久变形小、强度高、回弹性优异、消光等一般橡胶所具有的特性，因此也称之为聚氯乙烯热塑性弹性体。

一、HPVC 的性能与应用

HPVC 与普通 PVC 相比，具有如下优点：

①有橡胶状弹性体的特性。

②耐寒性、耐热性均优良，使用温度范围宽，同时硬度对温度的依赖性小。

③增塑剂的迁移性小。

④拉伸强度、撕裂强度高，曲挠性能好。

HPVC 具有上述性能，是由于采用了低温聚合工艺，使其分子链团的结晶相组成比例有可能提高；同时相对分子质量的增大，使得无规分子链间的缠结点增多，致使 HPVC 有类似交联结构。这样，在添加增塑剂时，较高温度下有可塑加工性；而在常温下，大分子链间的滑移困难，能防止一定的塑性变形，显示出一定的类似橡胶的弹性。

HPVC 最显著的特点之一是具有较小的压缩永久变形，通常软质 PVC 的压缩永久变形为 65%（70℃，22h），而 HPVC 的压缩永久变形为 35% ~ 60%，一般为 50%。特别是在分子结构上具有交联结构的 HPVC，压缩永久变形更小，使得这一性能更接近于橡胶。日本住友化学会社 1982 年还开发出了低压缩永久变形的 2700 系列 HPVC 树脂。普通 PVC 一大缺点是制品的硬度对温度的敏感性较大，对其使用带来一定影响，例如增塑普通 PVC 制造的凉鞋、拖鞋等夏天较软，穿着舒适，而在冬天却显得特别硬。HPVC 制品的硬度随温度的变化比橡胶大，但比普通软质 PVC 有较大的改进。温度对不同聚合度软质 PVC 制品硬度的影响见表 4 - 7，温度对丁腈橡胶、HPVC、PVC 硬度的影响如图 4 - 3 所示。

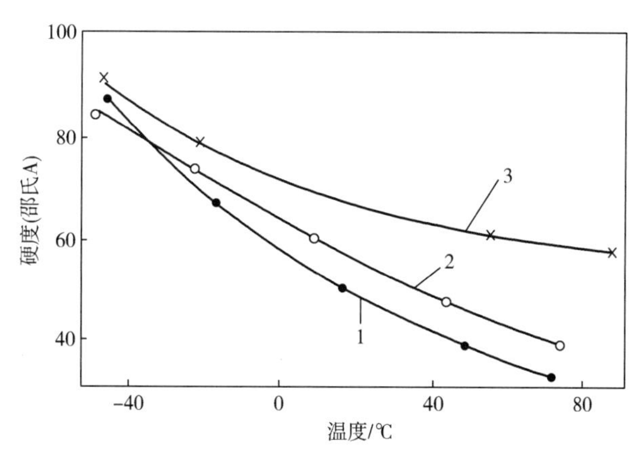

图 4 - 3　温度对丁腈橡胶、HPVC、PVC 硬度的影响

1—PVC　2—HPVC　3—丁腈橡胶

表 4-7　　温度对不同聚合度 PVC 硬度（邵氏 A）的影响

聚合物	温度			
	40℃	23℃	0℃	-10℃
低聚合度 PVC	53	62	75	78
中聚合度 PVC	53	60	67	70
HPVC	53	58	64	66

HPVC 与通用型 PVC 相比，还具有优异的耐热性能，例如软质 PVC 在 170℃高温处理 lh 后，长度尺寸保持率只有 30% 左右，而 HPVC 却高达 90% 左右。住友化学会社 2701A、2701B 等 HPVC 的热变形率为 2% ~ 6%（温度 120℃，负荷 1kg，时间 1h），而普通软质 PVC 在相同条件下则为 10%。

此外，HPVC 还具有优异的冲击回弹性及耐油、耐化学药品性、耐候性等。

目前 HPVC 主要用于制造汽车部件（占 45%）、建筑材料（23%）、电线电缆（4%）、软管及管路（占 12%）、制鞋（6%）等。

由于 HPVC 耐寒性好，有弹性，弯曲疲劳强度大，摩擦因数较大，因此 HPVC 制成的鞋底有弹性，穿着舒适，耐折性能优于普通 PVC；防滑性能好，比橡胶和改性 PVC 耐磨，并克服了 SBS 鞋底遇热易翘曲的缺点。此外，HPVC 的耐热性和耐油性均较好，可制作劳保鞋。HPVC 与其他制鞋粒料的对比性能见表 4-8。HPAV 成品鞋性能与 PVC 成品鞋性能比较见表 4-9。

表 4-8　　HPVC 制鞋粒料与其他制鞋粒料性能对比

项　目	SBS	改性 PVC①	HPVC（DP-2500）
硬度（邵氏 A）	50 ~ 70	63 ~ 67	60 ~ 66
拉伸强度/MPa	44 ~ 11	87 ~ 12	14 ~ 17
伸长率/%	300 ~ 600	350 ~ 425	320 ~ 425
剥离强度/(kN/m)	1.86	2.3 ~ 3.5	3.5
回弹率/%	—	14 ~ 17	17 ~ 23
脆性温度/℃	—	-40 ~ -30	-55 ~ -45
磨耗/(cm^3/1.61km)	—	0.09	0.05 ~ 0.09
耐折牢度/万次	5	10	30

注：①美国杜邦公司 Elvaloy 741 改性 PVC。

表 4-9　　HPAV 成品鞋性能与 PVC 成品鞋性能比较

项　目	HPVC（DP-2500）	改性 PVC①	PVC（SGZ 型）
耐折/(裂口长 mm/万次)	5.5	6.0	5.5
耐磨/mm	4.5	5.3	3.4
剥离强度/(kN/m)	3.55	4.12	3.53
加热损失/%	1.9	2.3	—

续表

项　目	HPVC（DP－2500）	改性 PVC[①]	PVC（SGZ 型）
硬度（邵氏 A）	64	63	74
拉伸强度/MPa	13.1	9.6	—
伸长率/%	394	525	—

注：①Elvaloy 741 改性 PVC。

HPVC 也是制作高档鞋面革的好材料，由于普通 PVC 人造革手感差，低温性能差，因此天冷时，鞋面柔软性不好，穿着极不舒服。HPVC 鞋面革具有耐磨、耐低温、有弹性、消光等一系列优点，适合制造中档鞋。

二、HPVC 的配方

HPVC 由于其分子结构中的单体单元与普通 PVC 一样，因此其助剂均可采用普通 PVC 助剂，如增塑剂、填充剂、稳定剂等。当然助剂用量及影响并不相同，这一点在设计 HPVC 配方时应引起注意。

1. 增塑剂

HPVC 主要加工成弹性制品使用，由于其弹性依赖于增塑剂在 HPVC 中形成的溶解相增加链段运动的程度，加之 HPVC 的相对分子质量远高于普通 PVC，所以 HPVC 的增塑剂用量应大于普通软质 PVC，一般用量为 50～150 份。即使增塑剂用量高达 200 份，HPVC 制品也无析出现象。HPVC 适用的增塑剂有邻苯二甲酸二辛酯、邻苯二甲酸二丁酯、癸二酸二辛酯、己二酸二辛酯、氯化石蜡等，较常用的增塑剂为邻苯二甲酸二辛酯；当使用耐寒性增塑剂时，则可使制品耐寒性能更加优异。

在 HPVC 中加入增塑剂邻苯二甲酸二辛酯时，随邻苯二甲酸二辛酯用量的增加，制品的硬度和拉伸强度均呈明显下降趋势；而脆性温度降低，耐寒性能变好，伸长率则是在邻苯二甲酸二辛酯用量为 80～100 份时达到最大值。

2. 稳定剂

HPVC 所用稳定剂品种与普通软质 PVC 相同，多为三盐基硫酸铅、二盐基亚磷酸铅、硬脂酸钙、硬脂酸镉、硬脂酸铅、硬脂酸锌等，且一般采用稳定剂并用形式，用量一般为3～5 份。

3. 填充剂

HPVC 制品可采用的填充剂有轻质 $CaCO_3$、重质 $CaCO_3$、陶土、炭黑等。由于 HPVC 自身具有较高的强度，一般多采用 $CaCO_3$作填充剂，用量 10～50 份，随着 $CaCO_3$用量增加，HPVC 的硬度、拉伸永久变形增大；拉伸强度、压缩永久变形下降；伸长率在 $CaCO_3$用量为 10～20 份时出现最大值。

4. 改性剂

HPVC 制品由于某些特殊要求，可加入高分子改性剂，如聚氨酯橡胶、丁腈橡胶、粉末丁腈橡胶、乙烯－酯酸乙烯酯共聚物等，其制品性能更加优异，尤其弹性得到明显改善。

第六节　乙烯共聚树脂

一、乙烯－醋酸乙烯酯二元共聚树脂

乙烯－醋酸乙烯酯共聚物（简称 EVA），由乙烯和醋酸乙烯酯共聚而成。EVA 由于具有良好的柔软性、耐磨性、橡胶般弹性、优良的耐化学药品性和着色性，因而适用于制作鞋底材料，并已获得广泛应用。在我国，EVA 树脂主要用来制造微孔鞋底和热熔胶，制造鞋底时可单独使用，也可同非极性聚合物如聚乙烯、天然橡胶、顺丁橡胶、丁苯橡胶、三元乙丙橡胶掺和使用。EVA 树脂主要依赖于进口。

（一）EVA 树脂的结构与性能

EVA 树脂是一种典型的支链型聚合物，在乙烯主链上无规分布着醋酸乙烯酯的分子链。

EVA 树脂的许多物理力学性能随醋酸乙烯酯（简称 VA）含量不同而变化，这是因为主链上引入不同醋酸乙烯酯量导致结晶度改变所致。

一般随 VA 含量的增加，EVA 的结晶度、维卡软化点、熔点、结晶温度、硬度、耐磨性下降，但透明性、抗冲击强度、黏合性能、耐候性、断裂伸长率以及与填充剂的掺和性能提高。VA 含量与 EVA 树脂拉伸强度、伸长率及黏合力的关系如图 4－4 至图 4－6 所示。

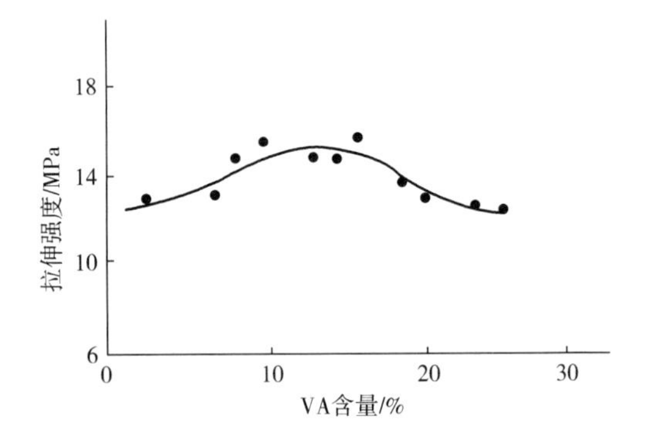

图 4－4　VA 含量对 EVA 拉伸强度的影响

EVA 树脂结构中，由于 VA 的存在，破坏了聚乙烯的结构规整性，降低了结晶度，因而 EVA 树脂的冲击强度、光学性能、黏合性能、耐低温及耐大气老化性能等方面均优于低密度聚乙烯。

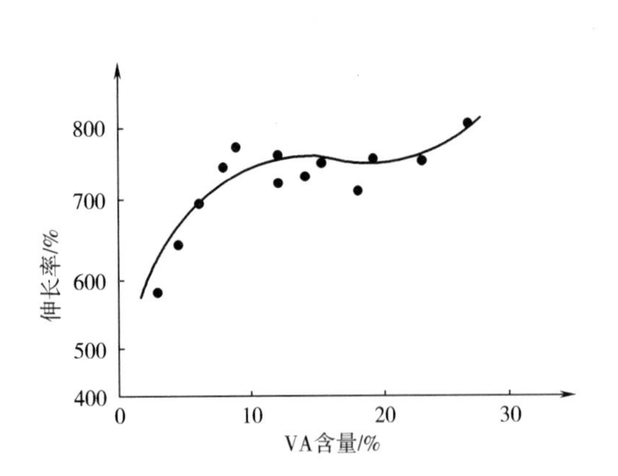

图 4－5　VA 含量对 EVA 伸长率的影响

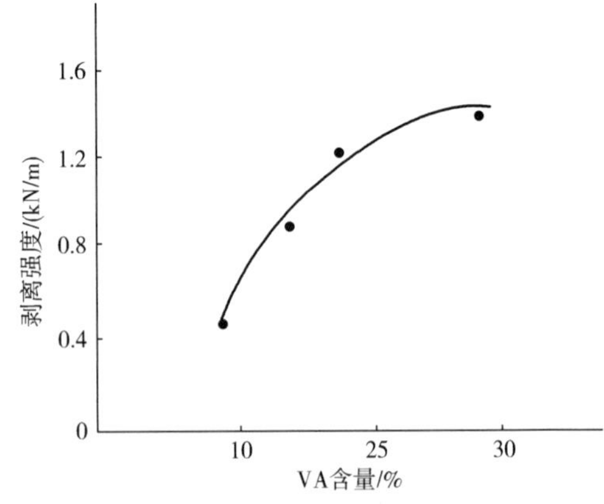

图 4－6　VA 含量对 EVA 黏合力的影响

EVA 树脂和低密度聚乙烯一样，有很好的耐酸性、耐碱性，此外，在许多有机、无机溶剂中也相对稳定，如耐甲醇等。但由于 EVA 树脂中引入极性基因，同时破坏了链的规整性，导致 EVA 树脂的耐油、耐溶剂性较差，如能溶于甲苯、二甲苯、氯仿等芳烃溶剂中。EVA 树脂耐矿物油、动物油脂、植物油等性能较差，在上述场合使用 EVA 树脂时，应引起重视。

EVA 树脂具有良好的柔软性和耐低温性能，例如 VA 含量为 20% ~ 25% 的 EVA 树脂在 0℃时的抗冲击强度可维持在常温的数值，脆性温度低达 -75℃。此外，EVA 树脂还具有较好的曲挠性能，在低温弯曲疲劳试验中，抗弯性超过 200 万次。

EVA 树脂还具有较好的弹性，它的弹性和回弹性能类似橡胶，且不需硫化，成型工艺简单，因此常被称作弹性塑料。EVA 的弹性比低密度聚乙烯高得多，有些牌号的产品已接近硫化橡胶。

（二）EVA 树脂的应用

在 EVA 树脂中，VA 含量不同，其性能和用途也不一样。当 VA 含量为 5% ~20%，可用于改性聚乙烯，与非极性橡胶（天然橡胶、丁苯橡胶、顺丁橡胶、三元乙丙橡胶等）共混；其中 10% ~20% VA 含量的 EVA 树脂主要用于制造微孔鞋底，或与橡胶并用制造仿革底、透明底等；VA 含量为 15% ~40% 的 EVA 树脂则用于制造鞋用 EVA 热熔胶等；PVC 改性则常用 VA 含量为 60% ~ 90% 的 EVA 树脂。

二、乙烯 - 醋酸乙烯酯 - 一氧化碳三元共聚树脂

EVA 树脂可以与非极性高聚物如聚乙烯、天然橡胶等掺和制作鞋底，但 EVA 树脂与极性高聚物如 PVC 的相容性较差，只有当 EVA 树脂中 VA 含量超过 40% 时，与 PVC 相容性才变好。这是因为 VA 含量高时，EVA 树脂极性变大，溶度参数也随之增大。但随 VA 含量增大，EVA 树脂强度下降较大，如 VA 含量为 33% 的 EVA 树脂拉伸强度只有 VA 含量为 8% 的 EVA 树脂的 1/3 左右。因此，为了使性能优异的 EVA 树脂能够改性 PVC，1975 年美国杜邦公司在 EVA 树脂中引入极性第三单体——一氧化碳，首先合成了乙烯 - 醋酸乙烯 - 一氧化碳三元共聚物（Elvaloy）。国内已有部分厂家用这种共聚物改性的 PVC 制作中、高档鞋底，取得了一定成果。

Elvaloy 树脂的一大特点是作为改性剂使用时，可以阻挡低分子增塑剂（如邻苯二甲酸二辛酯、邻苯二甲酸二丁酯）的迁移和具有抗介质抽出性能。Elvaloy 树脂作为高分子增塑剂使用时，几乎不被皂液、已烷和三氯乙烯抽出，并且挥发量也低于邻苯二甲酸二辛酯和聚酯增塑剂。此外，由于邻苯二甲酸二辛酯与硝化纤维及聚苯乙烯有相容性，当软 PVC 与上述材料接触时，邻苯二甲酸二辛酯发生迁移而使表面污染，而高分子增塑剂 Elvaloy 则不发生迁移。因此，Elvaloy 树脂又常常称之为“永久性增塑剂”。主要用于聚氯乙烯改性制备鞋料。

第七节 高苯乙烯树脂

高苯乙烯树脂（简称 HS）是丁二烯与苯乙烯经乳液聚合而得，苯乙烯含量在 50%

以上，一般为 60% ~ 90%，共聚物的性质类似于塑料。高苯乙烯树脂很少单独使用，一般作为丁苯橡胶、天然橡胶、顺丁橡胶等弹性体的补强剂使用。苯乙烯含量对共聚物性能影响较大，若苯乙烯含量在 95% 以上，共聚物性质类似聚苯乙烯塑料；苯乙烯含量在 30% 以下，则共聚物性质类似于丁苯橡胶。

一、高苯乙烯树脂的结构与性能

高苯乙烯树脂结构同丁苯橡胶相似，性能也类似，不同之处在于前者链结构中苯乙烯含量大于后者，故高苯乙烯树脂刚性较大，弹性差，呈现出塑料的特征。高苯乙烯树脂具有如下特点：

①高苯乙烯属弱极性高聚物，它可同极性橡胶共混，以提高橡胶的硬度、刚性，如与天然橡胶、丁苯橡胶、顺丁橡胶、异戊橡胶等共混。

②高苯乙烯树脂具有耐老化、耐磨、电绝缘性能好和相对密度低等一系列优点；并且易着色，可用于制造色彩鲜艳的鞋底材料。

③高苯乙烯树脂加工性能好，如具有一定的热塑性，模内流动性好、制品表面光滑、易脱模、易混炼加工等。

高苯乙烯树脂流动温度主要受苯乙烯含量影响，苯乙烯含量增加，树脂流动温度升高，如苯乙烯含量为 50% ~ 70% 时，开始流动温度为 70 ~ 80℃；苯乙烯含量超过 80% 时，树脂流动温度则超过 110℃。

④高苯乙烯树脂结构中由于含有丁二烯段，因而可采用硫黄硫化。

⑤高苯乙烯树脂存在硬度对温度敏感、弹性差、永久变形大等缺点。

二、高苯乙烯橡胶并用胶

高苯乙烯和丁苯橡胶可采用任意比例并用，随着高苯乙烯树脂用量的增加，硫化胶定伸应力、拉伸强度、撕裂强度、硬度、耐磨性等有所提高，而抗压缩永久变形、抗屈挠龟裂性能下降。

同丁苯橡胶不同，天然橡胶由于其结构易产生结晶，生胶强度较大，故在天然橡胶中并用高苯乙烯树脂，对提高硫化胶强度不利；相反，并用胶的强度可能还会低于纯天然橡胶，但并用胶的硬度和定伸应力等指标均上升。

三、高苯乙烯树脂的应用

高苯乙烯树脂主要应用于制鞋工业，较多的是制造仿革底、微孔鞋，此外还用于制造鞋帮和鞋跟，以增加鞋的挺括性。另外，还用于制造耐磨性要求高的橡胶制品如滑冰轮、打字机滚筒、铺地材料、硬质胶管等。下面对高苯乙烯树脂在制鞋中的应用举例说明。

（一）高苯乙烯树脂用于仿革底

高苯乙烯与其他橡胶并用制作仿革底的配方与性能见表 4 – 10 至表 4 – 12。

表 4-10　　高苯乙烯/天然橡胶/顺丁橡胶并用仿革底的配方与性能

配方/份				性　能	
高苯乙烯树脂（HS-860）	20	天然橡胶	30	相对密度	1.413
顺丁橡胶	50	硫黄	1.9	300%定伸应力/MPa	7.4
促进剂 D/DM	1.3	硬脂酸	1.5	拉伸强度/MPa	9.6
防老化剂	1	填充剂	175	耐屈挠龟裂/万次	>10
氧化锌	5			伸长率/%	430
				永久变形/%	36
				硬度（邵氏 A）	82

表 4-11　　浅色高苯乙烯/丁苯橡胶/天然橡胶并用仿革底的配方与性能

配方/份				性　能	
高苯乙烯树脂（HS-860）	60	丁苯橡胶	70	相对密度	1.23
天然橡胶	30	硫黄	2	伸长率/%	440
促进剂 CZ/DM/D	1.0/1.0/0.5	石蜡	1	拉伸强度/MPa	11.0
硬脂酸	2	防老化剂 DBH	1	弹性/%	16
氧化锌	5	白炭黑	50	永久变形/%	55
碳酸钙	20	三乙醇胺	0.5	硬度（邵氏 A）	82
				磨耗减量/（cm^3/1.61km）	1.5

表 4-12　棕色高苯乙烯/顺丁橡胶/丁苯橡胶/天然橡胶并用仿革底的配方与性能

配方/份				性　能	
高苯乙烯树脂（HS-860）	40	丁苯橡胶（1500）	27.5	伸长率/%	380
顺丁橡胶	27.5	天然橡胶	5	永久变形/%	64
硫黄	1.5	促进剂 CZ/DM/TMTD	0.8/0.8/0.4	拉伸强度/MPa	14.8
硬脂酸	1	氧化锌	42	300%定伸应力/MPa	12.2
碳酸钙	14.7	白炭黑	30	硬度（邵氏 A）	82
陶土	25	铁红	0.5	磨耗减量/（cm^3/1.61km）	1.27
中铬黄	2	三乙醇胺	1		

（二）高苯乙烯树脂用于模压胶底

采用高苯乙烯树脂与天然橡胶、丁苯橡胶并用，可制得色泽鲜艳且表面光滑的制品，并用胶可采用硫黄/促进剂进行共交联，配方与性能见表 4-13。高苯乙烯树脂用于彩色鞋底的配方与性能见表 4-14。

表 4－13　高苯乙烯树脂用于浅色模压胶底配方与性能

配方/份			性　能		
项目	1#配方	2#配方	性能	1#配方	2#配方
NR	65	75	硬度（邵氏 A）	72	67
SBR	15	15	拉伸强度/MPa	9.8	10.8
HS－860	20	10	300%定伸应力/MPa	6.7	7.1
硫黄	2	2	永久变形/%	35	34
促进剂 DM	1	1	伸长率/%	405	420
促进剂 D	0.3	0.4			
促进剂 CZ	0.8	1.0			
硬脂酸	1	1.5			
ZnO	5	5			
防老化剂	0.6	0.6			
水杨酸	0.6	0.5			
白凡士林	3	3			
白炭黑	10	10			
轻质碳酸钙	45	45			
碳酸镁	20	20			
立德粉	20	20			
钛白粉	25	25			
群青	0.7	0.7			

表 4－14　高苯乙烯树脂用于彩色鞋底的配方与性能

配方/份				性　能	
天然橡胶	80	高苯乙烯	20	相对密度	1.59
硫黄	2	氧化锌	5	硬度（邵氏 A）	62
硬脂酸	1	促进剂	2.267	拉伸强度/MPa	9.5
软化剂	16	防老化剂	1.5	伸长率/%	470
填充剂	114	颜料	0.6	永久变形/%	34
补强剂	15			磨耗减量（cm^3/1.6km）	1.43

（三）高苯乙烯树脂用于微孔鞋底

高苯乙烯与其他橡胶并用制作微孔鞋底的配方与性能见表 4－15 至表 4－17。

表 4－15　高苯乙烯/聚乙烯并用微孔鞋底的配方与性能

配方/份				性　能	
低密度聚乙烯	90	高苯乙烯	10	相对密度	0.18
碳酸钙	10	发泡剂 AC	4.5	拉伸强度/MPa	1.6
DCP	0.9	三盐基铅浆	2	伸长率/%	220
聚乙烯泡沫边料	适量			硬度（邵氏 A）	45

表 4－16　高苯乙烯/天然橡胶并用微孔鞋底的配方与性能

配方/份				性　能	
白皱片	75	高苯乙烯	25	相对密度	0.65
硫黄	2.5	氧化锌	4	硬度（邵氏 A）	56
硬脂酸	4	促进剂 F	1.5	拉伸强度/MPa	7.0
2－萘硫酚塑解剂	1.2	细粒子二氧化硅	25	伸长率/%	310
防老化剂 EX	1	硅酸钙	25	100%定伸应力/MPa	2.0
木质素	15	石蜡	1	回弹率（50℃）/%	57

表 4－17　高苯乙烯/EVA/天然橡胶并用微孔鞋底的配方与性能

配方/份				性　能	
天然橡胶	10	高苯乙烯（HS－860）	10	相对密度	0.18
EVA	80	硬脂酸	0.8	硬度（邵氏 A）	40
白炭黑	4.5	发泡剂 AC	4.5	拉伸强度/MPa	2.4
三盐基硫酸铅	1.7	过氧化二异丙苯	1.2	伸长率/%	166
				磨耗减量/（cm^3/1.61km）	0.33

（四）高苯乙烯树脂用于鞋跟

高苯乙烯用于制作鞋跟的配方与性能见表 4－18。

表 4－18　高苯乙烯用于鞋跟的配方与性能

配方/份				性　能	
天然橡胶	20	高苯乙烯	10	伸长率/%	350
丁苯橡胶	30	顺丁橡胶	40	硬度（邵氏 A）	74
再生胶	50	硫黄	2.5	拉伸强度/MPa	17.6
促进剂 M/DM/D	1.0/1.0/0.4	氧化锌	5	永久变形/%	24

续表

配方/份				性　能
硬脂酸	2	防老化剂 A/RD	0.7/0.7	磨耗减量/（cm^3/1.61km）　0.17
高耐磨炭黑	70	工业脂	5	
固体古马隆	8	20#机油	10	

第八节　聚四氟乙烯

聚四氟乙烯（简称 PTFE），是由四氟乙烯经过自由基聚合制得的，俗称“塑料王”，具有抗酸抗碱、抗各种有机溶剂的特点，几乎不溶于所有的溶剂。其具有优良的耐化学腐蚀性及电绝缘性，具有良好的耐热性，在所有固体材料中，聚四氟乙烯摩擦因数是最低的。

一、聚四氟乙烯的结构

在 PTFE 中，氟原子取代了聚乙烯中的氢原子，由于氟原子体积较大，半径为 0.064nm，大于氢原子半径（0.028nm），且相邻大分子的氟原子的负电荷又相互排斥，使得 C—C 链由聚乙烯平面的、充分伸展的曲折构象渐渐扭转到 PTFE 的螺旋构象，并形成一个紧密的完全“氟代”的保护层，这使其具有其他材料无法比拟的化学稳定性以及低的内聚能密度。

大分子主链上没有支链，整体内不形成交链，故其分子轮廓光滑，加之 PTFE 单体具有完美的对称性而使 PTFE 分子间的吸引力和表面能较低，所以 PTFE 具有极低的表面摩擦因数，且容易在滑动过程中转移到对偶面上形成薄的转移膜。

二、聚四氟乙烯的性能

1. 力学性能

聚四氟乙烯的摩擦因数极小，仅为聚乙烯的 1/5，这是全氟碳表面的重要特征。又由于 F—C 链分子间作用力极低，所以聚四氟乙烯具有不黏性。聚四氟乙烯是典型的软而弱聚合物，大分子间的相互引力较小，刚度、硬度、强度都较小，在应力长期作用下会变形。聚四氟乙烯力学性能方面优异的特性是摩擦因数小，为 0.01 ~ 0.10，在现有塑料材料乃至所有工程材料中最小。其摩擦因数几乎不变，只有在表面温度高于熔点时，摩擦因数才急剧增大。

2. 化学性能

聚四氟乙烯能承受除熔融碱金属、氟元素和强氟化介质以及高于 300℃ 的氢氧化钠以外的所有强酸、强碱、强氧化剂、还原剂等的作用。它的耐化学腐蚀性能超过贵金属、玻璃、陶瓷、搪瓷和合金等。

3. 耐热、耐寒性能

聚四氟乙烯可在 −250 ~ 260℃ 的宽广区域内使用，即使在 −260℃ 的超低温下仍可以保持一定的挠曲性；在260℃时其断裂强度仍保持在5MPa左右（约为室温的1/5），抗屈强度达1.4MPa，该温度下不发生热老化现象。

4. 电性能

聚四氟乙烯在较宽频率范围内的介电常数和介电损耗都很低，具有良好的电绝缘性，较高的耐电弧性，体积电阻率大于$1\times10^{16}\Omega\cdot m$，且不随温度而变化。

5. 耐辐射和耐老化性能

聚四氟乙烯分子中没有光敏基团，所以不仅在低温与高温下尺寸稳定，在苛刻环境下性能也不变，潮湿状态下不受微生物侵袭，而且对各种射线辐射具有极高的防护能力。

6. 隔水性能

聚四氟乙烯的吸水率一般在0.001%～0.005%，而且它的渗透率也较低。

第九节　聚烯烃弹性体塑料

聚烯烃弹性体（简称POE）塑料是采用茂金属催化的乙烯和辛烯实现原位聚合的热塑性弹性体。

一、聚烯烃弹性体塑料的结构和分类

POE分两种，一种是乙烯和丁烯的高聚物，另一种是乙烯和辛烯的高聚物。

POE分子结构与三元乙丙橡胶相似，根据制造方法可分为机械共混型和化学接枝型两种。机械共混型又可分为直接机械共混型和动态部分硫化共混型，呈不均匀的两相结构。物理交联区域显示热塑流动性（结晶硬段），使共混物兼有橡胶和塑料的双重性。由乙丙橡胶和聚烯烃树脂组成连续相与分散相微观呈现两相分离的聚合物掺混物，可以形成以橡胶为连续相、树脂为分散相或以橡胶为分散相、树脂为连续相或者两者都呈现出连续相的互穿网络结构。橡胶为连续相、树脂为分散相时共混料性能近似硫化胶，树脂为连续相、橡胶为分散相时共混胶料性能近于塑料，即性能随相态的变化而变化。

二、聚烯烃弹性体塑料的性能

在常温下呈橡胶弹性，具有密度小、弯曲大、低温抗冲击性能强、易加工、可重复使用等特点。

1. 聚烯烃弹性塑料的特点

①辛烯的柔软链卷曲结构和结晶的乙烯链作为物理交联点，使它既有优异的韧性又有良好的加工性。

②POE塑料分子结构中没有不饱和双键，具有优良的耐老化性能。

③POE塑料分子质量分布窄，具有较好的流动性，与聚烯烃相容性好。

④良好的流动性可改善填料的分散效果，同时也可提高制品的熔接痕强度。

⑤随着POE塑料含量的增加，体系的抗冲击强度和断裂伸长率有很大的提高。POE能改性增韧PP、PE和PA，增加冲击强度。是因为POE塑料的分子质量分布窄，分子

结构中侧辛基长于侧乙基，在分子结构中可形成联结点，在各成分之间起到联结、缓冲作用，使体系在受到冲击时起分散、缓冲冲击能的作用，减少银纹因受力发展成裂纹的机会，从而提高了体系的抗冲击强度。

2. 聚烯烃弹性塑料的优缺点

①POE 具有热塑性弹性体的一般特性。

②价格低并且相对密度小，因而体积价格低廉。

③耐热性、耐寒性优异，使用温度范围宽广。

④耐候性、耐老化性良好。

⑤耐油性、耐压缩永久变形和耐磨耗等不太好。

3. 几种材料的比较

与三元乙丙橡胶（EPDM）、二元乙丙橡胶（EPM）、苯乙烯-丁二烯-苯乙烯共聚物（SBS）、乙烯-醋酸乙烯共聚物（EVA）等材料相比，POE 产品的特点是：

①呈自由流动颗粒状态，与其他聚合物混合更容易和更加方便。

②加工性与力学性能平衡性优异。POE 的门尼黏度范围在 5 ~ 35，但力学性能却能和高门尼黏度的材料相媲美，消除了一般弹性体门尼黏度低、加工性能好而力学性能差的弊端。

③可利用过氧化物、硅烷和辐射法交联形成交联 POE。交联 POE 的热老化及耐紫外光、耐候性等性能都优于 EP(D)M。

④热压缩永变形比 EP(D)M 小。

⑤未交联的 POE 密度比 EVA 和 SBS 低 10% ~ 20%。

⑥其光学性能及干抗裂性优于 EVA。

三、聚烯烃弹性体塑料的应用

乙烯-辛烯或 α 型烯聚合的共聚物，具有优异的流动性，加工性与 SBS 相当，但相对密度小（0.875），耐候性也好于 SBS，可用于运动鞋底和皮鞋底。

思 考 题

1. 什么叫塑料？塑料有哪些主要性能？
2. 按热行为给塑料分类，并简述各自的特点。
3. 写出几种常用塑料的性能和主要用途。
4. 请写出聚四氟乙烯、聚烯烃弹性体塑料的结构，并简述其性能和用途。

第五章　橡胶和塑料工业用助剂

第一节　聚合物助剂的作用与选用原则

所谓助剂是指聚合物（生胶和树脂）在成型加工成橡胶或塑料过程中所需要的各种辅助化学品。助剂在聚合物加工过程中起着十分重要的作用，它不仅可以改善聚合物的工艺性能，提高加工效率，降低成本和能耗，而且可以改进制品的性能，提高聚合物的使用寿命。事实上，适当、合理的助剂已成为许多新产品和新技术成功的关键所在。例如，生胶中加入硫化剂，经硫化加工后，可使线型结构生胶转变成具有网状结构的硫化胶。此时橡胶的弹性、力学性能和耐老化性能大幅度提高。同样，PVC 被加热高于100℃时，即发生脱氯化氢的降解反应，在 PVC 的加工温度下（160～220℃），其降解速度加快，并伴随变色和大分子交联反应，因此 PVC 在加工过程中若不加入热稳定剂，就得不到性能优良实用的 PVC 制品。

聚合物助剂既有无机物，又有有机物；既有单一的化合物，又有混合物；既有单体，又有聚合物。按其功能又可分为硫化剂、稳定剂、增塑剂、填充剂、发泡剂、润滑剂、抗静电剂、防霉剂、偶联剂、着色剂等。

助剂选择和应用过程中应重点考虑助剂与聚合物的相容性、助剂的耐久性、助剂的稳定性、助剂之间的相互作用等问题。下面分别介绍。

一、助剂与聚合物的相容性

助剂应与聚合物具有一定的相容性，这是选择助剂时首先要考虑的问题。如果助剂与聚合物相容性不好，助剂就容易析出，其结果不但是助剂失去作用，而且影响制品的外观和手感。例如增塑剂若与 PVC 的相容性不好，则增塑剂向表面迁移、挥发，经过一段时间后，PVC 逐渐变硬，从而影响制品的使用。助剂与聚合物的相容性主要取决于两者的极性，极性较强的酯类增塑剂在极性较强的 PVC 中的相容性就比极性较弱者好。不同功能的助剂同聚合物的相容性有不同的要求，而并非助剂与聚合物的相容性越好越有利于助剂发挥作用。例如，作为润滑剂使用的一类助剂与聚合物的相容性就不能太好，否则就起不到润滑剂作用，而起到增塑剂作用，使聚合物软化。

二、助剂的长久有效性

助剂能长期、稳定地在聚合物中发挥作用，也是选择助剂时必须考虑的重要因素之一。助剂的损失通常是通过挥发、抽出和迁移 3 个途径。助剂的挥发性与助剂的相对分子质量有直接的关系，而抽出性与助剂在使用介质中的溶解度有关，迁移性则是由于助剂在聚合物中的溶解度较小造成的。

三、助剂在加工条件下的稳定性

有相当多的助剂是为了防止制品在长期使用条件下性能迅速丧失而添加的，例如抗氧剂、补强剂、抗静电剂、阻燃剂等，因此对这类助剂的一个基本要求就是在加工条件下（通常在高温、高压等条件下）其结构不发生变化，否则就起不到预期的效果。此外，还应注意助剂在加工过程中不腐蚀设备和模具。

四、制品用途对助剂的限制

助剂的选用常常受到制品最终用途的制约，这是因为助剂的颜色、气味、污染性、耐久性、电气性能、耐热性、耐候性、毒性等一系列性能都与相应制品性能有关。例如，尽管炭黑对橡胶具有较好的补强作用，浅色橡胶制品却不能用炭黑作补强剂；同样，胺类防老化剂有污染作用，也不宜在浅色橡胶制品中使用。

五、助剂的协同效应和对抗作用

根据加工和最终使用条件的需要，聚合物中往往要加入多种助剂，这些助剂在加工条件下和使用时彼此之间将有所影响。如果助剂配合恰当，不同助剂之间常会发生增效作用，产生 1 +1 >2 的效果，即所谓“协同效应”，PVC 加工中加入多种热稳定剂，就是为了获得这种效果，例如 1 份三盐和 1 份二盐并用作为 PVC 的热稳定剂使用时，其稳定效果大于 2 份三盐或 2 份二盐单独使用时的效果。如果助剂配合不恰当，则会产生相抗作用，削弱各种助剂的原有效能，例如过氧化物类交联剂（DCP）在弱酸性物质或胺类物质如防老化剂 D 存在下，将影响其对聚合物的交联效率。此外，还应避免助剂之间发生化学反应，在采用硫黄硫化的浅色橡胶制品中，不能使用铅类助剂，否则生成的黑色硫化铅将污染制品的颜色。

第二节　硫 化 体 系

一、硫化的基本概念

（一）硫化及硫化剂

将橡胶线型分子结构交联成为网状结构，控制了橡胶大分子链间的相互位移，使其强度提高，硬度加大，不容易拉伸变形，降低其伸长率，变可塑性为高弹性，成为具有使用价值的硫化胶。这个变化称为“硫化”。

橡胶中加入硫黄使其生成网状结构的体型聚合物后，不仅可提高其强度、耐热性、耐候性和使用寿命，而且对获得弹性是不可缺少的一个重要环节。由于 Goodyear 最早于 1939 年采用硫黄获得了橡胶硫化的专利权，故一直沿用“硫化”一词来描述橡胶的交联。后来，随着合成橡胶工业和助剂工业的发展以及硫化方法和硫化剂研究不断深入，发现许多助剂可对橡胶硫化，因此，现在所称的“硫化”只是一个具有象征意义的工业术语，其实质就是使线型的橡胶分子交联形成立体网状结构，而一切具有这种作用的物质都可称为硫化剂，又常称之为交联剂。一些常用的交联剂，如过氧化物类，不仅能对橡胶交联，还可使聚乙烯、聚氯乙烯等热塑性树脂进行交联，提高其强度、耐热性和使用寿命。本节主要以橡胶为交联对象，着重介绍一些橡胶常用的硫化剂和硫化助剂。

（二）硫化过程

在一定的压力、温度条件下，测出在不同硫化时间内硫化胶的抗张强度（定伸强力、扯断强力）。然后以硫化时间为横坐标，抗张强度为纵坐标，绘制而得硫化曲线。从图5－1中可以看出，硫化是由几个反应阶段组成的：硫化起步、欠硫、正硫和硫化平坦及硫化过度（即过硫）。

（三）橡胶在硫化过程中的结构和性能变化

未硫化橡胶的线型大分子呈卷曲状，大分子链段处于自由运动状态，当温度升高或受外力作用时，大分子间很容易发生位移，表现出较大的变形和较小的应力。硫化后大分子形成网状结构（图5－2），使大分子链相对运动受到限制。在外力作用下，相对位移减小，宏观上则表现出变形减少，弹性增加，并产生较大的应力和定伸强度。

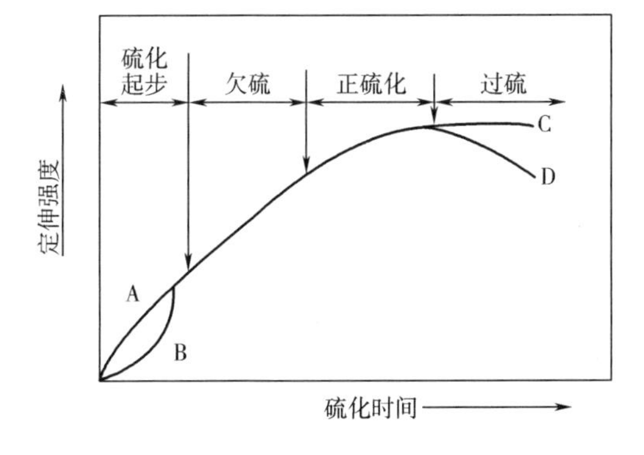

图5－1 硫化阶段

A—硫化起步快的胶料 B—迟延硫化起步的胶料

C—定伸强度升高的胶料 D—有返原现象的胶料

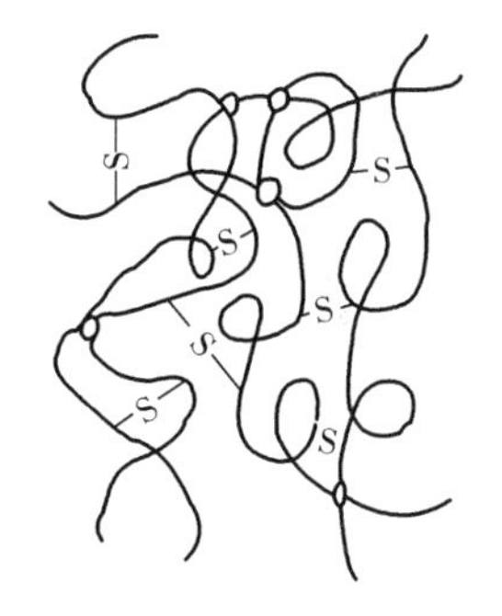

图5－2 橡胶大分子网状结构示意图

硫化使大分子的微观结构发生变化后，宏观上橡胶的物理力学性能也将发生一系列变化，见表5－1。

表5－1 橡胶硫化前后的性能比较

性能	生胶	硫化胶	性能	生胶	硫化胶
弹性	小	大	可溶性	溶	不溶
拉伸强度	小	大	透气性	大	小
定伸强度	小	大	自黏性	有	无
硬度	小	大	耐寒性	差	好

续表

性　能	生　胶	硫 化 胶	性　能	生　胶	硫 化 胶
耐热性	差	好	耐老化性	差	好
耐磨性	差	好	耐折性	差	好
化学稳定性	小	大	耐撕裂性	差	好
塑性	大	小	定应力伸长	大	小
使用温度范围	窄	宽			

二、硫　化　剂

橡胶可用的硫化剂品种较多，除硫黄外，还有含硫化合物（或称硫给予体）、有机过氧化物、醌类化合物、金属氧化物、胺类化合物、树脂等，而在制鞋行业常用的硫化剂有硫黄、硫黄给予体、有机过氧化物、金属氧化物等四大类，下面分别对这四大类硫化剂作详细介绍。

（一）硫黄

硫黄为淡黄色或黄色固体，有结晶型和无定形两种形态。硫黄是最早用于橡胶的硫化剂品种，由于其成本低廉，来源丰富，至今仍广泛应用于橡胶工业。天然橡胶、顺丁橡胶、丁腈橡胶等二烯类软质橡胶制品中，硫黄的配合量一般为 1 ~4 份（以 100 份橡胶计，下面如无特殊说明，皆采用这种方法），而硬质橡胶中的配合量可达 30 ~40 份。酸具有迟延硫化的作用，故在硫黄中应不含酸，橡胶工业作为硫化剂使用的硫黄主要有硫黄粉、不溶性硫黄、沉淀硫黄、胶体硫黄。

硫黄交联橡胶的反应是极为复杂的，硫黄在橡胶中的结合状态可用图 5 -3 表示。

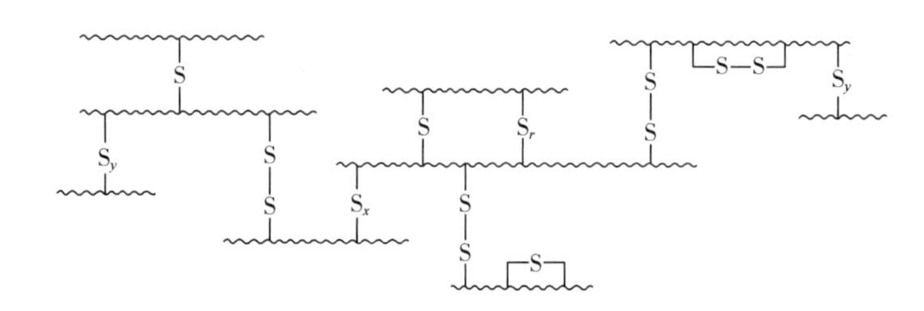

图 5 -3　硫黄在橡胶中的结合状态

硫黄作为主要硫化剂普遍用于天然橡胶及不饱和状态的合成橡胶。它能很快地溶解在多数胶料中，其溶解度随温度的升高而增大。一旦胶料温度降低，硫化胶中的未结合硫即从过饱和的溶液中结晶析出于表面，这就是硫化胶中易出现的喷霜现象。喷霜（或喷硫）造成局部区域的硫化不均匀，损害了硫化胶的性能，影响其外观质量，在硫化过程中必须引起重视，因此，为了保证产品质量，防止喷霜等毛病，硫黄用量必须适宜，还要保持低温混炼加工，而且使用有机促进剂或配有炭黑、软化剂、再生胶等，均可减少喷霜。此外，还应注意贮存中的制品是否欠硫，因为若游离硫含量大，常常发生喷霜现象。

（二）硫黄给予体

硫黄给予体是在硫化温度下能释放出硫黄的有机化合物，可作为橡胶的硫化剂使用。其特点是不使用硫黄，但交联键形式仍为硫黄交联键；并且硫黄给予体在较低温度下对橡胶不发生硫化反应，只有当温度升高到硫黄给予体能分解放出活性硫后，硫化反应才开始进行。采用硫黄给予体硫化橡胶与采用普通硫黄相比，前者多形成单硫键—S—（键能284．2kJ/mol）和双硫键—S—S—（键能267．5kJ/mol），而后者则较多形成多硫键—S_x—（键能小于267．5kJ/mol），因而采用硫黄给予体制得的硫化橡胶具有较好的耐热老化性能，并且混炼胶料不易焦烧。从硫化效果角度考虑，当采用硫黄给予体与硫黄并用时，2份硫黄给予体取代1份硫黄，可达到相同的效果。

1．秋兰姆类

用作硫化剂的是秋兰姆二硫化物或多硫化物，其结构通式为：

$$(R_1)(R_2)N-C(=S)-S_x-C(=S)-N(R_3)(R_4)$$

x一般为2或4。

秋兰姆类硫化剂品种主要有二硫化四甲基秋兰姆（TMTD）、二硫化四乙基秋兰姆（TETD）、二硫化四丁基秋兰姆（TBTD）、二硫化二甲基二苯基秋兰姆。

秋兰姆硫化剂用量一般为2～5份。为了提高硫化效果，胶料配方中通常加入氧化锌和硬脂酸。秋兰姆硫化剂中，使用较多的是TMTD，其用量多为2.5～3.5份，超过3.5份时，喷霜严重。TMTD硫化胶的特点是具有优异的耐热性，缺点是硫化胶定伸应力初期高，随着硫化进行逐渐降低。克服上述缺点的方法是在配方中加入少量硫黄，并可同时提高硫化速度。

2．含硫吗琳衍生物

用作硫化剂的吗琳衍生物主要有二硫化二吗啉（DTDM）和4－（2苯并噻唑基）二硫化吗啉。

DTDM在硫化温度下分解放出的活性硫为总量的27%，交联键主要是单硫键。用量一般为3份，为避免单一使用时硫化速度慢，可并用噻唑类、秋兰姆类、二硫化氨基甲酸盐类促进剂提高硫化速度，或并用少量硫黄。DTDM的突出特点是不喷霜、不污染，且分散性好。

除上面介绍的外，硫黄给予体硫化剂还有多硫聚合物、烷基苯酚硫化物、氯化硫等。

（三）有机过氧化物

有机过氧化物既可对天然橡胶、丁腈橡胶、顺丁橡胶等高不饱和二烯类橡胶硫化，它还是几种饱和橡胶，如硅橡胶、二元乙丙橡胶、氟橡胶和聚乙烯、聚丙烯、乙烯－醋酸乙烯共聚物等塑料品种主要的或唯一的硫化剂。和硫黄硫化剂相比，有机过氧化物硫化剂具有如下优点：硫化时间短，硫化胶耐热性能优良，避免因使用硫黄引起对金属的腐蚀性，无污染性，可用于透明制品，硫化胶的压缩永久变形小，适用范围广，对饱和、不饱和橡胶均可交联。

但有机过氧化物硫化剂也有一些缺点，如硫化胶的抗撕裂强度低、伸长率低，软化剂、填充剂、防老化剂等对其硫化有阻碍作用，安全性差，价格较贵等。

（四）金属氧化物

金属氧化物硫化剂主要是指对氯丁橡胶、氯化聚乙烯、氯磺化聚乙烯、聚硫橡胶、氯醇橡胶产生硫化作用的镁、锌、铅的氧化物（ZnO、MgO、PbO）。

将金属硫化物与用于氯化丁基橡胶硫化的硫黄硫化体系组合也有良好的效果。此时，在橡胶配方中应含炭黑及 10 份用氨改性的气相白炭黑，硫化胶的强度可由 18MPa 增至 22MPa，永久变形降至 8%，撕裂强度为 101kN/m（批量生产橡胶为 86kN/m），耐磨性几乎提高了 2 倍，耐疲劳性能提高了 3 倍以上。

（五）含卤素橡胶

用金属氧化物硫化含氯橡胶，其交联键都很脆弱。很多研究旨在克服这一缺点，如建议在 ZnO 及 MgO 中添加二硬脂酸二胺 [$RNH(CH_2)_3NH_2$]·$2C_{17}H_3COOH$，可改善 MgO 的力学性能。

许多含氯橡胶，如氯丁橡胶、氯化丁基橡胶、氯磺化聚乙烯橡胶及氯醚橡胶等硫化时，使用 2,5－二硫醇基－1,3,4－噻二嗪的有机多硫衍生物与 MgO 的并用物。

在氯丁胶料中含有用硅烷处理过的白炭黑，则可以多硫有机硅烷及硫脲衍生物作为硫化体系。这样制得的硫化胶具有高抗撕性能。

硫化氯丁橡胶时常用多胍替代 ZnO。载于分子筛上的新型硫化剂 2－硫醇－3－四基－4－氧噻唑硫醇可使橡胶的耐疲劳性及耐热性增高，它可代替有毒性的乙烯硫脲。也可用含硫黄、秋兰姆及低聚胺的硫化体系来硫化氯丁橡胶。在使用 3－氯－1,2－环氧丙烷与秋兰姆自共聚的低聚物硫化氯丁橡胶时，胶料的焦烧稳定性提高，硫化胶的物理机械性能也有所改善。

含无机填料的氯化丁基橡胶可用烷基苯基二硫化物与二邻苯二酚硼盐的二－邻－甲基胍盐硫化，此种硫化胶的强度可从 2.4MPa 提高到 7.5MPa。对氯醚橡胶及氯磺化聚乙烯及其共聚物也有类似的效果。氯化丁基橡胶硫化时也使用金属硫化物，但要在脱水沸石参与下进行。沸石具有高吸附性，它可吸收释放出来的气体，从而使硫化胶较为密实，并改善了性能。

三、硫化促进剂

硫化促进剂是指与硫化剂配合能缩短硫化时间、降低硫化温度、减少硫黄用量并能改善硫化胶性能的一类物质。

作为理想的促进剂，必须具备如下条件：

①焦烧时间长，操作安全性高，加工适应性好。

②硫化时间短，硫化温度低，生产效率高。

③硫化曲线的平坦性良好。

④硫化胶具有较高的力学强度和优良的耐老化性能。

⑤无毒、无臭、无污染性。

⑥原料来源广，价格低廉。

目前已发现具有促进硫化作用的物质超过千余种，但尚未发现能全部满足上述条件者，具有迟效性的次磺酰类促进剂近乎于理想的促进剂。

（一）有机硫化促进剂的分类

1. 按结构分类

硫化促进剂按其结构可大致分为下述几类。

（1）噻唑类

噻唑类促进剂的特点是应用广泛，价格便宜，可赋予硫化胶以良好性能。主要品种有巯基苯并噻唑（M）及其二硫化物（DM）。噻唑类促进剂适用于天然橡胶、丁苯橡胶和丁腈橡胶。对于有规立构橡胶，如顺丁橡胶、顺式聚异戊二烯和三元乙丙橡胶等，单独使用时效果甚小，须并用胍类、醛胺类促进剂后才具有较高的硫化速度和交联度。该类促进剂没有污染性，可用于制造白色、浅色或透明制品。噻唑类促进剂不宜用于制造食品级橡胶制品，其原因是该类促进剂有苦味。

（2）秋兰姆类

秋兰姆类促进剂也是橡胶制品的硫给予体硫化剂，此类促进剂是当前橡胶加工中使用量较大的一类，属酸性超速促进剂。主要品种有二硫化四甲基秋兰姆（TMTD）、一硫化四甲基秋兰姆（TMTM）。秋兰姆类促进剂除适用于天然橡胶、丁苯橡胶、丁腈橡胶、顺丁橡胶、异戊橡胶外，对丁基橡胶和三元乙丙橡胶等具有低不饱和度橡胶也有良好的促进作用。该类促进剂既可作主促进剂，也可作为噻唑类或次磺酰胺类的第二促进剂，尤其是与次磺酰胺类促进剂并用后，可使胶料具有良好的防焦烧性能，且加工安全性增大，同时硫化速度加快，硫化胶具有高度的交联和优异的弹性。

（3）次磺酰胺类

次磺酰胺类促进剂是一种迟效性促进剂，也是发展较快和比较有前途的一种促进剂，主要品种有环己基苯并噻唑次磺酰胺（CZ）、氧二乙撑苯并噻唑次磺酰胺（NOBS）。次磺酰胺类促进剂又有“迟效高速”促进剂之称，其原因是它们在硫化开始的低温阶段没有促进剂效果，高温时迅速分解生成巯基苯并噻唑和胺类化合物，而噻唑在碱性胺的活化下发挥极大的促进作用，使橡胶硫化很快完成。次磺酰胺类促进剂可广泛用于天然橡胶、丁苯橡胶、丁腈橡胶、顺丁橡胶、异戊橡胶，但不适用于氯丁橡胶、丁基橡胶和三元乙丙橡胶。

（4）胍类

胍类促进剂是碱性促进剂，主要作为副促进剂使用，主要品种二苯胍（D）。胍类促进剂硫化胶的最大特点是硬度大，定伸强度高，但由于易在橡胶中形成大量的多硫键，致使硫化胶耐老化性能差，并发生龟裂。单独使用胍类促进剂时，胶料操作安全性好，不易焦烧。此外，该类促进剂不宜用于白色及浅色制品，原因是受光照后易变色。在同样硫黄用量时，胍类促进剂用量为噻唑类的 2 倍才能产生同等的弹性。

（5）二硫代氨基甲酸盐类

此类促进剂中大多具有极强的促进效果，硫化速度特别快，有“超速促进剂”之称。主要品种有乙基苯基二硫代氨基甲酸锌（PX）、二乙基二硫代氨基甲酸锌（ZDC）

等。二硫代氨基甲酸盐类促进剂可作为天然橡胶、合成橡胶、胶乳、黏合剂的主促进剂，尤其可用于低温或室温硫化的黏合剂和修补用胶料。

（6）醛胺类

该类促进剂常为黏稠状流体，是醛和胺类化合物的缩合物。由于噻唑类和次磺酰胺类促进剂既包含醛胺类促进剂的优点，又比醛胺类促进剂优越，故醛胺类促进剂发展不快。其主要品种有丁醛苯胺缩合物（808）。

（7）黄原酸盐类

黄原酸盐类促进剂活性大，宜用于室温硫化，但焦烧倾向大，工艺上难控制，已逐步淘汰。主要品种有异丙基黄原酸钠（SIP）和异丙基黄原酸锌（ZIP）。

（8）硫脲类

硫脲类促进剂是氯丁橡胶的专用硫化促进剂，可赋予氯丁橡胶硫化胶优异的拉伸强度、压缩永久变形小等性能。主要品种有乙撑硫脲（NA－22）、N,N′－二苯基硫脲（CA）等。

（9）环保型硫化促进剂

目前广泛使用的金属盐类硫化促进剂大多为过渡金属或碱土金属的配合物，在使用过程中存在溶解性差、硫化稳定性差、易焦烧等缺点。因此，开发能延长焦烧时间和提高硫化促进效能（如降低硫化温度，缩短硫化时间、改善抗返原性能、提高硫化胶的物理机械性能），同时又无毒环保的硫化促进剂具有重要的意义。

（10）离子液体型促进剂

离子液体（ionicliquids，ILs）一般是熔点低于100℃的盐，但与熔融盐不同。由于具有独特的性质，ILs在最近几年成为化工领域迅速发展的一个研究热点。ILs可以溶解大部分的极性、非极性有机化合物，介电常数高，并具有环保、蒸气压可忽略、防火等性质。ILs的溶解度大，几乎不挥发，从而降低了释放有毒气体的可能性，因而符合环保要求。通过调变ILs的阳离子与阴离子，可以获得丰富的物理及化学性质。

ILs近些年被应用到橡胶硫化领域，具有优异的硫化性能。氧化锌和硫化促进剂在橡胶中不溶，硫化反应发生在氧化锌表面，因此影响硫化过程的一个最重要的因素是氧化锌和硫化促进剂在橡胶基体中的分散度。ILs促进剂相比传统固态促进剂更加具有优势，首先ILs促进剂具有催化作用，它可以提高氧化锌表面处的交联反应速率；其次，液态离子促进剂具有离子性，更加容易与锌离子结合形成锌盐化合物且所形成的化合物活性更高。ILs硫化促进剂可以使橡胶在室温条件下硫化，并且具有比普通硫化促进剂更多的优点，如低挥发性，无毒无污染，热稳定性好，强离子导电性，以及强的溶解性等。

Pernak等使用2－二硫醇基苯并噻唑阴离子（2MBT）与6种不同阳离子合成了6种新型ILs硫化促进剂。此系列ILs硫化促进剂可应用于丁腈橡胶（NBR）的硫化，具有环境友好、硫化时间短、促进剂用量少、硫化胶不易热降解等优点。

Maciejewsk等使用苯甲烃铵与铵盐作为ILs硫化促进剂的阳离子，对此类硫化促进剂做了进一步改善，并将之用于丁苯橡胶（SBR）的硫化。此类ILs硫化促进剂可以代替橡胶工业上常用的MBT与CBS促进剂，并且具有无毒、环保、硫化时间短

（正硫化时间降低20min）、SBR交联密度大等优点，但对于降低硫化温度没有明显效果。实验中发现，这种ILs化合物除了具有促进硫化的效果之外，还具有防护剂的作用。它可以提高非极性弹性体与极性填料（二氧化硅等）的相互作用，降低硅表面硅醇基团发生酸化反应的可能性；更重要的是，与传统促进剂相比，明显提高了丁苯胶耐热与耐紫外老化性能。

（11）稀土硫化促进剂——无锌型稀土硫化促进剂

在橡胶硫化促进剂领域，稀土化合物可以替代传统锌类化合物促进剂，并具有明显的硫化促进效果和优良的焦烧安全性、物理机械性能等优点。

刘力等选用稀土元素作为中心原子，分别用二硫代氨基甲酸、2－巯基苯并唑、黄原酸类等具有硫化促进功能的配体作主配体，选用长链脂肪酸、氮碱类、胺类等作为辅助配体提升促进剂在橡胶中的溶解性，在液相条件下合成了一系列多配体稀土硫化促进剂。此系列硫化促进剂无毒、环保、无味、合成工艺简单，更重要的是达到了无锌型硫化促进剂的效果，替代了效率低下的氧化锌、硬脂酸、促进剂并用硫化体系。

其中，多配体无锌型稀土硫化促进剂镧－二乙基二硫代氨基甲酸－邻菲罗啉，在胶料中具有比传统促进剂体系更佳的溶解性，在丁苯橡胶体系中的应用效果超过了传统硫化促进剂*N*－环己基－2－苯并噻唑次磺酰胺（CZ）。经该稀土硫化促进剂硫化后的丁苯橡胶表现出了较高的力学性能、耐磨性能、弹性与撕裂性能等，可以应用在高性能轮胎及其他橡胶制品中。

2. 按硫化速度分类

所谓按硫化速度分类，是指按促进剂的硫化活性分类。国际上习惯以促进剂M为标准，凡硫化速度快于促进剂M者为超速或超超速促进剂，而比其慢者为中速或慢速促进剂。常用促进剂按硫化速度分类见表5－2。

表5－2　常用促进剂按硫化速度分类表

硫化速度级	促进剂
超超速级促进剂	PX（乙基苯基二硫代氨基甲酸锌）、PZ（二乙基二硫代氨基甲酸钠）、ZDC（二乙基二硫代氨基甲酸锌）
超速级促进剂	TMTD（二硫化四甲基秋兰姆）、TMTM（一硫化四甲基秋兰姆）
准超速级促进剂	M（巯基苯并噻唑）、DM（二硫化二苯并噻唑）、808（丁醛苯胺缩合物）、AZ（二乙基苯并噻唑次磺酰胺）、CZ（环己基苯并噻唑次磺酰胺）
中速级促进剂	D（二苯胍）、ZMBT（巯基苯并噻唑锌盐）
慢速级促进剂	H（六次甲基四胺）、AA（乙醛胺）、硫脲类促进剂

（二）硫化促进剂并用体系

在实际使用促进剂时，很少采用单一品种，而大多采用两种或两种以上的促进剂并用，硫化促进剂并用恰当，对获得理想性能的硫化胶是非常重要的。硫化促进剂并用体系中，其中应有一种是主要的，常称为主促进剂，又称为第一促进剂，而另外的则称为副促进剂或第二、第三促进剂。主促进剂大多采用的有噻唑类和秋兰姆类，其中尤以促进剂 M 居多，秋兰姆为主促进剂时，仅用于薄膜制品或硫化时间要求极短的模型制品。副促进剂主要采用的有胍类（D）、胺类等。

1. AB 型并用体系

此并用体系又称相互活化型，特点是并用后的促进效果优于单用 A 型或 B 型促进剂，可缩短硫化时间和降低硫化温度，改善硫化胶的拉伸强度、定伸应力和耐磨性等性能，并使硫化胶硬度增大。缺点是焦烧倾向较大，硫化平坦性较差。AB 型并用体系一般采用噻唑类准超速促进剂为主促进剂，采用少量的胍类或醛胺类弱促进剂为副促进剂。典型的 AB 型并用体系是促进剂 DM 和 D 并用，最高活性的并用比是 DM∶D＝3∶2。

2. AA 型并用体系

此并用体系又称相互抑制型，特点是并用后促进剂活性有所下降，但在硫化温度下，仍可发挥快速硫化作用。AA 并用体系的硫化胶较 AB 并用体系的硫化胶具有较低的定伸应力和较高的伸长率。AA 型并用体系中，主促进剂采用超速或超超速促进剂。

3. AN 型并用体系

AN 型并用体系的特点是有损于硫化体系的迟效性，已较少采用。但当不需较高的迟效性时，可并用少量噻唑类促进剂，提高硫化速度。此体系主要采用噻唑类促进剂与次磺酰胺类促进剂并用。

4. NA 型并用体系

此并用体系又称活化次磺酰胺硫化体系，它是以秋兰姆为第二促进剂来提高次磺酰胺促进剂的活性，加快硫化速度，但硫化平坦性稍差。

5. BB 型并用体系

此类并用体系可克服单用胍类促进剂所引起的老化性能不佳及易裂的缺点，如采用促进剂 D 与促进剂 808 并用。

6. BN 并用体系

BN 并用体系与 AN 并用体系效果相似，如促进剂 D 与促进剂 CZ 并用。

四、硫化活性剂

硫化促进剂可缩短硫化时间、降低硫化温度、提高硫化程度和硫化胶性能，但单纯依赖于以上促进剂效果并不十分明显，通常还需配加硫化活性剂。硫化活性剂是指能增加有机促进剂的活性，充分发挥其效能，达到减少促进剂用量或缩短硫化时间的一类物质，也简称之为活性剂。在许多硫化体系中，若不加活性剂，硫化反应很难发生。

作为硫化活性剂的物质，主要是金属氧化物（氧化锌、氧化镁、氧化钙、氧化铅、碳酸锌）和脂肪酸类（硬脂酸、油酸、软脂酸、月桂酸），而最常用的是氧化锌和硬脂酸。一般氧化锌用量为 3～5 份时，即可对硫化产生充分的活化，且氧化锌粒子越细，活化作用越强，在制造透明橡胶制品如透明鞋底时，可用碳酸锌或碱式碳酸锌代替氧化锌。因为前者的折射率与橡胶接近，且在橡胶中的溶解度较氧化锌为大。硬脂酸用量为

0.5～2份，适量的硬脂酸可使硫化胶的定伸应力、拉伸强度、硬度和弹性达到最佳值；用量过大后，将产生软化效果，反而使力学性能下降，并且可能产生喷霜。

五、防　焦　剂

橡胶制品在加工过程中，常常要经过塑炼、混炼、停放、压延、压出、热炼及硫化等一系列过程，尤其是在硫化之前的加工操作和贮存过程中，由于机械生热和高温环境的作用使得混炼胶料发生早期硫化，混炼胶料的塑性和流动性降低，难以继续加工并造成废品，这种现象工艺上称之为焦烧。焦烧问题是橡胶制品生产过程中不可避免的，防止焦烧一般可通过调整硫化体系、改进设备及操作工艺、添加防焦剂来达到。虽然使用防焦剂会或多或少地影响胶料的性能，但当采取其他措施难以达到需要的操作安全性时，使用合适的防焦剂仍不失为一种简单有效地防止胶料焦烧的方法。

防焦剂是指少量添加到胶料中即能防止或迟缓胶料在硫化前的加工及贮存过程中发生早期硫化的物质，又常称之为硫化延缓剂。选择防焦剂时，应注意考虑以下几个问题：

①能够提高胶料在加工操作及贮存过程中的安全性，延长焦烧时间，有效地防止焦烧发生。

②在硫化开始后，不影响硫化速度。

③防焦剂本身不具有交联作用。

④对硫化胶的表观性能、化学性能及物理力学性能没有不良影响。

最初开发的防焦剂是芳香族系有机酸，如邻苯二甲酸酐、苯甲酸、水杨酸等，因不着色，可用于浅色制品。但在硫化过程中，与促进剂及其他有机配合剂的反应物有轻微着色。有机酸主要是对酸性促进剂的分解有抑制作用，故有延长焦烧时间的作用，但同时也带来一些副作用，如对硫化速度也产生一定的迟延效果，延长了硫化时间。

氮硫类型防焦剂的特点是，防焦作用并非酸性对硫化产生抑制所致，而是参与了硫化反应达到抑制早期硫化，延长焦烧时间，因而对硫化速度毫无影响。典型品种是*N*－环己基硫代邻苯酚亚胺（防焦剂CTP）。防焦剂CTP的防焦能力与用量成正比，通过其用量可控制胶料的焦烧时间，且对硫化速度和硫化胶性能无影响，对硫化胶也无污染性。在天然橡胶中，CTP的有效用量为0.1～0.5份，使用0.1份CTP，可使焦烧时间延长30%；丁苯橡胶中，CTP有效用量为0.2～0.5份，且使用0.2份CTP，焦烧时间延长20%。

与防焦剂CTP相比，*N*－三氯甲基硫代－*N*－苯基－苯磺酰胺（防焦剂E）含有能够促进硫黄硫化的苯基基团和苯胺基团，与中间体2－巯基苯并噻唑（MBT）反应生成的中间体对硫黄硫化起到促进作用。与此同时，防焦剂E中除了含有防焦基团次磺酰胺基之外，与该基团的氮相连的酸性基团磺酰基作为助防焦基团，提高了防焦剂E的防焦效果。S—N型防焦剂E可用于浅色制品，无污染，不着色，高温混炼时不发泡。

第三节　防护体系

橡胶、塑料及其他高分子材料由于分子中含有不饱和基团，在成型、贮存、使用过程中，分子之间产生过度交联和高分子链裂解，从而使橡胶或塑料制品变硬、变脆、发黏或表面龟裂，性能下降，逐渐失去应用价值，这一现象称为高分子材料的“老化”。例如鞋底在长期穿着过程中发现龟裂、断裂。我们把能防止或延缓高分子材料在成型加工、贮存及使用过程中发生老化的一类助剂称为稳定剂。高分子材料的老化是一个复杂的问题，它既与外界因素如物理因素（光、热、应力、电场、射线等）、化学因素（如氧、臭氧、化学物质等）及生物因素有关，也与内在因素（高分子材料结构、加工助剂的种类及用量、成型工艺等）有关。外界作用因素尤以光、氧、热三个因素最为主要，它们使得高分子材料发生氧化反应和热分解反应，引发聚合物降解，为此本节以光、热、氧三个引发高分子材料老化的主要因素分别介绍光稳定剂、热稳定剂和抗氧剂。

一、光稳定剂

为了防止聚合物光老化，常在聚合物中加入能够抑制或减弱光降解作用、提高材料耐光性的物质，这类物质统称为光稳定剂。光稳定剂的用量很少，一般为0.01%～0.5%。理想的光稳定剂应具备如下几个条件：

①与聚合物有良好的相容性，不挥发，不迁移，不被溶剂和水抽出。

②能够强烈吸收290～400nm波长范围的紫外光或能有效地最猝灭激发态分子的能量或具有足够捕捉自由基的能力。

③对可见光的吸收低，不污染制品，自身稳定性好，不受光能破坏。

④热稳定性和化学稳定性好，加工时稳定，并不与其他助剂发生化学反应。

⑤价廉、无毒。

光稳定剂按其作用机理可分为四大类：光屏蔽剂、紫外光吸收剂、猝灭剂、自由基捕获剂。下面将分别予以介绍。

（一）光屏蔽剂

光屏蔽剂是指能够反射和吸收紫外光的物质。高分子材料中加入光屏蔽剂后，可使制品屏蔽紫外线，减少紫外线的透射作用，多数是一些无机颜料和填料，如炭黑、氧化锌、群青、钛白粉等。

炭黑是屏蔽效能最高的光屏蔽剂，炭黑的粒度以15～25nm最佳，且槽法炭黑优于炉法炭黑。炭黑用量以2份以内为宜，用量过大，屏蔽效果增加并不明显，相反使耐寒性、电绝缘性能下降。

氧化锌作为一种价廉、耐久、无毒的光稳定剂，近年来在高密度聚乙烯、低密度聚乙烯、聚丙烯等高分子材料中得到广泛应用。氧化锌尤以0.11μm的屏蔽效果最好，实验证明，3份氧化锌相当0.3份有机型光稳定剂的屏蔽效果。

颜料依据其品种、结构的不同对聚合物的光老化作用有着较大的差别，应区别对待。例如，群青和钛白粉对聚乙烯的紫外光老化有促进作用，而镉系颜料、铁红、酞菁蓝、酞菁绿则有抑制作用。

（二）紫外光吸收剂

紫外光吸收剂能有选择性地强烈吸收高能量的紫外光，然后进行能量转换，最终以热能形式或无害的低能辐射将能量释放或消耗。目前广泛使用的紫外光吸收剂是二苯甲酮类和苯并三唑类。

1. 二苯甲酮类

二苯甲酮类光稳定剂是日前应用较广泛的紫外光吸收剂。此类化合物吸收290～400nmm的紫外光，且与大多数高聚物有良好的相容性。

2. 苯并三唑类

苯并三唑类紫外光吸收剂，特点是稳定效能高。由于能有效地吸收300～400nm的紫外光，而对400nm以上的可见光几乎不吸收，故无着色之蔽。

（三）猝灭剂

猝灭剂又称为淬灭剂或减活剂，当聚合物吸收紫外光处于不稳定的“激发状态”时，猝灭剂能够从受激聚合物分子上将激发能消除，使其回到基态，从而避免其进一步分解产生活性自由基。

猝灭剂主要是镍的有机络合物，其本身对紫外线的吸收能力很小，只有二苯甲酮类的1/20～1/10。猝灭剂多与二苯甲酮类、苯并三唑类等紫外光吸收剂并用，具有良好的协同效应。

（四）自由基捕获剂

自由基捕获剂类光稳定剂从化学结构上看，它们是有空间位阻效应的哌啶衍生物，简称为受阻胺类稳定剂。自由基捕获剂的作用机理，一般认为捕获自由基是其主要功能。这一功能可直观地理解为当聚合物吸收紫外光并分解产生导致自动氧化反应的活性自由基时，捕获剂将活性自由基抓获，使其成为稳定的化合物，从而阻止氧化反应进行下去。此类稳定剂主要用于聚烯烃、聚苯乙烯、聚氨酯，其稳定功效比紫外光吸收剂高数倍。

二、热稳定剂

聚氯乙烯是目前世界上五大通用塑料品种之一，其塑料制品已广泛应用于诸多方面。但聚氯乙烯突出的缺点是热稳定性差，它在100℃左右即发生脱氯化氢的降解反应，尤其在加工温度下（160～220℃），聚氯乙烯发生剧烈热降解，使制品变色，物理力学性能变劣。为了消除聚氯乙烯热稳定差的缺陷，发展了一类专用助剂——热稳定剂。本章节所讨论的热稳定剂均是能够改善聚氯乙烯热稳定性的助剂。

（一）热稳定剂的要求

聚氯乙烯的热降解是个极其复杂的过程，影响因素也是多方面的，但聚氯乙烯热降解的一个共同特点是降解过程中伴随着氯化氢气体生成。因此目前使用的聚氯乙烯热稳定剂的主要作用是捕捉其热降解时所脱出的氯化氢。作用理想的热稳定剂，应满足下列要求：

①能与氯化氢作用，并吸收之，使其不易逸出，其作用后的产物应不影响制品的各项性能。

②与聚氯乙烯树脂及增塑剂应有良好的相容性，与其他助剂应不发生化学反应。

③应不影响聚氯乙烯制品的基本物理、力学、电气性能及二次加工性能，如印刷性、焊接性等。

④有适当的润滑性，在压延成型时使制品易从辊筒剥离，不结垢。

⑤无毒、无臭，不污染，可以制得透明制品。

⑥加工使用方便，价格低廉。

（二）热稳定剂的分类

目前，广泛使用的聚氯乙烯热稳定剂品种繁多，按其化学组成可分为铅盐、金属皂类、有机锡、复合稳定剂、环氧化合物、亚磷酸酯、多元醇和纯有机化合物八大类。

1. 铅盐稳定剂

铅盐稳定剂（不包括铅的皂类）是聚氯乙烯最早使用的稳定剂。铅盐稳定剂具有很强的结合氯化氢的能力，对聚氯乙烯脱氯化氢的降解反应无抑制作用，但也无促进作用。由于氧化铅（PbO）易使制品着色，故铅盐稳定剂大多为带有盐基（PbO）的白色铅盐。铅盐稳定剂特点是耐热性能好，特别是长期热稳定性良好，电气绝缘性优良，耐候性良好，且价格低廉。但铅盐毒性大，不能用于接触食物的制品，一般也不能制得透明的制品，且易被硫化物污染而生成黑色硫化铅，此外铅盐稳定剂还存在有初期着色性、没有润滑性等缺陷。主要品种有三盐基硫酸铅、二盐基亚磷酸铅、盐基亚硫酸铅等。

铅盐稳定剂中，就耐热性而言，亚硫酸盐 > 硫酸盐 > 亚磷酸盐。而耐候性则是，亚磷酸盐 > 亚硫酸盐 > 硫酸盐。三盐基硫酸铅是使用最普遍的一种稳定剂，它有优良的耐热性和电绝缘性，耐候性尚好，特别适用于高温加工，广泛用于各种聚氯乙烯制品，并且由于其可降低发泡剂 AC 的分解温度，可用于泡沫塑料中（泡沫凉拖鞋）兼做发泡剂的活化剂。二盐基亚磷酸铅的耐候性是铅盐稳定剂中最好的，且有良好的耐初期着色性，可用于白色制品，缺点是高温加工时有气泡产生。盐基性亚硫酸铅的耐热性、耐候性、加工性都比三盐基硫酸铅好，适用于高温等苛刻条件下加工。二盐基苯二甲酸铅耐热性和耐候性兼优，适合制作软质泡沫塑料鞋的热稳定剂。硅胶共沉淀硅酸铅的折射率较小（$n=1.58\sim1.67$），与聚氯乙烯树脂的折射率（$n=1.52$）相近，是铅盐稳定剂中唯一可用制造透明制品的品种。

铅盐稳定剂机理主要是铅盐能吸收聚氯乙烯高温时脱出的氯化氢，而氯化氢又是聚氯乙烯的热降解催化剂，所以可阻止聚氯乙烯进一步热降解。

2. 金属皂类稳定剂

金属皂类稳定剂是由铅、钡、镉、钙、铝、锂等金属与硬脂酸、月桂酸、蓖麻油酸所生成的皂类。

金属皂类稳定剂对聚氯乙烯树脂除具有稳定作用外，还兼具有良好的润滑效果，这也是金属皂类稳定剂的一大特点。金属皂类稳定剂的性能随着金属的种类和酸根不同而异。就耐热性而言，镉、锌皂初期耐热性好，钡、钙、镁、锶长期耐热性好；润滑性以铅、镉皂好，但毒性也大，且有硫化污染。在无毒配方中多用钙、锌皂，耐硫化污染配方中多用钡、锌皂。典型品种有硬脂酸铅、硬脂酸钡、硬脂酸钙、硬脂酸锌、硬脂酸镉。

金属皂类热稳定剂对聚氯乙烯的稳定作用包括以下两个方面：

①金属皂类与氯化氢反应，抑制其对聚氯乙烯降解的催化作用。

②金属皂类与聚氯乙烯分子链上的不稳定氯原子发生酯化反应，抑制聚氯乙烯的脱氯化氢反应。

3. 有机锡类稳定剂

有机锡类化合物是一种高效的稳定剂，其化学通式为：

$$Y-\underset{\underset{R}{|}}{\overset{\overset{R}{|}}{Sn}}-(X-\underset{\underset{R}{|}}{\overset{\overset{R}{|}}{Sn}})_nY$$

R 为甲基、丁基、辛基等烷基；Y 为脂肪酸根（如月桂酸、马来酸等）；X 为氧、硫等。

有机锡类稳定剂品种很多，但其化学成分大多是二丁基二辛基等烷基有机锡，三烷基锡由于剧毒，不能广泛使用，单烷基锡也已淘汰不用。有机锡类稳定剂的特点是具有高度的透明性和突出的耐热性，并耐硫化污染。常用品种有二月桂酸二正丁基锡、二月桂酸二正辛基锡。

4. 复合稳定剂

各类稳定剂之间以及同一稳定剂中的不同品种对聚氯乙烯的热稳定作用均不同，往往一种稳定剂难以满足聚氯乙烯在加工过程中以及使用过程中对耐热性、耐候性、润滑性等性能要求。为此需采用两种或两种以上的稳定剂与其他助剂并用，稳定剂并用后可产生协同效应，发挥很大的稳定效果，这类稳定剂称为复合稳定剂。复合稳定剂按形态有粉状、膏状、液状 3 种形式，这里主要介绍液体复合稳定剂。

液体复合稳定剂是采用有机金属盐类、亚磷酸酯、多元醇、抗氧剂和溶剂等多组分复合而成，其中金属盐类是复合稳定剂的主体成分。金属盐类中金属品种不同，其作用和用途也不相同，复合稳定剂通用型主体成分常用钡/镉/锌，耐硫化污染型主体成分用钡/锌，无毒型主体成分用钙/锌以及钙/锡和钡/锡复合物。抗氧剂习惯用双酚 A。溶剂则采用增塑剂、液体石蜡、矿物油等。值得指出的是，选用和使用液体复合稳定剂时，应了解产品说明书，原因是各厂液体复合稳定剂的组成、性能和用途等存在较大差异。

液体复合稳定剂的优点是可用透明制品，且价格比有机锡便宜，与树脂和增塑剂的相容性好，易于分散均匀，不析出，使用方便。在聚氯乙烯增塑糊中，黏度稳定性高。液体复合稳定剂也存在着贮存过程中易变色、润滑性能差等缺点。

5. 其他稳定剂

其他类稳定剂包括环氧化合物、亚磷酸酯和多元醇类，这些化合物对聚氯乙烯的稳定作用较小，通常作为辅助稳定剂与金属稳定剂并用，产生协同效应。

三、抗　氧　剂

高聚物在制造、加工、贮存和使用过程中，都与空气接触并易发生氧化反应。聚合物氧化后，其结构发生变化（分子链断裂、交联等），如天然橡胶主要发生主链断裂，丁苯橡胶和丁腈橡胶则是发生交联，结果导致聚合物性能下降，最终失去使用价值。同时，氧化产物又是聚合物进一步分解的催化剂。为了改善高聚物的耐氧化性能，提高其使用寿命，除了研究合成具有抗氧化能力的聚合物品种外，在聚合物中添加抗氧化助剂是十分有效的途径。所谓抗氧剂是少量添加后可延长高分子材料的寿命，抑制或延缓其氧化降解的物质，橡胶工业俗称防老化剂。

（一）抗氧化剂的要求

作为聚合物使用的抗氧剂应具备如下使用条件：

①抗氧效能高，持久性好。

②与聚合物相容性好，且在加工温度下稳定。

③不影响高聚物的加工性能和其他性能，与其他助剂不发生化学反应。

④价格低廉，不变色，无污染和无毒。

目前尚未发现能完全满足上述条件的抗氧剂，在选用时应根据制品的使用条件多方面权衡。

（二）抗氧化剂的分类

抗氧剂按化学结构可分为胺类、酚类、硫酯类、亚磷酸酯类及其他类等，共五大类。

1. 胺类抗氧剂

胺类抗氧剂是一类历史最久、效果最好的抗氧剂，主要用于橡胶工业。胺类抗氧剂主要防护作用是抗氧化、抗臭氧化，对热、光、曲挠、铜害的防护也很有效，缺点是有污染性，不宜用于白色或浅色制品。胺类防老化剂根据其结构的差异又可细分为醛胺类、酮胺类，二芳基仲胺类、对苯二胺类、二苯胺类、脂肪胺类等。

2. 酚类抗氧剂

酚类抗氧剂也是一类重要的抗氧剂，虽然它的防护效果远不及胺类抗氧剂，但它具有无污染性、不变色等优点，特别适用于制造浅色橡胶制品和塑料制品。酚类抗氧剂主要包括烷基化单酚、烷基化多酚、硫代双酚、多元酚衍生物等类型。

3. 硫酯类、亚磷酸酯类抗氧剂

硫酯类如硫代二丙酸二月桂酯（简称抗氧剂 DLTP），亚磷酸酯类如亚磷酸三壬基苯基酯，其他如抗氧剂 TNP 是一类过氧化物分解剂，又称辅助抗氧剂，很少单独使用，它们的作用是具有分解大分子氢过氧化物产生稳定结构而阻止氧化，当与酚类抗氧剂并用可产生协同效应，可用于天然橡胶。合成橡胶、聚乙烯、聚丙烯、聚氯乙烯、聚苯乙烯等，用量为 0.1% ~2% 。

4. 环保型抗氧剂

（1）多酚类抗氧剂

多酚类化合物是一类广泛存在于植物体内的抗氧化剂，是具有独特生理活性和药理活性的次生代谢天然产物，主要分为非聚合体和聚合体两大类。非聚合体即多酚单体，主要包括各种黄酮类化合物。聚合体是由多酚单体聚合而成，统称为单宁类物质，主要包括花色素、原花色素等。

（2）生物抗氧剂

许多天然化合物，如维生素 C、维生素 E、β－胡萝卜素以及维生素 A 等具有消除和抑制体内自由基的能力，被称为生物抗氧剂，此类抗氧剂同样具有一定的抗氧化性能，如维生素 E 不仅具有极高的抗氧性，还可以消除或降低包装材料中的异味，且环保无毒，深受许多食品和医药生产商青睐。

5. 其他抗氧剂

（1）复配型抗氧剂

作为氢供体的主抗氧剂与作为氢过氧化物的次抗氧剂复配使用，通常会有较强的协效作用，使两种助剂复配使用的总效果优于两种助剂单独使用的效果之和。

（2）复合抗氧剂

复合型抗氧剂抗氧化活性高、挥发性低，尤其适用于加工条件苛刻的塑料加工，其作为塑料抗氧剂和水解稳定剂均具有较好的效果。最具代表性的复合型抗氧剂由2,6－二叔丁基对甲酚（BHT）与二月桂硫代二丙酸酯复配得到，它不但降低了生产成本，而且抗氧化效果较佳，能够延长塑料的使用寿命。

（三）抗氧化剂的作用机理

根据氧化机理的特点，抗氧化剂的作用机理如下：

①主抗氧剂通过链转移，及时消灭已产生的初始自由基，而其本身则转变成不活泼的自由基 A·，终止连锁反应。

$$ROO\cdot + AH \longrightarrow ROOH + A\cdot$$

典型的主抗氧剂一般为带有庞大基团的酚类和芳胺：

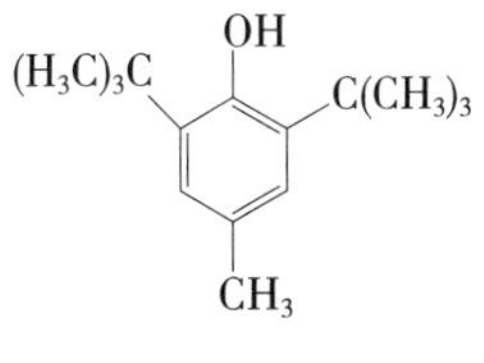

2,6－二叔丁基－4－甲基苯酚（264）

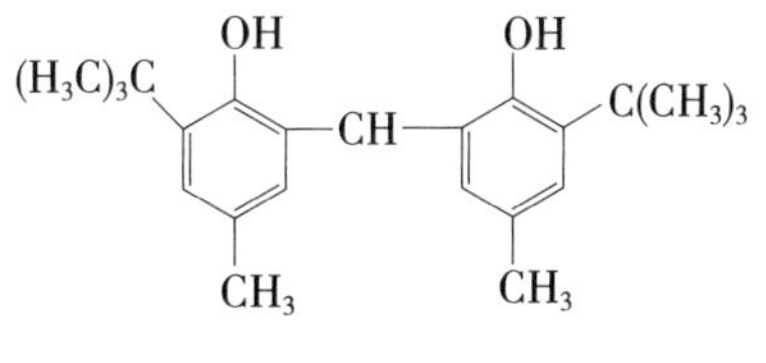

2,2′－亚甲基双（4－甲基－6－叔丁基苯酚）（2246）

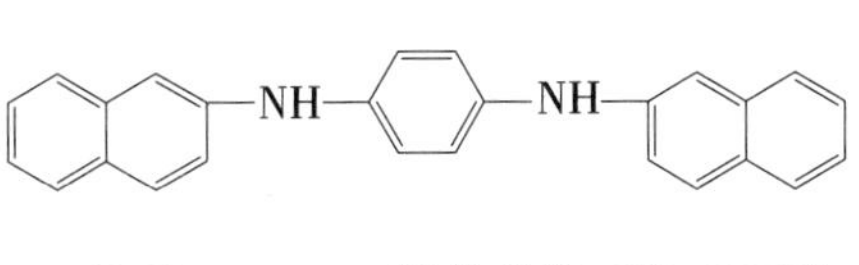

N,N'－二－β－萘基对苯二胺（DNP）

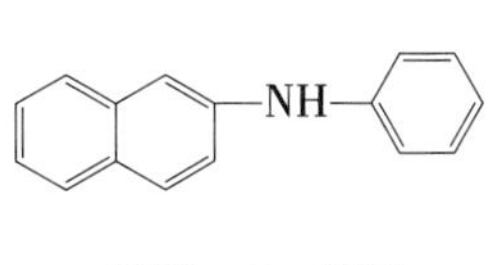

苯基－β－萘胺

②副抗氧剂将氢过氧化物分解成不活泼产物，抑制其自动氧化作用。副抗氧剂主要

有硫醇（RSH）、有机硫化物（R_2S）和亚磷酸酯类等，如硫代二丙酸二月桂酯、硫代二丙酸二十八醇酯等。

③助抗氧剂与变价金属离子（如铁、钴、铜等）络合，减弱对氢过氧化物的诱导分解。助抗氧剂主要是酰肼类、肟类、醛胺缩合物，如水杨酸肟与铜的络合物。

抗氧剂在使用时往往复合使用。

第四节 增 塑 剂

增塑剂系指添加到聚合物中，能够改善其加工性能、增加韧性和柔软性的物质。增塑剂品种商品化的约为200种，且以邻苯二甲酸酯类为主，约占80%。增塑剂应用领域以聚氯乙烯为主（80%~85%），其余15%~20%则用于橡胶、纤维素树脂、醋酸乙烯树脂、ABS树脂中。

一、增塑剂的选用条件

增塑剂的主要作用是削弱聚合物分子间的次价力（范德华力），从而增加聚合物的塑性，使得聚合物的硬度、模量、软化温度和脆化温度下降，相应地使得伸长率、曲挠性和柔韧性提高。作为理想的增塑剂，应具备如下条件：

①与树脂具有良好的相容性，增塑效率高。

②对光、热稳定，耐水、油和有机溶剂。

③挥发性低，迁移性小。

④低温性能、电绝缘性能、耐霉菌性能良好。

⑤耐污染性好，无毒、无味、无色。

⑥增塑剂黏度稳定性好。

⑦价格低廉。

迄今为止，仍无一种增塑剂能完全满足上述条件，如同其他助剂一样，具体选用时应根据实际性能需要，采用几种增塑剂并用以满足制品的性能要求。

二、增塑剂的作用机理与增塑效率

（一）增塑剂的作用机理

在化学结构上，增塑剂大多具有极性部分和非极性部分，应用于聚氯乙烯、聚氨酯、丁腈橡胶、氯丁橡胶等极性高聚物中。关于增塑剂的增塑机理一般可认为：极性高聚物由于其结构中含有极性基团，使大分子链间作用力加大，并使大分子链的柔顺性也降低。当在高聚物中加入极性增塑剂时，增塑剂的极性部分定向排列于大分子的极性部分，而非极性基把高分子极性基屏蔽起来，从而增大了大分子链间的距离并削弱了大分子链之间的作用力，使大分子链的活动变得容易，最终提高了高聚物的塑性。

（二）增塑剂的增塑效率

加有增塑剂的树脂制成的制品要比不加的富有弹性和柔软性，各种增塑剂由于其结构、极性等方面的差异，使得其对树脂的柔软度影响不一样。例如用50份的A增塑剂可以得到56份B增塑剂同样的柔软度，显然A增塑剂的效率要比B增塑剂好。通常将树脂达到某一柔软程度所需的增塑剂用量称为该增塑剂的增塑效率，它是一个相对值。实际应用中，一般以100份聚氯乙烯树脂加50份邻苯二甲酸二辛酯所制得的聚氯乙烯制品的试样的模量与刚性作为标准，采用其他增塑剂选择用量使之达到标准，此时所耗增塑剂与邻苯二甲酸二辛酯的比值称为增塑效率比值。为了便于比较，规定邻苯二甲酸二辛酯的增塑效率为1.00，常用增塑剂增塑效率比值列于表5-3中。

表5-3　　常用增塑剂增塑效率比值

增塑剂	增塑效率比值①	增塑剂	增塑效率比值①
邻苯二甲酸二辛酯（DOP）	1.00	癸二酸二辛酯（DOS）	0.93
邻苯二甲酸二丁酯（DBP）	0.81	己二酸二辛酯（DOA）	0.91
邻苯二甲酸二丁酯（DIBP）	0.87	磷酸三甲苯酯（TCP）	1.12
邻苯二甲酸二丁酯（DBP）	1.03	环氧硬脂酸丁酯（EBST）	0.89
癸二酸二丁酯（DBS）	0.79	氯化石蜡（Cl40%）（PCL）	1.80~2.20

注：①引用文献不同，此值可能略有差异。

三、增塑剂主要类别和应用

按化学结构分类，可将增塑剂分为邻苯二甲酸酯类、脂肪族二元酸酯类、磷酸酯类、含氯化合物、环氧化合物及其他类共六大类。下面分别介绍。

（一）邻苯二甲酸酯类

邻苯二甲酸酯类增塑剂综合性能较好，常作为主增塑剂使用，且是目前使用最广泛的增塑剂，约占增塑剂总量的80%。此类增塑剂的化学通式为：

$$C_6H_4(COOR_1)(COOR_2)$$

式中 R_1、R_2 为 C_1 ~ C_{13} 的烷基，也可以是环烷基、苯基、苄基等。

邻苯二甲酸酯类增塑剂中尤以邻苯二甲酸二辛酯（DOP）、邻苯二甲酸二丁酯（DBP）、邻苯二甲酸二异辛酯（DIDP）、邻苯二甲酸二异癸酯（DIOP）应用较多。DBP由于挥发性大，耐久性差，其产量和用量呈下降趋势，而DIDP、DIOP由于挥发性低、耐热性好，用量有较大幅度增长。目前主要的增塑剂品种仍为DOP。

（二）脂肪族二元酸酯

脂肪族二元酸酯类增塑剂大多具有优良的低温性能，一般均作为耐寒增塑剂使用，缺点是与聚氯乙烯的相容性差，成本较高。其化学通式为：

$$R_1-O-\overset{\displaystyle O}{\overset{\|}{C}}-\!\!\left[CH_2\right]_n\!\!-\overset{\displaystyle O}{\overset{\|}{C}}-O-R_2$$

式中 n 一般为 2～11，R_1、R_2 常为 C_4～C_{11} 的烷基，也可以是环烷基等。典型品种有癸二酸二丁酯（DBS）、癸二酸二辛酯（DOS）、己二酸二辛酯（DOA）等，其中耐寒性以 DOS 为最优，但其成本较高，限制了它的一些用途；DOA 相对分子质量较小（370），挥发性大，耐水性、耐油性、电绝缘性能不够好。

（三）磷酸酯类

磷酸酯类增塑剂具有如下化学结构通式：

$$O{=}P\begin{cases}O{-}R_1\\O{-}R_2\\O{-}R_3\end{cases}$$

式中 R_1、R_2、R_3 分别为烷基、卤代烷基或芳基。该类增塑剂的特点是与高聚物有较好的相容性，具有阻燃性和抗霉菌性，含卤磷酸酯可以作为阻燃剂使用，缺点是有毒，且低温性能差。经常使用的磷酸酯类增塑剂有磷酸三甲苯酯（TCP）、磷酸三苯酯（TPP）等。TCP 常用于聚氯乙烯和合成橡胶的增塑剂，采用 TCP 增塑的橡胶具有良好的阻燃性、耐热性、耐油性及电绝缘性，但耐寒性差。

（四）含氯化合物类

含氯化合物类增塑剂一般与 PVC 树脂的相容性较差，但具有良好的电绝缘性和阻燃性，同时价格低廉，因而作为一种辅助增塑剂在生产实际中应用较多。此类增塑剂主要包括氯化石蜡、氯化多苯和含氯脂肪酸酯类，这里重点介绍氯化石蜡。

氯化石蜡增塑剂的优点是原料易得、价格低廉、电性能好，含氯量为 50% 的氯化石蜡与 PVC 树脂具有较好的相容性，同时 PVC 树脂的塑化性能和加工性能均较好。其缺点是耐寒性、热稳定性和耐候性均较差，但添加酚类抗氧剂可提高配合物的热稳定性。氯化石蜡主要作为辅助增塑剂使用。

（五）环氧化合物类

环氧化合物类增塑剂的分子结构中都含有环氧结构，它们与 PVC 相容性差，容易产生析出现象。此类增塑剂可以改善 PVC 耐热和光的稳定性，当与金属稳定剂并用时能长期发挥热稳定性和光稳定性的协同效应。典型品种有环氧大豆油（ESBO），它与 PVC 有一定的相容性，可作为 PVC 的增塑剂兼热稳定剂，挥发性低，迁移性小。ESBO 与聚酯类增塑剂并用，能减少聚酯的迁移。ESBO 由于价格昂贵，常用在透明、无毒等有特殊要求的制品中。

（六）新型环保增塑剂

目前世界上对于环保增塑剂的研制明显滞后于生产和生活的需要，随着科技的进步，一些传统材料可能会被淘汰，而研发无害、价廉、节能、助剂效果好等优点的新型环保增塑剂作为替代材料，是当下塑胶制品行业发展的关键一环。经过多年的研究，替代邻苯二甲酸酯类增塑剂的新型环保增塑剂已取得了一定的发展，主要有柠檬酸酯类增塑剂、植物油基增塑剂、聚合物型增塑剂和离子液体增塑剂等。

1. 柠檬酸酯系列增塑剂

乙酰柠檬酸三丁酯（ATBC）属于无毒增塑剂，TBC 是一种良好的环保塑料类增塑剂，可作为一种无毒、低毒或生物降解性好的新型橡塑助剂取代传统的邻苯二甲酸酯类增塑。TBC 一般是以柠檬酸与正丁醇为原料，在催化剂的作用下合成的。国内外柠檬酸酯系列增塑剂有 50 多个品种，已有 15 种左右用于工业生产。我国对于柠檬酸酯系列无毒增塑剂的开发存在着品种单一、工艺落后、产品质量难以满足出口要求等问题。

2. 离子液体增塑剂

离子液体是由带正电的离子和带负电的离子构成，它在 -100 ~ 200℃ 均呈液体状态，不易挥发，与有机和无机材料都有很好的相容性。在紫外实验中，离子液体在远紫外照射下与邻苯二甲酸酯类增塑剂没有明显的不同，而在耐抽出和迁移的实验中，其性能优于目前广泛用于药品和日用品中的增塑剂，用该系列离子液体增塑的产品在柔软性、使用寿命、运动流失等方面都显示出优异的效果，并且克服了大多数增塑剂在加工过程中易挥发的缺点。

研究结果显示，离子液体替代邻苯二甲酸酯类增塑剂具有巨大前景，变换离子液体的阴离子和阳离子，可以获得近万亿个的离子液体品种，大幅提高离子液体增塑剂工业中的原料来源。

3. 聚合物型增塑剂

聚合物型增塑剂是指用聚合物作为 PVC 的增塑剂，这种增塑剂的优势是挥发性低，通过分子设计可以得到与 PVC 塑料相容性好、渗出和挥发性能好的品种。但该类产品价格一般比较高，增塑效率较低，性能有待于进一步的提高。目前一些产品已成功地投入市场。

4. 生物降解塑料类增塑剂

这类增塑剂可被生物降解，它们在产品中的用量是助剂的 10% ~20%。这种改性剂是基于聚乳酸与聚乙烯乙二醇之间生成的嵌段共聚物。经过改性的 PLA 在混合料中可在 20 ~25 天消失。目前，该类助剂已实现工业化规模生产。

5. 醚酯类增塑剂

醚酯类增塑剂 TP -95［己二酸二（丁氧基乙氧基）乙酯］是一种新型环保增塑剂，与传统邻苯类增塑剂 DOP 相比，增塑剂 TP -95 具有耐高低温性能好、无毒性、对环境无污染等优点。由于分子中不仅含有强极性酯基，同时还含有弱极性醚基，增塑剂 TP -95 与极性高聚物具有良好的相容性。

6. 可降解的聚酯类

聚酯类增塑剂耐久性特别好，被称为“永久型增塑剂”。由于其毒较低，使用较为安全，而且耐各种溶剂的抽提。聚酯类增塑剂特别是以多元醇为原料的聚酯增塑剂的最大特点是具有优异的耐抽出性与柔软性，几乎不从表面渗出，因此它是性能最为优异的增塑剂品种。

四、鞋用橡胶常用增塑剂

1. 硬脂酸

硬脂酸与胶料有较好的互溶性，为润滑性软化剂。能使橡胶流动性加大，利于轻胶底（或发泡底）制造中发孔剂发孔，成为助发孔剂兼软化剂。但一般常作为活性剂使用。用量大时，易发生喷霜现象，使硫化制品表面失去光泽。

2. 松焦油

松焦油为深褐色黏稠液体或半固体，为通用的增塑剂。其特点是增塑效果好，易于使炭黑均匀分散，增加黏性及制品的耐曲挠性。胶料不易焦烧，但迟延硫化，耐老化性差，有污染。

3. 松香

松香为浅黄及棕红色透明固体。主要用作天然橡胶及合成橡胶的增黏剂，多用于鞋用胶浆中。缺点是易使胶料老化，迟延硫化。

4. 沥青及精制沥青

沥青为黑褐色具有光泽的块状固体，精制沥青为黑色具有光泽的弹性固体，它们既是增塑剂，又是补强剂。使用时略加硫黄，其原因是沥青与硫黄作用生成可溶性物质，起到增塑软化的作用，但易使制品染色和迟延硫化。

5. 煤焦油

煤焦油为黑色黏稠状液体，有臭味及污染性。煤焦油耐老化性能好，对丁苯胶的增黏性好，抗焦烧性能好，一般用作黑色低级制品的增塑剂。

6. 固体古马隆

固体古马隆为淡黄色至棕褐色固体，增黏性好，助分散性好，能溶解硫黄，使硫黄均匀分散而免于焦烧，不污染，是一般鞋用制品广泛使用的增塑剂。

7. 液体古马隆

液体古马隆为黄色至棕黑色黏稠状液体，增塑性及工艺性能较固体古马隆好，但有污染性。

第五节　补强填充体系

填充剂是聚合物重要的配合剂之一，又称为填料。填料对改进橡胶和塑料制品的性能及降低制品成本有着显著的效果。例如，橡胶材料中若不加入补强填充剂，往往难以获得较高的力学强度。丁苯橡胶、丁腈橡胶和三元乙丙橡胶的未填充硫化胶的拉伸强度分别为 2.15、2.0 和 1.0MPa，但加入补强剂后。拉伸强度可达 20MPa 左右。补强填充剂对橡胶的补强作用见表 5－4。

表 5－4　补强填充剂对橡胶的补强效果

橡胶品种	拉伸强度/MPa		橡胶品种	拉伸强度/MPa	
	纯橡胶	补强橡胶		纯橡胶	补强橡胶
异戊橡胶	25.0	35.0	丁苯橡胶	2.0	20.0
天然橡胶	20.0	32.0	丁腈橡胶	2.0	20.0
氯丁橡胶	15.0	25.5	硅橡胶	0.35	14.0
顺丁橡胶	2.0	12.0			

补强填充剂的分类方法较多，按其外观形状可分为粒状、薄片状、纤维状、树脂状、中空微球、织物状等；按化学组成可分为碳酸盐类、硫酸盐类、金属氧化物、金属粉、碳素化合物、含硅化合物、玻璃纤维、有机物等。在生产实际中，较为通用的方法是按补强填充剂在加工中所起的作用不同分为补强性填充剂（补强剂）和增量性填充剂（填充剂）两大类，前者的作用可提高橡胶、塑料制品的物理力学性能，而后者则是增加制品的体积，降低其成本。

橡胶、塑料制品及制鞋行业较多使用的补强填充剂有炭黑、白炭黑、陶土、碳酸钙等品种。

（一）炭黑

炭黑是在控制条件下不完全燃烧烃类化合物而生成的物质，主要由碳元素（95%～99%）组成。

炭黑按其生产原料和生产方法可分为槽法炭黑、油基炉法炭黑、瓦斯炉法炭黑、热裂炭黑和其他类型炭黑（乙炔炭黑、喷雾炭黑）五大类。

①槽法炭黑可赋予橡胶良好的拉伸性能、抗撕裂性能，在炭黑品种中其产量占有一定的比例。槽法炭黑的含氧量较高，可达3%～5%，这是由于炭黑吸附空气中的氧所致。

②油基炉法炭黑原料来源广泛，收率高，品种多，且特别适合在合成橡胶中使用，近年来发展较快。

③瓦斯炉法炭黑多属软质炭黑，对橡胶的补强性较低。

④热裂法炭黑是所有炭黑中补强性最低的炭黑，它们可大量填充在橡胶等高分子材料中，赋予橡胶较低的定伸应力和较高的回弹性，热裂法炭黑的另一特点是价格低廉，此类炭黑主要用于模压制品。

⑤乙炔炭黑是以乙炔气为原料，以热裂法生产而得。其特点是结构度高，灰分和挥发分都很低，导电性能好，适合制造抗静电或导电高分子材料。

（二）白炭黑

广义白炭黑是指补强性与炭黑相当的白色补强性填充剂，但现在一般是指细粒子硅酸，又称二氧化硅。白炭黑粒子表面粗糙，存在微孔，内部均为无定形结构，呈微粒球形。白炭黑是橡胶和塑料工业广泛使用的增强性填料，其增强效果仅次于炭黑，并且成型加工性良好，尤其可用于白色和浅色制品。

（三）陶土

陶土是橡胶和塑料加工中用量较大的填充剂之一，又称黏土、白土、高岭土和瓷土。

常用陶土主要有3种类型，即硬质陶土、软质陶土和活性陶土。硬质陶土粒子较细，补强性能好；软质陶土相对于硬质陶土而言，粒子较粗；活性陶土则是采用硅烷、硬脂酸等助剂处理后得到的陶土，对橡胶的补强效果最佳。

（四）碳酸钙

碳酸钙为碳酸盐填充剂中的主要品种，主要是由石灰石加工而成，其特点是价格低廉，来源丰富，是橡胶和塑料行业广泛使用的品种之一。碳酸钙按其生产方法又可分为重质碳酸钙、轻质碳酸钙和活性微细碳酸钙。

重质碳酸钙是用机械方法将石灰石、白垩或贝壳等原料粉碎而得。重质碳酸钙主要作为填充剂使用。

轻质碳酸钙系将石灰石煅烧分解、水化、碳化、干燥、筛选而得，具有纯度高、色白、体轻等特点，故称为轻质碳酸钙，又常称之为沉淀法碳酸钙。

重质碳酸钙和轻质碳钙属无机填充剂，对高聚物的亲和性小，且无补强作用。为了改善碳酸钙在橡胶和塑料中的分散性，提高补强性及其他性能，常用表面活性物质（硬脂酸、松香、阳离子表面活性剂、偶联剂等）活化处理碳酸钙，此类碳酸钙即为活性碳酸钙，也称活性微细碳酸钙。粒径小于0.02μm的超细活性碳酸钙由于其粒径较小，可使光线产生绕射作用，因而可用于透明制品中代替透明白炭黑，降低成本。

第六节　发泡剂与着色剂

一、发　泡　剂

在橡胶、塑料的制造过程中，使制品产生微孔结构的物质称为发泡剂。它可分为物理发泡剂和化学发泡剂两大类。通过某种化合物物理状态的变化使制品发泡，这种物质叫作物理发泡剂。通过某种化合物受热分解产生气体使制品发泡，这种化合物叫作化学发泡剂。具有微孔结构的高分子材料质轻、隔音、隔热和优良的机械阻尼性能，用途十分广泛，如用于泡沫鞋底、海绵椅垫、包装材料等。

（一）发泡剂的选用条件

泡沫高分子材料对发泡剂有如下要求：

①发泡剂的分解温度、分解速度与胶料的硫化温度、硫化速度及塑料的加工成型温度相匹配。

②发泡剂本身或其分解产物对胶料硫化过程影响不大。

③发泡剂耐酸、碱、光、热，贮存稳定性好，无色、无毒、无臭、无污染，对成型设备无腐蚀，不影响物理力学性能。

④短时间内能完成气体的分解作用，且分解时产生的热量少，发气量可调节。

⑤粒度均匀，易分散，结构以球形为好。

⑥在密闭模腔中能充分分解。

⑦价格便宜，货源充足。

（二）化学发泡剂

化学发泡剂又称分解性发泡剂，它们在一定的温度下会热分解而产生一种或多种气体，从而使聚合物发泡。化学发泡剂按其结构分为无机化学发泡剂和有机化学发泡剂。

1. 无机化学发泡剂

无机化学发泡剂主要包括碳酸氢钠、碳酸氢铵和碳酸铵等。

（1）碳酸氢钠

碳酸氢钠在标准状态下的发气量为267mL/g，而实际使用中，其分解产生的二氧化碳仅有理论量的1/2左右，但可采用硬脂酸、油酸等弱酸来提高碳酸氢钠的发气量。碳酸氢钠主要用于天然橡胶和合成橡胶的干胶和乳胶中，制备开孔海绵制品，用量一般为5% ~15%。

（2）碳酸氢铵

碳酸氢铵是所有发泡剂中发气量最大的，发气量700 ~850mL/g。

碳酸氢铵主要用于橡胶海绵制品，用量10% ~15%。缺点是分解温度低，易在混炼等过程中提前损失，且分解放出的氨气有难闻的臭味。

2. 有机化学发泡剂

有机化学发泡剂在聚合物中分散性能好，分解温度范围窄，分解放出的气体主要为氮气，因此不会燃烧、爆炸，不易从发泡体中逸出，以上特点使得有机化学发泡剂成为目前工业上最广泛使用的发泡剂。

工业上实际使用的有机化学发泡剂品种有20多个，而应用广泛的则多为偶氮化合物、*N*－亚硝基化合物和酰肼类化合物等约10个品种。

（三）物理发泡剂

物理发泡剂通常是一些挥发性液体，有时也将压缩气体和可溶性固体作为物理发泡剂使用。

挥发性液体发泡剂主要有脂肪烃和卤代脂肪烃。在常压下，它们的沸点大多低于110℃。从石油低馏分中获取的含 $C_5 \sim C_7$ 的各种异构体的脂肪烃，习惯上叫作石油醚，价廉、低毒，但因为是可燃性的而限制了它的使用，主要用于制造PS泡沫塑料。卤代脂肪烃包括氯代烃和氟代烃两类，是制造难燃泡沫塑料良好的物理发泡剂。

虽然物理发泡剂通常价格比较低，但却需要比较昂贵的、专门的设备。

二、着　色　剂

凡能使制品带有某种颜色的助剂称为着色剂。大多数鞋用制品中，炭黑即是补强剂，又是黑色着色剂；锌钡白既是填充剂，又是白色颜料。但在目前制鞋工业生产中，单调的黑色或白色制品不能满足于人们对生活美感的需要。许多品种的鞋都需要对其制品进行外观上色彩的变化。另外，若橡胶制品着色适当，还能吸收某些光线而提高制品的耐老化性能：对塑料着色可使制品美观，提高制品的价值，使制品便于识别，隐藏和保护内容物；提高制品的耐候性，改善制品的光学性能。因此，橡胶、塑料的着色剂虽用量少，但对于鞋用制品则是必不可少的。

（一）着色剂的选择条件

虽然具有颜色的化学物质很多，但并不都能作为橡胶和塑料的着色剂。而必须具备一定的条件，才能达到好的着色效果。着色剂的选择条件如下：

①具有良好的耐热性，塑料成型加工过程和硫化期间不变色，不发生化学反应。

②对其他助剂稳定性好。

③有鲜艳的色泽和良好的着色力、覆盖力（即覆盖橡胶底色的能力），并在日光或空气作用下不变色。

④均匀分散，易于加工。

⑤不影响制品的其他性能。

⑥具有良好的光稳定性。

⑦具有良好的耐酸性。例如在 PVC 加工过程中有 HCl 产生，可能会引起着色剂的颜色改变。

⑧无毒、廉价。

⑨具有良好的耐溶剂性。

⑩对于透明鞋用制品，则要求着色剂与橡胶的折射率相近。某些助剂具有污染变色现象，影响着色剂的着色效果。在使用时，必须加以选择。

（二）着色剂的分类

着色剂分为无机和有机两类。无机着色剂为无机颜料，其结构稳定，不受增塑剂的影响，耐热、耐日光、耐溶剂性能好，覆盖力强，成本低。因而，鞋用橡胶制品中多采用无机颜料作着色剂。有机着色剂为有机颜料和染料，着色力强，色谱较全，色泽鲜艳，透明性好。但耐热性差。

思　考　题

1. 什么是硫化？比较硫化橡胶和生胶的性能差异。

2. 生产硫化胶、塑料需要加入哪些配合剂？各配合剂的作用是什么？每种配合剂请举出两个最常用的例子。

3. 请简述新型硫化剂的性能。

4. 请简述环保型硫化促进剂、环保型抗氧剂、新型环保增塑的种类及性能。

第六章 橡塑并用材料

第一节 概　　述

聚合物共混是指两种或两种以上的聚合物制成宏观均匀物质的过程，所得产物叫作聚合物共混物。广义的聚合物共混物包括以聚合物为基础的无机填充物共混物，这些共混物以肉眼观察是均质材料，而纤维增强的树脂如玻璃钢及层压材料等，宏观上是非均质材料则通常称为复合材料。

聚合物共混可以采用物理方法实现：即将不同聚合物熔融混炼，不同种聚合物在共同溶剂中溶混后再脱去溶剂；不同种聚合物的乳液混合后共凝聚等。也可采用某些化学方法实现，如接枝或嵌段共聚以及间充聚合等。

聚合物共混物有许多类型，一般是指塑料与塑料的共混物（或橡胶与橡胶的共混物）以及在塑料中掺混橡胶。这样的聚合物共混体系在工业上常称之为高分子合金或橡塑合金。本章主要介绍以橡胶、塑料为主体的橡塑合金材料。

聚合物共混物中各组分之间主要依靠次价力结合，即物理结合。因此聚合物共混物与共聚高分子是有区别的。图 6－1 对共混高分子和共聚高分子作了比较。

在制备过程中大分子之间难免有少量化学键生成，例如在强剪力作用下的熔融混炼过程中，可能由于剪切作用使得大分子链断裂，产生大分子自由基，从而形成少量嵌段或接枝共聚物（图 6－2）。

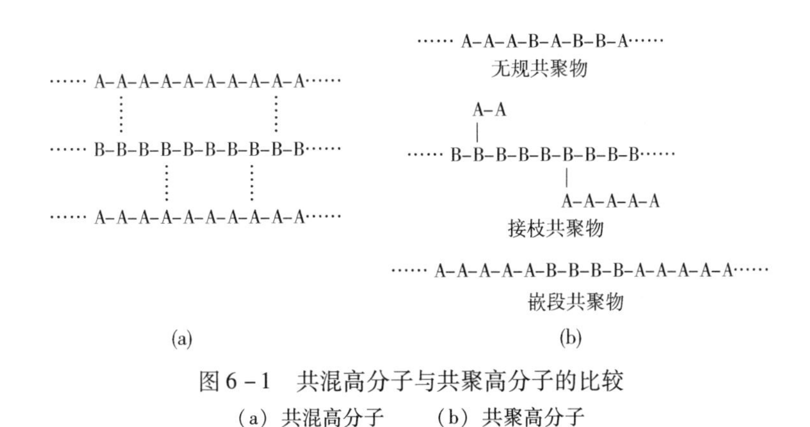

图 6－1　共混高分子与共聚高分子的比较

（a）共混高分子　（b）共聚高分子

近年来，随着共混理论的不断发展，人们通常把接枝共聚物和嵌段共聚物也视为聚合物共混物，同时把接枝和嵌段共聚作为获得聚合物共混物的一种新型且重要的化学方法（称为共聚－共混法）。

聚合物共混物中研究较多的是橡胶和塑料、合成树脂的并用，两者并用可以达到弥补彼此缺点的目的，例如橡胶具有优异的弹性，塑料则具有较高的强度，且成型加工容易，因此可以用塑料来增强橡胶，用橡胶来增韧塑料。总的看来，与橡胶并用的树脂及塑料可分为两大类：一类是热塑性树脂及塑料，另一类为热固性树脂。前者与橡胶共混在橡塑并用中研究较多；后者多用来补强橡胶或者作为黏合剂。

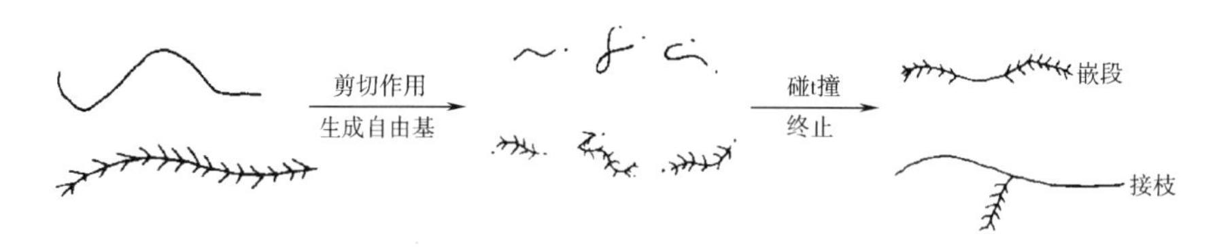

图6-2　共混高聚物在剪切力作用下生成接枝、嵌段共聚物示意图

几种常用橡胶与树脂并用类型分述如下：

1. 丁腈橡胶/聚氯乙烯（NBR/PVC）并用胶

并用比任意，NBR/PVC 并用胶保持了丁腈橡胶的耐油性、耐热性等性能，提高了耐臭氧、耐磨、耐燃及介电性能。并用条件为160℃高温混合。NBR/PVC 并用胶主要用于制造耐油靴、耐油鞋底、皮碗、密封圈、耐油胶布、耐油胶管、电线及电缆等。

2. 丁腈橡胶/酚醛树脂（NBR/PE）并用料

并用比任意，NBR/PE 并用胶比 NBR 更具有较好自黏性、硬度和耐磨性，强度可达30MPa，并用条件为普通机械混合。NBR/PE 并用胶主要用于制造垫圈、鞋跟、刹车皮碗、衬里等。

3. 丁腈橡胶/聚氯乙烯/丁苯橡胶（NBR/PVC/SBR）并用胶

丁苯橡胶一般控制在25份以下，NBR/PVC/SBR 并用胶改善了 NBR/PVC 二元共混体系的工艺性能，降低成本，并且耐寒性提高，并用工艺为160℃高温混合，应用范围同 NBR/PVC 并用胶。

4. 丁腈橡胶/聚氯乙烯/顺丁橡胶（NBR/PVC/BR）并用料

顺丁橡胶控制在20份以下较为适宜。NBR/PVC/BR 并用胶和 NBR/PVC 并用胶相比，前者弹性、耐磨性、耐寒性等性能均有提高，但耐油性稍有下降，并用工艺为160℃高温混合。NBR/PVC/BR 并用胶主要用于制造“O”型圈、油封等耐油制品，也可用于制造仿革底、特种用途的胶管和三角带等。

5. 丁腈橡胶/聚酰胺树脂（NBR/PA）并用料

并用比例以 NBR/PA=100∶(10~20) 为宜。NBR/PA 并用胶提高了 NBR 的耐热及耐磨性能，并用条件为155℃高温。NBR/PA 并用胶主要用于制造密封圈等。

6. 丁腈橡胶/聚乙烯-醋酸乙烯树脂（NBR/EV）并用料

并用比以100/30为宜，此并用胶能大幅度提高丁腈橡胶耐腐蚀和耐油性能。并用工艺为先将 EVA 树脂熔融塑化后再与丁腈橡胶机械掺和。NBR/EV 并用胶主要用于制造纺织用橡胶件及软木橡胶轨垫。

7. 丁苯橡胶/高苯乙烯树脂（SBR/HS）并用料

并用比任意，SBR/HS 并用胶料提高了丁苯橡胶的耐磨、抗撕和拉伸强度，并用条件为高于 HS 软化点之上，即在 90～100℃高温下混合。NBR/HS 并用胶主要用于制造鞋底及海绵制品。

8. 丁苯橡胶/高密度聚乙烯（SBR/HDPE）并用胶

并用比例以 SBR∶HDPE＝100∶(5～20) 为宜，并用胶改善了丁苯橡胶的工艺性能，减少胶料的焦烧倾向和收缩率，提高了硫化胶的耐磨和耐臭氧性，并用条件为 130～150℃高温混合。NBR/HDPE 并用胶主要用于制造轮胎、微孔鞋底、运输带等。

9. 丁苯橡胶/聚苯乙烯（SBR/PS）并用胶

并用比例任意，SBR/PS 并用胶提高了聚苯乙烯的抗冲击强度和耐寒性，并用条件为90～100℃高温混合。SBR/RS 并用胶主要用于制造容器和运输带。

10. 天然橡胶/聚乙烯（NR/PE）并用胶

并用比例任意，NR/PE 并用胶改进了天然橡胶的耐热性和耐油性以及聚乙烯的弹性，并用条件为 100℃以上机械混合。NR/PE 并用胶用于制造奶嘴、轮胎、微孔鞋底。

11. 丁基橡胶/聚乙烯（IIR/PE）并用胶

并用比 IIR∶PE＝(60～80)∶(40～20)，并用胶改进了丁基橡胶的耐油性和耐腐蚀性，并进一步提高了其介电性、抗臭氧性、低吸水性、低温性（－80℃）等，并用条件为 130℃高温混合。IIR/PE 并用胶主要用于化工衬里、煤气表隔膜及模具制品。

12. 氯丁橡胶/聚氯乙烯（CR/PVC）并用胶

并用比任意，CR/PVC 并用胶拉伸强度可保持 16MPa，具有相当的耐磨、耐老化、耐屈挠、耐油、耐碱、耐非含氧酸等性能，但弹性和撕裂性能较差，并用条件为 160℃高温混合。CR/PVC 并用胶主要用于制造耐酸碱制品。

第二节　橡塑共混基本理论

一、组分含量及并用比表示方法

为了表示橡塑并用的组分和含量，通常采用如下分式或比例书写：例如 100 份三元乙丙橡胶（EPDM）和 30 份聚乙烯（PE）并用，则可写成：EPDM/PE＝100/30 或 EPDM∶PE＝100∶30。

采用分式书写比用比例式更为常见，至于三元或多元共混，也可以类推。如天然橡胶（NR）、丁腈橡胶（NBR）与聚氯乙烯（PVC）三元共混做三角带包布，可以大幅度提高三角带的使用周期，3 种聚合物并用可写成：NR∶NBR∶PVC＝50∶25∶25。

二、共混高聚物的相容性

（一）相容性

相容性与互溶性不同，“容”是指能否容纳的意思，而“溶”指的是溶解的意思。互溶一词来源于溶液理论，溶解物质加到溶剂中能形成分子状态的分散过程称为溶解，或者说它们能互溶，如盐溶于水，橡胶溶于汽油。当橡胶或塑料中加入某种添加剂后，在一定时间内没有出现喷霜或自动向制品表面析出的现象，就说明这两种物质是“相容的”。现在大多数情况下以橡塑共混时链段尺寸是否相容作为衡量标准，即以橡塑共混时，是否具有两个玻璃化温度 T_g 作为判断橡塑共混相容性的依据。如果有两个 T_g 为不相容，只有一个共同 T_g 则为相容。

（二）溶解度参数（δ）

物质间的相互溶解能力决定于它们内聚能的差别，内聚能或内能密度表征了高聚物分子间作用力的大小。内聚能密度（简称 CED）定义为克服分子间的作用力，即把1mol 液体或固体分子移到分子间引力范围之外所需要的能量。内聚能密度的平方根称为溶解度参数（δ）。

若两种聚合物的溶解度参数 δ 相近（通常小于 1.5），两种分子容易互相扩散，相互溶解；相反，当 δ 相差较大时，则两种聚合物的互溶性不好。例如聚乙烯、天然橡胶、丁苯橡胶的 δ 相近，分别为 16.16、15.96 ~ 16.98、16.98 $(J/cm^3)^{1/2}$，它们可以共混制取性能优异的仿革底材料。常用高分子材料的溶解度参数见表 6 – 1。

表 6 – 1　常用高聚物的溶解度参数　单位：$(J/cm^3)^{1/2}$

高聚物	δ	高聚物	δ
聚四氟乙烯	12.69	聚异丁烯	16.37
二甲基硅橡胶	14.94	顺丁橡胶	17.60
丁基橡胶	15.75	高苯乙烯	17.39
聚丙烯	15.96 ~ 16.37	海普隆	17.39
聚乙烯	16.16	EVA 树脂	17.19 ~ 18.62
天然橡胶	15.96 ~ 16.98	聚苯乙烯	17.60
聚异戊二烯橡胶	16.57	聚硫橡胶	18.41 ~ 19.23
丁苯橡胶	16.98 ~ 17.80	聚甲基丙烯酸甲酯	18.41 ~ 19.44
氯化聚乙烯	18.41 ~ 19.44	氯 – 醋共聚树脂	21.28
氯丁橡胶	18.82	不饱和聚酯	21.89
聚醋酸乙烯酯	19.23	醋酸纤维	22.30
丁腈橡胶	19.23 ~ 20.05	硝酸纤维	21.69 ~ 23.53
聚氯乙烯	19.44 ~ 19.85	酚醛树脂	21.48 ~ 23.53
三聚氰胺	19.64 ~ 20.66	聚偏氯乙烯	24.96
环氧树脂	19.85 ~ 20.66	聚甲基丙烯	25.98 ~ 27.83
聚氨酯	20.46	尼龙	30.69
乙基纤维素	21.07	聚丙烯腈	31.51

一般来说，互溶的体系一定是相容的，但相容的体系不一定能互溶，因而聚合物的溶解度参数只能作为互溶性的判据。实践证明，许多溶解度参数相差较大的体系可以获得良好的并用效果。即使如此，溶解度参数对估计不相容共混体系两相间的相互扩散能力、界面张力等仍有重要的参考价值。

（三）工艺混容性

所谓工艺混容性是指两种聚合物在工艺上实际均匀混合，并且共混物在长期使用中稳定。这一概念对于指导实际工作有非常重要的意义。例如某些在热力学上混容性很差的两种聚合物，若采用强制混合的方法以达到较为均匀的混合，也可以得到形态结构较为均匀和较为稳定的共混物。反之，两种聚合物尽管热力学上有较好的相容性，但可能由于相对分子量过高、黏度过大以及混合条件不适当，仍然不能实现均匀混溶。

工艺混容性除受两种并用聚合物影响外，还受混合过程的方式、填充剂（助剂）的分布和硫化剂及硫化条件的影响。

最后值得指出的是，从目前的共混理论来看，完全相容的（互溶的）共混体系并不是理想的体系，最好选择两者不完全相容的但界面结合得又很好的体系，这样组成的橡塑共混体系可以获得类似“合金”的优异性能。

综上所述，聚合物性能的好坏，主要取决于并用聚合物的相容性。一种情况是当组分之间相容性很差时，分子间相互排斥，即使强行混合，也只能相对减少其不均匀程度，而在混合后放置过程中，或在使用过程中，仍然可能产生相分离。这样的材料，其内部存在着薄弱部位，因此力学性能必定很差。另一种极端情况是当两组分特性相近，分子之间不仅不排斥，而且完全可以相容，这种体系虽然可以实现分子分散，但性能不一定得到大幅度提高，只能获得两组分性能的平均值。上述两种情况都不是理想的共混体系。

为了获得所需性能的共混物，多数情况下选择相容性不够好、性能相差较大的聚合物进行共混，然后通过加入对相混两聚合物均有一定相容性的第三组分（也称相容剂、增容剂），使两相间的界面能够互相“润湿”，以期达到大幅度提高共混物性能的目的。

三、橡塑共混物的形态结构

橡塑并用共混物可由两种或两种以上的聚合物组成，因而可能形成两个或两个以上的相。为简单起见，这里主要讨论双组分共混体系，但是所涉及的基本原则则同样适用于多组分体系。

橡塑并用共混物的形态，大致可分为三大类：①均相体系；②一个为分散相，另一个为连续相的“海－岛”结构；③两个都是连续相的相互贯穿的“海－海”结构。其示意图如图 6－3 所示。

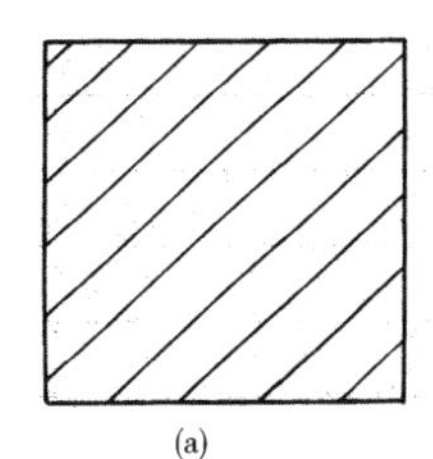
(a)

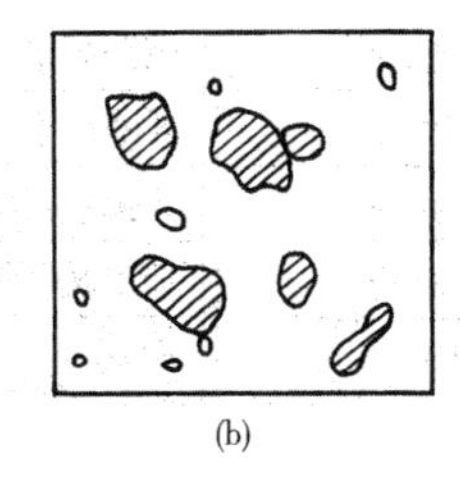
(b)

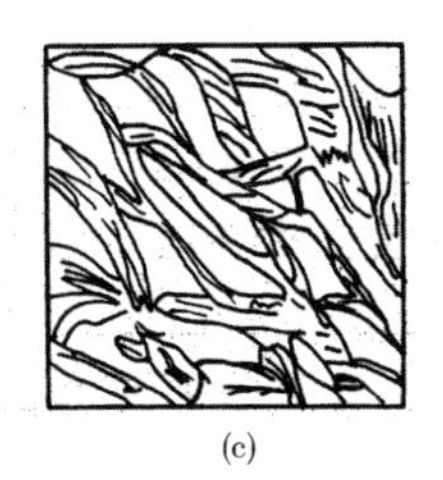
(c)

图 6－3　共混物基本形态分类示意图

（a）均相体系　（b）“海－岛”结构　（c）“海－海”结构

（一）均相体系

均相体系是指两种或两种以上聚合物混合后形成均一的不分相的新体系，这种体系很少见，有人甚至否认它的存在。但目前一般认为，当并用体系只有一个玻璃化温度时，就作为均相体系看待。均相体系的共混物性能，一般是组分物性的平均值，类似于无规共聚物的物性。

（二）“海－岛”结构

在橡塑并用共混物中，最具有实际意义的是由一个分散相和一个连续相组成的两相体系共混物，有人把连续相看作“海”，分散相作为“岛”，所以又称“海－岛”结构。天然橡胶、丁基橡胶与聚乙烯并用，丁苯橡胶与乙烯－醋酸乙烯共聚物并用，乙丙橡胶与聚丙烯并用等，在大多数配比情况下，都是“海－岛”结构。共混物中何者为连续相，何者为分散相，这对共混物性能起决定性作用。一般来说，连续相体现了共混物的基本性能，特别是在力学性能方面（如模量、弹性、强度等），往往起决定性作用。若塑料为连续相，则共混物类似塑料；橡胶为连续相，则共混物性能与橡胶接近。

（三）“海－海”结构

两个都是连续相的相互贯穿交错结构，这种结构又称“海－海”结构，形成这种状态时，共混物性能会发生较大的变化。如橡塑并用时，它往往既不具有塑料的刚性，也不能体现橡胶的优良弹性，力学性能低下。在共混产品中，力求避免这种形态。但可以利用这种形态配制母料，以降低能耗，提高分散效率，从而获得性能较优的产品。

四、影响橡塑并用共混物形态和性能的因素

影响高聚物共混物形态和性能的因素主要有并用比、黏度和聚合物本身的内聚能密度等，下面分别介绍。

（一）并用比

在橡塑并用共混物中，哪个组分是连续相，哪个组分是分散相，在一般情况下由两聚合物的并用比决定，即浓度大的组分易形成连续相，浓度小的组分易形成分散相。

丁苯橡胶（SBR）与聚苯乙烯（PS）并用时，当 PS 含量为 10%，形成 SBR 为连续相，PS 为分散相的结构。随着 PS 量增加（PS∶SBR＝50∶50），PS 逐渐黏结成连续相，成为两个都是连续相的交错贯穿结构。进一步增加 PS 含量（ 90%），SBR 则成为分散相。必须指出，哪个是连续相，哪个是分散相，不仅仅取决于含量多少，还受黏度和内聚能密度的影响，所以含量多也可能是分散相。理论计算表明，某一组分含量多到 74%（体积分数，下同），一定会形成连续相，或者说含量在 26% 以下的组分一定是分散相，在 26%～74% 之间要视具体条件才能确定。

（二）黏度

在橡塑并用体系中，黏度小的组分容易成为连续相，相反黏度大的组分容易成为分散相，常常称这一规律为“软包硬”法则，即在共混物中，黏度小的聚合物易形成连续相，包裹在黏度大、不易分散的较硬的聚合物外层。

在实际工作中，可以根据这一法则来指导工作，以便控制海相或岛相的形成。例如在橡塑共混并用体系中，由于塑料的黏度对温度的敏感性比橡胶大得多，随着温度的上升，前者黏度下降很快，如图6－4所示，Ⅰ区橡胶为连续相，Ⅱ区塑料为连续相。对橡胶来说，温度上升，黏度的变化没有塑料大，而塑料在其熔融温度附近，黏度急剧下降，由原来黏度比橡胶高变为比橡胶低。塑料的黏度随温度变化的曲线必然与橡胶的黏度随温度变化的曲线在一点相交，即在某一温度下两者黏度相等，这点称为等黏点，相应的温度称为等黏温度（t^*）。如果混炼温度大于t^*，共混物中的塑料为连续相；反之，如果混炼温度低于t^*，则橡胶为连续相。因此可以通过调节温度改变黏度，从而可以控制相结构。

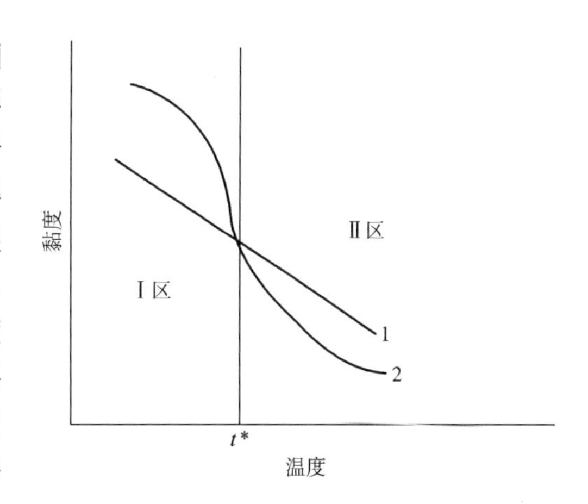

图6－4　黏度随温度的变化示意图
1—橡胶　2—塑料

（三）内聚能密度

内聚能密度表明了分子间作用力的大小，内聚能密度值大，表明分子间作用力大，不易分散。因此在共混体系中，总是内聚能密度值大的倾向成为分散相，例如氯丁橡胶内聚能密度值大，在含量高达70%时，仍为分散相。

五、配合剂在共混物中的分布

填充剂、硫化剂、防老化剂和稳定剂等助剂（又称第三组分）在橡塑共混体系连续相和分散相中的分配是不相同的，这对共混物性能影响非常大。如果硫化剂和促进剂都分散到塑料相中，将严重影响硫化速度和硫化程度；如果需要加入塑料相中的稳定剂大量进入橡胶相中，则塑料的抗老化能力将会大幅度下降；在聚乙烯与顺丁橡胶共混时，我们希望加入的炭黑尽可能多地保留在顺丁橡胶中以起增强作用；而丁腈橡胶与聚氯乙烯并用时，则希望加入的热稳定剂尽可能进入聚氯乙烯中以真正起到PVC热稳定剂作用。

为了让配合剂进入所希望的高聚物相中去，首先要了解决定配合剂分配的因素。配合剂在共混物中的分配主要决定于下述三个方面：配合剂对两种聚合物的亲和性，橡塑并用共混物各组分黏度大小，配合剂的加入方式。

①从亲和性的观点来看，一般符合“极性相近”原则，例如在天然橡胶与聚乙烯共混物中，加入炭黑或白炭黑时，由于天然橡胶分子带有甲基和可以与炭黑表面活性基团作用的双键，而白炭黑表面的—OH基团与天然橡胶中的蛋白质亲和性好，聚乙烯是非极性的，因此填充剂易于分配到橡胶中去。当然，原材料选定后，也可以用表面处理的方法来调节它们的亲和性，但这样就比较昂贵了。

②最具实际意义的方法，还是控制共混物各组分的黏度。调节黏度大小比较有效，

而且方便。配合剂在共混物中的分配与前述“软包硬”法则相符，黏度小的组分易形成连续相，容易将黏度大的组分包围起来，而且也易包覆填充剂等配合剂，即加入的配合剂容易进入黏度较小的软相之中。在顺丁橡胶与丁苯橡胶并用体系中，炭黑总是大量进入顺丁橡胶中，就是因为顺丁橡胶的黏度小于丁苯橡胶。因为在外力挤压下，配合剂总是容易挤进较软的共混物组分中去。根据这一分配法则，就容易通过调节温度来控制黏度的大小，从而达到预定的分配目的。

③加料顺序、混炼方法对配合剂的分配也有影响，表6－2列举了4种不同的加料方式的配合剂分配情况。由表6－2可以看出，配合剂总是优先集中到软相中去。改变加料方式，如先将配合剂混入黏度大的硬相中去，在最后共混过程中，仍然会发生迁移现象，由此也可进一步了解温度的控制对橡塑并用来说是何等重要。

表6－2　不同加料方式对配合剂分配的影响

编号	混入方式	配合剂分配情况
1	（软＋硬）＋填料	大量进入软组织（65%～90%）
2	（软＋50%填料）＋（硬＋50%填料）	软相中配合剂增加（55%～65%）
3	（硬＋100%填料）＋软	大量从预混硬料中迁移出来，但硬稍多于软相
4	（软＋100%填料）＋硬	很少迁出

第三节　聚乙烯共混改性

一、聚乙烯/橡胶共混体系

聚乙烯能与顺丁橡胶、天然橡胶、丁苯橡胶、丁基橡胶、三元乙丙橡胶等多种非极性橡胶很好地掺和，加之聚乙烯本身具有很好的化学稳定性、优良的力学性能及耐油、耐寒、色泽鲜艳、无污染、易加工等优点，因此聚乙烯/橡胶共混体系获得了广泛应用。例如目前已用聚乙烯与橡胶并用来改善胶面胶鞋的挺性，制作彩色鞋底等，尤其是显著提高鞋类制品的耐磨耗性能。

使用聚乙烯改性橡胶能提高某些性能，但也随之带来一些缺陷，如采用低压聚乙烯与丁苯橡胶并用可提高硫化胶的物理力学性能，但使弹性、压缩永久变形等性能变坏。

（一）并用原理

聚乙烯是非极性高聚物，与橡胶共混的相容性，主要从它们的溶解度参数（δ）、内聚能密度（CED）来考虑。聚乙烯与通用合成橡胶如丁苯橡胶、顺丁橡胶、乙丙橡胶、丁基橡胶以及天然橡胶的极性相近，具有良好的共混性，尤以聚乙烯与天然橡胶或丁基橡胶并用系统效果最好。天然橡胶与聚乙烯并用的过程如下：

1．机械分裂过程

在并用开始时，先将聚乙烯在高于其熔点温度（115℃）的炼塑机上塑化，使之软化，并经机械的剪切作用及热作用，使聚合物分子链断开，相对分子质量变小，黏度降低。

2．扩散过程

在并用掺和时，随着聚合物的分子链不断地发生断裂，分子的流动性增加，黏度下降。在机械剪切力的作用下，不同组分分子间的相互渗透、扩散的可能性增加。此时，聚合物的分子链越柔软，则扩散越快，相容性及并用效果均佳。

3．机械-物理化学过程

经过机械剪切力的作用，聚合物分子发生断裂反应而具有自由基性质。橡胶经过硫化或塑料经过交联后呈体型结构，使其中的塑料或橡胶分散相固定下来，形成宏观上的均匀体，保持相对稳定而形成微观多相体系。因此，就橡胶硫化和塑料交联而言，其过程是机械-化学过程；但对橡胶并用而言，橡胶与聚乙烯通过一般机械混炼的并用过程仍是机械-物理过程。

（二）材料选择与配方设计

1．聚乙烯和橡胶

目前市售聚乙烯品种有高密度聚乙烯（HDPE）、低密度聚乙烯（LDPE）和线型低密度聚乙烯（LLDPE），其中以LDPE应用较多，这是因为LDPE价格低，能改善胶料的操作性能和提高产品的表面光洁度。

聚乙烯/橡胶并用硫化胶的性能决定所用聚乙烯和橡胶的品种。橡胶通常选择溶解度参数、极性与聚乙烯接近的天然橡胶、丁基橡胶、丁苯橡胶、乙丙橡胶等，聚乙烯与氯丁橡胶可以有限度的掺混，而与丁腈橡胶则几乎不能掺混。

乙丙橡胶与低密度聚乙烯并用发泡，泡孔均匀，制品洁白，可以制作各种鞋底。天然橡胶、顺丁橡胶、丁苯橡胶与LDPE可以任意比例并用，LDPE/NR并用比对共混料性能的影响如图6-5至图6-9所示。

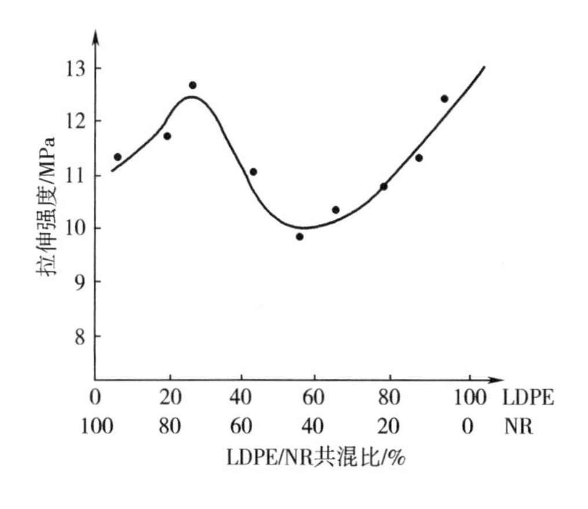

图6-5　LDPE/NR共混比对共混物拉伸强度的影响

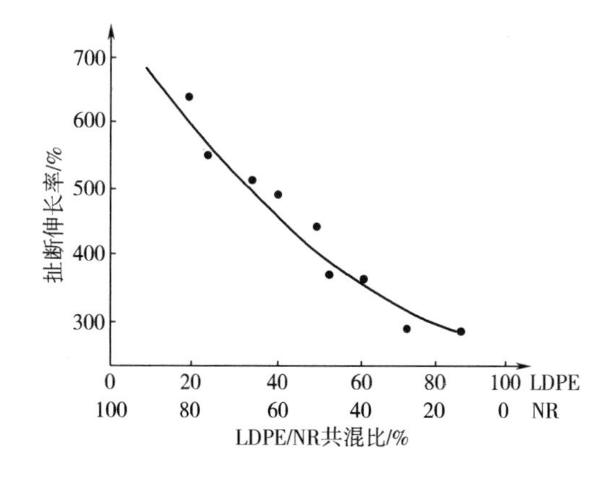

图6-6　LDPE/NR共混比对共混物伸长率的影响

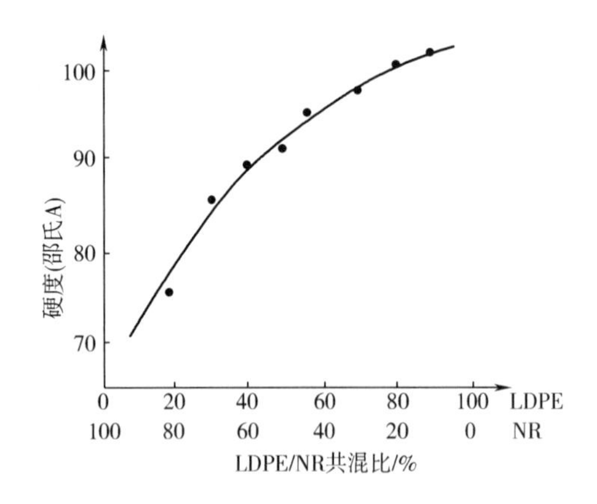

图 6－7　LDPE/NR 共混比对共混物硬度的影响

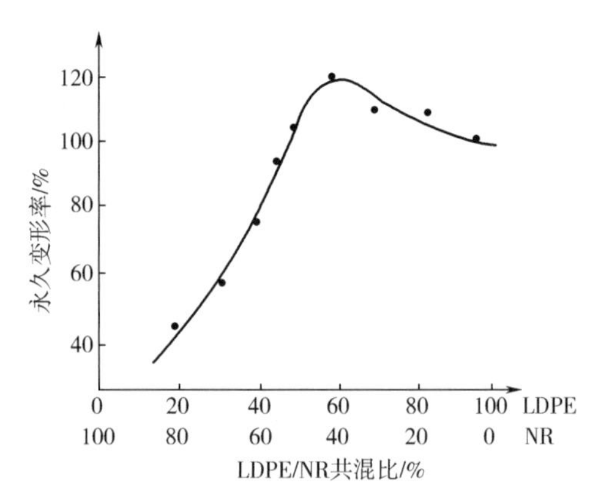

图 6－8　LDPE/NR 共温比对共混物永久变形的影响

结果表明，随着 LDPE 用量增加，并用体系的硬度、永久变形增大，耐磨性提高，断裂伸长率降低。这是因为具有结晶性能的塑料 LDPE 的硬度、耐磨性均比 NR 优越，而伸长率小于 NR，因此随着 LDPE 用量增加，逐步显示出塑料特性。但拉伸强度的变化却有些不同，当 LDPE 用量小于 70 份时，并用体系的拉伸强度在 LDPE∶NR＝30∶70 时较大，当 LDPE 用量超过 70 份时，并用体系的拉伸强度则随 LDPE 用量的增大而增大。这一现象可从 LDPE/NR 共混物的形态结构得到解释：LDPE/NR 并用体系为两相结构。当 LDPE 用量低时（20～30 份），此时形成以 NR 为连续相、LDPE 为分散相的“海－岛”结构。LDPE 以岛相分散在 NR 中，并且由于 LDPE 有结晶性好、强度高的特点，对 NR 起补强作用，因而共混物显示出高强度的特点；随着 LDPE 用量增大，此时原来作为岛相的 LDPE 逐步连接起来，形成两个都是连续相的“海－海”结构，此时既不体现塑料的刚性和强度大的特点，也不具备橡胶的特性，共混物力学性能低下；LDPE 用量超过 70 份时，此时 LDPE 为连续相，而 NR 则成为分散相，共混物显示出高强度、低伸长率的特点。

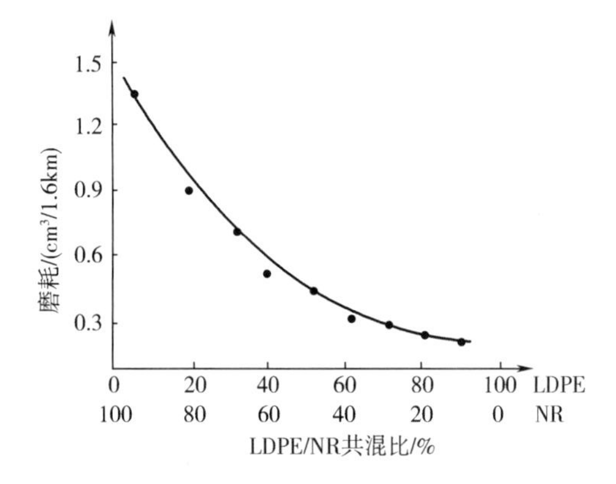

图 6－9　LDPE/NR 共混比对共混物磨耗的影响

2. 硫化体系的选择

一般橡胶都用硫黄硫化，而聚乙烯是饱和链结构，且不产生活性基团，因此硫黄不能交联，而要用有机过氧化物引发、产生游离基，进而交联。因此对于不饱和度较低的聚乙烯，当采用硫黄硫化时，和橡胶的共硫化比较困难。对于橡胶含量多的共混物还是用硫黄硫化好，当聚乙烯含量多时，用过氧化物硫化好。硫化胶的耐油性以硫黄硫化体系为好，永久变形以过氧化物硫化的小。

采用硫黄和过氧化物并用的硫化体系，对于橡胶与塑料配成任意比例的并用胶料均可进行硫化，以过氧化物为主，加入少量硫黄时，硫化胶的模量及硬度均变小，伸长率显著增大；以硫黄为主，并用少量过氧化物时，硫化胶模量增大，永久变形降低，伸长率、硬度、撕裂强度等几乎不变。

（三）应用

聚乙烯橡胶共混物可用于制造鞋、胶管、运输带等制品，在制鞋行业，聚乙烯/橡胶共混物主要用于制造微孔鞋底、仿革底、透明底等，此外聚乙烯加入橡胶中，可提高胶面胶鞋的挺括性、鞋后跟硬度等。

二、聚乙烯/氯化聚乙烯共混体系

含氯量 30% ~45% 的氯化聚乙烯弹性体具有耐磨耗、耐热、耐化学药品性，自熄性等特点，并具有优良的低温性能特点，即使在 -30 ~ -20℃仍能保持良好的弹性，因而获得了广泛的应用。

由于氯化聚乙烯（CPE）结构中含有$\left[CH_2—CH_2 \right]_n$，同 PE 大分子结构的重复单元相同，因而 CPE 同 PE 并用从分子结构上分析是可行的。

将 CPE 掺入聚乙烯中可以增加聚乙烯的印刷性、耐燃性、韧性和耐老化性，且手感较好。CPE 与 EVA、PE 等共混，加入化学发泡剂、交联剂等可制得耐磨性好、弹性高、易于黏合的微孔鞋底。

第四节　聚氯乙烯共混改性

聚氯乙烯（PVC）和橡胶等高分子材料并用，可以获得十分优异的共混物，因此很有发展前途。聚氯乙烯与橡胶并用，主要是与丁腈橡胶共混。因为它综合了 PVC 的耐油性、耐化学药品性、耐臭氧性和 NBR 的耐溶剂性、弹性，而且 PVC 对 NBR 起补强作用，因而 PVC/NBR 并用胶获得了广泛应用。

此外，与 PVC 共混改性的高聚物还有氯丁橡胶（CR）、氯化聚乙烯（CPE）、乙烯-醋酸乙烯二元共聚物（EVA）、乙烯-醋酸乙烯-一氧化碳三元共聚物（Elvaloy）等。

一、聚氯乙烯/丁腈橡胶共混体系

聚氯乙烯和丁腈橡胶并用大体上可分为两大类：一类是以 PVC 为主体，掺入少量（不大于 30%）NBR 的非硫化型配方；另一类则是以 NBR 为主体，掺入 20% ~40% PVC 的硫化型配方。前者 NBR 作为非抽出、非迁移型的高分子质量增塑剂使用，后者则为弹性体特征，可加入硫化剂进行硫化，也能在传统的橡胶设备上操作。

（一）并用机理

PVC 和 NBR 并用，本身就具备一般橡胶并用的条件而极易相容，如内聚能密度相近（NBR 为 370.0 ~ 377.6J/cm^3，PVC 为 377.6 ~ 393.5J/cm^3）、溶度参数相近〔NBR

为19.2～19.4 $(J/cm^3)^{1/2}$，PVC为19.4～19.6 $(J/cm^3)^{1/2}$，且PVC和NBR都含有强极性基团，当在170℃左右混炼时，由于机械－化学作用形成接枝共聚物，更有利于形成均相的橡胶－塑料体系。

（二）并用胶的一般特性

在NBR中加入PVC作补强硬化剂，恰好与高苯乙烯树脂并用于天然橡胶的效果相类似。当添加25份以上的PVC树脂时，与纯NBR相比有如下特点：

①耐臭氧性、耐候性显著提高，超过或相当于氯丁橡胶。有人实验过，在1%的臭氧中，NBR 3min后出现龟裂。抗臭氧性能优良的氯丁橡胶9min后龟裂。而NBR/PVC并用胶则在20min后仍无裂纹。通过热老化实验，100℃下老化7天后，NBR强度下降到原来的79%，并用胶却变化不大。要获得较高的耐臭氧性能时，NBR与PVC之比至少为3∶1。

②耐油性、耐溶剂性、耐化学药品性都得到提高。中等丙烯腈含量的NBR与PVC并用后，耐油性可提高到高丙烯腈含量的NBR水平。

③耐磨性、耐撕裂性增大；拉伸强度、定伸应力、耐燃性、耐热性均得到改善；耐往复屈挠龟裂性能较好。

④压出性能得到改善。同时胶料不易自硫化，可延长半成品贮存期限。

⑤门尼黏度增加，可塑性下降；低温屈挠性和弹性降低；压缩永久变形增大（特别是在高温条件下）。

丁腈橡胶/聚氯乙烯并用胶和其他橡胶性能的比较见表6－3。

表6－3　丁腈橡胶与聚氯乙烯并用胶和其他橡胶性能的比较

项　目	丁腈橡胶/聚氯乙烯	乙丙橡胶	丁基橡胶	氯丁橡胶	丁腈橡胶
生胶拉伸强度	G－E	P	F－G	G	P
胶料拉伸强度	E	G－E	G	VG	E
撕裂强度	VG	G	G	G	G
耐磨性	E	G－E	F－G	E	E
耐候性	G－E	E	G－E	E	F
抗臭氧性	G－E	E	G－E	G－E	F
抗热老化性	G	G－E	G－E	G	G
耐寒性	P－F	G	F－G	F－G	F－G
抗压缩变形	F	G	F	F－G	G
不透气性	E	P－F	E	G	E
耐燃性	E	F	P	E	P
电性能	P－F	E	G－E	P－F	P

续表

项　　目		丁腈橡胶/PVC	乙丙橡胶	丁基橡胶	氯丁橡胶	丁腈橡胶
耐化学药品性	碱类	G	G	VG	G	G
	酸类	G	G	E	G	G
	水	E	E	E	F	E
耐溶剂性能	氯化烃类	P	P	P	P	P
	脂肪族烃类	E	P	P	G	E
	芳香族烃类	G	P	P	F	F
	油及燃料	E	P	P	F-G	E
	动植物油	E	P	E	G	E

注：P 一劣；F—尚可；G 良好；VG 一很好；E—极佳。

（三）并用胶的配方设计

设计 NBR 与 PVC 并用的硫化配方时，与一般橡胶并用一样，应分别考虑两种并用材料的要求。例如配方中应考虑 NBR 用的硫化体系配合剂、PVC 所需的稳定剂，以及两者都需加入的增塑剂、填充剂等。其中增塑剂、硫化剂、防老化剂都应按配方中聚合物总量计算加入，而不是单独按照 NBR 部分计算。

1．主体材料

NBR 与 PVC 树脂共混，可以直接将 PVC 乳液与 NBR 乳液混合共沉或使氯乙烯单体在 NBR 乳液中发生反应生成 PVC，再进行共沉，达到并用的目的。此法因易混均匀，共混物流动性好，所获得的共混体质量均匀，效果好。

由于我国 PVC 树脂的生产以悬浮法为主，综合考虑物理力学性能和加工特性，与 NBR 并用，可选择悬浮法生产的Ⅲ型 PVC 树脂。

丁腈橡胶中的丙烯腈（AN）含量不同时，它与 PVC 共混的形态、结构和共混物性能可以完全不同。由于 PVC 与顺丁橡胶（AN 为 0 时）完全不相容，顺丁橡胶以数微米大的块粒分散在 PVC 中，塑料相与橡胶相有很明显的界面，且随着 AN 含量的增加，聚合物的内聚能密度提高，与 PVC 的混容性得到改善。根据橡塑并用理论，完全相容的并不是理想的体系，应该选用既分相、界面结合又良好的多相体系。此外，AN 含量增高，耐寒性降低，所以通常不用丁腈 -40 与 PVC 共混，而用中等丙烯腈含量的丁腈 - 18 或丁腈 - 26。作为橡胶型改性剂时，往往选用丁腈 -40。

2．配比

NBR 与 PVC 可以任意比例并用，并用胶料既有 PVC 的耐油、耐化学药品、耐老化、耐臭氧的特点，又有 NBR 的耐溶剂及弹性等特点。两者的并用比例虽不受限制，但是随着并用比例的变化，并用胶的性能也随着变化。随着 PVC 用量的增加，并用胶料的物性变化规律是：

①拉伸强度成比例增大，PVC 用量在 30% ~40% 时，拉伸强度增高到最大限度，这种趋势在不同炭黑胶料中尤为显著。

②定伸应力、压缩永久变形增加。

③伸长率逐渐减小，但与 PVC 用量的关系不太明显。

④门尼黏度直线上升，压出膨胀率降低。

⑤低温屈挠性变劣，且这种变化极为明显，例如，当 PVC 含量由 0 增加到 50 份时，脆性温度几乎由 -34.5℃升高至 -14.4℃。

③并用 20 ~30 份 PVC，具有良好的耐臭氧老化性能。

3. 硫化体系

NBR/PVC 共混物既可采用硫化配方，也可采用非硫化配方。采用硫化型配方时，考虑到 PVC 会在某种程度上降低硫化速度，故应适当增加促进剂用量。硫黄用量应按聚合物总量计算。但必须考虑到，随着硫黄用量增加，橡胶的耐老化性能降低，因此，最令人满意的硫化促进剂是促进剂 M 和 DM。

氧化锌能加速 PAC 分解，因此在使用氧化锌作硫化活性剂时，必须加入足够量的 PVC 稳定剂，一般氧化锌用量在 5 份以下时没有影响。除氧化镁以外，对白色或彩色制品及黑色制品，可以分别采用氧化镁、氧化铅作为活性剂。氧化铅对 PVC 还有稳定作用，所以效果更好。

4. 增塑剂

并用胶料中，增塑剂的使用既影响加工性能，又影响硫化胶的物理性能。对 PVC/NBR 并用体系，应选用极性增塑剂，如己二酸酯、癸二酸酯、磷酸酯、邻苯二甲酸酯、环氧大豆油等。此外，为了改善并用胶的低温性能，应选用挥发点高、凝固点低、相对分子质量适中的增塑剂。因此，以用酯类极性增塑剂最为理想。对于耐油性要求较高的 PVC/NBR 并用料，DOP 和 DBP 较为适用。

5. 填充剂

凡适用于 NBR 和 PVC 的填充剂都适用于 PVC/NBR 体系。如煅烧陶土、碳酸钙、硬质陶土、二氧化硅、高耐磨炭黑、半补强炉黑、中粒子热裂炉黑等。适量的填充剂有助于改善并用胶料的工艺性能，如减少半成品的收缩率，降低胶料门尼黏度，改进弹性和低温性能。

在黑色制品中，炭黑用量为 20 份和 40 份（体积份时），通过对热裂法炭黑、炉法炭黑和槽法炭黑进行实验，结果表明，以用热裂法炭黑效果最好。高耐磨炭黑可使体系的定伸强度、撕强度和耐磨性都得到改善，并可降低成本。值得指出的是，用补强性能好的炭黑，虽然对提高强度有益，但在高变形情况下，随着炭黑用量增加，材料损坏也越快，故不宜多用。

对于浅色制品，常用填充剂有碳酸钙、白炭黑和陶土，其中白炭增强的效果最为突出。当采用碳酸钙作填料时，用 DOP、TCP、液体氯化联苯作增塑剂较好，并且表面无龟裂或喷霜现象。

6. 防老化剂和稳定剂

PVC/NBR 并用胶中的 PVC 本身就对 NBR 起防老化作用，并且与现在各种经实验的防老化剂相比，活性较大，效果较好，但有时也可采用酚类防老化剂（1 份）。这类防老化剂既可以和非水溶性的螯合剂一起使用，还可以和稳定聚氯乙烯相的钡铜系统起络合作用。但不宜采用胺类防老化剂，因为它能促进 PVC 的热分解。

PVC/NBR 并用体系选用适当的稳定剂是很重要的。铅盐最早在 PVC 混合物中应用，但因它有毒性并且有硫作用引起污染，所以在浅色 PVC/NBR 并用体系中较少采用。钡/镉复合型稳定剂应用较广，但有硫存在时，镉也会引起污染。有机锡类稳定剂无污染，效果较好，可用于透明或无色制品，但价格昂贵。在制备浅色或透明 PVC/NBR 并用鞋底时，可采用金属皂类（硬脂酸钙、硬脂酸钡、硬脂酸锌等）。稳定剂用量相当于并用胶中聚氯乙烯的 3 ~5 份。

此外，氧化镁和氧化锌或硬脂酸锌和硬脂酸钙同硬脂酸并用，能提高耐老化性能。增加氧化锌用量，可以提高耐热性。若氧化镁与氧化锌之比为 3∶2，而硬脂酸钙与氧化锌之比为 5∶1 时，可得到最佳的综合性能。以聚氯乙烯为基础的硫化胶在老化过程中放出的氯化氢可以与硬脂酸锌相结合，在钙盐存在下形成能消除氯化锌不良影响的络合物。此外，氧化镁和氧化锌以及硬脂酸钙和硬脂酸锌的存在，还能提高硫化胶的耐磨性能。

（四）PVC/NBR 并用胶的应用

PVC/NBR 并用胶的耐磨性显著，做成鞋底后可与高苯乙烯媲美，耐油性又优于高苯乙烯，因而在制鞋工业获得了广泛应用。PVC/NBR 并用胶可用于制造需要耐油的劳保鞋、抗静电鞋、注塑鞋、仿革底等，也可用于制造人造革等。

二、聚氯乙烯/氯化聚乙烯共混体系

（一）概述

氯化聚乙烯（CPE）的性能介于 PVC 和 PE 之间，它与 PVC、PE、EVA、ABS 等树脂都有良好的相容性。由于 CPE 具有优良的耐候性、耐臭氧性、耐热老化性、难燃性、耐化学药品性和耐油性，且填充量大，用来作为 PVC 的改性剂有良好的综合性能。例如 PVC 塑料制品（包括硬质和软质）都有显著的弱点，特别是在紫外线照射后易老化发脆，低温性能也差，若在做硬制品时加入相对分子质量低的增塑剂，可以提高抗冲击性，但明显降低了制品的强度、硬度和使用温度，并且在使用过程中随着增塑剂的逐渐挥发、迁移，制品性能逐渐变差，用 CPE 作为 PVC 的抗冲击改性剂就可以避免这些缺点，可显著改善制品的抗冲击性和耐低温性能，大大提高制品的耐老化性能，延长制品的使用寿命。

CPE 作为 PVC 的改性剂主要是改进 PVC 的抗冲击强度，这一点在生产 PVC 硬制品时尤为重要，由表 6 -4 可以看出，在 PVC 硬制品中，未加 CPE 时，抗冲击强度仅为 6.18J/m，而加入 15 份 CPE 时，抗冲击强度可达 26.78J/m，并且伸长率、低温冲击强度均有提高，但拉伸强度下降。

表6－4　　添加不同用量CPE对PVC改性的比较[①]

性能	CPE用量/份				
	0	5	7	10	15
拉伸强度/MPa	61.02	58.22	57.67	53.06	44.20
伸长率/%	9.09	10.12	13.64	24.62	26.35
抗冲击强度/(J/m)	6.18	7.36	10.82	15.89	26.78
低温抗冲击强度/(J/m)	2.45	5.23	4.97	4.98	5.76

注：①配方：PVC 100；PbO 5；BaSt 2；PbSt 0.8；CPE 变量。

（二）PVC/CPE 共混物配方特点

1．CPE 的选择

作为 PVC 的改性剂，根据对 PVC/CPE 共混物性能的要求不同，应选用不同品种的 CPE。CPE 作为改性剂使用时含氯量过高或过低都不妥，一般在 30%～45% 为宜。含氯量过高时 CPE 本身失去弹性，不仅与 PVC 的相容性差，而且加工性能也不好，这是因为此时极性很高的 CPE 内聚作用很强，难以分散到 PVC 中去。反之，CPE 含氯量过低时，由于其本身结晶性高，韧性差，也不能与 PVC 很好共混。

2．稳定剂

CPE 和 PVC 一样，在光和热的作用下会析出氯化氢。因此，不加稳定剂就不能有效地应用 CPE。一般采用 PVC 所用稳定剂作为 PVC/CPE 共混物的稳定剂，不过它们对 PVC 和 CPE 稳定的效能是截然不同的。这些稳定剂包括有机磷酸酯、月桂酸缩水甘油酯、铅盐、钠盐和钾盐等。

3．硫化剂

PVC/CPE 共混体系大多不需使用硫化剂，这是因为 CPE 作为 PVC 改性剂使用时，多用于硬制品，使用量较少，CPE 呈分散相分散于 PVC 中。但对 CPE 为主的 PVC/CPE 共混物，有时为了提高共混物的性能（如变形、耐热性等），需对 PVC/CPE 共混物进行交联。

正确选用硫化体系，对于制得所要求的一系列性能的 PVC/CPE 弹性体制品是非常重要的。鉴于 CPE 不含双键，而与仲碳原子键合的氯原子又不具有高度的反应活性，所以适用于 PVC/CPE 共混物的硫化体系的数量十分有限。最常用的是有机过氧化物、双官能团和多官能团的脂肪族胺和芳香族胺。

4．填充剂

常用的填充剂如 $CaCO_3$、MgO、Al_2O_3、陶土、炭黑、高岭土都可作为 PVC/CPE 共混体系的填料。但若生产交联 PVC/CPE 共混物，且交联剂选用过氧化物时，此时填充剂最好选用碱性或中性填料如 $CaCO_3$、MgO、Al_2O_3、高岭土、炉法炭黑，若必须使用槽法炭黑、白炭黑、陶土等填料时，应在配方中加入 1～2 份二甘醇、三乙醇胺等碱性物质。

5．增塑剂

加入增塑剂的目的是为了降低 PVC/CPE 共混物的黏度和改善它的加工性能及低温性能。对于采用过氧化物交联 PVC/CPE 共混物时，可加入氯化石蜡、己二酸二辛酯、癸二酸二辛酯、环氧大豆油及芳烃含量低的石蜡油。

（三）PVC/CPE 共混物的性能

①CPE 的热稳定性比 PVC 好，加之 CPE 具有润滑作用，因此 PVC/CPE 共混物的加工性能优于 PVC，且 PVC/CPE 塑料配方中的润滑剂用量可适当减少，一般为 PVC 塑料中润滑剂用量的 50% ~ 90%。

②PVC/CPE 共混物的熔融黏度低于 PVC，这种特性使得此种共混物可采用注射法成型。这一点极有价值，因为硬 PVC 熔融黏度高，不适宜注射成型，限制了 PVC 的应用范围。

③CPE 掺入 PVC 中有效地起到稳定、增塑和增韧作用。由于 CPE 是饱和聚合物，故其增韧的 PVC，耐候性较不饱和橡胶增韧的 PVC 为好。

④PVC/CPE 共混物具有良好的耐燃性，这是因为 PVC 与 CPE 大分子结构中均含有较大比例的氯原子。用 CPE/PVC/ABS 组成的共混物，可制得耐燃性 ABS 塑料。

⑤PVC/CPE 共混物还有很好的耐化学腐蚀和耐油性。

⑥PVC/CPE 共混物中两聚合物组分相容性较好，故它们的共混物具有均匀分散的形态结构。

⑦PVC/CPE 共混物较严重的缺点是其制品透光性及表面光泽不如 PVC 制品。另外，鉴于 CPE 粒料的孔隙率高于 PVC，包夹气体多，加工成型中需特别注意排气，因此挤出成型时最好使用排气式挤出机。

（四）PVC/CPE 共混物的应用

PVC/CPE 共混物的优良特性使其广泛用于生产抗冲击、耐候、耐腐蚀制品。制鞋方面，CPE 改性 PVC 可生产注塑鞋鞋底，克服纯 PVC 弹性差、低温性能差的缺点。CPE 与 PVC、NBR 共混制造的仿革底，克服了单用小分子增塑剂（如 DOP、DBP 等）时增塑剂易析出，影响鞋底的黏合强度和鞋底冬硬夏软的缺点，同时可提高鞋底的弹性。

三、聚氯乙烯 /Elvaloy 共混体系

Elvaloy 与 PVC 共混可以生成透明状的混合物，不仅仅是作为 PVC 的改性剂，而且是软质 PVC 的永久性增塑剂。

（一）PVC/Elvaloy 共混物性能介绍

1．相容性好

表 6 – 5 列出了不同 VA 含量的 EVA 树脂、Elvaloy 741 和 742 的溶解度参数以及 PVC 的溶解度参数。VA 含量由 18% 增至 85% 时，δ 由 16.37 $(J/cm^3)^{\frac{1}{2}}$ 增加至 18.21 $(J/cm^3)^{\frac{1}{2}}$，而 Elvaloy 741 及 742 的 δ 分别为 18.83、19.03 $(J/cm^3)^{\frac{1}{2}}$，这与 PVC 的 δ 非常相近。这是因为 Elvaloy 结构中导入高极性的单体（CO），赋予了与 PVC 的相容性。

表 6 -5　　EVA、Elvaloy 及 PVC 的溶解度参数　　单位：$(J/cm^3)^{\frac{1}{2}}$

材　料	溶解度参数 δ	材　料	溶解度参数 δ
EVA（VA 18%）	16.37	EVA（VA 82%）	18.01
EVA（VA 19%）	16.57	EVA（VA 85%）	18.21
EVA（VA 37%）	16.57	Elvaloy 741	18.83
EVA（VA 6%）	16.78	Elvaloy 742	19.03
EVA（VA 57%）	17.19	PVC	19.23
EVA（VA 63%）	17.39		

2. 低温特性

PVC/Elvaloy 共混物的刚性回弹率在 -20℃以下的低温区域几乎为恒定值，因而该共混物具有优良的低温冲击特性。但它在 0℃附近刚性回弹率变大，所以在要求有低温触感的情况下，最好与耐寒增塑剂（如 DOS）并用，以改善其低温触感。

3. 耐候性

不加耐候稳定剂的 PVC/Elvaloy 混合物若长期在室外进行暴露实验就会变脆，当添加氧化钛和炭黑之类颜料或再添加适量的紫外线吸收剂时，耐候性就可得到改善。

（二）PVC/Elvaloy 共混物的应用

Elvaloy 741 是新型的高性能树脂改性剂，能提高 PVC 的耐磨性、耐油性和耐化学药品性，因此 PVC/Elvaloy 共混物主要用于制造鞋底及鞋。

Elvaloy 与 PVC 有较好的相容性，同时 Elvaloy 是粉状材料，可以先同 PVC 粉料混合后注塑成型。Elvaloy 改性 PVC 生产注塑鞋的工艺流程为：

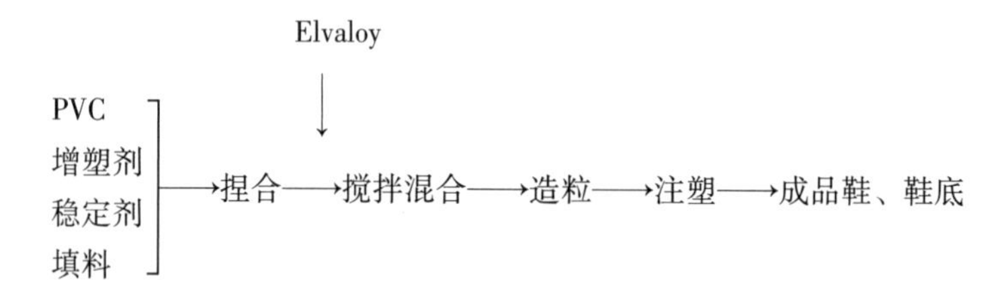

由工艺流程可以看出，Elvaloy 改性 PVC 的制鞋工艺较使用块状橡胶（如丁腈橡胶、氯丁橡胶）简单。这是因为使用块状橡胶改性 PVC 时，橡胶通常先需塑炼，并且需使用开炼机或密炼机于高温下将 PVC 与橡胶共混，再经平板切粒机切粒后注塑成鞋、鞋底。Elvaloy/PVC 共混物主要用于制作运动鞋、耐油鞋、矿山劳保鞋、微孔鞋底、发泡鞋底等，见表 6 -6。

在聚氯乙烯鞋底中配用 15 份的 Elvaloy 可得到与热塑性弹性体相近的性能。增加用量时，其耐油性能，特别是耐动植物油性能得到改善，可用来制造食品厂工作人员的专用鞋。

表6-6 Elvaloy/PVC共混物制鞋和注塑鞋底

材料	运动鞋	耐油鞋	矿山劳保鞋	微孔鞋底	发泡鞋底
PVC	100	100	100	100	100
DOP	65	50	60	70	64
Elvaloy 741	70	50	45	20	33
碳酸钙	—	—	—	10	11
钛白粉	1	1	1	1	2
环氧大豆油	5	5	5	10	5
钡镉稳定剂	2.5	2.5	2.5	2.5	2.5
硬脂酸	0.1	0.5	0.5	0.5	0.1
亚磷酸酯螯物	0.5	0.5	0.5	0.5	0.5
发泡剂AC	—	—	—	2	0.75

第五节 聚丙烯-橡胶共混体系

在聚丙烯（PP）中加入橡胶，主要目的是提高聚丙烯的抗冲击性能，其机理可认为是橡胶可吸收部分冲击能，并且作为应力集中剂来引发、控制裂纹的增长，从而提高聚丙烯的韧性，使其由脆性断裂向韧性断裂过渡。目前，常见的聚丙烯/橡胶共混体系有PP/EPR（二元乙丙橡胶）、PP/EPDM（三元乙丙橡胶）、PP/BR、PP/SBS、PP/NRR、PP/IBR（聚异丁烯）等。有关这些共混体系的组成和性能的关系，人们已进行了广泛的研究，在一定的加工条件下，加入相同量的合成橡胶，根据体系的抗冲击性能，得出各橡胶增韧聚丙烯的顺序如下（加入40%橡胶时）：EPP = EPDM > IBR > BR = SBS > SBR。

本节主要介绍聚丙烯同乙丙橡胶、顺丁橡胶、SBS的共混改性。

一、聚丙烯与乙-丙共聚物的共混

为了改善聚丙烯的抗冲击性能、低温脆性，常在其中掺入一定量的乙-丙共聚物，即形成PP/EPR共混物。另一种常用作聚丙烯改性的乙-丙共聚物是含有二烯烃成分的乙烯-丙烯-二烯烃三元共聚物（EPDM）。

等规聚丙烯和EPR以及EPDM一般是不相容的，因此它们的共混物具有多相的形态结构。在相同的共混工艺条件下，共混物的形态结构取决于组成比以及不同聚合物组分的熔融黏度差。当PP与EPR以及EPDM具有相近的熔融黏度时，所制取共混物的形态结构较均匀；当各组分熔融黏度不同，若EPR黏度低于PP，则EPR可以被很好地分散，相反，若EPR黏度高于PP，则EPR相畴较粗大，且基本呈球形。在PP/EPR共混比为60/40～40/60范围出现相转变，即在此范围内，两组分均为连续相。

值得指出的是乙丙橡胶中丙烯含量是影响共混物性能的重要因素，丙烯含量为

80%的乙丙橡胶与聚丙烯的相容性良好，抗冲击强度提高最大。

由于在聚丙烯中加入了低模量的乙-丙橡胶，使体系的弯曲模量、硬度等指标都有所下降。为了减少这些有用性能的损失，同时又达到提高聚丙烯韧性的目的，F. C. Stehliflg等人开发了PP/EPR/HDPE三元共混体系，该体系的综合性能比较好。但实际中比较常用的共混体系是PP/EPR/LDE。部分学者认为：由于HDPE的结晶度比LDPE的高，因而在这两种三元共混体系中，由HDPE形成的共混体系较易形成对材料性能有利的结晶系带，从而使PP/EPR/HDPE在强度、模量方面略优于PP/EPR/LDE。至于后一种共混体系比前一种体系的应用更为普遍，这主要是LDPE的加工性能好所致。

影响PP/EPR/HDPE（LDPE）三元共混物性能的主要因素是各高聚物的相对分子质量、共混比、乙丙橡胶中丙烯含量。共混体系中加入过量的橡胶会使硬度和模量值大大下降，所以橡胶含量必须控制在一定范围内。在胶粒相中，当HDPE的含量小于50%时，随着HDPE相对含量的上升，体系的抗冲击强度不会下降；当HDPE含量超过50%时，由于这时EPR已经不能将HDPE完全包裹起来，而HDPE的增韧效果又不及EPR。所以，这时随着HDPE含量的增加，体系的抗冲击强度显著下降。

在PP/EPR或PP/EPDM共混体系中还可加入少量过氧化物作交联剂，制备橡塑共混型热塑性弹性体，关于这方面的原理及工艺，将在本章第七节中详细介绍。

PP/EPR、PP/EPDM共混物由于硬度较高，弹性差，一般不直接用于制造鞋、鞋底，在制鞋方面主要用于生产鞋用辅助材料和装饰材料等，如鞋跟、鞋楦等。

二、聚丙烯/顺丁橡胶共混体系

聚丙烯与顺丁橡胶共混很有意义，顺丁橡胶起到显著的增韧效果。当采用国产PP与国产BR按100∶15共混，所得PP/BR共混物的常温悬臂梁抗冲击强度比PP高6倍以上，脆化温度由PP的31℃降低至8℃，这是因为BP是一种弹性极为卓越的合成胶，其玻璃化温度较低（-110℃）的缘故。

PP/BR共混物的另一个特点是挤出膨胀率小，其膨胀率小于PP以及PP/LDPE、PP/EVA、PP/SBS等共混物，这意味着PP/BR共混物加工成型后，尺寸稳定性好，不易发生翘曲变形。

PP/BR共混物的加工方法大多采用普通机械共混法，其方法是将PP粉料与BR在常温下进行初混后，于180~190℃条件下在双辊混炼机混炼成片，再经挤出造粒或平板切粒后包装即可。

广泛采用的三元共混物PP/HDPE/BR，具有较高的拉伸强度、挠曲强度和良好的韧性。PP/HDPE/BR共混物的制备工艺是首先将顺丁橡胶在50℃左右挤出造粒，然后与PP、HDPE按常温捏合20~30min，随后再经160~210℃范围内挤出共混造粒。

三、聚丙烯/SBS共混体系

丁苯热塑性弹性体（SBS）具有良好的弹性和塑性，加工性能好。PP中混入一定量的SBS后，抗冲击性能有明显的提高。

透射电镜的照片表明：SBS和PP在微观上是不相容的，体系存在两相结构，当

SBS 含量低时，SBS 是分散相，SBS 在连续相的 PP 中形成“海－岛”结构。PP/SBS 共混体系的冲击性能与 SBS 含量有关，SBS 用量一般为 10%～15%。含有 12% SBS 的 PP/SBS 共混物缺口冲击性能较 PP 提高 4 倍以上，低温脆性温度降到－20℃以下，拉伸强度高达 45MPa，断裂伸长率 1000% 左右，而屈服应力、刚性、硬度降低不大，并保持了 PP 良好的耐酸性能。

PP/SBS 共混物的另一特点是共混工艺简单，因为商品化的 SBS 是粒料，所以一般是先将 PP、SBS、填料等经高速混合机混合均匀，再经双螺杆挤出机造粒即得成品。

第六节　聚苯乙烯－橡胶共混体系

一、抗冲击聚苯乙烯

为了改善聚苯乙烯的抗冲击性能，常与各种橡胶类物质共混。目前常采用的共混方法如下：

①乳液共混法：将聚苯乙烯乳液与橡胶乳液共混后凝聚，再分离、干燥。

②溶液共混法：聚苯乙烯溶液与橡胶溶液共混，形成均匀溶液后再分离溶剂。

③机械共混法：将聚苯乙烯与橡胶用各种混炼机混炼。

④接枝共聚－共混法：橡胶溶于苯乙烯单体中，再引发聚合产生接枝共聚物。

前两种方法所制得的共混物性能不理想，溶液共混法成本又很高，因而都没有得到工业应用。主要采用后两种方法制备抗冲击聚苯乙烯，但大多数加工厂往往受到设备的限制，只能采用机械共混法。鉴于上述情况，本节重点介绍机械共混法制备抗冲击聚苯乙烯的方法。

（一）改性橡胶的选择

用天然橡胶或聚丁二烯橡胶作为聚苯乙烯的增韧改性剂，未能获得理想的效果，这是由于两聚合物组分之间缺乏相容性，因此所得共混物呈现明显的两相结构，在橡胶相与聚苯乙烯相界面结合力较差，以致可以出现两相剥离的现象。这样的共混物，其抗冲击强度甚至低于聚苯乙烯。橡胶与聚苯乙烯相容性不良可以从溶液共混实验中看到，例如，当将天然橡胶和聚苯乙烯分别溶于苯中，配成浓度为 2% 的橡胶和聚苯乙烯溶液，然后把它们混合并搅拌均匀，放置一段时间后即分两层。虽然相对分子质量低的聚合物之间较易相容，但相对分子质量仅有 2000～4000 的聚苯乙烯和聚丁二烯仍然互不相容。

丁苯胶与聚苯乙烯的共混物有较高的抗冲击强度，其制品一般无剥离现象，这主要是由于两种聚合物所构成的两相在界面处有较强的结合力，这种结合力随丁苯胶中苯乙烯含量的增多而提高，苯乙烯含量多的丁苯胶结构与聚苯乙烯更相似，两者的相容性也越好。

用丁苯胶等一般通用胶改性的聚苯乙烯，当掺入的橡胶组分在 10%～15% 时，其抗冲击强度可提高 2 倍以上。

若要更有效地改善韧性，则只有使用超过体积分数25%的橡胶才能实现。橡胶加入量与聚苯乙烯抗冲击性能的关系如图6－10所示。

（二）抗冲击聚苯乙烯的性能与用途

抗冲击聚苯乙烯除韧性卓越外还具备聚苯乙烯的大多数优点，如刚性、易加工性、易染色性等，但拉伸强度和透明度有所下降。

抗冲击聚苯乙烯加工性能好，可注射成各种形状的制品，加之聚苯乙烯着色性能好，制品外观光亮、鲜艳，可广泛用于制造鞋用装饰材料、嵌件等。

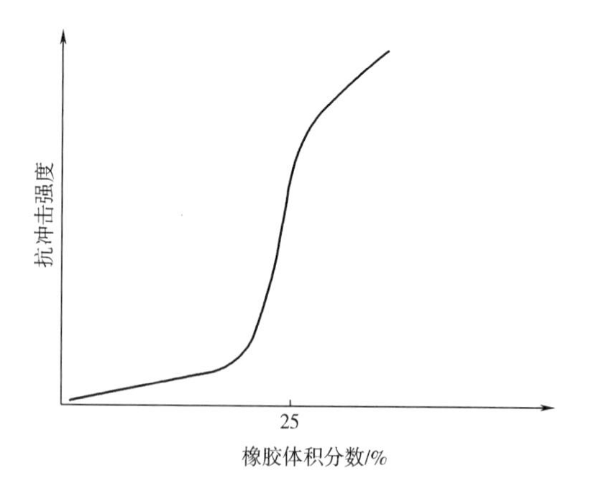

图6－10　聚苯乙烯抗冲击强度与橡胶体积分数的关系

二、ABS树脂

ABS树脂是目前产量最大、应用最广泛的聚合物共混物，同时也是最重要的工程塑料之一。ABS不仅具有良好的韧性，而且具有较抗冲击聚苯乙烯优良的综合性能，所以更能适应多方面应用的要求，例如用作承载、防腐、电绝缘材料等。

ABS树脂是在树脂的连续相中分散着橡胶相的聚合物，因此不单纯是丙烯腈、丁二烯、苯乙烯3种单体的共聚物或混合物。从组成上看，ABS是把PB（丁二烯）或BS（丁苯橡胶）或BA（丁腈橡胶）橡胶状聚合物分散于AS（丙烯腈－苯乙烯共聚物）或PS（聚苯乙烯）玻璃状聚合物中的一种聚合物。ABS树脂的三元组成为：

$$\left[\left(CH_2-\underset{\underset{CN}{|}}{CH}\right)_x\left(CH_2-CH=CH-CH_2\right)_y\left(CH_2-\underset{\underset{C_6H_5}{|}}{CH}\right)_z\right]_n$$

通常 $x=0.2\sim0.3$，$y=0.05\sim0.4$，$z=0.4\sim0.7$。

丁腈胶乳用低温乳液聚合法制备，共聚物中丙烯腈含量一般为20 %～40%。AS树脂采用乳液聚合产物，这是因为ABS缺乏透光性，没有必要使用透明度和色泽较好的溶液聚合产物。此种共聚树脂中丙烯腈含量为20%～30%。

当以乳液共混法生产ABS树脂时，上述丁腈胶乳和共聚树脂乳液不必从各自的乳液中凝聚分离，而是将两种乳液共混后共同凝聚，再经分离、水洗、过滤、干燥和挤出造粒。如有必要，挤出造粒前可加入各种配合剂，经混炼后再挤出造粒。

另一种方法是从丁腈胶乳和AS树脂乳液中凝聚分离出丁腈胶和共聚树脂，然后加入必要的配合剂，在混炼机上熔融混炼以制取ABS树脂。例如将65～70份AS树脂（含丙烯腈30%，软化点约93℃）放于双辊筒混炼机上加热辊压至熔融，再加入30～35份丁腈胶（含丙烯腈约35%）及各种配合剂（硫化剂、着色剂等），在150～180℃

混炼直至形成均匀的混合物为止。

机械法共混 ABS 所用橡胶组分除丁腈胶外还可选用丁苯胶、顺丁胶、异戊二烯胶及混合胶（丁腈胶 + 丁苯胶或丁腈胶 + 顺丁胶）。混合胶制得的 ABS 树脂往往具有更优越的综合性能。

ABS 树脂具有复杂的两相结构，即由橡胶相（分散相）、树脂相（连续相）以及两相的过渡层所构成。ABS 的制法不同，形态结构各有差异，而形态结构又与性质有着密切的关系。由于影响共混物形态结构的因素极多，所以与 ABS 树脂的性质相关的因素也异常复杂，主要有以下几个方面：

①橡胶相 ABS 中橡胶相的组成、相对分子质量、交联度、含量、粒度、粒度分布、胶粒的几何形状、胶粒的分散状态，胶粒内包藏树脂的量等。

②树脂相 ABS 中 AS 树脂的组成、组成排列方式、相对分子质量、相对分子质量分布等。

③共混比及工艺 ABS 中橡胶相与树脂相的共混比、共混温度、共混时间等。

随着橡胶组分的增加，ABS 树脂的屈服强度下降，硬度、弯曲和拉伸强度下降，抗冲击强度提高，耐热性下降，流动性和加工性也随橡胶含量的增多而下降，特别是耐候性更随丁二烯橡胶含量的增加而剧降。

ABS 的应用甚广，主要用于机械、电子、汽车工业、文教体育用品等，在制鞋工业主要用于制鞋辅料、装饰件等。

三、聚苯乙烯增强橡胶

聚苯乙烯增强橡胶的体系中，橡胶是连续相，而聚苯乙烯是分散相，此共混体系中利用聚苯乙烯的刚性来提高橡胶的强度、刚性和挺性。聚苯乙烯增强的橡胶品种有丁苯橡胶、热塑性橡胶 SBS 等。本节重点介绍聚苯乙烯增强 SBS 的体系。

SBS 是由苯乙烯和丁二烯通过阴离子聚合而成的嵌段共聚物，两端的聚苯乙烯段形成聚集相微区，分散在由聚丁二烯橡胶嵌段形成的连续相中，构成热可逆的物理交联微区，成为共容的两相体系。SBS 虽具有弹性好、耐磨、低温性能优良等特点，但是为了提高 SBS 的硬度、模量、抗撕性能，往往加入聚苯乙烯与之共混改性，同时聚苯乙烯的加入可改善 SBS 的流动性能。选择用来增强 SBS 的聚苯乙烯树脂时，应选用相对分子质量低的聚苯乙烯较为适宜，因为它在 SBS 中相容性最好，且聚苯乙烯的熔体流动速率 MFR 越大，共混物的流动性能越佳。加入结晶性聚苯乙烯，可提高强度。

表 6 - 7 中，选用聚苯乙烯、聚乙烯、EVA、古马隆树脂增强改性 SBS 进行了对比实验。

实验数据表明：对 SBS 中加入聚苯乙烯树脂，使定伸强度和撕裂强度明显提高，而加入聚乙烯或乙烯 - 醋酸乙烯树脂，效果并不理想，但据文献介绍可改善 SBS 耐候性。

表6－7　　PS增强SBS对比实验

加入树脂	拉伸强度/MPa	500%定伸应力/MPa	永久变形/%	伸长率/%	硬度（邵氏A）
PS	14.4	2.7	44	736	75
PE	8.4	2.5	57	563	75
EVA	6.5	—	52	390	80
古马隆	10.0	2.5	40	900	75

注：实验配方中SBS 150，树脂40，其他助剂适量。

我国专家通过显微镜下观察到："三嵌段"SBS结构中的PS区相起到物理交联点的作用。加入同类结构的聚苯乙烯后，可大大提高SBS中PS区相的几何尺寸，相应增强了其物理交联点的作用。但PS用量超过60%时，可能发生变相，使弹性体转变为刚性的塑料，故PS用量范围在20～40份为宜。

聚苯乙烯增强SBS组成的共混物主要用于制鞋工业、黏合剂工业，其他方面的应用有待于进一步开发。

第七节　橡塑共混型热塑性弹性体

一、概　　述

热塑性弹性体是近50年发展起来的一种新型材料，用橡胶与塑料共混的方法制备共混型热塑性弹性体，则是近30年的进展。热塑性弹性体最早出现于20世纪50年代，1958年首先由美国Goodrich公司生产出聚氨酯型热塑性弹性体。1963年，美国Phillips石油公司生产出牌号为Soprene的聚苯乙烯－聚丁二烯－聚苯乙烯三嵌段热塑性弹性体；1972年出现了聚酯型热塑性弹性体，由美国杜邦公司生产，牌号为Hytrel。与此同时，美国Uniroyoal化学公司采用聚烯烃用机械共混法制造了一种全新类型的共混型热塑性弹性体，产品牌号为TPR。它与用化学方法进行接枝或嵌段共聚的热塑性弹性体（TPE）相比，除了具有一般热塑性弹性体TPE的优点外，还具有原料易得，价廉，密度小，耐候性、耐湿性、耐化学药品性优良和较小的永久变形，及在加工时原料不必干燥、脱模容易等优点。

橡塑共混型热塑性弹性体由于采用机械共混的方法，工艺比嵌段共聚工艺简单得多，投资少，成本低，在一般的橡塑加工厂都可以生产。橡塑共混型热塑性弹性体由于其独特的性能（耐热性、耐天候老化性好），加之可直接注射成型，因而可广泛应用于制鞋工业。

二、橡塑共混型热塑性弹性体的结构形态

典型的弹性体依靠橡胶硫化时形成的交联网络来提供弹性的回复力，而热塑性弹性体是由橡胶相域及树脂的热塑区域构成。其热塑性由硬的塑料相的熔融特性产生，弹性

由橡胶相产生，所以按定义热塑性弹性体在其结构形态上是多相的。对嵌段共聚的 TPE 而言（如 SBS），橡胶相在化学上是不交联的，但树脂相以嵌段聚合物的硬段形式出现，当硬段从熔融状态开始冷却时，通过硬段大分子间的范德华力或氢键、离子键等内聚力，发生缔合作用，形成密集的聚集相，它既起补强填充剂的作用，也起交联作用（物理交联），使弹性体具有一定强度和刚性。而对共混型 TPR 而言，硬区（塑料相）和软区（橡胶相）是独立的聚合物，区域之间缺少某种必要的作用形式（如物理、化学交联），性能不够理想。这是因为未经交联的橡胶是线型大分子，在外力作用下可呈塑性流动，其模量、弹性回复及耐温性等指标是极低的。但橡胶经过充分硫化交联后，其力学性能及耐温性得以极大提高。

硫化橡胶、嵌段共聚热塑性弹性体及共混型热塑性弹性体的结构形态如图 6－11 所示。橡塑共混型热塑性弹性体结构中，橡胶被硫化成交联了的颗粒，分散在树脂中。这与传统的热塑性弹性体形态相反，是以塑料相为软段、交联橡胶为硬段的高分散的点状结构。如果橡胶相足够多的话，颗粒也会相互作用得到连续的橡胶相。这种交联了的橡胶相除了使共混物获得弹性外，还增加了模量与强度，而结晶性热塑性树脂（大多采用结晶性树脂与橡胶共混）由于晶核的存在提高了材料的刚性与强度。因为材料在拉伸过程中微晶取向可以消耗掉破坏能量，从而在取向方向强度得以提高，另外，由于热塑性树脂在熔融温度下会产生塑性流动，从而为这种共混物提供了加工性能。如果熔融态热塑性树脂占有一定比例的话，共混物的加工性能不会因硫化而损失，甚至当其中橡胶相完全被硫化时也是如此，所得产物是弹性的，却仍能像热塑性树脂那样加工。这就是制备具有不同性能的橡塑共混型热塑性弹性体的基本原理。

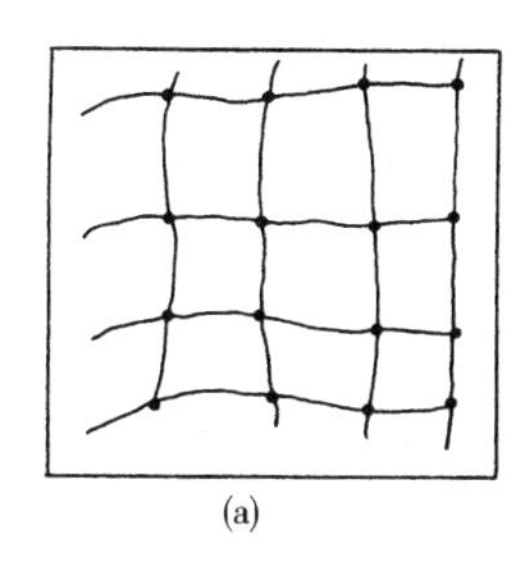
(a)

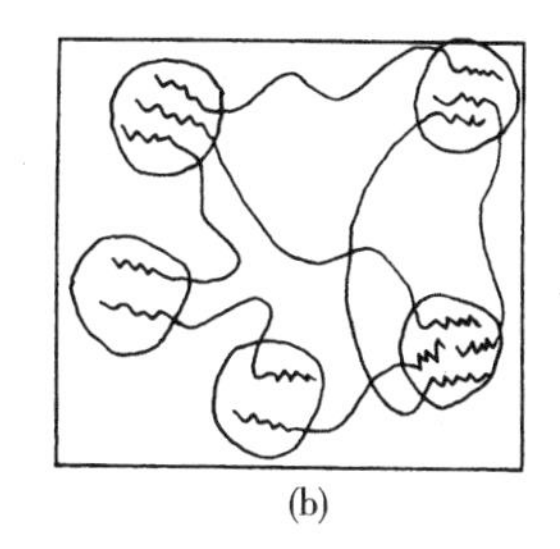
(b)

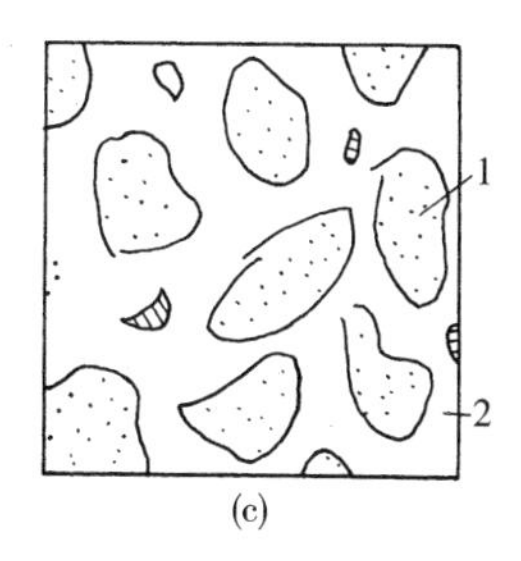

(c)

图 6－11　三种弹性体的结构形态
（a）硫化橡胶　（b）嵌段共聚 TPE　（c）橡塑共混 TPR
1—硫化橡胶　2—塑料

共混型热塑性弹性体具有制备工艺简单、材料价廉物美的特点。

热塑性硫化橡胶具有优良的强度和高温力学性能及耐热、耐油性能，压缩永久变形小，弹性大，是对部分硫化法共混型热塑性弹性体的极大改进，是共混型热塑性弹性体的发展方向。

三、共混型热塑性乙丙橡胶

乙丙橡胶和聚烯烃共混的产品，是共混型热塑性弹性体的主要品种之一。

（一）配方与制备工艺

在制备共混型热塑性乙丙橡胶时，乙丙胶∶聚烯烃 =40∶60 ~85∶15。聚烯烃用量增加，拉伸强度增加，伸长率降低。用聚丙烯（PP）的比用聚乙烯（PE）的强度大，伸长率低，见表6 –8。

聚烯烃有相对分子质量、相对分子质量分布和长侧链的不同，乙丙橡胶有不同的组成、组成分布和序列长度，此外还有共混方法，这些都影响共混物的物理性能和流变性能。

表6 –8　　乙丙橡胶与聚烯烃共混物性能

共混比例	乙丙橡胶	80	60	80	60	80	60
	聚丙烯	20	40				
	低密度聚乙烯			20	40		
	高密度聚乙烯					20	40
共混物性能	拉伸强度/MPa	8.3	13.9	5.8	8.0	8.5	10.2
	伸长率/%	220	80	290	190	210	130
	永久变形/%	28	30	35	30	25	33

共混型热塑性乙丙橡胶的硫化体系常选用过氧化物、硫黄/促进剂硫化体系，且硫化剂用量直接影响共混物性能。

（二）相畴和物理性能

共混型热塑性乙丙橡胶的亚微观相畴形态与EPDM的交联度有关。在非交联或交联较小的共混体中，EPDM为共混体的连续相，PP为分散相，PP的相畴分散于EPDM相畴之中。这种相畴形态的共混物的热塑流动性随着橡胶含量的增加而显著下降，影响了热塑性弹性体的基本特性。而深度交联的热塑性乙丙橡胶相畴形态则完全不同，作为共混体基质的PP构成了连续相，深度交联的EPDM则为分散相。这种热塑性乙丙橡胶具有良好的热塑流动性，易于加工成型。在常温下，由于作为分散相的橡胶粒子的作用，使其表现出优越的高弹性能。结晶型PP和深度交联的EPDM赋予共混型热塑性乙丙橡胶优异的综合性能。

共混型热塑性乙丙橡胶的压缩永久变形与硬度的关系和橡胶类似。温度对它的压缩永久变形影响小，且耐热老化性能优异。120℃下经过1500h传统硫化，EPDM伸长率保持率只有20%，而共混型热塑性乙丙橡胶可保持80%以上，硬度几乎没有变化。此外，它还具有优良的耐候性，光照200h后，拉伸强度仍保持80%，据此推算它在100℃下可连续使用7年。

共混型热塑性乙丙橡胶对酸、碱、醇、醚等均有良好的稳定性。在25℃下，经过240h后，它在98%硫酸中增重3.5%，在40%氢氧化钠中增重0.1%，在乙醇中增重0.5%。此外，它还具有优良的电绝缘性能。

（三）应用

共混型热塑性乙丙橡胶主要用于高档鞋的鞋底如溜冰鞋，而不是用于一般中低档鞋，这是因为乙丙橡胶价格昂贵的缘故。此外，PP/EPDM 共混型热塑性弹性体主要用于制造汽车配件、电线、电缆、土木建筑等方面。

四、共混型热塑性天然橡胶

（一）制备方法和物理性能

制备共混型热塑性天然橡胶时，共混比 NR∶PP 一般为 80∶20～40∶60，硫化体系可采用过氧化物或硫黄。混炼一般采用高温密炼机进行机械共混，共混温度应高于树脂熔融温度 10～20℃，为 165～170℃，但不应超过 200℃，PP 含量高时也不能超过 220℃。混炼好后，可直接由密炼机压入挤出机中进行连续挤条、冷却、切粒。

共混型热塑性天然橡胶的重要特点是其弹性模量及硬度随温度的变化变小。此外，它还具有较好的耐热性。它的物理力学性能与共混热塑性乙丙橡胶相近。

（二）加工性能与应用

共混型热塑性天然橡胶的加工性能类似共混型热塑性乙丙橡胶，可采用注射和挤出成型。注射成型时，机筒温度 180～200℃，口模温度 190～220℃。共混型热塑性天然橡胶中填充部分填料可改善它的耐磨性和出型的流动性，降低出型后的收缩率。例如，填充 50 份碳酸铅能明显改善其加工成型性；加入 1 ～ 5 份炭黑或钛白粉可提高其抗紫外线老化；加入 5～15 份填充油可降低其熔融黏度；低黏度油品易产生喷出现象，高黏度油品则可以避免这种现象。各种酚类、胺类防老化剂都有较好的防护作用。

共混型热塑性天然橡胶具有良好的耐曲挠性和抗冲击性，良好的耐热、耐寒、耐氧化和耐臭氧等性能，所以它具有与共混型热塑性乙丙橡胶相同的用途。除了广泛用作汽车配件、家用电器，还可用来制造胶鞋和皮鞋底等。

五、共混型热塑性丁腈橡胶

共混型热塑性丁腈橡胶具有优异的耐油性和耐热老化性能，用于制造耐油甚至耐热油制品。在制鞋工业应用的主要为 NBR/PVC 共混型热塑性弹性体。

NBR 与 PVC 的并用胶综合了 PVC 的耐油性、抗化学药品性、耐臭氧性和 NBR 的耐溶剂性和弹性，同时 PVC 对 NBR 起补强作用。若与单一 NBR 相比，并用胶的拉伸强度和抗撕裂性能均有提高，耐磨性、抗溶剂性及耐臭氧龟裂性有显著改善，并提高了自熄性能。

NBR/PVC 共混型热塑性弹性体较 PVC 的耐热性好，表现为良好的高温形状保持性，优良的耐热老化和耐候老化，100℃下老化 1000h 后，伸长率仅稍有变化。此外，它还具有优异的耐热油性和抗臭氧老化性。

NBR/PVC 共混型热塑性弹性体可用于制造汽车配件（变速杠杆、扶手、头靠、挡风雨嵌条和导风管等），也用作电线电缆护套、家用电器的各种衬垫、水管、防水片材、防滑地板以及注射鞋底材料等。

思 考 题

1. 橡胶和塑料的并用条件是什么？
2. 什么是相容性及溶解度参数？
3. 影响橡塑并用共混物形态和性能的因素有哪些？
4. 写出5种橡塑并用材料的性能和在制鞋中的应用。

第七章　胶　粘　剂

第一节　胶粘剂的组成和分类

能将两种或两种以上同质或异质的材料连接在一起，固化后具有足够强度的有机或无机的、天然或合成的一类物质统称为黏合剂或胶粘剂、粘接剂，习惯上简称为胶。

胶粘剂以黏料为主剂，配合各种固化剂、增塑剂、稀释剂、填料以及其他助剂等配制而成。最早使用的胶粘剂大都是来源于天然的胶粘物质，如淀粉、糊精、骨胶、鱼胶等，用水作溶剂，通过加热配制而成。由于组分较为单一，不能适应各种用途上的要求；当今的胶粘剂大都是利用合成高分子化合物为主剂，制成的胶粘剂有良好的粘接性能，可供各种粘接场合使用。

一、胶粘剂的组成

胶粘剂的主要组成有黏料、固化剂、增塑剂、填充剂、溶剂等。为了满足某些特殊使用要求，有的还要加入一些改性剂或其他配合剂。对一种胶粘剂而言，不一定都含有这几种组分，有的可能多达几十种，这些主要由胶粘剂的性能和用途来决定。

（一）黏料

黏料也被称为基料或主剂。黏料是胶粘剂中使两被粘物结合在一起时起重要作用的基本成分，它具有良好的黏合性和润湿性。作为黏料的物质大多数是高分子物质，例如：合成树脂（如热固性或热塑性树脂）、合成橡胶（如氯丁橡胶、丁腈橡胶、丁基橡胶、聚硫橡胶等）、天然高分子物质（如淀粉、蛋白质、天然橡胶）以及无机化合物（如硅酸盐、磷酸盐）等。

胶粘剂的性质、用途和使用工艺也主要由黏料的性质所决定。一般胶粘剂的名称也是用黏料的名称来命名的。

在结构型胶粘剂中，主要用热固性树脂作为黏料，因为它在硬化后形成体型交联结构，能增加胶层的内聚强度。尤其是在热固性树脂的大分子链节上引入羟基、羧基等极性基团时，能改善其黏合性能；同时在结构型胶粘剂中也常加入热塑性树脂或弹性材料，以改善胶粘剂的性能，提高胶接接头的抗弯曲性和抗剥离强度。

在非结构型胶粘剂中，胶接结构的强度要求不高，但一般要求具有较好的柔韧性和耐屈挠性，可用热塑性树脂及弹性材料作为黏料。在设计胶粘剂配方时应做全面考虑，根据被粘物的性质选择适当的黏料以及合理的用量，以获得优良的综合性能。

（二）固化剂（硬化剂）

固化剂就是把黏料硬化为固体的物质。固化剂也是胶粘剂的主要成分，其性质和用量对黏合剂性能起着重要作用。

加入固化剂的目的就是为了使某些线型高分子化合物与它交联，形成体型网状结构，固化剂是直接参与化学反应的。例如，环氧树脂中加入胺类或酸酐类固化剂，在室温或高温作用后就能固化成坚硬的胶层。

在配制固化剂时，考虑到配制时的损耗、气体的挥发、气温的高低、固化反应的快慢，往往实际用量比计算用量要大些。一般是根据实际经验来选择固化剂用量。例如，夏季气温高，用量要少一点；冬季气温低，用量可多一点；有时等着用，要求固化快，就可多加点固化剂。总之，固化剂的用量不能超过它的允许使用限度，否则会影响胶接性能，使胶层变脆。

（三）增塑剂（或称增韧剂）

为增强胶粘层的柔韧性，提高胶粘层的抗冲击韧性，降低固化时的反应热和收缩率，改善胶粘剂的流动性，需加入增塑剂，用量为黏料的20%以内。例如，环氧树脂固化后性能脆硬，抗冲击性差，容易断裂，加入增塑剂就能使它的抗冲击性获得较大的改善，而且增加对裂缝延伸的抵抗性，疲劳性能也好，但是用量过多时，由于降低了分子间的作用力，强度反而下降。

增塑剂是一种高沸点液体或低熔点固体化合物，与黏料有混溶性，但不参与固化反应，如邻苯二甲酸二丁酯或二辛酯、磷酸三苯酯等；热塑性树脂如聚酰胺树脂；合成橡胶如聚硫橡胶和端羧基丁腈橡胶等。

（四）填料（填充剂）

为了改善胶粘剂的加工性、耐久性、强度及其他性能，或为了降低成本，常加入非黏性的固体填料。

常用的填料有炭黑、白炭黑、滑石粉、金属粉及一些金属氧化物等。所有各种填料都要求干燥，显中性或弱碱性，与黏料、固化剂及胶粘剂中的其他辅助材料不发生化学反应，填料一定要研磨成细碎粉末，才能与黏料混合均匀。填料的用量根据胶粘剂的黏度、性能要求和填料的性质来决定，灵活掌握，以不影响浸润和操作为原则。常用填料及其作用见表7-1。

表7-1　常用填料及其作用

填　料	作　用	用量/（g/100g树脂）
铝粉	导电，导热，降低收缩力和热应力，提高热稳定性及高温性能	100~300
铁粉	导电，导热，改善磁导率	50~300
铜粉	导电，导热	200~300
银粉	导电	200~300
氧化铝	提高耐热性和耐稳定性，提高黏合强度和介电性	100~300
石英粉	减少内应力，提高尺寸稳定性和黏合强度	100~300
炭黑	导电，导热，着色	100~150
石墨粉	导电，提高耐热性能	30~80
滑石粉	提高胶的延伸性能和黏合强度，降低成本	100~200

续表

填　　料	作　　用	用量/(g/100g 树脂)
二硫化钼	提高胶的耐磨性和润滑性能	30 ~ 80
碳酸钙	使应力分布均匀，增白，降低成本	100 ~ 250
钛酸钡	提高介电性能	自选
玻璃纤维	提高黏合强度和抗冲击性	10 ~ 40

（五）溶剂（稀释剂）

在溶剂型胶粘剂中，需要用有机溶剂溶解黏料，调节胶粘剂的黏度，以便于操作和喷涂，增加胶粘剂的浸润能力和分子活动能力，从而提高黏合力。

不同的胶粘剂选用的溶剂有所不同，一般溶剂与高分子材料的溶解度参数越接近，相容性越好。还应考虑它的挥发速度，不宜太快或太慢。此外，还要考虑其来源、价格及溶剂对操作工人身体健康的影响。

常用的溶剂有甲苯、苯、乙酸乙酯、乙醇、汽油、丙酮等。

（六）其他附加剂

为了改善某些性能，满足特殊需要，在黏合剂中有时还要加入其他组分，例如防腐剂、防老化剂、偶联剂等。

二、胶粘剂的分类

胶粘剂的组分不一，品种繁多，至今尚无统一的分类方法，为便于掌握，习惯的分类方法主要有按化学成分、形态、用途来分，具体介绍如下。

（一）按胶粘剂的主要成分分类

此种分类方法便于掌握各种胶粘剂的配制过程和性能特点。按主要成分分类的胶粘剂如下：

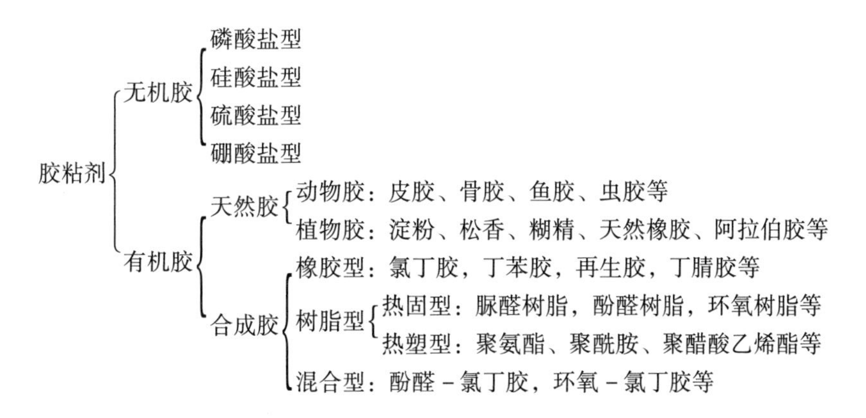

天然胶可用于皮革、木材、纸张等材料的黏合，由于天然胶的来源少，性能不完善，所以逐渐被合成胶取代。

合成胶发展很快，品种很多，性能也优良。橡胶型胶粘剂有很好的起黏性和柔韧性，抗张、抗弯性能比较好，但强度和耐热性较差。树脂型胶粘剂粘接强度（黏合强度）高，硬度、耐温、耐介质性能都比较好；缺点是性脆，韧性和起黏性较差。混合型胶粘剂是将一种或多种树脂、橡胶掺混使用，取长补短，这样既可提高强度，又增加了柔韧性。

（二）按形态分类

按形态可分为溶液型、乳液型、固体型、粉末型、膏糊型以及薄膜型等，本书主要介绍前两种。

1. 溶液型胶粘剂

大部分胶粘剂属于溶液型，它的主要成分是树脂或橡胶，在适当的溶剂中溶解成为黏稠的溶液。使用时溶剂挥发或由被粘物吸收而消失，胶料固化，使两个被粘物黏合在一起。在溶液型胶粘剂中又分为水溶型胶粘剂和溶剂型胶粘剂。

（1）水溶型胶粘剂

水溶型胶粘剂是指基料溶解分散在水中的高分子物质组成的胶粘剂。溶解于水的也可称为水溶液胶粘剂。天然橡胶、动物胶、淀粉、糊精、松香等天然物质均可配制成水溶型胶粘剂，制鞋工业中常用的糯米糊和聚乙烯醇缩甲醛也是水溶型胶粘剂。

水溶型胶粘剂的特点如下：

①以水为介质，无毒、不燃烧、无三废，使用安全。

②室温下水分能蒸发，干燥成膜而形成粘接，可节约能源。

③对其他物质有良好的耐受性，可接受多种类型的添加剂改性而不影响稳定性。

④工艺简单，使用方便，一般可以用通用机械涂布施工。

（2）溶剂型胶粘剂

如果以有机物做溶剂则叫作溶剂型胶粘剂。即将天然或合成的树脂、橡胶或塑料，溶于适当的可挥发的有机溶剂中，加入或不加入填料，配成一定浓度的溶液，或将单体直接缩聚为一定固体含量的溶液，都称为溶剂型胶粘剂。这类胶有氯丁胶胶粘剂、过氯乙烯胶粘剂、聚氨酯胶粘剂、脲醛树脂胶粘剂等。

溶剂型胶粘剂的特点：

①配制容易，多为单液型，使用方便。

②固化温度低，大部分可室温固化，不需加热。

③黏度低，易浸润，工艺性好。

④靠溶剂挥发的物理作用实现固化，收缩率较大，粘接强度不高。

⑤大部为有机溶剂，有一定的毒性和易燃性。

2. 乳液型胶粘剂

乳液型胶粘剂是水分散型胶粘剂。树脂分散在水中为乳液，橡胶分散在水中为乳胶。这类胶粘剂有天然橡胶乳液、丙烯酸树脂乳液等。

（三）按固化形式分类

按固化形式可分为溶剂型、反应型和热溶型胶粘剂。

溶剂型固化的特点是溶剂从粘接端面挥发，或者由被粘物吸收而消失，形成粘接膜而产生粘接力。这是一种纯粹的物理可逆过程。固化速度随环境的温度、湿度、被粘物的疏松程度、含水量及粘接面的大小、加压方法等而变化。

反应型胶粘剂的固化特点是由不可逆的化学变化引起固化，这种化学变化是在基本化合物中加入固化剂，通过加热或不加热进行的。按照配制方法及固化条件，可分为单组分、双组分甚至三组分的室温固化型、加热固化型等多种形式。

热熔型胶粘剂是以热塑性的高聚物为主要成分，由不含溶剂的粒状、圆柱状、块状、棒状或固体聚合物通过加热熔融粘接，随后冷却固化发挥粘接力。

（四）按用途分类

按用途可分为结构胶和非结构胶两大类。

结构胶具有较高的强度和一定的耐温性，多用于胶接受力部件上，如环氧树脂、酚醛－氯丁橡胶等就属于结构胶。非结构胶具有一定的粘接强度，但不能承受较大的负荷和温度，如脲醛树脂，橡胶胶粘剂等。

制鞋用的胶粘剂全部是非结构胶粘剂。根据胶粘剂在制鞋各工序的使用情况，可分为制帮用胶和制底工序用胶。制帮用胶包括捩边用胶和作临时固定用胶，如天然橡胶、聚乙烯醇缩甲醛、热熔胶等。制底工序用胶较多，有绷楦胶、粘大底用胶以及加固用胶，如氯丁胶、聚氨酯热熔胶等。

第二节　胶粘剂的粘接机理

一、胶接接头及其破坏

胶接是指通过胶粘剂夹在中间把两个被粘物连接在一起，胶接过程是一个复杂的物理、化学过程。研究胶接原理的目的在于揭示胶接现象的本质，探索胶接过程的规律，以指导选用合适的胶粘剂、采用合理的胶接工艺、获得牢固的胶接强度。

任何一个简单的胶接接头都包括下列几个部分，如图 7－1 所示。

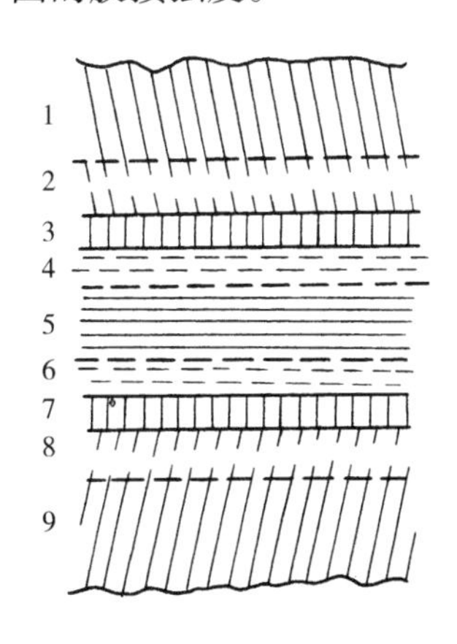

图 7－1　胶接接头结构示意图
1，9—被粘物　2，8—被粘物的表面层
3，7—胶粘剂与被粘物的界面
4，6—受界面影响的胶粘层
5—胶粘剂

当胶接接头受到外力作用时，应力就分布在组成这个接头的每一部分中，而组成接头的任何一部分的破坏都导致整个接头的破坏。

胶接接头的破坏通常有四种形式，如图 7－2 所示。

①被粘物破坏。

②内聚破坏（即胶粘剂本身分子之间的内聚力破坏），发生这种破坏时被粘物的两个表面都有胶粘剂，破坏面凹凸不平。

③胶接破坏或界面破坏。这种破坏发生在胶层与被粘物表面之间的界面上，在胶接面上只有一个被粘物表面有胶粘剂，破坏面光滑平整，通常叫开胶。被粘物表面处理不好，常会引起这种破坏。

④混合破坏。它既有胶层内部破坏，又有在胶接界面上的破坏，破坏面一部分光滑，一部分粗糙。

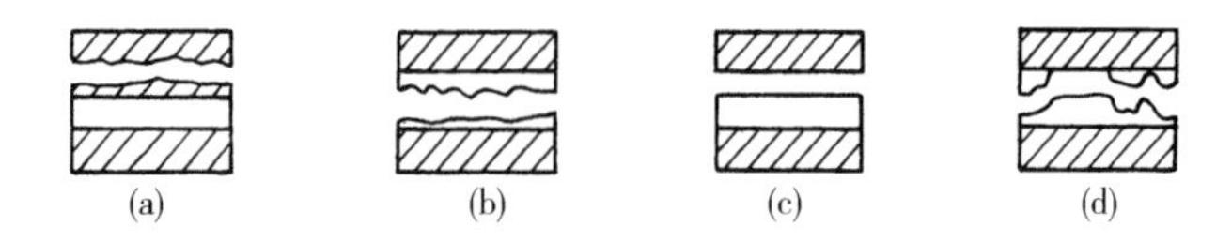

图7－2　胶接接头的破坏类型示意图
（a）被粘物破坏　（b）内聚破坏　（c）界面破坏　（d）混合破坏

二、被粘物的表面层结构和性质

胶接工艺涉及的被粘物都是固体，而且粘接作用仅仅发生在表面及其薄层，所以粘接实际上是一种界面现象，因此了解固体的表面特性尤为重要。

对于任何一个物体，其表面层的性质与它的内部情况往往是有所不同的。经过长时间暴露后，其差别更为显著。例如金属表面总是有一层氧化皮，氧化皮的性质又各不相同：铁锈结构疏松，强度很差；铝的自然氧化膜结构比较紧密，粘接活性很低。材料的表面层通常是污染层、尘埃气体吸附层、氧化层以及氧化物－基体过渡层的结构体。物体表面是粗糙的，宏观上是光滑的表面，而在微观上却是非常粗糙、凹凸不平。这样两个固体表面的接触，只能是最高点的接触，其接触面积是非常小的。此外，固体表面又具有多孔性、缺陷性、吸附性等，对这样的表面进行胶接时，在胶接接头中，表面层常因被破坏而导致强度降低，因而称这种表面层为“薄弱表面层”，在胶接前必须进行表面处理，清除掉表面层。

表面处理的方法一般有两类：一类是净化表面，即除去被粘物和表面层不利于胶接的杂质，在制鞋工业中现在多采用机械的方法；另一类是改变被粘物表面的物理、化学性质，使其表面活化、以获得良好的粘接性能，对于惰性材料常采用这种表面处理方法。

三、胶粘剂对被粘物表面的浸润

为了使胶粘剂与被粘物表面牢固地结合，胶粘剂与被粘物表面必须紧密地结合在一起，任何固体放大起来看表面都是高低不平的，要使胶粘剂适合这种“地貌”，在胶接过程中必须使胶粘剂变成液体，并且完全浸润固体表面。要获得强度最大的黏合，首先必须使胶粘剂与被粘物能良好地浸润。如果浸润不完全，就会有许多气泡出现在界面中，在应力的作用下，气泡周围就会产生应力集中现象，使强度大大下降。除此之外，要获得很好的粘接强度，还要满足粘接的充分条件，就是胶粘剂与被粘物发生某种相互作用而形成足够的黏合力。总之，粘接作用的形成，一是浸润，二是黏合力，两者缺一不可。

要使胶粘剂很好地浸润固体表面，需要高能表面的固体和低能表面的胶粘剂。

金属和无机物表面张力在0.001N/cm以上，称为高能表面。一般有机液体都能在高能表面上展开，浸润好，所以胶粘剂大部分用有机物做溶剂。塑料的有机物表面的表面张力比较低，称为低能表面。胶粘剂对低能表面的浸润就不太容易，所以塑料属于难粘材料。在实际应用中都要采取一些措施，如表面活化、降低胶液黏度、给胶层以压力等，以使胶粘剂充分浸润被粘物。

液体对固体表面浸润情况的另一表示方法是临界表面张力（γ_C）。即当液体的表面张力小于固体的临界表面张力时就能浸润。所谓临界表面张力就是液体能浸润固体表面的最小表面张力。某些胶粘剂的表面张力见表7-2，某些聚合物的临界表面张力见表7-3。

表7-2　　某些胶粘剂的表面张力 γ_L（20℃）

胶　粘　剂	$\gamma_L/(\times10^{-5}N/cm)$	胶　粘　剂	$\gamma_L/(\times10^{-5}N/cm)$
水	72.8	动　物　胶	4.3
酚醛树脂（酸固化）	78	聚酯酸乙烯乳液	38
脲　醛　胶	71	天然胶-松香胶	36
间苯二酚甲醛酸	51	一般环氧胶	30
特殊环氧胶	45	硝化纤维素胶	26

注：首先列出水，是因为水在实际使用中通常被用来比较被粘物表面浸润的程度。

表7-3　　某些聚合物的临界表面张力 γ_C（20℃）

聚　合　物	$\gamma_C/(\times10^{-5}N/cm)$	聚　合　物	$\gamma_C/(\times10^{-5}N/cm)$
脲醛树脂	61	聚酯酸乙烯酯	37
聚丙烯腈	44	聚乙烯醇	37
聚氧化乙烯	43	聚苯乙烯	32.8
尼龙-66	42.5	尼龙1010	32
尼龙-6	42	聚丁二烯（顺式）	32
聚砜	41	聚乙烯	31
聚甲醛丙烯酸甲酯	40	聚氨酯	29
聚偏二氯乙烯	39	丁基橡胶	27
聚氯乙烯	39	聚二甲基硅氧烷	24
聚乙烯醇缩甲醛	38	硅橡胶	22
氯磺化聚乙烯	37	聚四氟乙烯	18.5

将表7-2与表7-3对比，可以看出，用环氧树脂难以粘接临界表面张力比它小的聚乙烯、聚四氟乙烯等高聚物。

实际上，某些低能表面材料的黏合，也是基于胶粘剂对被粘物表面充分浸润的原理来进行特殊处理的。降低胶液黏度，提高胶液流动性，给胶层以压力，都能提高胶粘剂的浸润能力。如在胶粘皮鞋生产中，对鞋帮、鞋底起毛，采用气压机对成鞋进行加压，都是使得胶粘剂的浸润能力增强，从而提高粘接强度（黏合强度）。

在实际操作中，为得到最佳的粘接条件，必须满足下列要求：

①液态胶粘剂与被粘物表面的接触角要尽可能的小，以得到最充分的浸润。

②被粘物表面应尽量清除“薄弱表面层”，使其净化，以防止胶粘剂与被粘物表面之间产生气泡或空隙等。

③对于粗糙或具有孔隙的表面，应选择黏度低、流动性好的胶粘剂，以利胶粘剂的浸入。

四、黏合理论

在粘接过程中，胶粘剂分子经过润湿、移动、扩散和渗透等作用，逐渐向被粘物表面靠近。当胶粘剂分子与被粘物表面分子间的距离小于0.5nm时，胶粘剂就能与被粘物产生物理、化学结合，即产生黏合力。

黏合力是胶粘剂与被粘物表面之间通过界面相互吸引和连接作用的力。黏合力的来源是多方面的，它包括机械作用力、分子间力和化学键力。

（一）机械结合理论

任何物体的表面即使用肉眼看来十分光滑，但放大后来看还是十分粗糙、遍布沟壑的，有些表面还是多孔性的。胶粘剂渗透到这些凹凸或孔隙中去，固化之后就像许多小钩子似地把胶粘剂和被粘物连结在一起（图7－3）。胶粘剂和被粘物之间的这种黏合力称为机械作用力。这种观点称为机械结合理论。

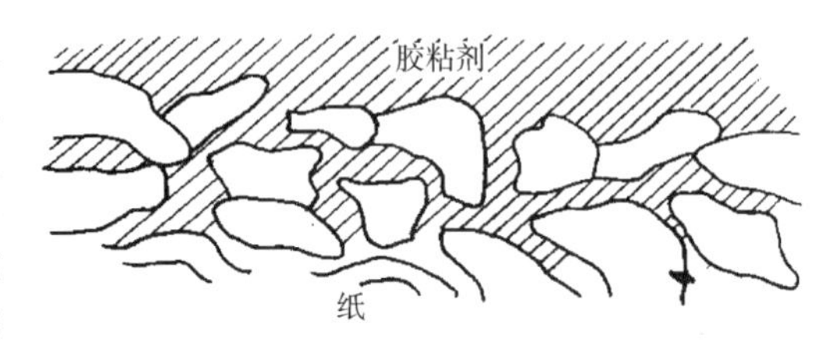

图7－3　胶粘剂与被粘物之间的机械连接

这种力虽然很小，却是不可忽视的。特别在粘接多孔材料时，如皮革、布、织物及纸等，机械作用力是很重要的。

（二）吸附理论

此理论认为，黏合作用是胶粘剂与被粘物分子在界面层上相互吸附而产生的。在胶粘剂分子与被粘物表面分子的相互作用的过程有两个阶段：第一阶段是胶粘剂中的高分子溶液由于分子的“微布朗运动”迁移到被粘物表面，使高分子极性基团向被粘物中的极性基团靠近，在没有溶剂的情况下，可以通过加热使胶粘剂的黏度降低，这样，高分子极性基团也能很好地靠近被粘物表面；第二阶段是吸附力的产生，近代物理学告诉我们，原子—分子之间都有着相互作用力，这些作用力可以分为强的作用力（即主价力或化学键）和弱的作用力（即次价力或范德华力），当胶粘剂与被粘物分子间的距离小于0.5nm时，这些分子间力便发生作用，使胶粘剂与被粘物牢固地结合起来。

大量的实验证明，凡是高分子链节上带有极性基团的高分子化合物，一般都具有良好的黏合性能。所以我们在制备胶粘剂时就要选用极性较大的高分子化合物作为胶粘剂的组分。例如在天然橡胶中加入10%的甲基丙烯酸甲酯，就可以使均匀剥离强度增加，达到4MPa；若在橡胶中引入氰基，如加入丙烯腈 $CH_2{=}CH{-}CN$ 或甲基丙烯腈，这种改性后的橡胶也具有很高的黏附性能。

吸附理论在解释极性相近的胶粘剂与被粘物之间具有高的粘接强度以及增加胶粘剂与被粘物的极性能提高粘接强度时，是比较成功的。例如聚乙烯醚不是较好的胶粘剂，而聚乙烯醇缩醛树脂、环氧树脂、酚醛树脂却是很好的胶粘剂。但是吸附理论不能圆满地解释这些问题，如对某些非极性聚合物（如聚异丁烯、天然橡胶）之间有很强的黏合力，就无法解释清楚，需要与其他理论互相补充。

（三）扩散理论

这种理论认为，在两种聚合物具有相溶性的前提下，当它们相互紧密接触时，由于分子的布朗运动或链段的摆动产生相互扩散现象，加上胶粘剂与被粘物必须相互可溶、互相渗透，或胶粘剂以溶液的形式涂布、扩散和交织使界面消失，从而使胶粘剂与被粘物之间就形成牢固的粘接接头。

由于扩散理论认为在胶粘剂与被粘物之间存在着强固的扩散层，所以扩散理论很容易解释黏合力是随高聚物黏合后剥离速度快慢而变异的现象，也可以解释塑料黏合的一些现象。但是扩散理论有很大的局限性，它是以高分子链具有柔顺性为条件的，只能适用于与黏合剂相溶的链状高分子材料的黏合，对于用胶粘剂粘接金属、玻璃、陶瓷等材料，还不能完全用扩散理论进行解释。

（四）化学键结合

各种原子、分子作用力的能量见表7－4。

表7－4　各种原子、分子作用力的能量

类　型	作用力种类	能量/（kcal/mol）
化学键	离子键	140～250
	共价键	15～170
	金属键	27～83
范德华力	氢键	<12
	偶极力	<5
	诱导偶极力	<0.5
	色散力	<10

注：1kcal＝4.18kJ。

化学键包括离子键、共价键及金属键。从表7－4可以看出化学键的强度比范德华力高得多，因此胶粘剂与被粘物之间如果能够形成化学键结合无疑有很多好处。

高聚物与金属之间形成化学键的一个典型例子是硫化橡皮与镀黄铜的金属之间的粘接。用电子衍射法可以证明，黄铜表面上形成了一层硫化亚铜，它通过硫原子与橡胶分子结合在一起。

化学键起作用的另一个例子是金属与橡胶，合成纤维与橡胶之间通过异氰酸酯进行粘接。

一些难粘材料，如聚乙烯、聚丙烯、聚四氟乙烯、聚有机硅氧烷等，表面经过氧化处理或者辉光放电处理之后，能使粘接强度大大提高，很可能与这些材料获得反应活性有关。

化学键结合对于胶接工艺的重要意义最容易从硅烷偶联剂的广泛应用得到说明。偶联剂分子必须具有能与被粘物表面发生化学反应物基团，而分子的另一端能与胶粘剂发生化学反应。

（五）静电理论

此理论认为，当胶粘剂－被粘物体是一种电子的接受体－供给体的组合形式时，由于电子从供给体相（如金属）转移到接受体相（聚合物），在界面区两侧形成双电层。双电层电荷的性质相反，从而产生静引力。这就是静电吸引理论对聚合物和金属粘接的解释。这样对不产生双电层的非极性物质就似乎不能粘接，或具有很小的黏合力，但事实上很多非极性物质可以进行牢固的粘接，因此静电理论不能完全解释粘接原理。

（六）总结

根据迄今为止的研究，胶粘剂和被粘物之间可能发生机械结合、物理吸附、形成化学键、互相扩散等作用。由于这些作用使胶粘剂和被粘物之间产生了黏合力，但是各种作用力的贡献大小目前尚不能通过实验加以鉴别。根据理论计算，任何原子、分子之间普遍存在的范德华力足以产生很高的粘接强度，但是仅仅以物理吸附对粘接强度作出贡献的粘接接头，对于应力集中和破坏性环境影响的抵抗能力恐怕满足不了实用的要求。因此对于一个优良的粘接接头，在界面中胶粘剂分子与被粘物分子之间互相分散，或者形成化学键（至少有氢键）结合是必要的。

五、影响粘接强度的因素

影响粘接强度的因素有很多，下面介绍几个主要因素。

（一）胶粘剂性质对粘接强度的影响

胶粘剂性质对粘接强度的影响很大，胶粘剂的相对分子质量、分子结构、极性及胶粘剂中所加的各种助剂均对粘接强度有影响。

相对分子质量是聚合物很重要的参数，它对聚合物的一系列性能起决定性作用。以直链状无支化结构的聚合物为例，有两种不同的情况。其一是在粘接体系均为内聚破坏的情况下，粘接强度随相对分子质量的增大而升高，并高到一定范围后渐趋向一个定值。其二是粘接体系是多种形式破坏时，往往存在下述规律：相对分子质量较低时，一般发生内聚破坏，此时粘接强度随相对分子质量增加而上升，并趋向一个定值；当相对分子量增大到使胶层的内聚力等于界面的黏合力时，开始发生混合破坏；相对分子质量继续增大，由于胶粘剂的湿润性能下降，黏合体系发生界面破坏，而使粘接强度严重降低。所以一般可选择中等相对分子质量的高聚物作为胶粘剂黏料，它既有很好的扩散能力，又具有良好的黏合力。

黏料的分子结构与胶粘性能也有着密切的关系。分子中含有的极性基团越多，极性越强，粘接强度越好。含有极性基因的胶粘剂对于极性高分子化合物具有较强的黏合力，而对非极性高分子化合物则较差，这是由于结构相似，混溶性较好，有利于扩散的缘故。

另外，胶粘剂的其他组分如填料、固化剂、溶剂（稀释剂）等对粘接强度也有一定影响。加入适当的稀释剂可降低黏度，增加流动性，有利于浸润，但若加入过多，会影响胶粘剂的耐温性和内聚强度，还会造成浪费，使操作工艺复杂化，因此，要根据被粘物性质以及工艺要求选择适宜的胶粘剂配方。例如氯丁胶有高结晶、中结晶、低结晶之分，胶粘鞋流水线只适于使用低结晶氯丁胶，若采用高结晶的氯丁胶粘接时，由于氯丁胶已经固化，不能黏合。可见选择最适宜的胶粘剂是获得最大粘接强度的先决条件。

（二）被粘物表面性质对粘接强度的影响

被粘物的表面状况对胶粘剂的选择及粘接过程有很大影响，它直接影响黏合力的产生，对粘接强度的影响也较大。

被粘物表面常常吸附有水分、尘埃、油污等附着物，这些附着物会降低胶粘剂的浸润性，阻碍胶粘剂直接接触被粘物的基本表面。因此，从表面张力角度来说，只有被粘物表面清洁性好，才能保证具有相当高的表面能，使胶粘剂对被粘物表面有良好的亲和力。

被粘物表面粗糙度对胶粘强度也有影响，一般被粘物的粗糙表面比光滑表面更容易被浸润，因此，常通过打磨等处理方法，使被粘物表面具有一定的粗糙度。但是，表面过于粗糙，又会影响胶粘剂对被粘物表面的浸润性，而且易于吸附空气，使表面峰尖容易切断胶层，造成黏合界面的不连续性，构成应力集中点，使黏合界面提前破坏，反而降低了粘接强度，可见打毛等表面处理要适中。

被粘物表面除了进行清洁并具有适当的粗糙度外，表面的化学性质对粘接强度也有很大的影响。表面化学性质是指被粘物表面张力大小、极性强弱等，它可以影响胶粘剂的浸润性和化学键的形成，随着化学工业的发展，许多新的合成材料进入制鞋工业，用以代替天然材料。有些材料如聚乙烯、聚丙烯等，分子间排列规整、致密、表面惰性大，较难黏合，如果采用一般的处理方法，则粘接强度会大大下降，只有经过表面活化处理，提高表面极性，才能得到理想的胶粘效果。

由此可见，要得到良好的粘接强度，必须重视被粘材料的表面处理。

（三）操作工艺对粘接强度的影响

一般粘接强度随着胶厚厚度的增加而降低。这是因为胶层薄有利于胶粘剂分子的定向作用，不易产生裂纹和缺陷，同时胶层薄，胶粘界面上的黏合力起主要作用，而黏合力往往大于内聚力，还可以节约用胶量，降低成本；反之，胶层越厚界面上产生的缺陷越多，使粘接强度下降。因此胶层以薄一些为好，但也不是越薄越好，胶层太薄，容易造成缺胶现象，不能形成连续的胶层，反而使粘接强度下降。通常对胶层厚度应加以控制。无机胶的胶层厚度控制在 0.1 ~ 0.2mm，有机胶的胶层厚度最好控制在 0.03 ~0.15mm。

（四）黏合温度与压力对粘接强度的影响

被粘物用胶粘剂粘接形成接头时，如升高温度，则分子热运动加强，有利于提高黏合力。增大压力是为了达到最大接触面积，对于液态胶粘剂只需有接触压力就行了，对固态胶粘剂增大压力则有利于胶粘剂均匀铺展在粘接面上，使黏合力提高。

（五）胶粘剂的配方

为了使胶粘剂具备综合的力学性能，人们研究出各种成分复杂的配方。在前面已经分别叙述过各种因素的影响，为了清楚起见，现在把这些因素粗略地加以归纳并列入表 7 -5 中。

表 7－5　胶粘剂配方中各种因素的影响

影响因素	第一方面的影响	第二方面的影响
聚合物相对分子质量提高	（1）力学强度提高 （2）低温韧性提高	（1）黏度提高 （2）浸润速度减慢
高分子的极性增加	（1）内聚力提高 （2）对极性表面黏合力提高 （3）耐热性增加	（1）耐水性下降 （2）黏度增加
交联密度提高	（1）耐热性提高 （2）耐介质性提高 （3）蠕变减少	（1）模量提高 （2）延伸率降低 （3）低温脆性增加
增塑剂用量增加	（1）抗冲击强度提高 （2）黏度下降	（1）内聚强度下降 （2）蠕变增加 （3）耐热性急剧下降
增韧剂用量增加	（1）韧性提高 （2）抗剥离强度提高	内聚强度及耐热性缓慢下降
填料用量增加	（1）热膨胀系数下降 （2）固化收缩率下降 （3）使胶粘剂有触变性 （4）成本下降	（1）硬度增加 （2）黏度增加 （3）过多使用胶粘剂变脆
加入偶联剂	（1）黏合性提高 （2）耐湿热老化提高	有时耐热性下降

第三节　制鞋生产中常用的胶粘剂

当前，我国有 3500 多家企业生产各种合成胶粘剂，在 2015 年生产能力达 686.8 万吨。在制鞋工业中常使用的胶粘剂有糯米浆糊、聚乙烯醇缩醛胶粘剂、天然橡胶胶粘剂、氯丁橡胶胶粘剂、聚氯乙烯树脂胶粘剂、过氯乙烯胶粘剂、聚氨基甲酸酯类胶粘剂等。其中，使用最多、最为广泛的是溶剂型氯丁橡胶胶粘剂。

一、糯米浆糊

糯米浆糊是在糯米粉内加入适量的水分、少量的白矾，经过煮沸、搅拌成黏稠的物质。浆糊不但黏性很大，而且干燥后使部件坚硬牢固，因此在靴鞋生产中常用浆糊粘主跟、包头及其他部件，在正常的使用条件下，糯米浆糊有良好的粘接效果，但受到潮湿容易使部件生霉。为了克服这种缺点，在浆糊内必须加入防腐剂（石碳酸或福尔马林），现在有些鞋厂仍在使用。

二、聚乙烯醇缩甲醛胶粘剂（107 胶水）

聚乙烯醇缩甲醛是由聚醋酸乙烯酯经水解制得聚乙烯醇，然后聚乙烯醇再与甲醛进行缩化反应而得聚乙烯醇缩甲醛。

缩醛的性质取决于聚乙烯醇的结构、水解程度、醛类的化学结构和缩醛化程度等。一般所用醛类的碳链越长，树脂的玻璃化温度越低，耐热性就低，但韧性和弹性提高，在有机溶剂中的溶解度也相应增加。溶解性能也取决于结构中羟基的含量，缩醛度为50%时可溶于水，配制成水溶液胶粘剂；缩醛度很高时不溶于水，而溶于有机溶剂中，聚乙烯醇缩甲醛能溶于乙醇和甲苯的混合溶剂中。

聚乙烯醇缩甲醛用于绷楦工序，粘后跟、包头。过去，一直使用糯米浆糊，为节约粮食，许多鞋厂使用聚乙烯醇缩甲醛胶粘剂代替糯米浆糊。

聚乙烯醇缩甲醛属于化学浆糊，制品不易发霉且无毒，黏度大，黏合力强，并使主跟、包头在涂胶后较长时间内进行绷楦操作，绷楦时略加热，缩醛胶受热变软便于操作，冷却时胶变硬而使主跟、包头获得一定硬度。

缺点是制品的硬度略低于糯米浆糊。

三、天然橡胶类胶粘剂

天然橡胶的黏合性强，黏合速度较快，粘接时只需轻微加压，所以它在鞋用胶粘剂领域中占有重要地位，已被广泛应用。

（一）汽油胶

汽油胶是把天然橡胶用汽油做溶剂配制而成的，它具有初期黏合强度高的特点，很适合用于制帮抿边工序的临时固定，也可用于粘鞋里或鞋垫、粘解放鞋的围条与鞋面。

汽油胶的制作比较容易，工厂可以自行配制，而且配方简单：天然橡胶 5 份，120#机油 95 份。将大固体天然橡胶用切胶机切成大小适宜的颗粒，送入炼胶机塑炼，而后趁热放到装有溶剂的溶胶罐中，搅拌溶解成均匀一致的胶浆。

（二）天然橡胶乳胶粘剂

天然橡胶乳胶粘剂是模压皮鞋专用胶粘剂，它直接用胶乳制成。天然橡胶乳胶粘剂以水为溶剂，具有渗透好、黏合力强的特点，但它只能限于具有微孔表面的材料，吸收水分迅速凝聚固化。

使用天然橡胶乳胶粘剂，只需刷一薄层胶浆即可，比用汽油胶（两遍）可提高效率一倍，同时，帮脚与外底的黏合力大大提高，各种面革的皮鞋粘接强度可达 0.5MPa 以上，有时可高达 1MPa 以上。除此之外，它还可以与聚乙烯醇胶粘剂混合使用，这种混合胶浆绷楦，可耐 100℃以上的高温，粘接牢固，不仅适用于手工绷楦，也可用于机器绷楦。

天然橡胶乳胶粘剂以天然胶乳为主要原料，除配入一般天然橡胶用的各种配合剂之外，还配有胶乳专用配合剂，如渗透剂 JFC、稳定剂（KOH，平平加）、扩散剂（酪素 NF）以及增黏剂（202 橡胶浆）等，其具体配方表 7－6。

表 7－6　　天然橡胶乳配方

原料名称	原料规格/%	质量份数	原料名称	原料规格/%	质量份数
天然胶乳	62	100	促进剂 M	20	0.5
平平加	20	0.6	促进剂 TP	40	0.2
促进剂 DM	35	1	渗透剂 JFC	10	2
防老化剂 D	50	1.2	202 橡胶浆	36	8.7
氧化锌	50	1	蒸馏水		20
硫黄	50	1			

配制胶粘剂时，要把渗透剂 JFC、平平加、扩散剂 NF 等用水溶解，将促进剂 DM 和 M 等配合剂分别装坛球磨成水分散液，然后再与天然胶乳配合。加料顺序为：在天然胶乳中先加入平平加，而后加入促进剂 DM、防老化剂 D，并依次加入氧化锌、硫黄、促进剂 M、促进剂 TP 等各种配合剂，最后加入 202 橡胶浆。

在配制过程中要注意始终搅拌，加料过程中，固体料要随加随用水冲，使原料全部加入。

（三）绷楦胶

1. 聚乙烯醇缩甲醛－天然胶乳

天然胶乳和聚乙烯醇缩甲醛以 3∶1 的比例在室温下混合均匀则可制得无毒绷楦胶粘剂，它具有黏合力强、无毒、耐高温（大于 100℃）、只需刷一遍胶等特点，被广泛用于手工和机器绷楦。

2. 改性天然橡胶胶粘剂

用各种方法将天然橡胶进行化学改性，可以增加分子极性，改善天然橡胶的黏合性能。除天然橡胶作为主要原料外，还配有促进剂、防老化剂、活性剂和增黏剂等。其配方如下：

1#天然橡胶	100 份	促进剂 D	0.3 份
促进剂 M	0.4 份	古马隆	2 份
氧化锌	5 份	硬脂酸	1 份
白炭黑	10 份	碳酸镁	5 份

制作方法：将天然橡胶在炼胶机上与各种配合剂进行混炼，然后把混炼好的胶片与汽油以 1∶7 的比例投入溶胶罐，搅拌成均匀一致的胶浆。为增加胶粘剂黏度，可不塑炼，破料后包辊压光，直接混炼。

此胶粘剂主要用于手工或机器绷楦。

（四）硫化型汽油胶

1. 黑胶浆

黑胶浆主要用于硫化皮鞋、模压皮鞋的生产。

在硫化皮鞋生产中，天然黑胶浆主要用在粘中底、刷边、粘外围条及刷胶合底等工序中。在硫化罐中经 115℃、60min（现多采用 95℃，70min）完成硫化成型。

在模压皮鞋中黑胶浆主要用于脚帮与外底的黏合。黑胶浆涂刷在鞋帮脚黏合面上，外底混炼胶料置于没有加热装置的模压机鞋模内，在加压、加热的条件下完成胶底硫化成型及帮底黏合。

在胶鞋生产中，黑胶浆用在布面胶鞋中围条与鞋面布的黏合及鞋面布间的黏合。

将天然橡胶塑炼、混炼（不加硫黄），用4倍120#汽油溶解，使用前加入硫黄，黑胶浆配方见表7-7。

表7-7　黑胶浆的配方

原料名称	质量份数	原料名称	质量份数
天然胶	100	松焦油	1
硫黄	2.30	松香	1.7
促进剂D	0.7	炭黑	5
促进剂M	1	碳酸钙	27
促进剂DM	0.7	着色剂	适量
氧化锌	7	机油	1
硬脂酸	2	汽油	400

2. 白胶浆

对于织物材料，为防止刷黑胶浆透过，使内底变黑，应先刷一遍白胶浆，白胶浆配方见表7-8。

3. 单组分硫化汽油胶

用于模压鞋帮底黏合的是单组分慢速硫化汽油胶，其配方见表7-9。

表7-8　白胶浆的配方

原料名称	质量份数	原料名称	质量份数
天然胶	100	氧化锌	2.6
硫黄	2.4	硬脂酸	1
促进剂D	0.4	碳酸钙	132
促进剂M	0.4	立德粉	10.4
促进剂DM	0.6	汽油	适量

表7-9　单组分硫化汽油胶配方

原料名称	质量份数	原料名称	质量份数
天然胶（64%）	100	松焦油	4.4
硫黄	2.4	松香	2
促进剂D	0.4	硬脂酸	2
促进剂M	0.8	碳酸钙	20
促进剂TMTD	0.6	高耐磨炭黑	15
防老化剂D	1.5	汽油	适量

4. 双组分快速硫化汽油胶

模压鞋的帮底黏合也可采用双组分快速硫化汽油胶，其配方见表7-10。使用前胶浆用适量汽油溶解，调节成合适的黏度，再将甲、乙两组分混合，12h内用完。夏季可酌减促进剂的用量

表7-10 双组分硫化汽油胶配方

乙组分		甲组分	
原料名称	质量份数	原料名称	质量份数
烟片胶（78%）	10	烟片胶（78%）	100
促进剂M	2.4	硫黄	6
促进剂D	2	氧化锌	20
促进剂TT	0.4	铁红	1.6
硬脂酸	1		
铁红	0.2		
防老化剂D	3		
固体古马隆	8		
陶土	10.6		
合计	127.6	合计	127.6

四、氯丁橡胶胶粘剂

氯丁橡胶胶粘剂是橡胶型胶粘剂中最重要的品种之一，产量最大，用途最广，它适合于皮革、橡胶、织物、塑料、木材等非金属及金属各种材料的黏合。目前我国胶粘皮鞋中用量最大的也是氯丁橡胶胶粘剂，广泛用于绷楦和帮底黏合工艺上。

（一）氯丁胶胶粘剂的组成

1. 黏料

氯丁胶胶粘剂的黏料为氯丁橡胶，是由氯丁二烯经乳液聚合而得的聚合物。其中1.4－反式结构占80%以上，结构比较规整，分子链上又有极性较大的氯原子存在，结晶性大，在－35～32℃都能产生结晶（以0℃为最快）。这些特性使氯丁橡胶在室温下即使不硫化也具有较高的内聚强度和较好的黏合性能，非常适合作胶粘剂用。

2. 金属氧化物

氯丁胶胶粘剂配入的金属氧化物主要有氧化锌和氧化镁。氧化锌主要起硫化剂的作用，在室温或加热时硫化，与氯丁橡胶中的氯原子作用生成二氯化锌，同时发生交联反应，使氯丁胶产生硫化，由线型结构转变成网型结构。硫化后的橡胶不易燃烧，对臭氧及许多化学试剂的作用均很稳定。氧化镁还能吸收因氯丁橡胶老化缓慢释放出来的氯化氢，是有效的稳定剂，也有硫化作用。总之，金属氧化物同时可以做硫化剂、酸吸收剂和防焦剂。氧化锌应选用橡胶专用氧化锌，氧化镁用轻质氧化镁。

3. 树脂

纯橡胶型及填料型氯丁橡胶胶粘剂耐热性低，对金属、玻璃、软质橡胶、尼龙和聚酯纤维等材料的黏合性能差，使它们的应用受到很大的限制。在基本型胶粘剂中加入某些树脂可以提高耐热性、改善对于金属等材料的黏合性能和其他性能。可用作改性的树脂有低熔点的热塑性树脂（如古马隆树脂、松香和松香脂等）、萜烯酚醛树脂以及热固性的烷基酚醛树脂等。古马隆树脂和松香类能延长胶粘剂的黏性保持期，萜烯酚醛树脂能防止胶粘剂产生触变性，但这些树脂皆不能很有效地改善胶膜的高温性能，对常温黏合性能也无显著的影响。唯有某些热固性烷基酚醛树脂（如对叔丁基酚醛树脂）能与氧化镁形成高熔点的改性物，因而大大提高氯丁胶粘剂的耐热性。由于这种树脂分子的极性较大，加入后还能明显增加对于金属等被粘材料的黏合能力。因此，对叔丁基酚醛树脂改性的氯丁橡胶胶粘剂已发展成了氯丁胶粘剂中性能最好、应用最广，因而也是最重要的品种。

4. 防老化剂

为了防止氯丁橡胶的分解，增强抗老化能力，提高胶膜的耐热氧老化性，而且还可以改善胶液贮存稳定性，必须加入防老化剂。氯丁胶常用的防老化剂有防老化剂 D，其熔点105℃，防老化效果好，价格又便宜，用量一般为 2 份。此外，防老化剂也可选用苯酚类。

5. 溶剂

溶剂的加入主要是为了降低胶液的黏度，便于操作和喷涂，提高胶液的浸润性和流动性。氯丁橡胶仅能溶于苯、甲苯、二甲苯、四氯化碳、丁酮中，在汽油、醋酸乙酯等溶剂中有一定的溶胀。一般采用混合溶剂提高溶解度。常用的氯丁橡胶溶剂为甲苯∶醋酸乙酯∶汽油＝3∶2.5∶4.5（体积比）的混合溶液，配制成固含量为20%～30%的氯丁胶胶液。

6. 填充剂

加入填充剂的目的是为了提高粘接强度和降低成本。常用的填充剂有炭黑、陶土、碳酸钙、白炭黑等。

7. 交联剂

交联剂也称室温硫化剂，可提高氯丁胶的粘接强度和耐热性。最常用的是列克那－JQ－1胶（20%三苯基甲烷三异氰酸酯的二氯乙烷溶液），呈蓝色或红紫色，用量为总固体物的5%～15%。对于浅色粘接可用JQ－4或7900（固体四异氰酸酯），用量为3%。7900的突出特点是固体粉末，无毒无味，色浅耐光，使用方便，粘接牢固。这些交联剂反应活性高，加入氯丁胶中2～3h后即可交联成凝胶，因此要在临用前调配，混合后立即使用。

（二）氯丁胶胶粘剂的特点

①大部分氯丁胶属于室温固化接触型，涂胶于表面，经适当晾置，合拢接触后就能瞬时结晶，有很大的初始黏合力。

②耐久性好，具有优良的防燃性、耐光性、抗臭氧性和耐大气老化性。

③胶层柔韧，弹性良好，耐冲击和振动。

④耐介质性好，有较好的耐油、耐水、耐碱、耐酸、耐溶剂性能。

⑤可以配成单组分，使用方便，价格低廉。

⑥对多种材料都有较好的黏合性，所以有“万能胶”的美称。

⑦贮存稳定性较差，耐寒性不佳。溶剂型氯丁胶稍有毒性。

（三）氯丁胶的种类

1. 基本型

基本型氯丁胶胶粘剂配方如下：氯丁胶100份，氧化镁4～8份，氧化锌5～10份，防老化剂2份，溶剂适量。

基本型对皮革、棉帆布、木材、硬质橡胶及硬聚氯乙烯等材料也有较好的常温粘接强度。

2. 填料型

为了降低成本，并进一步提高黏合性能，可在基本型的胶粘剂中加入大量的无机填料，如沉淀白炭黑和水合硅酸钙，这些填料对氯丁胶也有很大的补强作用。四川槽黑对提高高温粘接强度特别有效。

填料型氯丁胶胶粘剂成本低，一般适用于那些性能要求不太高，但用量比较大的物品的胶接。比如地毯等。

国产填料型氯丁胶胶粘剂配方（按混炼顺序）：氯丁胶（通用型）100份，氧化镁8份，碳酸钙100份，防老化剂D2份，氧化锌10份，汽油136份，乙酸乙酯272份。

3. 树脂改性型

皮鞋用树脂改性型氯丁胶胶粘剂配方：通用型氯丁胶100份，氧化镁4份，防老化剂2份，白炭黑15份，氧化锌2份，叔丁基酚醛树脂50份，水0.5份，甲苯320份，正己烷134份，氯甲烷27份。

胶液黏度2800Pa·s。

4. 室温硫化型双组分氯丁胶胶粘剂

加入室温硫化剂列克那，即可制得室温硫化型的双组分氯丁胶胶粘剂。配方如下：

通用型氯丁胶 100 份，氧化镁 4 份，防老化剂 D2 份，氧化锌 2 份。

混炼后溶于乙酸乙酯∶汽油 =2∶1 的混合溶剂中，制成 20% 浓度的胶液，使用前加入胶液质量 10% 的列克那溶液，搅拌均匀即可使用。使用期小于 3h。

5. 胶乳型

胶乳型橡胶胶粘剂（简称胶乳胶粘剂）是由乳液聚合所得的橡胶胶乳直接加入各种配合剂制成的。它与溶液型橡胶胶粘剂相比，虽然有水分挥发慢、粘接强度较低等缺点，但鉴于它无毒、不燃，操作安全，在工业上同样得到广泛的应用。

氯丁胶乳是最早开发的合成胶乳，具有和天然胶乳相似的性能。成膜性能良好，弹性、物理机械性能与天然胶乳接近，并有耐候性、耐氧、耐油、耐燃、耐热、耐溶剂和化学品等特性，其制品具有其他胶乳品所没有的许多特点，并具有优良的粘接性能。

氯丁胶乳胶粘剂是由氯丁胶乳直接加入稳定剂、防老化剂、硫化剂、增黏剂、填料、增稠剂等配合剂调配而成的。稳定剂可采用阴离子型或非离子型表面活性剂。能与氯丁胶乳相溶的增黏剂有丙烯酸树脂、古马隆树脂、沥青、聚乙烯醇、淀粉等。增稠剂常用甲基纤维素。填料可用滑石粉、碳酸钙、胶体二氧化硅等。硫化剂除氧化锌外，也可配用硫黄和促进剂，以提高胶膜的物理机械性能。

例如，鞋底用氯丁胶乳配方：氯丁橡胶胶乳 100 份，稳定剂 5 ~6 份，氧化锌 5 份，防老化剂 D2 份，填料 120 份，皂土 6 份，增黏剂适量，增稠剂适量。

6. 接枝型

新的鞋底材料如 PVC、PU、SBS、EVA 等的出现，氯丁胶粘剂已不能适应这些材料的冷粘要求，所以应对氯丁胶（CR）进行接枝改性。用甲基丙烯酸甲酯（MMA）进行聚合接枝，使 CR/MMA 接枝共聚物既有 MMA 对 PVC 的黏附性，又有 CR 的弹性和初黏性，这种胶粘剂主要用于人造革、合成革、凉鞋、旅游鞋、橡塑仿皮底鞋等的粘接。

配方如下：氯丁胶 100 份，甲基丙烯酸甲酯 70 ~ 100 份，过氧化苯甲酰（BPO）1 ~ 1.5 份，对苯二酚 1 份，甲苯 600 ~630 份，防老化剂 D 1 ~1.15 份，增黏树脂 70 ~120 份。

制备时将 CR 加入溶剂中加热至完全溶解后再加入 MMA 和过氧化二苯甲酰，继续加热到 90℃，并不断搅拌，当黏度达到适中时马上加阻聚剂，同时将温度保持数小时，再降至室温。在冷却过程中可适当添加增黏树脂、防老化剂，为调节黏度，也可补充少量溶剂。接枝后的胶粘液为半透明棕黄色。

这种胶是生产 PVC 和 PU 革面运动鞋、旅游鞋、橡塑凉鞋和皮鞋的理想胶粘剂，能解决 PVC 人造革、PU 合成革鞋面与 PVC 底、PU 底、TPR 底、SBS 底、EVA 泡沫底之间的粘接问题。而且 CR/MMA 接枝胶粘剂的初黏力增长很快，初期和后期的黏合力比普通用的 CR 胶浆大。因次 CR/MMA 接枝胶能很好地满足皮鞋各工艺的要求。

在使用 CR/MMA 接枝胶粘剂时可添加少量的列克那溶液，其用量为 5% ~10%。对于浅色制品可用四异氰酸酯（7900），其用量为 5% ~8%，从而大大提高粘接强度。

五、聚氯乙烯树脂胶粘剂

一般是将聚氯乙烯溶解于四氢呋喃、环已酮和二氯用烷等溶剂中，配制成胶粘剂，主要用于聚氯乙烯的粘接。

六、过氯乙烯胶粘剂

过氧乙烯胶粘剂又称 CPVC 树脂胶。将聚氯乙烯用 10% 的四氯乙烯溶液在60 ~80℃下通入氯气，与氯作用后则得到过氯乙烯树脂。把过氯乙烯溶解在醋酸二酯、醋酸丁酯、氯苯、丙酮等有机溶剂中，就可以制得过氯乙烯胶粘剂。

过氯乙烯胶粘剂的化学性质比聚氯乙烯稳定，并有很好的黏合性能，耐化学药品、耐热、耐寒等性能较好，而且使用时干燥快，不用加填料，也可以预先在粘接部件上涂刷一层胶液，使用时刷一遍溶剂就可粘接。

过氯乙烯的主要用途是进行聚氯乙烯与皮革等其他各种材料的粘接，也用于各种皮件的粘接，制鞋工业在 20 世纪 60 年代曾用它作为主要胶粘剂，现在由于许多新的胶粘剂的出现，它在制鞋工业中已放逐渐淘汰。

七、聚氨酯胶粘剂

主链上含有氨基甲酸酯基的胶粘剂黏合剂，简称聚氨酯胶粘剂，俗名“乌利当”。聚氨酯胶粘剂有许多种类。

（一）溶剂型聚氨酯胶粘剂

在制鞋工业中使用的是端异氰酸酯基聚氨酯预聚体胶粘剂即一步法制备的聚氨酯胶粘剂。这一类胶粘剂是聚氨酯胶粘剂中最重要的一部分。其特点是初始粘接强度大，弹性好，耐低温性能超过其他品种。

它广泛用于粘接皮革、泡沫塑料、棉布等多孔性材料，也可粘接尼龙、橡胶、塑料等表面较光洁的材料，对含有增塑剂的聚氯乙烯也具有很好的粘接性能。聚氨酯胶粘剂最适于软质聚氯乙烯与皮革的注塑粘接与胶粘粘接。

使用中应注意：

①被粘物表面要处理干燥清洁，皮革表面要锉出纤维毛茬，被粘物表面应刷两遍聚氨酯黏合剂，并用红外灯干燥（50℃）。

②使用溶剂型聚氨酯胶粘剂时，操作室要求通风，温度在 15℃以上。室内水汽太大或温度太低会使胶膜结皮，内部溶剂挥发不掉，大大降低粘接强度，因此在夏天雨后及寒冬尤其要注意。

③胶粘剂的稀稠度按应用要求密封存放，要严防水及水汽，严格防火，严冬还要注意防冻。

溶剂型聚氨酯胶粘剂的特点：

①黏合力大，并具有很高的弹性。

②耐低温性能极好是其突出特点，低温时的粘接强度比室温高出 2 ~3 倍。

③耐冲击、耐振动、耐疲劳性很好，且耐溶剂、耐臭氧、耐磨等。

④良好的气密性和耐候性，电绝缘性好。

⑤工艺性好，容易浸润，适用期长（密闭时可达 1 ~5 天）。

⑥室温或高温固化，可粘接多种材料。

⑦对水敏感，胶层易产生气泡，耐水、耐湿热性差。

⑧耐强酸或强碱性能比较差。

（二）水性聚氨酯胶粘剂

1. 水性聚氨酯的结构和性能

水性聚氨酯是一种多嵌段结构的聚合物，分子链的结构相当复杂。但在聚氨酯分子的主链结构中有重复的结构特性基团——氨基甲酸酯（—NH—COO—），此基团有类似酰胺基团（—NHCO—）和酯基团（—CO—O—）的结构，因此，水性聚氨酯化学与物理性质介于聚酰胺和聚酯之间。

水性聚氨酯分子链分为两个部分——硬链段区和软链段区。硬链段中含有大量极性基团，如氨基甲酸酯、脲基（—NH—CO—NH—）、酰胺基等，这些基团作用力大，彼此之间可以通过氢键缔合在一起，分子链不容易旋转改变构象，表现为刚性。水性聚氨酯分子软段链中含有 C—O 单键和 C—C 单键，由于这些单键内旋转频率高，在常温下会有各种构象，呈无规线团状，具有柔顺性。

介质水中聚氨酯微粒的粒径大小对乳液的稳定性和成膜性、对基材的湿润性能、膜性能及粘接强度等有较大影响。水性聚氨酯的耐水性、耐溶剂性、力学强度等方面的性能相对较差。所以有研究表明，环氧改性后的聚氨酯乳液稳定，黏度低。外观和黏度的变化与改性聚氨酯分子结构的交联度增大、乳液的粒径增大有关。水性聚氨酯经过环氧树脂的改性成膜后，涂膜的力学性能和耐水性能均得以提高。

在配方基本不变、亲水性基团含量基本相同的情况下，乳液粒径的减小，有利于提高乳液的稳定性和胶膜性能。乳液稳定性还与亲水基团含量和乳液颗粒表面的离子基团有关。表面张力是关系到水性聚氨酯对基材湿润性的重要因素。水性聚氨酯的表面张力一般在 0.040 ~0.055N/m。为了有效地使水性聚氨酯均匀涂覆在塑料等低表面能物质的表面上，可添加润湿剂以降低乳液的表面张力。

水性聚氨酯干燥后，具有弹性体的外观和性能。由于聚氨酯原料的多样化，由水性聚氨酯也能制得从软质到硬质的干膜。通过热处理，一般能提高胶膜的强度和耐水性能，在乳液中添加交联剂一般也能提高胶膜强度，但有时会降低其延伸率。

2. 水性聚氨酯的应用

水性聚氨酯胶粘剂具有低 VOC，不燃烧，对环境没有或很小污染，是聚氨酯胶粘剂的重点发展方向之一。水性聚氨酯胶粘剂喷涂等加工方便，在较低的温度下被热活化，对基材有良好的粘接性，具有较高的初始粘接强度和较高的最终粘接强度，良好的耐潮湿、耐增塑剂性能和耐热性能，被广泛用作胶粘剂。如软质 PVC 塑料薄膜或塑料片与其他材料如木材、织物、纸等的层压制品。

与传统溶剂型树脂相比，水性聚氨酯树脂成膜好，粘接牢固，涂层耐酸、耐碱、耐寒、耐水，透气性好，耐屈挠，制成的成品手感丰满，质地柔软，舒适，具有不燃、无毒、无污染等优点。

含氟聚合物因具有优良的化学稳定性以及较高的表面活性、耐热性、抗污染性和耐大气老化等特性，成为优良的涂料成膜材料。

水性聚氨酯可用作织物涂层剂，如可用于多种无纺布、针织布的仿皮涂层剂，印花涂层剂，玻纤上浆剂，石油破乳剂等。

八、SBS 胶粘剂

SBS 胶粘剂是以 SBS 为基料的溶剂型胶粘剂。它与普通橡胶型胶粘剂相比有以下特点：粘接强度好，成膜速度快，达到最大粘接强度的时间短，不需添加硫化剂、交联剂等助剂。

（一）SBS 胶粘剂配方的确定

1. SBS 基料的选择

SBS 按分子结构可分为线型和星型两种。线型聚合物相对分子质量较小，黏度较高；星型聚合物相对分子质量较大而黏度低。一般选用线型 SBS 结构为宜。另外，还要考虑苯乙烯（S）、丁二烯（B）的相对含量，苯乙烯含量高，胶液黏度高，胶膜强度大，但胶的曲挠性、耐寒性能差，作为鞋底胶粘剂，要考虑它对综合性能的要求，S∶B 以 30∶70 为宜。

2. 溶剂的选择

凡溶解度参数和聚苯乙烯、聚丁二烯相近的各种溶剂均能溶解 SBS，如甲苯、环己烷、卤代烷等。从保护环境和产品成本考虑，可选用 120# 工业溶剂汽油和醋酸乙醇混合溶剂，汽油∶乙醇＝70∶30 为宜。

3. 增黏树脂的选择

SBS 与多种增黏树脂均有较好的相溶性。为了提高 SBS 胶粘剂的黏合力，必须加入各种增黏树脂。加入的各种增黏树脂分别与 SBS 中的聚苯乙烯相中聚丁二烯相相结合。加入芳香族树脂如香豆酮茚树脂，以及以苯乙烯为基料的各类树脂，都与聚苯乙烯相相结合。松香类树脂、聚萜烯树脂一般与聚丁二烯相相溶。但使用单一树脂，不管是和哪一个相结合的，均达不到预期的效果，而使用混合树脂效果显著，用量以 SBS 为 100 质量份计，增黏树脂用量应为 100～200 份。

4. 稳定剂的选用

SBS 聚合物中有双键存在，贮存和加工过程中易被氧化，加入稳定剂可以延缓这个过程。一般橡胶用的胺类、酚类稳定剂对 SBS 也有效。但胺类污染重，酚类污染小，对热、氧老化有较好的防护作用，从材料来源和价格等因素考虑；可选用 264（2,6－二叔丁基 4－甲基苯酚）作为热稳定剂，稳定剂的用量一般为 1～2 份即可。

（二）SBS 胶粘剂的制备工艺

SBS 胶粘剂的制备不需要捏炼，因为 SBS 产品本身呈屑状或颗粒状，而且与一般橡胶比较，相对分子质量较低，所以配料前不需捏炼也易溶解。

在配制 SBS 胶粘剂时，聚合物、辅料、溶剂等按配比一次加入，搅拌溶解即可。

胶粘剂中的聚合物、辅料等配合剂溶解、搅拌均匀后即可使用，其粘接强度不受时间影响。

（三）环境对粘接强度的影响

1. 温度的影响

由于 SBS 胶膜的强度来自本身聚苯乙烯嵌段的可逆性物理交联，因而粘接强度对温度很敏感。SBS 中的聚丁二烯的玻璃化温度为 -70℃，所以这种胶粘剂低温性能良好。而聚苯乙烯相温度在 60℃时物理交联已开始解体，因此粘接强度显著下降。SBS 胶粘剂粘接强度和温度的关系如图 7 -4 所示。

从图中可以看出，粘接层在 -20℃时粘接强度最高，在 60℃时粘接强度明显下降。由此可见，SBS 胶粘剂耐低温性能好，而耐高温性能较差，所以该胶适合于做一般生活用鞋、棉鞋和冰鞋的外底胶粘剂，对于在炎热夏季的南方沥青路面上行走用鞋，该胶粘剂能否承受考验有待研究。

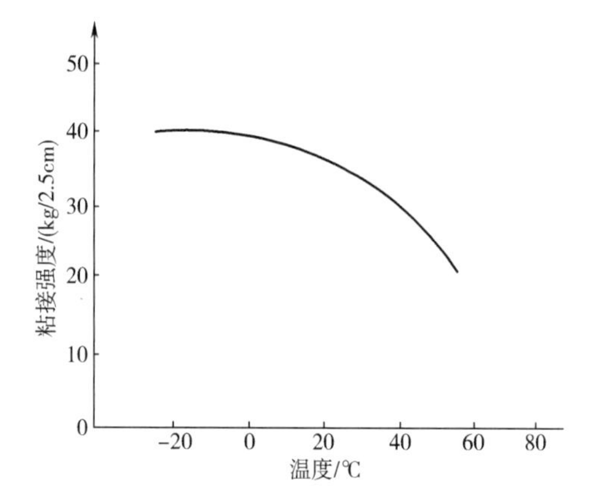

图 7 -4　温度对粘接强度的影响

2. 粘接强度与时间的关系

一般胶粘剂的粘接强度在黏合 48h 后才能达到最大值，而 SBS 胶粘剂是热活化胶膜，在融熔状态进行黏合，一旦冷却后，其物理交联键即形成，因而在短时间内即可达到较高强度。

3. 湿度和黏合

使用 SBS 胶粘剂能在任何空气湿度条件下操作，其粘接强度基本不受影响。

4. 抗油性

SBS 胶粘剂胶膜对汽油没有抵抗性，机油对 SBS 胶膜影响不大，完全能适合穿用要求。

5. 热老化

SBS 中因有双键存在，易热老化。经实验证明，抗氧剂 264 的引入，加上胶膜处在帮底材的保护下，性能基本稳定。

（四）胶液的贮存

SBS 胶粘剂用易挥发的汽油和乙醇作溶剂，胶液浓度随时间增长而增加。贮存时间较长后，溶剂大部分或全部挥发成为半固体或固体状干胶块。在这种情况下，只需按原胶粘剂配方比加入汽油与乙醇，重新搅拌、溶解，调整浓度，胶液仍与新配胶液一样透明，粘接强度不变。

（五）SBS 胶粘剂的性能

①以 SBS 为基料加入混合增黏树脂和热稳定剂，用汽油、乙醇为溶剂所制得的溶剂型胶粘剂具有黏合力强，粘接速度快，达到最大粘接强度的时间短等特点，能满足制鞋生产的需要。

②配制 SDS 胶粘剂，不用干炼机提炼 SBS 及其他助剂，操作简便。

③SBS 胶粘剂为单组分胶粘剂，使用方便，贮存期长。

④在一般生活用胶粘鞋生产中，SBS 胶粘剂完全可以代替氯丁胶使用，其粘接强度可达到 68.6N/cm 以上。胶膜耐寒、耐曲挠性能良好。

⑤SBS 胶粘剂除黏合天然皮革/硫化橡胶外，还能黏合成革、纤维织物、橡塑

底、仿皮底、SBS底等多种材料，而且粘SBS底时无须事先卤化，可直接在鞋底上涂胶。

⑥活化温度偏高，耐热性偏低。

九、热熔型胶粘剂

热熔胶是由冷却而达到固体状态，并具有一定强度的一类胶粘剂。它以热塑性高聚物为主要成分，是不含有水或溶剂的粒状、块状、棒状或线状的固体聚合物。粘接时，将热熔胶置于涂敷器中熔化，然后涂敷到被粘物表面上，立即加压，热熔胶因冷却固化产生黏合力，这样很快就完成了粘接。其突出的优点是固化快，污染小，使用方便，用途广，生产效率高，有利于连续化、自动化生产等。缺点是胶粘剂性能上有局限，粘接有时会受气候季节的影响，须配备热熔器等，但是其优点是主要的。热熔胶可广泛应用于抿边、制帮、绷楦，粘外底、主跟、包头及粘勾心等。

（一）聚酯型热溶胶

聚酯热熔胶粘剂是由二元醇和二元酸缩聚或由 ω - 羟基酸缩聚制得的线型聚合物。

聚酯型热熔胶粘剂适于底工机器绷前头和后跟使用，调节配比也可用来粘接外底，也可粘接合成材料的外底。

鞋用聚酯热熔胶粘剂的主要组分是对苯二甲酸二甲酯和二元醇。二元醇如乙二醇、1,4 - 丁二醇。制备的热熔胶能长久保持其粘接性、曲挠性和不变脆。所用的二元酸有对苯二甲酸、间苯二甲酸、己二酸、癸二酸等。单独使用对苯二甲酸制得的聚酯熔点较高，不能作为胶粘剂使用，但与间苯二甲酸混合使用时，由于间苯二甲酸的存在，使聚合物的结晶度消失，降低了熔点，该胶粘剂具有良好的性能。

（二）聚酰胺型热熔胶

以重复的酰胺基（—CONH—）为主链的聚合物都可以称为聚酰胺。它们有强的分子间力，对各种材料有良好亲和性与强韧黏合力。

制鞋工业使用的聚酰胺主要是由植物油为原料的不饱和脂肪酸二聚体与二元胺缩聚而成的低相对分子质量聚酰胺，结构式为：$\text{+CO—R—CONH—}CH_2CH_2\text{—NH}\text{+}_n$，式中R为二聚酸脂肪基，它是由大豆油脂肪酸、妥儿油脂肪酸、棉籽油酸的二聚酸与二胺反应的生成物。所用二胺有乙二胺、丙二胺、己二胺等。有时也加入己二酸或癸二酸调节树脂的软化点。这类热熔胶按熔融黏度或软化点还分有低、中、高3种类型。如HA - 1胶、软化点为（110 ± 5）℃，用于皮革折边粘接，还能喷涂在合成的主跟、包头等材料上，以便于粘接；HA - 3胶，软化点为（180 ± 10）℃，专用于皮鞋绷楦。

聚酰胺热熔胶与聚酯型热熔胶相比较，前者在熔融状态下相对黏度小，流动性好，更便于喷涂和黏合。能制成条状、块状或颗粒状，可用于制鞋工业，如部件抿边、绷前尖、腰窝和后帮、涂布热塑主跟等。聚酰胺热熔胶配方见表7 - 11。

表 7 - 11　　聚酰胺热熔胶配方　　单位：mol

配方	二聚亚油酸	癸二酸	乙二胺	己二胺	软化点/℃	用途
配方一	1	—	1	—	110 ~ 120	制帮抿边
配方二	0.8	0.2	0.8	0.2	170 ~ 180	绷楦
配方三	0.9	0.1	0.9	0.1	145 ~ 155	调节性能

（三）EVA 热熔胶

EVA 是乙烯 - 醋酸乙烯的共聚物，以它为基料配制的热熔胶称之为 EVA 热熔胶，是目前用得最多的热熔胶。其特点是对各种材料有良好的粘接性、柔软性和低温性，而且 EVA 与各种配合组分的混溶性良好，通过配合技术可制成各种性能的热熔胶，不仅在制鞋行业，而且在其他需要粘接的行业，它都得到了广泛应用。

当 EVA 中醋酸乙烯含量在 20% ~35%（质量分数）时，树脂具有较好的强度和韧性，与石蜡相混可以作热熔胶胶粘剂，用于粘接塑料。如果在其中加入少量的酸，还能明显提高粘接强度。

以 EVA 为热熔胶基本配方（质量分数）：

EVA（含 VA 18% ~40%）	20% ~60%	增塑剂	0 ~ 20 %
增黏树脂	20% ~60%	填料	0 ~ 50%
蜡	0 ~ 20 %	稳定剂	0 ~ 2 %
抗氧剂	0.1% ~ 1.0 %		

常用的增黏树脂有松香树脂和石油树脂，此外古马龙树脂、萜烯树脂也可根据需要选用。抗氧剂一般选用带取代基的酚类化合物，如 2,6 - 二叔丁基对甲酚（BHT）等。填料可采用碳酸钙、硫酸钡、二氧化钛和黏土等。增塑剂一般用邻苯二甲酸二辛脂。

以 EVA 为主料的热熔胶在制鞋行业中用在后跟和鞋帮的粘接。由于铁钉和 U 型钉不适于塑料跟，尤其对于女高跟鞋，这种方法粘接较适宜。将螺丝自动穿过外底旋入楦中已有的孔中，然后注入 EVA 热熔胶，通过胶的凝结将鞋帮与后跟在一起。

十、环氧树脂胶粘剂

环氧树脂胶粘剂（EP 胶）又称环氧胶粘剂，简称环氧胶。由于具有良好的粘接性能，环氧胶被称为“万能胶”和“大力胶”。环氧树脂胶粘剂是一种高附加值的结构胶粘剂，具有黏合力大、粘接强度高、化学稳定性优异、收缩率低、易于加工成型、无环境污染等优点。除了粘接性能之外，环氧胶还有密封、堵漏、绝缘、防松、防腐、耐磨、导电、导磁、导热、固定、加固修补、装饰等作用，广泛应用于塑料、涂料、机械、化工、国防及电子工业等领域。

（一）环氧树脂胶粘剂的分类和组分

环氧树脂胶粘剂的分类有以下几种不同的方式。

按固化温度的高低，环氧树脂胶粘剂可分为高温固化、热固化和冷固化 3 种固化方式。高温固化温度一般高于 150℃；热固化包括次中温固化（36 ~ 99℃）和中温固化

（100～120℃）;冷固化包括低温固化（低于15℃）和室温固化（18～35℃）。

依照耐热性还可把胶粘剂分为通用型（≤80℃）、耐高温型（≥150℃）和耐中温型3类。

按用途分类可分为通用性胶粘剂和特种胶粘剂。也可按固化剂的类型来分类，如胺固化环氧胶、酸酐固化胶等。按组分还可分为双组分胶和单组分胶。

环氧胶粘剂是由环氧树脂、固化剂、促进剂、改性剂等组成的液态或固态胶粘剂。环氧树脂胶粘剂常见组分及其各组分的作用见表7－12，填料剂的类型及作用见表7－13。

表7－12　环氧树脂胶粘剂的组分及其各组分作用

组分	作用	举例
环氧树脂	主要成分	如双酚A型、酚醛、甘油、丙烯酸等十几种环氧树脂
固化剂	与环氧树脂进行固化交联反应	胺类、酸酐类、咪唑类和具有反应基团的聚合物等
稀释剂	降低黏度，增加流动性和渗透性，延长使用期	活性稀释剂（如二氧化二戊烯、苯基环氧苯醚等）和非活性稀释剂（如二甲苯、苯二甲酸酯、乙二醇等）
增韧剂	提高抗冲击性能和剥离强度	脂肪族和芳香族的柔韧环氧树脂以及二聚脂肪酸、环氧油等
填料	减少收缩，提高胶接硬度、耐热、耐磨性以及增加黏度和改善滴胶性能、吸水性、化学稳定性等	石英粉、石墨粉、石棉粉、高岭土、铁粉、铝粉、滑石粉、碳酸钙等
其他添加剂	赋予特殊性能	如阻燃剂、润滑剂等

表7－13　填料剂的类型及作用

填料	作用
石棉、硅胶粉、硅树脂、酚醛树脂	提高耐热性
石墨粉、石英粉、滑石粉、硅酸粉	提高耐磨性
石英粉、瓷粉、铁粉、水泥	提高硬度和抗压性
石棉纤维、玻璃纤维、云母、铝粉、丁酯树脂	提高韧性、抗冲击性
异氰酸酯	增加抗水性
铝粉、铜粉、铁粉	增加导热性
氧化铝、瓷粉、钛白粉	增加黏合力

（二）环氧树脂胶粘剂的固化机理

环氧树脂胶粘剂之所以具有较好的黏合性能是由于环氧树脂本身含有多种极性基团（如脂肪族羟基—OH和醚基—C—O—C—）和活性很大的环氧基。当加入固化剂后就发生交联反应而变成不熔的网状或体型结构的高聚物，高聚物中产生电磁键使环氧基和表面形成化学键，从而使环氧分子和表面之间黏合。环氧树脂胶粘剂的黏合结果是生成三维交联结构的固化物，把被粘物结合成一个整体。树脂的交联是通过环氧基或羟基来实现的，固化的方法主要有两种：用一种反应性的中间介质交联或用催化均聚使树脂分子直接偶合。

（三）高性能环氧树脂胶粘剂的研究

近几年随着高新技术行业的不断发展，环氧树脂胶粘剂应用到许多新兴领域，对它的性能提出了更高的要求。下面介绍国内外对几种高性能环氧树脂胶粘剂的研究状况。

1. 耐热性环氧树脂胶粘剂

由于航空航天的迅速发展，飞行器在大气层中的速度越来越快，表面温度可达到数千度，而舱内的结构夹层一般都是用胶粘剂粘接成的，对胶粘剂耐热性能的要求可想而知。即使是电子电器行业，市场对密封胶耐热性的要求也越来越高，如长时间耐热需在250℃以上，短时间耐热需达到500℃。

采用改性环氧树脂配制胶粘剂是提高耐热性最重要的手段，一般是增大基体树脂的交联密度或者引入较多的刚性基团。环氧树脂的耐热性还可通过在某主链或侧链上引入硅氧烷而得到提高。

聚砜是一种新型的含有芳香环和砜基的热塑性耐高温高分子。结构中高度共轭的芳环体系使聚砜具有较高的热稳定性，硫原子又处于最高氧化状态，具备抗氧化特性，因此聚砜常用来改性环氧树脂。如 K Mimura 等人将聚醚砜加入到普通环氧树脂中，由于环氧树脂网络和线型聚醚砜形成半穿网络结构，使树脂交联密度增大，显著提高了环氧树脂的耐热性；国内的葛青山和常安宇也用聚砜改性环氧树脂，研制出了一种耐高温的结构胶粘剂，其耐热温度达350℃。

哈尔滨工程大学采用带有刚性基团的芴基环氧树脂，配制的胶粘剂具有优良的耐高温性能，在200℃高温条件下的剪切强度达到10 MPa以上。王超研究了一种用特殊BMI改性环氧树脂的体系，所用结构如下：

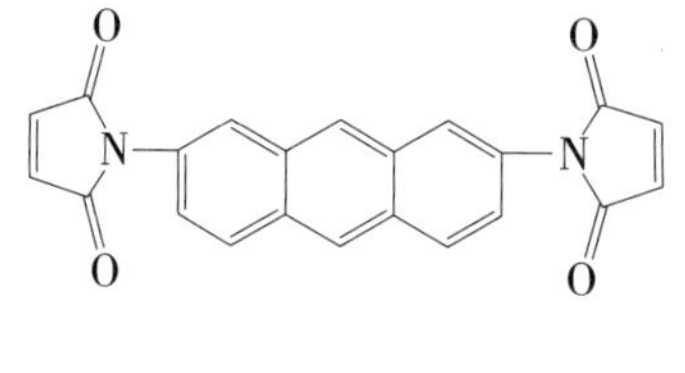

这种稠环型BMI（2,6－二氨基蒽醌）与4,4′－二氨基二苯砜（DDs）固化后200℃高温条件下的剪切强度为24.8MPa。70℃空气下热老化2000h后，250℃剪切强度（LSS）仍为10.5MPa。

研究还发现，用聚有机硅氧烷改性含有 As_2O_5 和铝粉的环氧化酚醛胶粘剂时，由于胶中的 As_2O_5 可以和硅树脂形成 Si—O—As 键，当粘接不锈钢时，316℃下剪切强度为85MPa，老化200h后剪切强度仍为5.3MPa。国内哈尔滨理工大学的黄强用有机硅改性的丙烯酸酯聚合物改性环氧树脂胶粘剂，在120℃老化50h后，力学性能、热失重和微观结构都没有显著变化，热老化150h后胶粘剂的剪切强度才开始下降。

2. 高韧性环氧树脂胶粘剂

提高环氧树脂胶粘剂的韧性，一般采用添加第二组分的方法。第二组分可以是填料、弹性体、热塑性聚合物、有机硅改性物等。

在胶粘剂中加入无机填料，可以降低热膨胀系数，抑制固化收缩率，达到应力分散的效果。所以加入填料是既简单又有效的增韧方法。

BFGOOdrich公司的特种聚合物和化学品开发部研究出了两种新型弹性体——Hycarl 355×8和Hycarl 355×13，加入该弹性体后，胶粘剂黏度降低，韧性得到很大提高。日本大阪市工业研究所的吉刚弥生用三种聚酰亚胺微粒改性DGEBA/DDS，发现聚酰亚胺微粒加入质量分数为10%～20%时，环氧树脂体系的玻璃化温度无明显变化，而韧性却大大提高。

哈尔滨工业大学的张斌等人合成了三种环氧大豆油低聚物，作为环氧树脂增韧剂。这种低聚物对固化体系的初期黏度等性能没有影响，对固化体系粘接性能和力学性能等有较大影响，环氧树脂的剪切强度提高了56.64%。

近年来出现了一种用液态橡胶增韧改性的方法，液态橡胶增韧改性一般是指带有胺基、羟基、端羧基、硫醇基、环氧基的液态聚丁二烯、丁腈橡胶等与环氧树脂混溶后，在固化过程中形成“海－岛”模型的两相结构，通过与活性基团相互作用，在两相界面上形成化学键而起到增韧作用。如吴良义介绍了大阪工业大学村吉伸制备的一种多层核－壳结构的丁腈橡胶微粒。这种杂化粒子以“海－岛”结构分布在环氧树脂中，通过在粒子内部产生孔穴和剪切带而达到增韧目的。

改性后的环氧胶粘剂具有很强的韧性，另外环氧树脂有良好的加工和施工性能，对几乎所有建材具有很强的黏合力，固化后有很好的稳定性，固化物耐老化、耐化学物质性能好，能适应建筑结构补强的使用要求，所以在建筑、土木方面的应用日益增多。

随着现代建筑的主流正向建材的轻质、高强和高功能化发展，环氧结构胶、环氧树脂水泥材料必将有广阔发展前途。

3. 耐湿性环氧树脂胶粘剂

在水工建设工程领域，要求在水中粘接各种建筑材料，同样对水库大坝的修补、船舶、医疗、养殖也需要胶粘剂在有水的环境下。受湿度的影响，普通环氧胶粘剂的性能可能受到损害，因此在许多特殊领域耐湿性环氧树脂胶粘剂成为研究的重点。

增加耐水性环氧树脂有效的途径主要有：

①聚烯氢改性，即高乙烯基改性环氧。

②高度氟取代的环氧具有特别好的憎水性。

③体系中溴质量分数超过15%时，吸水率会有明显下降。

④引入特殊结构，如萘环、酰亚胺等。

⑤混入少量的封闭剂等。日本横滨橡胶株式会社开发的新型环氧树脂基水稀释性双液性胶粘剂，具有良好的耐水性能，其主要成分为ER－300E、端羧基丁腈橡胶改性聚

酰胺、GEM－200 和 NB－300。

Gladkikh S N 通过以矿物质作为填料，研制出一种具有良好耐湿、耐油性的胶粘剂，其耐热温度达到 200℃。

国内的青岛红树林投资有限公司发明了一种水下环氧胶粘剂，其特点是固化速度快，粘接强度高，耐水、耐酸碱腐蚀，不污染环境。可广泛用于在水中粘接各种建筑材料以及修补混凝土裂缝。

4. 室温固化环氧树脂胶粘剂

所谓室温固化，通常是指可在室温（20～30℃）条件下几分钟或几小时内凝胶，并在 7 天内完全固化，并达到可用的强度。

Samanta 等人用端胺基聚乙二醇/苯甲酸改性双酚 A 二缩水甘油醚 EP（DGEBA），两者反应形成交联网状结构，然后采用三烯四胺做固化剂合成一种室温固化的胶粘剂。

太原理工大学的冯伟以 E－44 环氧树脂为基料，加入固化剂 HD 等原料后，制备出一种可在室温下固化的胶粘剂体系。

王超等人研制的多种室温固化双组分结构胶，使用温度长期达 150～200℃，短期温度为 250℃，满足了航空、航天工业施工的需要；同济大学发明的低放热室温固化环氧胶粘剂，放热峰温度为 30～80℃，拉伸剪切强度为 9～22MPa，固化时间 55～300min。

孙明明等人通过采用自制含有改性芳胺结构的复合固化剂，制备出一种 J－200－1D 型室温固化环氧树脂胶粘剂，室温剪切强度可达 30.6MPa，剥离强度为 5.1kN/m。

5. 其他功能性环氧树脂胶粘剂

殷锦捷采用微胶囊红磷为阻燃剂改性制备出一种新型增韧阻燃环氧树脂，环氧树脂胶的剪切强度为 23.2MPa，具有实际应用意义。国内市场也出现了阻燃性胶粘剂牌号，如 A－54 等。

导电胶粘剂是兼具有粘接和导电性能的胶粘剂，在表面封装、芯片互连、倒装芯片连接中应用越来越广。徐子仁将二苯甲烷型双马来酰亚胺（BDM）与二烯丙基双酚 A（DAB－PA）熔融，再加入胺类潜行固化——促进剂、银粉和溶剂，制成了贮存稳定的糊状导电胶。

低温快固化环氧胶，这种胶由双酚 F 环氧树脂和 KSCN 反应制备成双酚 F 环硫树脂，配合亚磷酸二苯基癸酯、DMP－30 等，在－5℃就可迅速固化。已应用于建筑材料，混凝土“整体工程”等领域。

出现的其他功能性环氧树脂胶粘剂还有环氧丙烯酸光敏胶（可应用于光学仪器和电子元器件的粘接）、水性环氧胶粘剂和溶剂油可溶的环氧树脂胶粘剂等。

思 考 题

1. 按胶粘剂的主要成分给胶粘剂分类。
2. 举例说明胶粘剂的组成。

3. 溶液型胶粘剂为什么多采用有机溶剂？常用的有机溶剂有哪些？
4. 粘接接头的破坏有几种形式？
5. 说明氯丁胶胶粘剂的组成、基本配方和特点。
6. 请简述水性聚氨酯的结构、性能及应用。
7. 请简述环氧树脂胶粘剂的组分及其各组分作用。

第八章　纤维与织物材料

纤维与织物材料是最早用于制鞋材料的品种之一，即使在今天，仍有大量纤维（包括合成纤推）材料除直接用于制鞋，还有部分间接用于制鞋，如用特殊纤维制成的非织造布用于制造鞋用合成面革，各种针（纺）织布作为鞋用人造革的布基等。

第一节　纤 维 材 料

一、纤维材料的分类与基本性能参数

（一）纤维材料的分类

纤维的种类很多，但通常根据其制造方法和化学成分不同分为天然纤维和化学纤维两大类。

纤维材料详细分类如下：

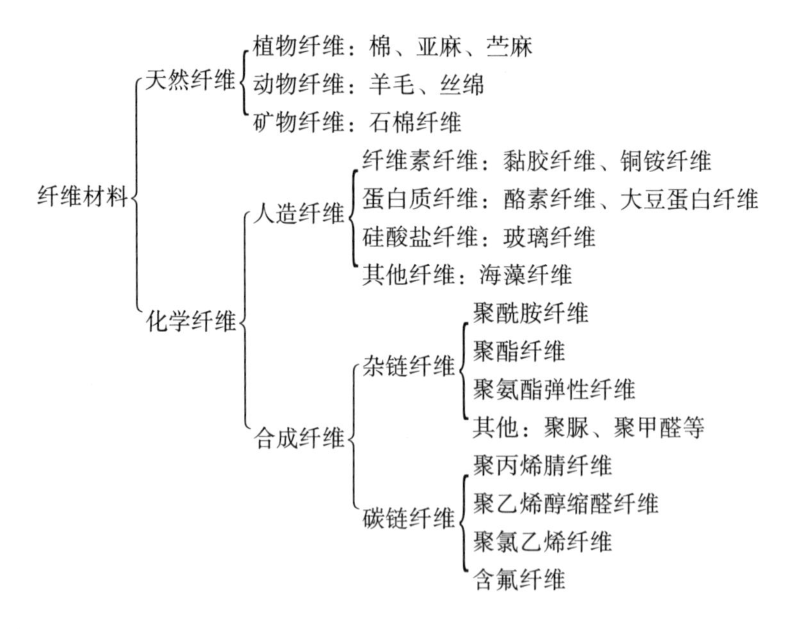

（二）纤维材料的基本性能参数

在表征纤维材料的性能时，常常遇到诸如细度、支数、纤度、强度等指标，下面逐一介绍。

1. 细度

细度是表示纤维、纱线的粗细程度，它是纤维材料性能的重要指标之一。细度通常可用纤维的直径或截面积表示，实际应用中则采用与组织有关的间接指标线密度表示。

单位长度（1000m）的纤维或纱线所具有的质量（g）称为“tex（特）”，而“dtex（分特）”则为1/10tex。它是纤维材料与织物材料的法定计量单位，至于以前常用的公支（支数）、旦（den）等纤维材料与织物材料计量单位已不允许单独使用。

tex、公支（支数）、旦（den）3 种单位制存在如下换算关系：

$$\text{den} \times \text{支数} = 9000$$

$$\text{tex} \times \text{支数} = 1000$$

$$\text{den} = 9 \times \text{tex}$$

$$\text{den} = 90 \times \text{dtex}$$

2. 强度

断裂强度是纤维、纱线以及纺织物性能的重要指标之一，具体又可分为绝对强力和相对强度两种。

①绝对强力：绝对强力是指纤维或纱线在连续增加负荷的作用下，直至断裂时所能承受的最大负荷，单位是 N。

②相对强度：由于纤维和纱线的截面形状不规则，并含有空隙，不易精确测定截面积。而实际纤维的组织又以特或分特表示，故纤维的相对强度是指每特（分特）纤维被拉断时所能承受的力。

纤维的相对强度若在干燥条件下测定称干强度，在湿润条件下测定称湿强度。

3. 回弹率

把纤维拉伸到一定的伸长率（一般为2%～5%），当外力除去后，在60s 内形变恢复的程度称回弹率，以百分数表示。回弹率越高，表示纤维的耐疲劳性能越好。

4. 初始模量

纤维的初始模量（也称杨氏模量）为纤维受拉伸时，当伸长为原长的1%时所需的应力。初始模量可表征纤维对小延伸的抵抗能力，或表征当施加一定的负荷于纤维时，纤维产生形变的大小。纤维的初始模量值高，说明施加同样大小的负荷时不易产生形变，即尺寸稳定性好。纤维的初始模量取决于高聚物的化学结构及分子间相互作用力的大小。

5. 吸湿率

纤维于20℃下、相对湿度为65%时测定的含水量，称为吸湿率或称回潮率。

二、天 然 纤 维

所谓天然纤维是指从自然界中直接索取的，或经人工栽培、饲养而获得的纺织纤维。

（一）棉纤维

在天然釬维中，棉纤维具有极其重要的地位，它是纺织工业的重要原料之一；也是制鞋工业的必需品。棉纤维是棉花植株的种子外面密生的棉絮，将籽棉经过轧花机，把棉籽和纤维分开，所得的纤维叫原棉（也称皮棉），俗称棉花。原棉的每根纤维称为棉纤维。

1. 棉纤维的分类

按棉纤维的长短、粗细不同，棉纤维可分为细绒棉、长绒棉及粗绒棉 3 种。

细绒棉又称陆地棉，是我国原棉的主要品种。棉花色泽洁白，纤维细，长度为25~31mm，纤维直径为17.19μm。

长绒棉又称海岛棉，盛产于非洲尼罗河流域，有著名的埃及长绒棉，一部分苏丹长绒棉也属海岛棉系统，其色泽呈乳白色或淡黄色，纤维细长，长度在33mm以上，最长的可达50~70mm，纤维直径为13.15μm。目前，我国也有少量陆海杂交的陆地长绒棉，质量比海岛棉差。

粗绒棉又称中棉，纤维短而粗，长度为13~25mm，纤维直径为20.21μm，色白，属亚洲棉或非洲棉系统，在我国栽培历史悠久，但由于产量低，质量差，已趋淘汰。

2. 棉纤维的特性

棉纤维主要由纤维素组成（占90%~94%），其次是水分、脂肪、蜡质等。纤维素是一种碳水化合物，元素组成为碳44.4%，氢6.2%，氧49.4%，分子式为$[C_6H_{10}O_5]_n$，聚合度至少在6000以上，一般为1000~156000。它是扁带形中空的管状物，中空腔内含有水分、色素及含氯物等。高度成熟的棉纤维几乎没有中腔，纤维的成熟度越小则中腔越大。

棉纤维的主要特性如下：

①吸湿性较好。棉纤维具有吸收水分和散发水分的性能。在常态下，棉纤维的吸湿度8%~9%；在饱和湿度的空气中，其最高吸湿度可达20%~30%；当温度超过105℃时，棉纤维内所含的水分便会全部挥发而散失。

②保温性好。棉纤维的主要成分是纤维素，纤维素是热的不良导体，同时棉纤维又是多孔性物质，其中的空气也是热的不良导体，不易传热，从而增强其保温性能。

③耐热性较好。棉纤维一般在温度100℃时，其坚牢度并不受影响；当温度达到120℃时，纤维有发黄的现象；但当温度升高到150℃时，棉纤维内部结构松解，强力降低，纤维素便遭到破坏；当温度继续升高到250℃时，就会发生火花而迅速燃烧起来。

④耐光性较好。光长期照射后，强度稍有下降，经实验证明，棉纤维被日光照射940h后，其强力下降50%左右，若长期光照会被逐渐氧化变脆，强力降低，因而耐光性是有限的。

⑤棉纤维的抗碱能力较强。遇到碱性物质也不会损坏。因为组成棉纤维的物质是纤维素，纤维素耐碱但不耐酸，所以常用碱来除掉棉纤维中的杂质，用碱来进行精炼和精洗。但如果把棉纤维放进高温的碱液中蒸煮，就引起氧化而强力降低。因此，棉布制品在去污除垢时，不宜用加热的浓碱液蒸煮。

⑥棉纤维不耐酸。因为其组成物质是纤维素，有机酸一般不会损伤棉纤维，但无机酸有损伤作用，损伤程度随酸的种类、浓度和酸液的温度等因素不同而异。因此，棉织品染整时，一般不采用酸性染浴。棉布制品不宜和酸接触。

⑦棉纤维不耐微生物。在温度和湿度较高的条件下，棉纤维会被微生物破坏，使其生霉变质。

⑧棉纤维有一定强度。吸湿后强力增加，湿强大于干强。

⑨断裂伸长率较低。干态时为6%~8%，湿态时为7%~11%。

⑩棉纤维较粗，耐磨性尚好。

总之，棉纤维一般具有一定的强度，且吸水性、耐热性、保温性、耐光性较好，容易染色，耐洗涤、耐漂白，所以实用价值较大。

（二）麻纤维

麻纤维属于天然纤维中的植物纤维，是从植物茎部剥下来的韧皮层，是植物纤维中的茎纤维。麻的种类很多，可以作为纺织材料的有苎麻、亚麻、黄麻等，但其主要为苎麻。

苎麻的主要特性如下：

①强力和耐磨性高于棉纤维，吸湿性也高于棉纤维，且湿强大于干强。

②抗水性能优越，不易因水浸而发霉腐烂。

③对酸、碱的反应与棉纤维相似，即耐碱不耐酸。

④耐光性能好，光照后强度几乎不下降。

⑤断裂伸长率比较小，为 1.5% ~2.3%。

⑥对热的传导快，穿着具有凉爽感。

亚麻是从亚麻植物的韧皮部分获得的。亚麻和苎麻的区别在于亚麻纤维比苎麻纤维短而细。亚麻具有类似于苎麻的特性，也具有同样的用途。

总之，麻纤维的硬度、强度较大，光泽较好，耐水性强，表面光滑，接触时有凉爽感；但缺少弹性，难以伸长，易起皱。故麻布是以坚牢耐穿、爽滑透凉而著称。

麻纤维主要用作制造高强度、耐水性好的织物材料，用麻纤维制成的麻线和织成的麻布均是制鞋工业的良好材料。

（三）蚕丝

蚕丝属于天然纤维中的动物纤维，是从蚕茧上取得的，又称丝纤维。它的主要成分为蛋白质类。蚕丝分为家蚕丝和野蚕丝两种，家蚕丝即桑蚕丝，野蚕丝的种类较多，主要是柞蚕丝。蚕丝中以桑蚕丝为主。

桑蚕丝的主要特点如下：

①桑蚕纤维细而长，一个蚕茧上的蚕丝其长度短的可达 600 ~ 800m，长的可达 1200 ~ 1500m。

②桑蚕纤维具有较好的强度，其强度大于毛，小于麻，接近于棉。

③断裂伸长率大于麻、棉，小于毛。

④吸湿性好。吸湿能力大于棉，小于毛

⑤对酸有一定的抵抗能力，对碱比较敏感。

⑥丝的耐磨性一般。

⑦耐光性差，经过一定时间光照后，强度显著下降。

⑧蚕丝不耐盐。如将丝纤维放入 0.5% 的食盐水中浸渍 15 个月，会使丝纤维组织破坏。

⑨蚕丝是绝缘体，可用来做绝缘材料。

⑩蚕丝的耐热性能一般比较稳定。

总之，丝纤维细长而柔软，又有一定的强度和弹性，富有光泽，在稀酸溶液中具有一定的抵抗力，但对碱的抵抗力差，不耐盐溶液。易染色，染色后得到美丽的色彩。受日光照射后，强度变弱。主要用于制造薄而轻、色泽鲜艳、富有悬垂性的服装材料，由丝纤维纺制的丝线常用于制鞋工艺中。

（四）毛纤维

毛纤维属天然纤维中的动物纤维，其组成物质主要是蛋白质。毛纤维主要有羊毛纤维、兔毛纤维、骆驼绒等，其中以羊毛为主，我国毛纺工业所用的羊毛原料绝大部分是绵羊毛。

羊毛纤维的特点如下：

①羊毛纤维的弹性好，回弹率较高，其制品在使用过程中不易起皱。

②吸湿率高，为天然纤维中吸湿能力最优良的纤维。在通常状态下，羊毛回潮率一般为14%左右，在潮湿空气中达30%，饱和点可达50%。

③耐磨性能一般。其摩擦因数是可变的，顺摩擦阻力小，摩擦因数小，逆摩擦则相反。

④耐光性较差。长期光照后颜色变黄，弹性和强度均降低，手感变得粗硬。毛织品洗后需晾在阴凉通风处，防止日光暴晒，可延长织品寿命。

⑤强度是天然纺织纤维中最低的。

⑥断裂伸长率是天然纤维中最大的，可达25%～35%。

⑦耐酸不耐碱。因羊毛属于蛋白质纤维，对酸类侵蚀作用的抵抗力比植物纤维强得多；所以纯毛织物可做化工厂防酸劳保之用。对碱的抵抗能力比棉纤维差。

⑧具有缩绒性。缩绒性是指在湿热条件下给羊毛或毛织物以机械力（反复挤压揉搓），毛纤维能相互咬合成毡，毛织物缩短变厚的性质。

⑨羊毛纤维极易被虫蛀，抗蛀性很差。

⑩具有可塑性。羊毛在蒸汽的作用下，纤维膨胀、发软，失去弹性，此时如把羊毛压成各种形状，并将其迅速冷却，虽解除压力，但已形成的形状却经久不变，称为可塑性。它能增加织衫的美感。

总之，毛纤维具有弹性好，不易起皱，可塑性、吸湿性好等特性，可制成贵重的毛织品；但也有强力低、耐光性差、有缩绒性、易受虫蛀等缺点。其毛织品在制鞋工业中可作为高级轻便鞋的面料。

（五）石棉纤维

石棉纤维的化学组成因其蕴藏地区不同而异，一般组成为：二氧化硅39%～43%，三氧化二铝0～1.5%，三氧化二铁和氧化铁0.2%～0.5%，氧化镁40%～41.5%，氧化钙和氢氧化钠0～0.3%，水13%～14.5%。

石棉纤维的特点是绝热，能防火，电绝缘性好，防腐强度极高；缺点是耐酸性较差等。

三、化学纤维

（一）人造纤维

在人造纤维中，本书将主要介绍黏胶纤维和玻璃纤维。

1. 黏胶纤维

黏胶纤维发明于1891年，1909年正式投入工业化生产。黏胶纤维在20世纪50年代发展最快，到60年代发展趋于平衡。黏胶纤维具有如下特点：

①干态强度较高，湿态强度较低，如普通黏胶纤维的湿态强度为干强度的

45% ~55%。

②弹性模量较高，延伸率较低，回弹率较低。

③耐热性好，在100~120℃时，强度不下降，而且还因高温使纤维含水量降低，以至强度有所提高。

④耐疲劳性较差，耐候性良好。

⑤化学稳定性差，和棉纤维相比，易受酸的侵蚀。

2. 玻璃纤维

玻璃纤维是一种人造无机纤维，采用不同的原料组分和生产方法可以制造出不同用途的玻璃纤维。玻璃纤维的类型主要是按化学组成来划分，一般可分为E玻璃、C玻璃、S玻璃，其化学成分见表8-1。

表8-1　玻璃纤维的成分　单位:%

类型	二氧化硅	氧化铝	氧化钙	氧化镁	氧化硼	氧化钠	氧化钾
E玻璃	54.0	15.0	17.0	5.0	8.0	0.4	0.6
C玻璃	65.0	4.0	14.0	3.0	5.0	8.0	1.0
S玻璃	65.0	25.0	—	10.0	—	—	—

玻璃纤维的特点如下：

①强度高，模量高，伸长率低，尺寸稳定性好。

②耐热性和化学稳定性好。在300℃时，于短时间内性能不受影响，24h后强度下降20%。

③耐曲挠性和耐磨性差，密度大，吸湿性低。

④电绝缘性能好。

（二）合成纤维

合成纤维是由合成高分子化合物再经加工而制得的纤维，如锦纶、涤纶、维纶、丙纶等。合成纤维及其织物已成为重要的制鞋材料，广泛用于人造革基布、鞋面料、辅料等方面。

1. 聚酰胺纤维

不同品种聚酰胺纤维的密度值不一样，同一品种由于其结构不同，成型方法的差异等均可造成其密度值不等。不同品种聚酰胺纤维采用常规法成型所得纤维密度与熔点值见表8-2。

表8-2　不同品种聚酰胺纤维密度和熔点值

聚酰胺种类	密度 (25℃)/(g/cm^3)	熔点 (毛细管法)/℃	聚酰胺种类	密度 (25℃)/(g/cm^3)	熔点 (毛细管法)/℃
尼龙-6	1.12~1.16	219	尼龙-11	1.03~1.05	190
尼龙-66	1.12-1.16	259	尼龙-12	1.01~1.04	—
尼龙-610	1.06~1，09	217			

聚酰胺纤维的特点如下：

①强度高、弹性好。聚酰胺纤维因其规整性好、结晶度高，所以强度高。它是目前已工业化生产的合成纤维中强度较高的一种纤维，其单位质量强度比黏胶纤维高 1.5～1.8 倍。聚酰胺纤维还具有回弹性高等优点，例如，聚酰胺纤维的回弹率为99%（伸长10%时），高于聚酯纤维和黏胶纤维。聚酰胺纤维的断裂伸长率为20%～50%。

②耐疲劳性和耐磨性好。聚酰胺纤维耐多次变形性仅次于涤纶纤维，而高于其他天然纤维和化学纤维。聚酰胺纤维的耐磨性优于所有的纺织纤维，就单根纤维耐磨性测定结果而言，其耐磨性为棉花的 10 倍，羊毛的 20 倍，黏胶纤维的 50 倍。

③耐热性和耐光性差。聚酰胺纤维的耐热性和热稳定性较差，加热会使纤维老化变色、强度下降、收缩率增加。例如聚酰胺纤维经 150℃、1h 老化后，强度保持率为 69%；经 150℃、5h 老化后，纤维即变黄。提高聚酰胺纤维耐热性的方法是在聚合时加入热稳定剂。

聚酰胺纤维耐光性差，在日光下长时间照射后，会使纤维变色发黄，并且造成强度下降。

④聚酰胺纤维耐碱性好，但耐酸性不够好，浓盐酸、浓硝酸、浓硫酸易造成纤维部分分解并同时溶解。

聚酰胺纤维主要用于服装、制鞋、汽车、橡胶、装饰等行业。近年来采用在聚酰胺纤维中加入有机锡和有机汞化合物作为抗菌剂的方法，可制备防臭抗菌纤维（又称抗微生物纤维）。抗菌防臭聚酰胺纤维是制造鞋垫、运动鞋、袜子、运动服等制品的理想材料。

2. 聚酯纤维

聚酯纤维中主要品种有聚对苯二甲酸乙二酯纤维（PET），它是以对苯二甲酸和乙二醇为主要原料，经过缩合聚合反应、熔融纺丝等工艺而制得，是合成纤维中最重要的品种之一，我国商品名称为涤纶纤维。

涤纶纤维的特点如下：

①强度高、模量高。涤纶纤维的强度比锦纶纤维稍低，湿态强度与干态强度大致相等，涤纶纤维抗冲击强度比聚酰胺纤维高 4 倍，比黏胶纤维高 20 倍。在已工业化生产的各类合成纤维中，以涤纶纤维的模量最高。聚酯纤维的断裂伸长率与聚酰胺纤维接近，为 20%～50%。

②弹性高、耐磨性好。涤纶纤维的弹性接近于羊毛，抗皱性优良，经 180℃高温定型处理后，虽经水洗也不起皱。涤纶纤维的耐磨性仅次于锦纶纤维，优于其他天然纤维及聚丙烯腈纤维。

③耐热性和热稳定性好。涤纶纤维的耐热性和热稳定性较好。在 150℃的热空气中加热 168h，强度仅损失 15%～30%；受热 1000h，强度损失 50%，而一般纤维在此条件下经 200～300h 即分解。

④耐光性好、吸湿性低。涤纶纤维的耐光性仅次于腈纶，与棉相近，例如在日光下照射 600h 后，强度仅损失 60%。

涤纶纤维由于其吸湿性低（0.5%左右），织物可穿性好，但透气性差。

⑤涤纶纤维的耐酸性好，尤其是耐有机酸，但耐碱性差。这是因为涤纶大分子上的酯基在碱性条件下易产生水解。

涤纶纤维的织物不受蛀虫、霉菌等作用，因而较容易保存。

涤纶纤维在工业上用途较广，在制鞋行业主要用于缝纫线等。

3. 聚乙烯醇纤维

聚乙烯醇纤维是先由聚乙烯醇纺制成纤维，再用醛类进行缩醛化处理而制得的聚乙烯醇缩甲醛纤维。我国商品名称为维纶纤维。

维纶纤维的特点如下：

①维纶纤维中，短纤维的性状接近棉花，而长丝则像蚕丝，维纶纤维的密度比棉低20%。维纶纤维具有较高的强度和耐磨性，且初始模量高。若采用维纶与棉花各50%混纺，所得织物的强度较纯棉织物高60%左右，耐磨性提高50%～100%。

②维纶纤维另一大特点是吸湿性好，优于其他合成纤维。例如，在温度20℃、湿度65%时，回潮率为4.5%～5%。此外，维纶纤维的耐光性很好，长期日晒后，强度几乎不变。就耐光性而言，维纶纤维优于聚酰胺纤维、棉花和黏胶纤维。

③维纶纤维的回弹性较差，其织物易起皱，但其回弹性高于黏胶纤维和棉纤维。此外，维纶纤维的耐热水性不好，在沸水中收缩达5%，若在沸水中连续煮沸3～4h，可使织物变形或发生部分溶解现象，但维纶纤维在干态下的耐热性较好。

④维纶纤维的另一主要缺点是染色性差，织物色泽不够鲜艳。

维纶纤维的用途主要是代替棉花，或与棉花混纺使用。近年来采用聚乙烯醇与5－硝基呋喃丙烯醛进行缩醛化，可制得抗菌防臭纤维。这种纤维由于在大分子结构上带有杀菌作用的基因，可用于制造鞋袜、手套等用品，达到预防和治疗真菌疾病的目的。

聚乙烯醇纤维原料易得，成本低廉，性能较好，使用范围较广，故在世界各国引起重视。但是近年来，由于涤纶、锦纶、腈纶等性能更加优良的纤维的大量使用，使维纶纤维产量有所下降。

4. 聚丙烯纤维

聚丙烯纤维是以丙烯为原料，经聚合纺丝制成的纤维，故称聚丙烯纤维，我国商品名称为丙纶纤维。丙纶纤维是世界四大合成纤维之一，它的相对密度为0.91，是现有纺织纤维中最轻的纤维品种。丙纶纤维的基本性能如下：

①强度高、弹性好。丙纶纤维的强度与高强度的锦纶、涤纶纤维相当，且湿态时强度没有损失，断裂伸长率为15%～35%。丙纶纤维的回弹率位于聚酯纤维和聚酰胺纤维之间，当伸长率为5%时，其回弹率为85%～98%。丙纶纤维的初始模量低。

②耐磨性好、化学性质稳定。丙纶纤维具有较好的耐磨性，其耐磨性接近涤纶纤维，但低于锦纶纤维。丙纶纤维耐化学腐蚀性好，特别对无机酸、碱稳定性极好。

③相对密度和吸湿性小。在所有合成纤维中，丙纶纤维吸湿性最小（回潮率小于0.03%），相对密度最小。

④耐光性和染色性差。丙纶纤维的耐光性能差，容易老化，为了提高其耐光性，丙纶纤维纺丝时需添加防老化剂。由于聚丙烯大分子结构中不含极性基团或可反应的官能

团，并且结构中缺乏适当容纳染料分子的位置，不易染色。

5. 腈纶

腈纶又称为奥纶，学名叫聚丙烯腈纤维，是由聚丙烯腈经过熔融纺丝而制得。

因腈纶具有一些优良的性能，加之原料价廉而易得，所以投产以来发展迅速，仅次于涤纶和锦纶，居于第三位。腈纶性能接近羊毛，多用来和羊毛混纺或作为羊毛的代用品，因此，又有“合成羊毛”之称。但腈纶主要还以蓬松耐晒而著称。其主要特点如下：

①耐晒性最佳，它的耐光性和耐候性除了含氟纤维外，是天然纤维和化学纤维中最好的。

②耐腐蚀性较好。它对酸、氧化剂等较稳定，但耐碱性较差，纤维遇稀碱或氨水变黄，遇浓碱时则纤维遭破坏。

③比较耐热，其耐热性仅次于涤纶。一般在200℃时纤维才能被软化。

④保暖性好。实验证明，腈纶的保暖性比羊毛还好，且轻松柔软。

⑤结构紧密，纤维吸湿性低，其吸湿率一般情况下为1.5%，所以织品易洗快干，但穿着不如天然纤维织品舒适。同时也由于结构紧密，吸湿性低，染料分子不易浸入纤维内部，染色性差。

⑥强度不如锦纶、涤纶和维纶，但比羊毛高1~2.5倍。

⑦弹性和抗皱性能不够理想，特别是遇热水要变形，因此腈纶织品的保型性不如羊毛织品。耐磨性特差，比羊毛低得多。所以纯腈纶织品和腈纶含量高的混纺织品易磨损断裂。

③可单独纺制100%制品，也可与羊毛、棉花、人造短纤维等制成混纺制品，还可做被褥、衣服等的填充材料。

6. 氯纶

氯纶学名叫聚氯乙烯纤维，由于氯纶耐热性差，虽发明较早，但发展速度一直很慢。它是由聚氯乙烯经过纺丝等处理后而制得。

氯纶的主要特点如下：

①氯纶的强力稍小。其强力略次于棉花，大于羊毛，但耐磨性比棉花和羊毛都好。

②耐化学腐蚀性。比锦纶、涤纶、维纶好，在浓酸、浓碱中强度几乎不变。

③吸湿性差。吸湿率为0.3%，易洗快干，穿着闷热。但氯纶织品经摩擦产生静电现象比较显著，纱线间相互排斥，增加了空隙，使织品蓬松、柔软，充满空气，所以富有弹性（可与羊毛相比），保暖性好，氯纶棉毛衫裤对风湿性关节炎有一定的护疗作用。耐热性差是氯纶最大的缺点，在70℃收缩，100℃分解。

④不易燃烧。因分子中含有大量的氯（约占总质量的75%），氯在一般情况下极难氧化。因此，氯纶织品即使在火焰上燃烧，也只能使接触火焰部分的纤维收缩熔化，这种难燃性在国防上有特殊用途。

氯纶可与棉花、羊毛、黏胶等纺织纤维混纺，也可以纯纺制成毛线和棉毛衫裤。

第二节　织 物 材 料

一、织物的基本组织

纺织物主要包括机织物和针织物两种。机织物和针织物的主要区别在于，机织物是用经纱和纬纱在织机上纵横交织而成的，而针织物在加工时是用一组或多组纱线彼此以圈套形式连接在一起的。

机织物中经纬纱线相互交织的形式称为织物组织，各种织物交织的形式是不同的。由于交织形式的不同，便有多种不同的外观织物。在机织物中最基本的组织有平纹组织、斜纹组织和缎纹组织 3 种，它们是一切机织物的基础，也称为三原组织。

（一）平纹组织

平纹组织又称平组织，它是机织物中最简单的组织，是经、纬纱各以一根相互上下交错的织物组织，如图 8－1 所示。

图 8－1　平纹组织法

用平纹组织方法织成的织物，由于经、纬纱的正、反面有着同样的结构，所以两面外观特征基本一致，只是正、反面的色相有所区别。由于经纬纱上下交织的次数多，纱线的交织点多，经纬纱线的浮长均匀而短，所以在原纱质量和经纬密度相同的情况下，平纹组织的布面平坦，透气性好，质地坚牢、耐磨，身骨挺括，布身比其他组织硬，但缺乏弹性和光泽，花纹较单调。

平纹组织的应用很广，常见棉织物中的市布、府绸、条格布、帆布等，毛织物中的凡立丁、派力司，以及丝织物中的各类纺绸等。用作皮鞋的前帮布里和部件衬贴等也是平纹组织。

（二）斜纹组织

斜纹组织又称绫织，它是靠一个系统（经或纬）的浮点形成连续的斜向纹路，使织物表面呈现明显的斜纹，故称为斜纹组织，如图 8－2 所示。

斜纹组织又可分两类，凡是由经纱浮起的小段所形成的斜纹称为经面斜纹，而由纬纱浮起的小段所形成的斜纹称为纬面斜纹。

由于斜纹组织的经纬纱线的交织点比平纹组织少，经纬浮长较平纹组织长，所以布面富有光泽，手感柔软，弹性和透气性都比较好。也由于经纬纱线交错次数比平纹组织

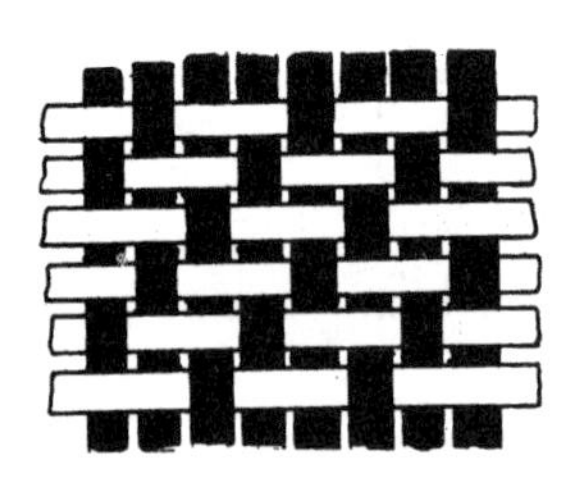 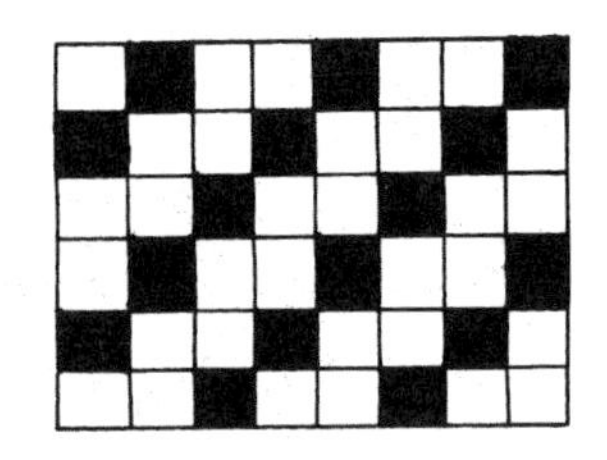

图 8－2　斜纹组织法

少，所以增加了单位长度内的纱线根数，使织物更加紧密、厚实而挺硬。但由于经纬浮长较平纹组织长，纱线活动程度比较大，所以在经纬纱支数捻度和密度相同的情况下，斜纹组织的强力比平纹组织差，且织物身骨较松。如果斜纹的经纬纱浮长过长，织物易起毛，不耐磨，影响织物的坚牢度。

用斜纹组织法织成的织物也很多，如棉织物中的斜纹布、卡其布、华达呢等，毛织物中的哔叽和华达呢等，丝绸中的美丽绸等。制鞋工业中也常用斜纹布和卡其布等。

（三）缎纹组织

在三原组织中缎纹组织是最复杂的组织。缎纹组织也是靠一个系统（经或纬）的浮点，在织物表面形成不连续的斜向纹路，如图 8－3 所示。

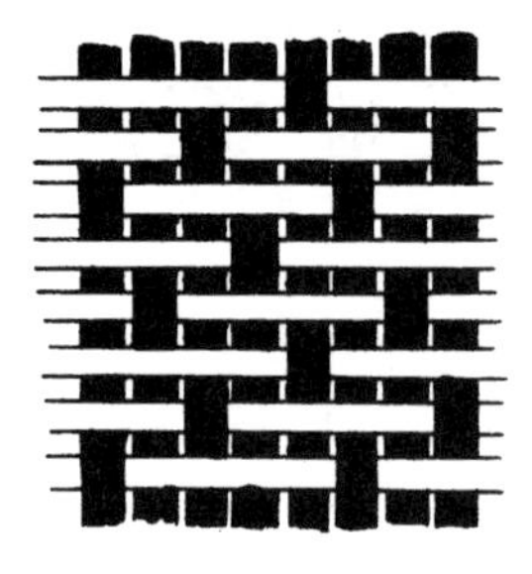 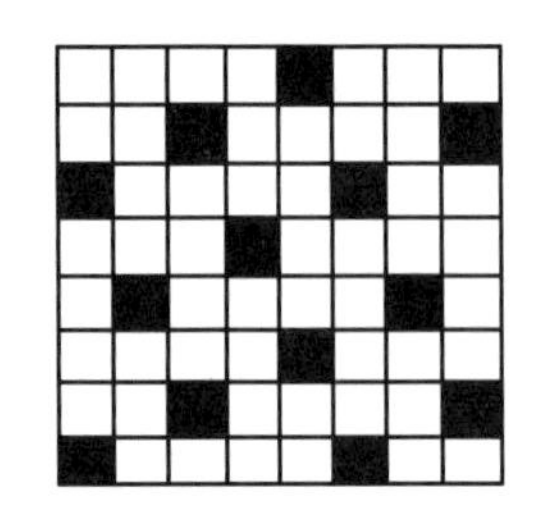

图 8－3　锻纹组织法

以这种形式构成的织物，表面浮起相当长的经纱小段或纬纱小段。浮起的经（纬）纱小段最少要盖住四根纬（经）纱，而次一根纱的交织处，比前一根纱要移过两根以上的位置。

缎纹组织分为两种：织物的表面是由经纱浮长构成的缎纹称为经面缎纹，其经密较大，如直贡呢等；织物的表面由纬纱浮长构成的缎纹称为纬面缎纹，其纬密较大，如横贡缎等。

缎纹组织和斜纹组织的共同点是：织物表面都有倾斜纹路，浮长较长，交织点较少。两者的不同点是：缎纹组织的织物表面浮长更长，交织点更少，而且各个单独浮点互不连续，相互间距离较远，不能形成连续的斜纹，倾斜纹路也不如斜纹组织的织物明显。

因为缎纹组织的经纬纱线交织次数最少，经纬纱线的浮长最长，所以正反面区别明显。正面特别平滑而富有光泽；反面则比较粗糙无光，手感最柔软，强度最低。用这种方法织造的织物光泽最强，并有良好的透气性。

棉织物中的直贡呢和横贡呢就是采用经面缎纹组织以及纬面缎纹组织织成的，此外，常见的丝缎等均属缎纹组织。

（四）经起毛组织

织物的表面由经纱形成的毛绒织物称为经起毛织物，其相应的组织称经起毛组织，是复杂组织结构的一种。这种组织结构能增加织物的厚度，其表面致密，质地柔软，透气性能与耐磨性能良好。

根据织物表面毛绒长度和密度的不同，分为平绒和长毛绒两类。

①平绒织物：平绒织物具有平齐耸立的绒毛，整个绒毛均匀地覆盖于织物表面，形成平整的绒面。绒毛的长度为2mm左右。平绒织物可用作服装和布鞋的面料。

②长毛绒织物：长毛绒织物的毛绒长度是随产品的需要而定，一般羊毛织物的毛绒长度为7.5～10mm。毛绒使用的纤维除用羊毛等天然纤维外，还有腈纶、黏胶纤维等化学纤维。

长毛绒织物用途较广，能用作服装表里用料、帽料、大衣领等。在制鞋工业上常用它做防寒鞋的绒里、安装在女靴鞋口边缘的毛口材料等，既保暖又美观。

二、常用织物简介

常用的纺织物品种非常多，分类方法也不同，可根据色相、织物结构、经纬向是纱还是线、织品原料等进行分类。下面仅就其组织结构介绍几种常见的主要棉织物。

（一）平纹织品

市布、细布、粗布、府绸等都属于平纹织品，均为棉织物中的主要品种。它们的组织结构相同，只是由于应用的纱支粗细不同以及经纬纱密度不同，形成了不同的品种。

①市布：市布是用29～21tex纱交织的平纹织物。常见的品种有经25tex、纬28tex的标准市布和27.8tex经纬纱的普通市布。

市布多数用来做衬衫、夹里布、衬里布及被单等，也常用于制鞋工业。

②细布：细布是采用21tex以内（如20tex、19tex）的细纱交织的平纹织物。常见的多是采用18tex单纱作经纬纱织成的。

由于细布经纱支细、经纬纱密度比市布大，所以其质地比市布轻薄，布身细洁柔软，布面棉结杂质较少。细布多用于制作衬衫及其他。

③粗布：粗布是采用32tex以上的粗号纱作经纬纱织成的平纹织物，它质地较粗糙，布面棉结杂质较多，但布身厚实，结实耐用，可用作衣衫、被里等，用作鞋里布也较耐用。

④府绸：府绸是一种细纱号、高密度的常见平纹织物。由于府绸布身柔软爽滑，穿着挺括、舒适，有丝绸感，所以称为府绸。因为一般平纹织品的经纬纱密度比较接近，而府绸的经密高于纬密近1倍，而且一般经纱号数大于纬纱号数，所以在布面上经纱露出的面积比纬纱大得多、由经纱凸起部分构成明显均匀的颗粒，形成府绸特有的粒纹。同时，府绸所用的纱支较细，质量较高，所以府绸质地细致，富有光泽，手感柔软，纹路清晰，粒面饱满，布面光洁，有丝绸感，充分显示出府绸的特点。但由于府绸经纬纱

的粗细、密度差别较大，形成了经纬向之间的强度不平衡，所以穿久了往往会发生纬纱先断裂，在衣服上出现裂口（纵向）现象。

（二）斜纹织品

斜纹布、卡其布、华达呢及哔叽等都属常见的斜纹织品。

1. 斜纹布

斜纹布多采用二上一下的斜纹组织，所以斜纹方向通常是右斜纹，如图 8 - 4 所示。

图 8 - 4　斜纹方向

斜纹布从布面上看，正面斜纹的纹路比较明显，反面的纹路不太明显。斜纹布质地较平纹布紧密厚实，手感较平纹布柔软，透气性适宜。细斜纹布经印染加工后，可用作服装及被面褥面等。粗、细斜纹布都可用于制鞋工业。

2. 卡其

卡其按使用的纱线种类不同而分为纱卡其、半线卡其和全线卡其 3 种。纱卡其一般采用三上一下的斜纹组织，如图 8 - 5 所示。它的斜向是左斜，反面纹路不明显，故称单面卡其。因纱卡其经纱的浮长比斜纹布长，故耐磨性较斜纹布差。但纱卡其的密度比斜纹布大，布身厚实紧密，强力大，所以纱卡其比斜纹布坚牢耐穿。

半线卡其和全线卡其多采用二上二下的斜纹组织，斜向是右斜，其正反面纹路都很清楚，故称双面卡其。

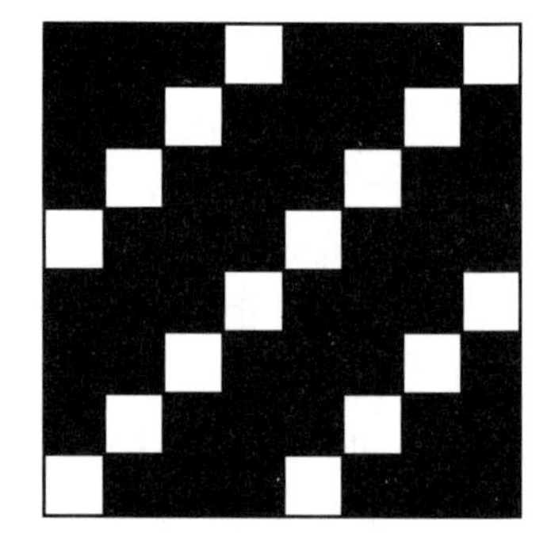

图 8 - 5　纱卡斜向

线卡其密度紧密，纹路明显，布身坚硬厚实，不易起毛，但由于经纬纱过于紧密，使布身挺硬不柔软，在穿用中曲折之处易磨损和折断。也由于经纬纱过于紧密，染色时颜色不易渗透布心，穿着日久会出现磨白现象。

各种卡其的主要用途是制作外衣。高密度的双向卡其多加工成防雨卡其布和风衣、雨衣等。卡其也常用在制鞋工业上。

3. 华达呢

华达呢也是采用二上二下的斜纹组织，斜向是右斜。华达呢的品种有纱华达呢、半线华达呢和全线华达呢 3 种。

纱华达呢产量较少，市场上少见，半线华达呢市场上最多，全线华达呢在市场上的数量次于半线华达呢。

华达呢的经密大于纬密，经纬密度差异较大，布面上排纹纹路比卡其稍宽些，可以隐约看到纬纱。华达呢较卡其柔软，身骨软硬适宜，无过密、过硬的缺点。抗折、抗磨性较线卡其为好，适宜做男女服装。

4. 哔叽

哔叽也是采用二上二下的斜纹组织，其正反面纹路都很清晰。经纬密度较稀，纹路间距较宽，且经纬密度差距较小，在纹路的凹下处可以见到纬纱，手感柔软。哔叽经染色后主要用来做男女服装、童装、童帽及被面等。

哔叽、华达呢和卡其都是斜纹组织，而且多为二上二下的交织形式，所以一般难以区别。但如仔细观察就会发现，它们在外观质量和手感等方面都有区别：从密度上看，卡其的经向密度最大，华达呢次之，哔叽最小；从布面纹路的宽窄上看，哔叽最宽，华达呢次之，卡其最窄；从手感上看，哔叽手感柔软，华达呢软硬适宜，卡其手感最硬。

第三节　鞋用纤维材料

纤维材料是制鞋工业不可缺少的材料。在制鞋工艺中，皮鞋帮部件的结合及帮底部件的结合时，需要不同类型的纤维材料。纤维材料的使用情况和其本身质量的好坏，直接影响靴鞋的坚牢程度、外形及性能。因此，在制鞋生产中，应根据靴鞋的结构、用途、制作工艺等来选择纤维材料。

一、缝 合 用 线

线是由若干根单纱经合股加捻而制成的纱的集合体。制鞋用的缝合线与靴鞋部件的结合质量和美观有着密切的关系，因此缝合用线是重要的鞋用纤维材料。鞋用缝合线分为两类：一类是制帮工艺用的缝纫线，如棉线、丝线、麻线等；另一类是制底工艺单用的缝合线，主要是麻线。各种线的原料、品种、规格及性能等均有不同。

（一）棉线

棉线是由很多根棉纱并合加捻而成的。

棉线主要用作皮鞋制帮、各部件缝合时的底线。线的规格和用途见表8－3。

表8－3　线的规格和用途

品名	规格	用途	特点
棉线	17tex/6	底线	耐温较高，强度较低
棉线	24tex/3	底线	耐温较高，强度较低
蜡线	48tex/12	缝埂、皱头等	耐温较高，强度较高

1. 棉线的原料

用来制造棉线的棉纱属于精梳棉纱，由于精梳纱是经过两次梳棉，已将棉纤维中的棉结、杂质和短纤维等清除，所以精梳纱的纤维长而细，纱体均匀，平滑而光洁。

2. 棉线的品种

根据棉线的染整方法分为本色线（原色线）、漂白线及色线；根据加工整理方法不同分为蜡光线（也称蜡线、有光线）和无光线。

本色线经漂白成为漂白线，漂白后染成单色为色线。

蜡光线是经过上浆（浆液中含淀粉和油脂），并在表面上涂覆蜡质，再经磨光处理而成。蜡光线的线条较紧密、平滑，并富有光泽，质地较硬，强度较大。无光线不经上浆和磨光处理，一般是将加捻后的线进行漂白或染色即成，因而无光线光泽较差，质地较柔软。

3. 棉线的细度和股数

棉线的细度以所用每根棉纱的细度和棉纱的股数来表示。用20tex纱3根并合加捻而成的线，称为20tex 3股，可写成20tex/3：用10tex纱6根并合加捻而成的线，称为10tex 6股，可写成10tex/6。其他支细度和股数不同的棉线表示方法依此类推。

3股纱的线通常是一次加捻而成，6股纱的线则是先将2股并合加捻成3根线后，再把这3根线并合加捻而成。

4. 棉线常见的疵点

①粗细节：指棉线的粗细不均匀，如有一段粗、一段细的现象时，缝纫时易造成断线。

②缠乱：指缠绕不均匀，如线条紊乱时会造成使用困难。

③油污：一般不允许沾有油污。

④色泽不均：线条上色相不均一，不仅影响线的美观，而且影响线的牢度（发霉会使漂白线变成一段黄一段白）。

检验外观疵点是在棉线中抽取2%～3%，绕在另一轴上，在缠绕中边缠绕边进行查看。

（二）麻线

麻线是由麻纤维纺成麻纱后，再合捻加工而成。按麻线的原料来源不同，分为亚麻线和麻线两种。亚麻线是用亚麻纤维先纺成亚麻纱，再由亚麻纱捻合成亚麻线。麻线则是用麻纤维纺成麻纱，再由麻纱加捻而成麻线。麻纤维纤维强韧，软而长，伸长率较大，吸湿和放湿都比较快，所以制鞋生产中，使用的主要是麻线。麻线在制鞋上主要用于配底工艺上的缝合线。麻线在使用前通常经过适度的松香蜡处理，使线和表面光滑，并提高防水和防腐蚀性能，增加麻线的强度。

麻线规格见表8－4。

表8－4　麻线规格

麻线线密度	平均直径/mm	每25cm长的平均捻数	断裂强度/N		伸长率/%	每100m长的质量/g	回潮率/%
			优等	标准			
62tex/6	1.15	40	165	155	3	60	12
62tex/7	1.24	35	190	180	3.5	70	12
62tex/8	1.32	32	220	205	3.7	80	12
62tex/9	1.42	30	260	245	3.9	90	12
62tex/12	1.70	26	294	294	4.6	120	12

1. 麻线的纱支线密度及股数

麻线的线密度是以麻线的公制支数和股数来表示。如将6根16支纱并合加捻的麻线，称为16支6股麻线，写成16N/6，采用法定计量单位应为62tex/6。其他支数和股数的表示方法也是如此。

2. 质量评定

麻线的质量评定项目有断裂强度、伸长率和外观。

麻线的外观疵点常见的有：

①粗细节：由于粗细不均，强力也就不均，所以缝纫时容易断线。

②松紧线：由于捻度松紧不均，强力就不均，缝纫时则易断线。

③霉点或变黄现象：由于潮湿和高温等造成霉点或变黄，对麻线的强度也有一定的影响。

外观疵点的检验是在一批线团中抽取2%～3%的线团作为检验用。

（三）丝线

1. 丝线的原料

丝线以生丝为原料。生丝来源于蚕茧，是由蚕茧缫制而成的。由蚕茧生产生丝的过程叫缫制。缫制分为机缫和手工缫两种方式。用机器缫制的丝称为厂丝，以手工缫制的丝称为土丝。厂丝品质优良，条干均匀，结头少，色泽光亮。土丝粗细不均，质量低劣。缝制靴鞋均使用厂丝。

2. 厂丝的规格

厂丝线密度的表示方法也与棉线、麻线相同，以tex表示。厂丝由多根茧丝并合而成（一般是由浸在热水中的5～10粒蚕茧抽出的丝合成一根生丝）。由于各种茧丝的细度不完全相同，所以缫制的厂丝细度不可能保持绝对均匀一致，允许有一定的差异幅度。

3. 外观疵点

丝线上常见的疵点有：

①霉丝：由于丝线本身干燥程度不够，加之贮存不良或过久，使丝线产生不同的颜色。如出现灰、黑、绿等霉点，光泽暗黑并能嗅到霉味。

②水渍：丝线受潮发热、质量发生变化。从外观上看失去原有光泽，丝线呈卷缩状态。此种丝线在使用时易脆断。

③黑点：丝线内粘有尘土、蛹屑等杂质，使丝线上有黑点。土丝中此种现象更常见。

④紧丝：在捻合丝线时，丝线中有一根或一股丝条过紧，在丝线的表面上可见到此根或此股丝条缩进。这种丝线使用时易断裂。

⑤松弛丝：在捻合丝线时丝条松弛，在丝线的表面有纶丝或浮丝等现象。此种丝线使用时也易断裂。

此外，还有同一轴或同一绞内的丝线光泽程度不同、色相不一、有缠绕等疵点，也影响丝线的质量和外观。

检验外观疵点时是从丝线轴中抽取2%～3%或在50kg中抽取1kg进行检查。

二、鞋　　带

鞋带是用棉纱编织成的具有一定长度和宽度、两端用铝片或用醋酸纤维胶片扎带头，以防止松散并便于穿带的圆形或扁形的各种色泽的编织物。

（一）鞋带的编织方法

鞋带是由两组斜向的纱线编织而成，一组线斜向左上方，另一组线斜向右上方，如图 8－6 所示。

鞋带采用斜向编织法的特点是使鞋带内所有的纱线都能承受长度方向的拉力，并且拉力越大，纱线承受长度方向的拉力越接近平行。

（二）鞋带的外疵点

在同类产品中颜色不一致；鞋带两头不圆整，出现松动、翘开等现象；鞋带内出现跳线、断线等现象。

图 8－6　鞋带编织结构图

三、毛　　毡

（一）毛毡的制造及应用

毛毡主要是用没有纺纱价值的羊毛和牛毛等毛纤维，经过开毛、洗毛、合毛、梳毛、铺毛、压缩、平卷、裁边和烘干等工序制造而成。

毛毡分为纯羊毛毡和混合毛毡两种。纯羊毛毡是用绵羊秋毛搭配部分春毛、少量的制革下脚毛和制鞋下脚毡渣制成。混合毛毡中羊毛不低于 60%，牛毛或其他动物毛以及下脚毛共占 40%。

由于毛毡具有优良的弹性、丰满性，很强的吸湿及保暖等性能，所以毛毡作为制鞋材料应用很广。如用作各种防寒靴鞋的毡里、毡内包头、护跟衬毡、鞋毡垫等。它的保暖性能虽不如毛革，但成鞋在穿着中不易掉毛。

（二）毛毡质量要求

毛毡质量要求包括感官性能和物理性能两方面。

1. 感官方面

感官方面不应有以下缺陷：

①松软：将毛毡平铺后用手揣摸，如各处柔软而无弹性，且伸长度较大时为松软。

②凹洞：将毛毡直立于明亮处，可照见处为凹洞处。

③疙瘩：观察毛毡，凡在毛毡的两面有波浪形的聚集毛质，或有块状的毛质聚集一处者均为疙瘩（这是由于制毡时铺毡不当引起的）。全毡不许有疙磨，因其在穿用中会逐渐脱落。

④油污：毛毡上的油污会影响其弹性，要求全毡洁净无油污。

⑤杂质：全毡不许有动物皮屑及其他杂质，以免影响毛毡的品质及外观。

2. 物理性能

①厚度：毛毡的厚度取决于毛毡的用途。用途不同对毛毡有不同的厚度要求。靴鞋的包里和鞋毡垫的厚度为（6 ±1）mm，而衬毡厚度为 3mm。

②面积：毛毡的面积一般为正方形。鞋垫毡的边长为（1350 ±15）mm，鞋里毡和衬毡的边长为（1480 ±15）mm。

③回潮率：毛毡的回潮率规定不超过 14%。

④密度：毛毡的密度是指在规定的回潮率情况下，单位体积（cm^3）所含的质量（g）。密度是毛毡的重要指标之一，因为密度决定着毛毡的松紧程序。不同用途的毛毡其密度也不同，如用作鞋垫的毛毡必须紧实，密度大，一般要求在 0.19g/cm^3 以上，用作靴鞋毡里的则要求不低于 0.15g/cm^3。

四、人造毛皮

人造毛皮产生之初，不论是奢侈品品牌还是一般消费者，都把它看作廉价的替代品。但是随着技术水平的提高，近几年来，人造毛皮的发展非常迅速，尤其是在当今世界倡导可持续发展、绿色低碳的时尚消费理念下，“享受毛皮、拒绝伤害”的人造毛皮产品在国际时尚圈大受欢迎，特别是在近年来的欧洲，多个国际奢侈品大牌秀场相继使用人造毛皮于服装设计中，使之迅速成为时尚界的主流，如此形势的影响之下，大家对人造毛皮的认知不断深入和改变，由最初的难以接受转变成现在的时尚潮品，并且争先抢购。

人造毛皮是外观看起来近似动物毛皮的一种纤维织物，它是由表面绒毛和底布两部分组成的，底布由纱线织造，一般为针织织物或梭织织物两种材料；而表面绒毛则采用的是化学纤维，通常分为两层，类似动物毛皮，底层是柔软细密的短绒，上层是挺直光亮的针毛；也有把表面绒毛做成类似羊羔毛的卷毛。整体外表经过一系列的后期整理，做成天然毛皮的外表形态。

人造毛皮作为一种特别的种类，比较常见的是用于生产大衣、领子、帽子以及服装衬里、玩具、床垫、地毯和屋内饰品。

（一）人造毛皮的分类

1. 根据织造方式分类

人造毛皮从织造方式上分成针织人造毛皮、人造卷毛皮、梭织人造毛皮 3 种。

其中针织人造毛皮占大多数，针织人造毛皮是采用长毛绒组织在针织横机上织造而成的。长毛绒组织的基础形成方式是纬平针组织，它一般是采用氯纶、腈纶等材料通过黏胶等方式做起毛纱，采用棉纱、涤纶和氨纶做起地纱；地纱和纤维的一端编织成圈，而纤维的另一端则在针织物表面突出成毛绒。

人造卷毛皮是把纤维毛做成仿羊羔毛的卷的外观，通过黏胶和热紧缩的方法织造而成。

毛皮的颜色一般为黑、白色，表面肌理花弯打卷，同时它具有非常好的光泽感，轻盈柔软，颇有弹性，而且容易保养，透气性和保暖性好。

2. 根据应用方法分类

从应用方法上分为长毛绒、平剪绒、仿裘皮、仿羔绒、滚束线 5 种．它们都有各自的特点。

长毛绒人造毛皮绒毛较顺直、灵动，触感优柔、天然感强。

平剪绒人造毛皮颜色较多，手感平软，绒面较厚、较平整。

仿裘皮人造毛皮手感顺滑、柔软，绒毛挺阔灵活，具有天然毛皮的层次感，相比于其他人造毛皮，更加的华贵。

仿羊羔人造毛皮绒毛丰满，极具弹性，毛面效果接近天然羊羔毛，绒球均匀圆润。

滚束绒人造毛皮毛面丰满顺滑，手感柔软舒适，保暖性良好。

3. 根据绒毛颜色分类

从绒毛颜色上分为素色和花色两种。

素色人造毛皮，顾名思义，就是绒毛只有一种颜色；为了人造毛皮的美观度，在染色上，绒毛颜色和底纱颜色一般相同；如底纱颜色是白色，那么绒毛也成白色，这也是素色人造毛皮的一种。由于绒毛和底纱颜色统一，面料底色不会显露，所以外观颇好。

花花人造毛皮草则是通过各种颜色的纤维和毛纱的花色对比织造而成。

（二）人造毛皮的应用范围

1. 工业产品

人造毛皮在工业产品方面的应用，我们最熟知的就是油漆滚筒。它通常使用小块毛条，有的定制的尺寸则是在较大的织造机上编织，然后把完成后的织物裁剪成所需的大小。油漆滚筒织造一般采用的是改性丙烯腈纤维，因为它耐油耐水，并且价格低廉。除了应用于手油漆滚筒，长毛绒人造毛皮还用于磨光产品、汽车洗涤手套和地板上光产品。

2. 家居饰品

对于家居室内饰品来说，人造毛皮应用最广的无非就是地毯了，但是由于价格原因，大块地毯市场不太好。但是把地毯分割设计成形状各异、大小各异的小块脚垫，例如浴室脚垫，这样就让消费者产生了很大的兴趣和吸引力。

3. 玩具

毛绒玩具也是运用人造毛皮较多的一个领域。毛绒玩具一般是采用整理要求比较少、没有卷曲和价格较低的纤维原料来织造，例如，丙烯酸或黏胶纤维纱。由于毛绒玩具是人们经常亲密接触的一种物体，正是因为这种特殊性，所以耐脏性和耐洗性很好的人造毛皮织物是玩具制造公司探索和开发的重中之重。

4. 服装制作

当下人造毛皮最主要的应用领域便是服装面料了，由于近些年动物保护和绿色低碳理念的盛行，并且人们的选择消费意识也更强，人造毛皮服装俨然成为当下时尚流行的主题，因此服装面料成为人造最大的消费市场。用作服装面料的人造毛皮主要有针织仿貂皮、仿水獭皮、仿海狸皮等，它们常常被用于制作马甲、夹克服、套头衫和大衣等。

人造毛皮用于服装中，与天然毛皮相比有如下特点：

①加工方面：较之天然毛皮服装，人造毛皮服装的制作工艺更加简便。由于天然毛皮张幅的大小有限制，所以在制作服装之前先要经过一系列繁复的工艺处理，例如，钉皮、裁皮和缝皮等工艺。特别是在裁剪皮料时，需要用到专业的裁皮刀，而且只能在底皮上裁剪，这样才不会破坏毛绒。在服装缝制时，天然毛皮需要专业的缝制机。而人造毛皮由于底布是属于纤维织造而成的，天然毛皮服装制作时的一些工艺就不适合人造毛皮使用。例如裁剪工艺，人造毛皮使用一般剪刀就好，在裁剪时，为了不影响毛绒，也可像天然毛皮一样，底布朝上裁剪。人造毛皮服装在缝纫时，也采用普通缝纫机就可以了。

②工艺设计方面：天然毛皮由于价格昂贵、毛皮张幅大小有限制，所以在工艺设计

且制作时，通常会采用编织、拼接等工艺来把边角料利用起来；外廓形也趋向简洁；设计具有一定的约束性。而人造毛皮服装的设计相比天然毛皮来说更加多元化。一方面，人造毛皮服装的设计完全可以模仿天然毛皮服装的外观；另一方面，人造毛皮服装既可以保留天然毛皮的设计工艺，同时又可以突破天然毛皮服装的工艺限制，例如，通过提花、印花、附加装饰和压模等工艺之后，人造毛皮可以变得更加多样丰富，超出天然毛皮的设计限制，形成自己独有的风格。

③款式方面：天然毛皮服装在款式设计上讲究简单大方，不会有过多的结构和装饰，反之会影响其毛皮本身的价值；并且天然毛皮服装一般用于冬季户外穿着或时尚社交场合穿着。而现今的人造毛皮服装却可以适用于多种着装场合，风格多变，既能设计成家居服在室内穿，又能设计成各种款式在室外穿。日常生活和社交场合也都可以穿着，由于它的独特性，赢得了当下时尚圈和年轻人的青睐。

④色彩方面：色彩上，人造毛皮服装变得更加多样了。由于天然毛皮染色的局限性，天然毛皮服装的颜色多为一些常见的基础色，例如，黑、白、灰、驼色和褐色等，并且天然毛皮由于毛皮自身拥有自然色彩，一般不建议染色，因此色彩不是很丰富。而人造毛皮面料可以随意提花染色，所以其服装的颜色非常丰富，可以根据每年的流行趋势来定制染色，依据消费市场的需求，满足于各类人群的需要。

⑤保养方面：众所周知，天然毛皮服装的保养很是繁琐，因为需要防湿、防蛀，所以对存放地点的要求很高，有的人为了不损伤毛皮，甚至要交给专业的保养中心来保养。而人造毛皮服装的保养比较容易，因为面料本身就防蛀、防霉，并且结实耐穿。但是人造毛皮服装和天然毛皮服装都不便湿洗，人造毛皮服装湿洗后仿真效果会变差。

思　考　题

1. 请给纤维分类。

2. 说明棉纤维、麻纤维、桑蚕丝、羊毛纤维的主要特性，并比较它们的强度、耐光性、撕裂伸长率和耐酸碱性。

3. 说明合成纤维中常见的品种及主要特性。找出合成纤维中强度最高的、耐折皱最好的、吸湿性最好的、吸湿性最小的、耐磨性最佳的、耐晒性最佳的、相对密度最小的、耐热性最差的各是哪种。

4. 说明人造毛皮的原料及性能。

附录 常用符号及名称

符号	名称
1010	四［3－（3′,5′－二叔丁基－4′－羟基苯基）丙酸］季戊四醇酯（抗氧剂、防老化剂）
2246	2,2′－亚甲基双（4－甲基－6－特丁基苯酚）（抗氧剂、防老化剂）
2246－S	2,2′－硫代双（4－甲基－6－特丁基苯酚）（抗氧剂、防老化剂）
264	2,6－二叔丁基苯酚（抗氧剂、防老化剂）
$2PbCO_3 \cdot Pb(OH)_2$	铅白（热稳定剂）
$2PbO \cdot Pb(C_8H_4O_4)$	二盐基苯甲酸铅盐（热稳定剂）
$2PbO \cdot PbHPO_3 \cdot 1/2H_2O$	二盐基亚磷酸铅（2PbO）（热稳定剂）
300	4,4′－硫代双（6－叔丁基－3－甲基苯酚）（抗氧剂、防老化剂）
$3PbOPb(C_4H_2O_4) \cdot H_2O$	二盐基马来酸铅盐（热稳定剂）
$3PbO \cdot PbSO_4 \cdot H_2O$	三盐基硫酸铅，俗称三盐（3PbO）（热稳定剂）
4010	*N*－苯基－*N′*－环已基对苯二胺（抗氧剂、防老化剂）
4010NA	*N*－异丙基－*N′*－苯基对苯二胺（抗氧剂、防老化剂）
A	*N*－苯基－1－萘胺（抗氧剂、防老化剂）
AA	乙醛胺（硫化促进剂）
ABIN	偶氮二异丁腈（发泡剂）
ABS	丙烯腈－丁二烯－苯乙烯共聚物
AC	偶氮二甲酰胺（发泡剂））
AH	树枝状间醇醛－α－萘胺（防老化剂、抗氧剂）
AP	粉末状间醇醛－α－萘胺（防老化剂、抗氧剂）
APP	无规聚丙烯
AS	丙烯腈－苯乙烯共聚物
AW	6－乙氧基－2,2,4－三甲基－1,2－氢化喹啉（防老化剂、抗氧剂）
AZ	二乙基苯并噻唑次磺酰胺（硫化促进剂）
BaSt	硬脂酸钡（热稳定剂、润滑剂）
BI	二甲基二硫代氨基甲酸铋（硫化促进剂）
BLE	丙酮－二苯胺高温缩合物（防老化剂、抗氧剂）
BPO	过氧化苯甲酰（硫化剂）

BR	顺丁橡胶
CA	*N*,*N'* - 二苯基硫脲（硫化促进剂）
CA	1,1,3 - 三（2 - 甲基 - 4 - 羟基 - 5 - 叔丁基苯基）丁烷（抗氧剂、防老化剂）
$CaCO_3$	碳酸钙（填充剂）
CaSt	硬脂酸钙（热稳定剂、润滑剂）
CdSt	硬脂酸镉（热稳定剂、润滑剂）
CED	二乙基二硫代氨基甲酸镉（硫化促进剂）
CED	内聚能密度
CPE	氯化聚乙烯
CR	氯丁橡胶
CTP	*N* - 环己基硫代邻苯酰亚胺（防焦剂）
CZ	环己基苯并噻唑次磺酰胺（硫化促进剂）
D	二苯胍（硫化促进剂）
D	*N* - 苯基 - 2 - 萘胺，又称防老剂丁（抗氧剂、防老化剂）
DB	6 - 二丁胺 - 1,3,5，均三嗪 - 2,4 - 二硫醇（硫化化剂）
DBH	对苯二酚二苄醚（抗氧剂、防老化剂）
DBP	邻苯二甲酸二丁酯（增塑剂）
DBS	癸二酸二丁酯（增塑剂）
DCP	过氧化二异丙苯（硫化剂）
DHP	癸二酸二丁酯（增塑剂）
DIBP	邻苯二甲酸二异丁酯（增塑剂）
DIDP	邻苯二甲酸二异癸酯（增塑剂）
DIOP	邻苯二甲酸二异辛酯（增塑剂）
DLTP	硫代二丙酸二月桂酯（抗氧剂、防老化剂）
DM	2,2' - 二硫代二苯并噻唑（硫化促进剂）
DOA	己二酸二辛酯（增塑剂）
DOP	邻苯二甲酸二辛酯（增塑剂）
DOS	癸二酸二辛酯（增塑剂）
DTDM	二硫化二吗啉（硫化促进剂）
EBST	环氧硬脂酸丁酯（增塑剂）
Elvaloy	乙烯 - 醋酸乙烯 - 一氧化碳共聚物
EPDM	三元乙丙橡胶
EPR	二元乙丙橡胶
EPS	可发性聚苯乙烯
ESBO	环氧大豆油（增塑剂）
EVA	乙烯 - 醋酸乙烯共聚物
FEF	快压出炭黑（补强剂）

H	*N*,*N*－二亚硝基五次甲基四胺、发泡剂 H（发泡剂）
H（促）	六次甲基四胺（硫化促进剂）
HAF	高耐磨炭黑（补强剂）
HDPE	高密度聚乙烯（低压聚乙烯）
HPVC	高聚合度聚氯乙烯
HS	高苯乙烯树脂
HSt	硬脂酸（硫化活性剂、润滑剂）
IBR	聚异丁烯
IIR	丁基橡胶
LDPE	低密度聚乙烯（高压聚乙烯）
LLDPE	线型低密度聚乙烯
LMPE	低分子聚乙烯
M	2－巯基苯并噻唑（硫化促进剂）
MB	2－硫醇基苯并咪唑（抗氧剂、防老化剂）
MBH	对苯二酚－苄醚（抗氧剂、防老化剂）
MOCA	3,3′－二氯－4,4′－二苯基甲烷二胺（扩链剂）
NA－22	乙撑硫脲（硫化促进剂）
NBR	丁腈橡胶
NOBS	氧二乙撑苯并噻唑次磺酰胺（硫化促进剂）
NR	天然橡胶
NTA	*N*,*N*－二甲基－*N*,*N*′－二亚硝基对二甲酰胺（发泡剂）
OAB	二偶氮氨基苯
ODP	磷酸二苯－辛酯（增塑剂）
PA	聚酰胺（尼龙）
PB	聚丁二烯
$PbSiO_3 \cdot mSiO_2$	硅胶共沉淀硅酸铅（热稳定剂）
PbSt	硬脂酸钡（热稳定剂、润滑剂）
PCL	氯化石蜡（增塑剂）
PE	聚乙烯
PF	酚醛树酯
PMMA	聚甲基丙烯酸甲酯
PNBR	粉末丁腈橡胶
PP	聚丙烯
PS	聚苯乙烯
PTM	一硫化二戊基秋兰姆（硫化促进剂）
PU	聚氨基甲酸酯（聚氨酯）
PVC	聚氯乙烯
PX	乙基苯基二硫代氨基甲酸锌（硫化促进剂）

PZ	二乙基二硫代氨基甲酸镉（硫化促进剂）
RD	2,2,4－三甲基－1,2－氢化喹啉聚合体（防老化剂、抗氧剂）
RNBR	再生丁腈橡胶
RSS	烟片胶（天然橡胶）
S	硫黄（硫化剂）
SA	硬脂酸（硫化活性剂，润滑剂）
SBR	丁苯橡胶
SBS	苯乙烯－丁二烯－苯乙烯三嵌段共聚物
$SiO_2 \cdot nH_2O$	白炭黑（填充剂）
SIP	异丙基黄原酸钠（硫化促进剂）
SP	苯乙烯苯酚（抗氧剂，防老化剂）
SRF	半补强炭黑（补强剂）
TAIC	三烯丙基异三聚氰酸酯
TBTD	二硫化四丁基秋兰姆（硫化促进剂）
TCP	磷酸三甲苯酯（增塑剂）
TETD	二硫化四乙基秋兰姆（硫化促进剂）
TiO_2	二氧化钛（钛白粉）（着色剂）
TMTD	二硫化四甲基秋兰姆（硫化促进剂）
TMTM	一硫化四甲基秋兰姆（硫化促进剂）
TNP	亚磷酸三（壬基苯基酯）（抗氧剂，防老化剂）
TOP	磷酸三辛酯（增塑剂）
TPE	热塑性弹性体
TPP	磷酸三苯酯（增塑剂）
TPR	热塑性橡胶
TRA	四硫化双五次甲基秋兰姆（硫化促进剂）
TTSe	二乙基二硫代氨基甲酸硒（硫化促进剂）
UV－320	2－（2′－羟基－3′,5′－二叔丁基苯基）苯并三噻唑（光稳定剂）
UV－327	2－（2′－羟基－3′,5′－二叔丁基苯基）－5－氯代苯并三噻（光稳定剂）
UV－530	2－羟基－4－正辛氧基二苯甲酮（光稳定剂）
UV－9	2－羟基－4－甲氧基二苯甲酮（光稳定剂）
ZDC	二乙基二硫代氨基甲酸锌（硫化促进剂）
ZIP	异丙基黄原酸锌（硫化促进剂）
ZMDT	巯基苯并噻唑锌盐（硫化促进剂）
ZnO	氧化锌
ZeSt	硬脂酸锌（热稳定剂、润滑剂）

参考文献

[1] 丁绍兰. 革制品材料学 [M]. 北京：中国轻工业出版社，2006.
[2] 程风侠. 现代毛皮工艺学 [M]. 北京：中国轻工业出版社，2013.
[3] 郑超斌. 现代毛皮加工技术 [M]. 北京：中国轻工业出版社，2012.
[4] 张旭，刘彦，苌群红，等，国际毛皮动物养殖业发展模式及启示 [J]. 中国林副特产，2010 (6)：88-90.
[5] 陈垂汉. 晋江兴业皮革公司实施清洁生产实践研究 [D]. 厦门大学，2008.
[6] 丁绍兰，王睿. 绿色技术在皮革工业中的应用 [J]. 皮革科学与工程，2008，18 (3)：26-30.
[7] 李芳，王全杰. 绿色抗菌防霉剂的研究进展及其应用前景 [J]. 中国皮革，2011，40 (23)：42-45.
[8] 袁霞，何有节. 毛皮鞣剂的研究进展 [J]. 皮革与化工，2012，29 (3)：18-21.
[9] 高党鸽，李运，马建中，等. 制革鞣制用减少铬污染关键材料的研究进展 [J]. 功能材料，2013，44 (24)：3534-3539.
[10] 陈柱平，马建中，高党鸽，等. 新兴技术在清洁化制革鞣制中的研究进展 [J]. 中国皮革，2010，39 (7)：28-32.
[11] 强涛涛，张晓峰，王学川. 制革废液循环利用技术的研究进展 [J]. 大连工业大学学报，2010，29 (6)：441-444.
[12] 王金平，徐楠. 纳米皮革防霉柔亮技术的研究进展 [J]. 现代盐化工，2017，44 (3)：9-10.
[13] 俞凌云，吴孟茹，胡江涛，等. 皮革材质鉴定的研究进展 [J]. 皮革与化工，2016，33 (5).
[14] 陈宗良，孙世彧，贺艳丽. 皮革鉴别技术研究新进展 [J]. 皮革科学与工程，2014，24 (6)：29-32.
[15] 尹逊达. 皮革涂饰剂的研究进展 [J]. 西部皮革，2017，39 (2)：9-9.
[16] 文怀兴，褚园，章川波. 皮革真空鞣制技术的试验研究 [J]. 真空科学与技术学报，2008，28 (2)：95-97.
[17] 周秀军，周利芳，周建民，等. 无铬皮革鞣剂研究应用进展 [J]. 西部皮革，2015，37 (22)：25-29.
[18] 郭天芬，高雅琴，牛春娥，等. 影响毛皮品质的主要因素分析 [J]. 经济动物学报，2008，12 (1)：42-45.
[19] 刘君君，卢亚楠，金礼吉，等. 中国毛皮动物养殖现状及发展趋势 [J]. 中国皮革，2007，36 (11)：18-21.
[20] 朱小芬，李卫东. 浅析合成革与人造革的区别 [J]. 中国纤检，2011 (6)：55-57.
[21] 浩军，陈意，颜俊，等. 人造革/合成革材料及工艺学（第二版）[M]. 北京：中国轻工业出版社，2017.
[22] 亢秀杰. 皮革、再生革和人造革鉴别方法的研究 [J]. 中国纤检，2014 (18)：77-79.
[23] 朱丽琼，张红林，周利强，等. 常见成革的分类及其材质鉴定方法的研究进展 [J]. 皮革科学与工程，2016，26 (2)：35-38.

[24] 冯云刚. 人造皮革的研发与应用——环保理念下的人造皮革服饰研发 [D]. 天津工业大学, 2017.
[25] 历莉, 刘晓刚, 朱蕙琳. 人造毛皮服装优势与市场前景研究 [J]. 针织工业, 2011 (11): 50-52.
[26] 陈学武. 聚氯乙烯纤维内底革的开发 [J]. 中外鞋业, 1999 (1): 105-106.
[27] 中国塑料加工工业协会人造革合成革专业委员会. 中国人造革合成革行业发展现状和展望 [J]. 国外塑料, 2008, 26 (2): 36-42.
[28] 廖正品. 蓬勃发展的中国人工皮革——合成革工业 [J]. 塑料, 2003, 32 (1): 11-16.
[29] 陈国平. 超纤皮革对天然皮革市场有哪些影响 [J]. 中国皮革, 2012 (15): 60-62.
[30] 张哲. 环保型海岛超纤皮革产业化发展综述 [J]. 新材料产业, 2009 (12): 39-42.
[31] 吴芷琼, 叶洁. 浅析超纤皮革的差异化应用趋势 [J]. 山东纺织经济, 2017 (4): 39-40.
[32] 吴彤华. 再生革用复合型黏合剂的研制 [J]. 皮革与化工, 2015 (1): 16-22.
[33] 栾世方, 范浩军. 制革废弃物的再生革处理技术 [J]. 西部皮革, 2001 (5): 46-49.
[34] 汪晓鹏. 制革固废物的综合利用和展望 [J]. 西部皮革, 2017, 39 (17): 38-42.
[35] 杨文会, 覃新林. 热塑性聚氨酯弹性体 (TPU) 研究及应用 [J]. 塑料制造, 2015 (7): 70-77.
[36] 吴贻珍. 乙丙橡胶开发和应用研究进展 [J]. 橡胶工业, 2012, 59 (2): 118-127.
[37] 姜洋. 三元乙丙橡胶的改性研究与发展 [J]. 黑龙江科学, 2017 (14).
[38] 张涛, 邹云峰, 车浩, 等. 乙丙橡胶生产工艺与技术 [J]. 化工进展, 2016, 35 (8): 2317-2322.
[39] 王香爱, 张洪利. 硅橡胶的研究进展 [J]. 中国胶粘剂, 2012 (9): 44-48.
[40] 胡盛, 方建伟, 詹学贵. 甲基乙烯基硅橡胶硫化体系综述 [J]. 杭州化工, 2014, 44 (4): 8-11.
[41] 孙希路, 刘春霞, 许鑫江, 等. 耐高温硅橡胶的研究进展 [J]. 有机硅材料, 2018 (1): 66-70.
[42] 王永昌, 王庆, 龚笑笑, 等. 氟硅橡胶的性能及用途 [J]. 橡塑资源利用, 2012 (6): 12-16.
[43] 李冠, 邱俊明, 邱祖民. 耐低温橡胶的研究进展 [J]. 弹性体, 2010, 20 (3): 67-71.
[44] 谢尊虎, 曾凡伟, 肖建斌. 硅橡胶性能及其研究进展 [J]. 特种橡胶制品, 2011, 32 (2): 69-72.
[45] 孙卓, 杜洪琴, 张建伟. 聚四氟乙烯与橡胶粘着性能的研究 [J]. 当代化工, 2014 (5): 689-690.
[46] 杜小刚, 刘亚青. 聚四氟乙烯的加工成型方法 [J]. 绝缘材料, 2007, 40 (3): 67-69.
[47] 张林, 李玉海. 聚四氟乙烯的性能与应用现状 [J]. 科技创新导报, 2012 (4): 111-112.
[48] 白玉光, 关颖, 李树丰. 新型弹性体 POE 及其应用技术进展 [J]. 弹性体, 2011, 21 (2): 85-90.
[49] 刘振国, 杨博, 奚延斌, 等. 聚烯烃弹性体的研究现状及应用进展 [J]. 弹性体, 2017, 27 (4): 65-69.
[50] 殷杰, Yin Jie. 国内外聚烯烃弹性体系列产品的研发现状 [J]. 弹性体, 2014, 24 (6): 81-86.
[51] 李龙飞, 摆音娜, 雷鸣, 等. 橡胶硫化促进剂的研究进展 [J]. 化学进展, 2015, 27 (10): 1500-1508.

[52] 王允枭，邱桂学. 防焦剂 E 对 EPDM 硫化胶性能的影响［J］. 特种橡胶制品，2017（3）：1－4.
[53] 汪梅，夏建陵，连建伟，等．聚氯乙烯热稳定剂研究进展［J］. 中国塑料，2011（11）：10－15.
[54] 吴茂英. PVC 热稳定剂的发展趋势与技术进展［C］//2010：1－7.
[55] 陆园，战力英，宫青海，等. 抗氧剂的分类、作用机理及研究进展［J］. 塑料助剂，2016（2）：43－50.
[56] 马少波，郑亚兰，吴晓妮，等．塑料抗氧剂的研究和发展趋势［J］. 塑料科技，2015，43（1）：100－103.
[57] 张泽生，郭擎，高云峰，等. 天然抗氧化剂的产业化进展［J］. 食品研究与开发，2017，38（7）：206－209.
[58] 张颖，陈浩乾. 增塑剂的研究与发展［J］. 广州化工，2009，37（4）：49－51.
[59] 朱宝莉，邹华，张立群. 增塑剂 TP－95 用量对丙烯酸酯橡胶性能的影响［J］. 橡胶工业，2015，62（1）：27－30.
[60] 王波，王克智，巩翼龙. 环保型增塑剂的研究进展［J］. 塑料工业，2013，41（5）：12－15.
[61] 汪多仁. 增塑剂的新产品开发与市场展望［J］. 橡塑资源利用，2010（5）：28－33.
[62] 杜新胜，徐惠俭，王善伟，等．我国耐久性增塑剂的研发与进展［J］. 塑料助剂，2009（5）：9－12.
[63] 李汉堂. 橡胶补强填充剂概览［J］. 世界橡胶工业，2008，35（2）：39－46.
[64] 王全杰，谭小军. 发泡剂的种类、特点及应用［J］. 皮革科学与工程，2011，21（1）：38－42.
[65] 王全杰，谭小军. 蛋白类发泡剂的种类、特点及研究进展［J］. 西部皮革，2010，32（13）：17－20.
[66] 李静莉，罗世凯，沙艳松，等. 超临界流体微孔发泡塑料的研究进展［J］. 工程塑料应用，2012，40（3）：109－113.
[67] 江镇海. NBR/PVC 共混胶的市场前景看好［J］. 橡胶参考资料，2010（1）：6－8.
[68] 曲敬贤，陈海峰. 丁腈橡胶的并用改性及应用进展［J］. 合成树脂及塑料，2015，32（6）：82－84
[69] 燕丰，青岛科技大学开发出新型耐高低温丁腈橡胶［J］. 橡塑技术与装备，2016（21）：44－44.
[70] 高洪强，张培亭，肖建斌. 三元乙丙橡胶/氯硫化聚乙烯橡胶并用胶的性能研究［J］. 橡胶工业，2016，63（8）：453－457.
[71] 程超，宋唯，史明学，等．三元乙丙橡胶共混改性研究进展［J］. 世界橡胶工业，2015（10）：33－38.
[72] 朱俊. 探密橡塑共混并用的技术玄机［J］. 广东橡胶，2016（3）：12－18.